新能源科技译丛

# 太阳能转化系统

（美）杰弗瑞·R. S. 布朗森　著

王瑞祥　译

中国三峡出版传媒

中国三峡出版社

**图书在版编目（CIP）数据**

太阳能转化系统／（美）杰弗瑞·R. S. 布朗森著；王瑞祥译 . — 北京：中国三峡出版社，2016. 12

ISBN 978 - 7 - 80223 - 968 - 5

Ⅰ. ①太… Ⅱ. ①杰…②王… Ⅲ. ①太阳能发电 - 研究 Ⅳ. ①TM615

中国版本图书馆 CIP 数据核字（2016）第 309809 号

---

This edition of **Solar Energy Conversion Systems** by **Jeffrey R. S. Brownson** is published by arrangement with **ELSEVIER INC.**, of 360 Park Avenue South，New York，NY 10010，USA

由 **Jeffrey R. S. Brownson** 创作的本版 **Solar Energy Conversion Systems** 由位于**美国纽约派克大街南 360 号**，邮编 10010 的**爱思唯尔公司授权出版**

北京市版权局著作权合同登记图字：01 - 2016 - 8506 号

**责任编辑：任景辉**

**中国三峡出版社出版发行**

（北京市西城区西廊下胡同 51 号　　100034）

电话：（010）57082566 57082645

http：//www. zgsxcbs. cn

E - mail：sanxiaz@ sina. com

**北京环球画中画印刷有限公司印刷　新华书店经销**

2018 年 1 月第 1 版　2018 年 1 月第 1 次印刷

开本：787 毫米×1092 毫米　1/16　印张：23. 5

字数：420 千字

ISBN 978 - 7 - 80223 - 968 - 5　定价：98. 00 元

系统性能主要取决于各部分的匹配程度以及各部分配套运行情况，而不只是取决于各部分单独的工作性能。此外，系统性能还取决于系统与其所处环境（一个更大的系统，系统是其中的一部分）之间的关系以及系统与该环境中其他系统之间的关系。

**Russell L. Ackoff**

　　科学家坚决捍卫其对自己专业知识以外的所有事物一无所知的权利。

**Marshall Mcluhan**

　　人们不再认为各个科学学科分别研究大自然的不同方面……越来越多的人开始将学科看作是一种观点……例如，在努力解决生态问题的过程中，会涉及各类学科。因此，环境科学包括所有学科。

**Russell L. Ackoff**

# 致　谢

　　本教材从最初的构思到如今的问世离不开我的家人和朋友的支持和鼓励，感谢你们帮我完成了一部新作，希望这本教材对社会有所贡献。我在此特别感谢我的父母，感谢他们鼓励我养成勇于创造、积极思考和坚持不懈的品行；同时感谢我的妻子 Ronica 以及两个女儿 Rowan 和 Anya。多年来，为完成这本教材，无数个周末、夜晚，甚至假期我都无法陪伴她们，感谢她们对我的包容和理解。感谢我在宾夕法尼亚州立大学带的研究生和本科生，没有他们，就不会有最初的课程笔记以及后来课堂经验的完整章节。本书不足及错误之处，恳请读者指正，以便不断完善本教材。为确保对太阳能领域进行准确陈述，邀请拥有数十年经验的太阳能和可持续发展领域的专家对本书进行了审核。感谢各位专家为本书论据提出的宝贵建议。最后感谢 Tiffany、Kattie 以及 Elsevier 出版社的编辑团队，感谢他们为我提供这次机会，让我能够为下一代太阳能设计人员创作出这本教材。

# 目　录

本书购买者：

欲获取解决方案和软件编码，请登录．http：//booksite. elsevier. com/9780123970213.

使用本书作为教科书的教师：

请登录 http：//www. textbook. elsevier. com，注册登记后，获取解决方案和软件编码。

本书作者开通了相关网站，网址为 http：//nanomech. ems. psu. edu/textbook. php.

# 第一章　导　论

　　庞大的太阳能领域涉及的范围非常广泛，除了能源转换系统工程和设备外，还包含可持续发展、行为准则、系统思考、政策和市场等。本人作为一个教育工作者和研究人员，一直致力于太阳能的研究。[①] 该领域的新技术不断出现并得到应用，同时在这个过程中还会出现知识分散与缺失（主要与地球燃料[②]的可及性相关）。全球太阳能产业正以爆炸式的速度增长。过去十年间，仅美国境内的太阳能发电产业就发生了七次规模翻翻的跨越式发展，太阳能技术具有广泛的社会可接受性，发展前景非常广阔。因此，我们必须为太阳能在未来的大规模应用做好充足准备。新一轮的太阳能研究和创新浪潮将会带来更加多样化的变革和应用。

　　随着人们关注度不断提升，太阳能的使用范围也越来越广，新一代太阳能研究将效仿生态和地质领域的发展模式，探索系统知识，采取多样化的方法。作为一个新兴领域，在环境、社会和科技的大背景下太阳能探索可以称为太阳能生态，从而促进太阳能转换系统应用设计和应用工程的发展。

　　我们是能源开发的新一代探索者。除了政策和法律规定外，并没有针对太阳能探索和研究的明确"规则"。除了光伏发电和太阳能热水器外，我们还可以探索如何利用太阳能转换系统及其可持续发展设计吗？我们可以用于太阳能烟囱、光伏大棚和食品温室，以及提供社区发电或区域供暖的太阳能花园（共享太阳能阵列），还可用于太阳能水处理、太阳能烹饪，甚至简单的照明设计也可以改善室内空气质量，降低发电成本。现在，我们可以抓住许多机会，为未来探索更好的能源模式。

---

①　太阳能是取之不尽，用之不竭的！

②　地球燃料：

● 煤［源于光合作用］

● 石油［＊］

● 天然气［＊］

● 油砂和油页岩［＊］

● 天然气水合物［＊］

● 裂变核燃料［非经光合作用产生］

1

希望可再生能源专业的年轻一代能够不断探索太阳能未被发现的巨大潜力。③

"在过去的几十年中,能源效率和可再生能源技术等清洁能源技术的使用已大幅增加。"曾经的稀奇外来技术,现如今也实现了商业化利用。此类技术为传统的化石燃料能源系统及其引起的温室气体排放、运行成本高、污染等一系列问题提供了良好的替代方案。

为了使整个社会能够从上述技术中收益,潜在用户、决策者、规划者、项目融资者和设备供应商必须能够对新型清洁能源技术项目进行快速评估。[1]

## 1.1 设计理念④

本文旨在向广大读者介绍太阳能转换知识,共同探讨太阳能资源评估策略(能源勘探技术)和太阳能转换系统设计策略(综合设计)。本文应用了一套全系统⑤方法来探究太阳能转换系统、太阳能资源、社会以及我们的支持环境之间的关系、转化和反馈。此处,设计用系统语言"模式"来表示,表述为"具有特定目的的模式"。模式用于表达系统之间的关系。确定太阳能转换用语是太阳能设计的核心目标(如同太阳能工程师、经济学家或建筑师):在实现可持续发展和维持或提高生态系统服务的框架内,为特定情景的当事人或利益相关者寻求太阳能资源利用最大化。⑥这将会在本文中反复提到。太阳能设计综合团队中的每个参与者也是未来可持续发展的促进者。正如后文中将提到的,太阳能设计策略应该既能提高客户的福利,又能加强特定区域内的生态系统服务。全文自始至终都鼓励学习者作为积极的参与者,为太阳能设计策略出谋划策,并鼓励学习者成为太阳能科技的终身学习者。⑦

所有太阳能转换系统中都存在一种连续性,但有时可能尚未发现这种连续性。过去的太阳能研究人员大致来自三个领域:一个是机械工程领域(太阳热能),一

---

③ 太阳能生态:指在环境、社会和科技背景下开展的太阳能交互式系统研究。
④ 设计是具有特定目的的模式。
⑤ 全系统设计:集成系统解决难题,跨学科方法,既能提高客户的福利,又能加强特定区域内的生态系统服务。
⑥ 场所:具有何种含义?
  ● 地址
  ● 地方
  ● 布局
  ● 气候制度
  ● 频率
  ● 时间范围
⑦ 太阳能设计的参与者能够促成变革,提高客户福利,加强生态系统服务。

个是电子工程领域（光伏），另一个是建筑领域（被动式太阳能热量采集室设计）。光伏领域常常将重点放在器件的物理和组成优化，不受外界环境的约束或区域测得太阳能资源的约束。在小范围内，这种情况仍然存在，我们希望改变这一传统。来自机械和建筑领域的研究人员则倾向于对*主动式*和*被动式*太阳能转换系统做出区分[8]，这在当时具有一定的意义。从机械学的角度来看，主动系统需要泵和电动机，大量使用流体和热传递，而被动系统则依靠场和收集器固有的压差开展工作。

如今，主动/被动之间的区别日渐消失，大多数主动式太阳能场统称为*聚光式太阳能发电*（CSP），用于公用事业规模的热循环电力转换和工业太阳能处理。目前，我们可在市场上买到无须泵（此类泵在 1928 年 Albert Einstein 和 Leó Szilárd 对制冷循环的一项研究著作中被称为气泡泵或盖瑟泵）[2]的太阳能热水系统，可用于家用和小型商用目的。此外，我们继续保留不含任何活动部件的光伏系统，靠本身自有的电力和有效场驱动。同时，即使设计合理的太阳能热量采集室也配备有主动循环和控制系统，推动空气流动，依靠太阳本身的平衡能力使周围的进气口保持温暖（曾经设计为被动式太阳能系统）。

文中，我们探讨了太阳能转换设备的模式语言或系统逻辑，包括光径、接收器、分配机制、潜在的存储机制和控制机构。[9] 我们将其概括为管状系统、平板系统和腔式系统，这些系统有的运用的是光电技术（太阳能转电能），有的运用的是光热技术（太阳能转热能），我们分别从这两方面详细介绍了这些系统的功能。

文中介绍了设计过程，同时指出太阳能设计系统解决方案需要一个跨学科的综合设计团队，让客户或利益相关者参与到设计和规划过程中来。[10] 本课程主要为能

---

⑧ 主动式太阳能系统和被动式太阳能系统是建筑科学用语，用于区分使用泵和风机的系统（主动系统）和依靠场和吸收日光产生的压力梯度运行的系统（被动系统）。

⑨ 太阳能转换系统（SECS）：
- 孔径
- 接收器
- 分配机制
- （储存）
- 控制机构

⑩ 系统解决方案：
- 团队合作
- 多方参与
- 跨学科
- 客户的早期参与和频繁参与
- 综合设计
- 促成者

源工程师和经济学家而设，重点关注太阳能转换和太阳能转换系统部署经济学。此外，一些涉及可再生能源、系统设计和可持续性的综合性更强的专业也应开设此课程。我们将通过研究太阳能转换系统（SECS）的原理，为解释基本概念和转换过程的实现打下基础。

我们首先介绍了太阳能转换系统的历史背景和综合设计过程，随后描述了太阳辐射的性能、可用性和功用以及太阳和集热器的几何关系。我们介绍了能源系统部署决策过程中的经济标准和可持续性标准评估方法。同时强调了太阳能资源和太阳能经济学，以及可持续发展和生态系统服务在系统设计中的应用。物理材料（吸收器、反射器、盖板、流体）对于辐射能量的转化至关重要。文中介绍了材料的特殊处理方法。文章的后半部分论述了具体设备/集热器技术作为系统逻辑的一部分在系统整合中发挥的作用。这些章节描述了光电转换（光电和光热过程）和设计原理，以及家用和工业用太阳热能设计程序，探讨了如何聚集太阳能来进行热能和电能转换。

正如太阳能研究专家 Ari Rabl 在 1985 年所说的那样，仅凭一本教科书，已无法详尽说明太阳能转换领域的各个方面。[3] 仅太阳能集热器发展这一方面就是一个很大的研究领域。本文中，我们强调运用系统方法对太阳能转化技术造福社会进行思考。以下章节为与非太阳能能源转换技术相关的太阳能转换设计和实施提供了一个新的评估框架。系统方法是在 20 世纪 50 年代至 20 世纪 80 年代早期这几十年的太阳能转换研究、设计和实践的坚实基础上诞生的，这一时期的太阳能转换研究、设计和实践是所有太阳能转换技术的基础。

对于刚接触太阳能转换领域的新人，关键的一点是要认识到当今技术和经济正发生日新月异的变化，我们希望培养一代拥有综合系统技能的太阳能实践者，这关系到未来 5 年，甚至是未来 50 年技术的发展。在组织本文内容的过程中，我们发现系统之间有许多相通之处，无论太阳能转化技术目前的水平或将来发展到何种水平，这对于当前以及未来的科学家、工程师、经济学家和决策者来说意义很大。⑪

## 1.2 教学方法

本文可作为太阳能转换系统分析和项目范围（项目设计和基本项目融资）课程的补充教材，对于这方面的教育工作者，笔者提供了以下教学目标。本文的目标受

---

⑪ 技术进步只是推动社会应用太阳能发电系统（SEGS）的一个促成因素。有关其他促成因素，见太阳能经济学章节。

众是工程专业、自然科学专业和环境/能源经济学专业本科大三或大四学生，或以上专业的研究生。笔者也力求在文中加入政策、建筑设计和规划方面的内容，作为跨学科研究课程的一部分，供相关专业学生参阅。每个章节后面都列出了相关问题，这些问题可根据需要进行修改或解释。[12]

如有需要，笔者建议使用软件解决多参数问题，处理大数据集。[13] 鼓励学生运用批判性思维解决问题，对待核心材料，而不是将精力用在如何运算大数据上。在太阳能系统设计方面有许多实用的工具都是向公众开放的，笔者希望向大家介绍几种业内使用的系统设计条件测量和量化方法。使用模拟引擎 SAM（系统顾问模型）将项目融资概念和能量分析概念集合起来。模拟引擎 SAM 可由美国能源部国家可再生能源实验室免费提供。[4] 该模拟工具集成了可在功能强大的 TRNSYS 软件[5]上找到的多款由可用要素组成的系统模拟工具，同时其前端可在多个平台上运行，开展从初级到高级的项目估算。

如前所述，本文旨在编成一本跨学科教材，面向来自科学、工程设计、政策、商务和经济学等多个专业背景的学生。在过去 5 年间，对文中的课题和内容进行了试讲，教材一学期内在 30—50 个学生不等的不同班级内讲授。除了正文和几段有关历史或科学的内容之外，笔者还在文中添加了一些小章节，更加详细地解释了辐射传输物理、球面三角学、气象学或设备行为等研究先进的核心概念。此类内容在其他著作中屡见不鲜，这些著作描述了太阳能科学基本概念，但通常充斥了大量的公式，内容对于新进修的高年级学生来说都是崭新的。在笔者以往的教学经验中，笔者诙谐地将此类内容称为"机器猴"。学生遇到这种完全陌生的科技内容时，往往表现得很惊讶，对他们来说，这种内容看似组织有序意欲阐明一个主题，但同时看起来又像是一个智能猴子用打字机敲出来的一样。笔者认为，学生在第一次遇到这样的内容时，可以略过不看，但鼓励那些终身学习太阳能课题的学生后期再回过头来看一遍这些内容，看一下这些材料是不是由一个用心良苦但具有挑战性的机器猴写成的。

---

教学目标
- 了解以往用传统热电技术对太阳能转换进行补充的做法。
- 巩固太阳能转换知识与移动物体空间关系的系统整合知识。
- 解释太阳能资源变化和期望值的气象时空估算方法。

---

⑫ 本文旨在编成一本跨学科教材。

⑬ 应为设计团队开发软件。在项目设计中太阳能采用多参数解算器。

- 熟悉太阳能转热能和电能（光电和光热转换）的过程和所需材料并具备相关技能。
- 开发太阳能商品和服务项目社会融资评估工具。
- 寻找方法，以便将生态系统服务和可持续发展理念融入太阳能项目设计中，包括分散投资以及决策时有太阳公用意识。
- 开发可持续能源系统方法，使特定区域的顾客能最大限度地利用太阳能公共设施。
- 理解并探讨"太阳能公共设施"、"区域"和"顾客/利益相关者"的更广泛的含义。

# 1.3 建议的课程计划以及相关课本

- 环境及设计哲学观
  —太阳能设计历史和可持续发展伦理
  —光的规律
  —光、热、功和光转化物理学
  —太阳、天气和不确定性
  —移动物体的空间关系
- 经济学和可持续发展标准
  —资源测量和估算
  —市场商品和服务经济学
  —项目融资
  —将太阳作为共有资源
- 设备系统逻辑和模式
  —太阳能转换系统中的模式语言
    - 腔式集热器
    - 平板式集热器
    - 管式集热器
    - 对位遮阳板
  —光热学
  —光电学
  —聚光

- 集成太阳能系统和项目设计
  - 综合设计
  - 针对顾客和特定区域的太阳能公共设施
  - 太阳能设计的目标

## 1.4　太阳能领域使用的单位和标准语言

语言在太阳能领域至关重要。由于太阳能领域集成了多个学科[14]，且每个学科都有其各自的专业科技语言，因此，太阳能领域需要一种有效的语言，以便在文献和团体讨论中就太阳能转换和所使用的设备设计进行交流。先前的研究成果足以帮助我们开始这方面的交流。1978年，一个太阳能研究者团体形成了一套标准，用于讨论太阳能转换话题。最近几年对这篇论文进行了再版，文中展示了太阳能领域使用的一套详细的符号和语言系统，这些语言和符号已使用了数十年。原作者的研究成果如下：

"太阳能方面的文献涉及多个学科，结果导致同一个术语存在不同的定义、符号和单位。甚至有些定义、符号和单位相互冲突，使人难以理解，而通过一种系统的方法可以解决这一问题，本文旨在找到这样的系统方法。"[6]

甚至早在1978年，人们就已经意识到可以借助其他支持性学科来对太阳能科学、设计和工程领域进行研究，同时可借鉴其他学科的方法和语言。许多不同专业背景的人员都可发展和探索太阳能转换系统（SECS）。我们应该知道在我们之间、我们的客户之间以及我们与公众之间交流所使用的通用语言。作者进一步描述了表达值和系数的用语。一套符号和单位不一定是永久的或强制采用的。但是一套术语和单位对于从事太阳能领域跨学科研究的人员来说是有价值的。在论述移动物体的空间关系、辐射传输热物理学，以及在项目设计过程中量化资源变化性采用的太阳能资源气象学评估方法等章节中，我们选择采用本论文作为参考。

能量方面，国际单位制（S. I.）中采用的是焦耳（$J = kgm^2 s^{-2}$）[15]，但不包括热量及其派生物。能量形式没有做出区分，电能、热能、辐射能和机械能都以焦耳为单位。一个例外情况是瓦时（Wh）[16]，瓦时本身是能量单位，广泛用于测量电网电能。

功率的国际单位采用的是瓦特 $[W = J/s = (kgm^2)/s^3]$。采用瓦特、千瓦

---

[14]　跨学科：来自多个不同学科的研究人员共同努力，全面解决系统问题。

[15]　焦耳：能量的国际单位 $[J]$。瓦特：功率的国际单位 $[W = J/s]$。

[16]　瓦时：电力的商业计量单位。记住瓦时或千瓦时（kWh）是电能单位，不是功率单位。这是学生和实习者常犯的错误。

（kW）、兆瓦（MW）、千兆瓦（GW）或太瓦（TW，很少用）作为功率或能量生产/需求率的单位。同样，瓦特用于各种能量形式，人们描述瞬间能量流时均采用瓦特作为单位。我们不会采用诸如 J/h 等其他单位来表述发电率。能通量密度单位将采用瓦特每平方米（W/m$^2$），目前，我们在表述辐照度时使用该单位。比导热率的单位是 W/（m$^2$K）。最后，当表述某一特定时间段内的能通量密度比率或能量生产/需求率（功率）时，我们将分别使用 J/m$^2$（能量密度）和焦耳作为单位。例如，发电量（发电率）为 4.1 kW 时，一小时后的发电量为 14.8 MJ。考虑 3600 s/h 和 0.001 MW/kW 的情况。

$$1 \text{ kW} \cdot 1 \text{ h} = [1 \text{ kW} \times 1000 \text{ W/kW} \times 1 \text{ (J/s) /W}]$$
$$[1 \text{ h} \times 60 \text{ min/h} \times 60 \text{ s/min}]$$
$$= 3600000 \text{ J} = 3.6 \text{ MJ} \qquad (1.1)[17]$$

此外，当提到某一特定时间段内的能量时，人们表述为每小时 14.8 MJ，而不是 14.8 MJ/h，每天 355 MJ，而不是 355 MJ/天。[18]

文中，辐射率/辐照度和辐射/辐照的符号对应多个术语。一般黑体产生的能通量密度用 $E_b$ 表示，太阳辐照的比能通量密度用 $G$（$G$ 代表"总辐照度"）表示。一天的总太阳辐照度用 $H$ 表示，一小时的总太阳辐照度用 $I$ 表示。

在描述像大地和天空这样的连续近球面体上的空间关系时，一般采用希腊字母。表述距离、长度、时间和笛卡尔坐标时，我们一般采用罗马字母。完整的符号列表见附录 B（见表 1.1）。

表 1.1　时空内的角关系，包括本文使用的符号和单位

| 角度 | 符号 | 范围和符号惯例 |
| --- | --- | --- |
| **一般表述** | | |
| 高度角 | $\alpha$ | 0°至 +90°；水平时为零 |
| 方位角 | $\gamma$ | 0°至 +360°；从北部原点顺时针方向旋转 |
| 方位（另一种表述） | $\gamma$ | 0°至 ±180°；面朝赤道为零（起点），东记为 +ive，西记为 -ive |
| **地球—太阳角** | | |
| 纬度 | $\phi$ | 0°至 ±23.45°；北半球为 ±ive |
| 经度 | $\lambda$ | 0°至 ±180°；本初子午线为零，往西为 -ive |
| 赤纬 | $\delta$ | 0°至 ±23.45°；北半球为 ±ive |

---

[17]　一小时的功率为 3.6MJ/1kW（1kWh = 3.6MJ）

[18]　在美国，英国热量单位（Btu）是用来描述加热燃料所含能量的常用能量单位。1Btu 是将 1 磅水提高 1 oF 温度所需的能量。1 Btu = 1055 J 或 ~1.1 kJ。对于天然气系统，换算公式是 1 MM Btu（1 百万 Btu）等于 1.05 GJ。

续表

| 角度 | 符号 | 范围和符号惯例 |
|------|------|----------------|
| 时角 | $\omega$ | $0°$ 至 $\pm 180°$；太阳正午为零，下午为 $\pm$ ive，上午为 $-$ ive |
| **观测角** | | |
| 太阳高度角（仰视） | $\alpha_s = 1 - \theta_z$ | $0°$ 至 $\pm 90°$ |
| 太阳方位角 | $\gamma_s$ | $0°$ 至 $+360°$；从北部原点顺时针方向旋转 |
| 天顶角 | $\theta_z$ | $0°$ 至 $\pm 90°$；垂直面为零 |
| **集热器—太阳夹角** | | |
| 表面高度角 | $a$ | $0°$ 至 $\pm 90°$ |
| （集热器表面的）斜率或倾斜度 | $\beta$ | $0°$ 至 $\pm 90°$；面向赤道为 $\pm$ ive |
| 表面方位角 | $\gamma$ | $0°$ 至 $+360°$；从北部原点顺时针方向旋转 |
| 入射角 | $\theta$ | $0°$ 至 $\pm 90°$ |
| 掠射角（仰视） | $\alpha = 1 - \theta$ | $0°$ 至 $\pm 90°$ |

# 参考文献

[1] Canada Natural Resources, editor. *Clean Energy Project Analysis: RETScreen Engineering & Cases.* Minister of Natural Resources, 2005.

[2] Susan J. White. Bubble pump design and performance. Master's thesis, Georgia Institute of Technology, 2001.

[3] Ari Rabl. *Active Solar Collectors and Their Applications.* Oxford University Press, 1985.

[4] P. Gilman and A. Dobos. System Advisor Model, SAM 2011.12.2: General description. NREL Report No. TP-6A20-53437, National Renewable Energy Laboratory, Golden, CO. 2012. 18 pp; and System Advisor Model Version 2012.5.11 (SAM 2012.5.11). URL https://sam.nrel. gov/content/downloads Accessed November 2, 2012.

[5] S. A. Klein. W. A. Beckman, J. W. Mitchell, J. A. Duffie, N. A. Duffie, T. L. Freeman, J. C. Mitchell, J. E. Braun, B. L. Evans, J. P. Kummer, R. E. Urban, A. Fiksel, J. W. Thornton, N. J. Blair, P. M. Williams, D. E. Bradley, T. P. McDowell, M. Kummert, and D. A. Arias. TRNSYS 17: A transient system simulation program, 2010. URL http://sel.me.wisc.edu/trnsys.

[6] W. A. Beckman, J. W. Bugler, P. I. Cooper, J. A. Duffie, R. V. Dunkle, P. E. Glaser, T. Horigome, E. D. Howe, T. A. Lawand, P. L. van der Mersch, J. K. Page, N. R. Sheridan, S. V. Szokolay, and G. T. Ward. Units and symbols in solar energy. *Solar Energy*, 21:65–68, 1978.

# 第二章　设计内容及基本原理

*没有科学史的科学哲学是空洞的，没有科学哲学的科学史是盲目的。*

*——Imre Lakatos*

*真理就像太阳，你可以暂时把它的光辉拒之门外，但是它永远都在那里。*

*——Elvis Presley*

*无根就无果。*

*——Bruce "Utah" Phillips*

## 2.1　太阳能转换系统设计的基本原理和历史

太阳能转换系统要求研究人员和专家同时评估太阳能资源供给和使用的规模、系统设计、分配需要、太阳能资源波动趋势可预测的经济模型，以及用于解决暂时循环的存储计划。

太阳能资源的范围非常广泛，可以实现日光、热能、冷却能和电力间的并行转化（太阳能热电联产）。换言之，太阳能转换系统的多种元素紧密结合。①[1]与传统资源相比，其各类元素不易被分开，也不会在能源工程网络中边缘化。人类无法生产或提炼光子（光的基本单位）。由于社会对太阳的概念通常为"属于全社会的文化和自然资源"，人们对光子没有"矿权"。（虽然承载能源转化的或有材料有矿权。）

太阳能转换系统领域已经准备好迎接商业领域发出的变革号角。（在工程、科学、经济和设计领域）你对太阳能转换系统的基本概念是什么？如何阐述太阳能转化的巨大潜力？②

---

① 词源来自13世界末的法语"cople"，表示"已婚夫妇、恋人"，来自拉丁文"copula"，表示"牵绊、联系"。

② 你是转化的代理人：

- 设计师
- 工程师
- 政策制定者
- 建造者
- 客户
- 利害关系人

本质上来讲，太阳能应用是将太阳光进行简单的转化，用于对社会有用的工作。*Butti* 和 *Perlin* 已经详细介绍了太阳能的应用历史，太阳能转换技术已有几千年的历史。[2]在阿纳萨齐、古希腊和古罗马时期的建筑中便有太阳能设计，中国和日本的佛寺中也有类似设计，主要用于建筑照明和气温平衡。③ 在旅途中，找到赤道的方向（即太阳在最高点的方向），观察朝向这一方向的建筑，你会惊讶地发现地中海的门廊（露台或走廊）、普韦布洛建筑以及禅院均经过特意设计，能够充分利用太阳季节性的方向变化。[3]

当前，木材、煤炭、石油等可燃物已被广泛认可为推动社会科技生活的引擎燃料。然而，燃料的储藏地点与需求地点并没有直接关联性。而且，此类燃料的全球性使用会对环境和健康产生负面影响。纵观历史，我们可以发现传统燃料燃烧被另一种能源科技取代的大趋势。在这一大背景下，应特别关注太阳能转换系统技术的发展和设计。当燃料供应出现短缺时，社会就会向太阳能技术寻求解决方案，曾经多次出现过此类情况。在美国，太阳能领域的创新案例一直可追溯到 19 世纪。④[4]但大西洋中部和东北部的太阳能发展案例却被遗忘了。

图 2.1 一次太阳能源大规模泄露引起的环境和社会变化

③ 禅宗的山石园林并不只是为了冥想。白色的石地面铺设在一栋建筑的南侧，可以实现日光漫反射，照向抄写佛经的地方。同时，这些地面也会把光线反射回天空，使夏日的空气更加凉爽。
④ 马里兰和宾夕法尼亚的企业分别在 19 世纪 90 年代和 20 世纪第一个十年里发明了*峰值*和*日夜*太阳能热水技术。上述技术的发明是以美国一百多年的太阳能热水发展历程为基础。

## 太阳能转化系统

从历史记录来看，大范围太阳能利用通常出现在存在经济限制或燃料紧张的时期。燃料供应紧张有多种表现形式，但是都会造成燃料供应价格的提高，人们迫于压力寻求能源替代品。人们迫于压力适应新能源是一种典型的经济性反应，本书中将这种现象称为能源约束反应。能源供应紧张的情况包括燃料短缺、燃料成本增加等情况。燃料供应紧张通常存在下列情况：

1. 由于供应链中断或者区域能源枯竭，导致无法获取能源；

2. *供不应求导致需求量过大*；

3. 政策、规章和法律限制燃料供应；

4. 能源获取风险较高。

能源供应越发紧张，[⑤] 针对太阳能应用研究的呼声就会越高。人们认为太阳能资源无所不在，而且取之不尽，用之不竭。古罗马建筑之所以大量存在采用太阳能的结构设计，主要是由于公元前早期，罗马的木材需求量很大，但供应有限。这一现象对城市的太阳能资源合法权利发展产生了重大影响。在公元前早期，罗马火炕供暖系统（见图 2.2）的出现造成了意大利半岛的大规模森林滥伐，以至于要从高加索地区进口木材。[5]

图 2.2　罗马火炕供暖系统图示

位于法国卡昂市附近的 gallo-romaine de Vieux-la-Romaine 村庄。尽管该地点不在意大利境内，

这样的结构需要大量的木材保证冬季室内地板和淋浴的温度。

图片提供：Urban/Wikimedia Commons/CC-BY-SA-3，2006 年 1 月

---

⑤　从化石燃料的长期发展来看，其含有多种因素，但是我们应该明确：化石燃料是不可再生能源，储量有限。

法国 19 世纪早期，煤炭储备紧张促使 *Augustin Mouchot*（*Lyceé de Tours* 的数学教授）发明了太阳能集光技术。通过这一技术可以实现巴氏法液体灭菌,[6] 给水加热，以及烹饪食物。20 世纪 20 年代之前，加利福尼亚的乡村地区燃料有限，在 20 世纪 40 年代前夕，佛罗里达形成了几个非常成功的太阳能热水公司。截止到 1941 年，迈阿密几乎一半的房屋都能通过太阳能加热系统获得热水。利用太阳光实现液体和固体加热的设备和服务已经有了几百年的发展历史。

"虽然当代文献中鲜有记载，但我们必须了解使用太阳能热量进行机械操作的想法不是最近才有的。这一理念不仅不是最近才出现的，而且其历史已经非常久远，发展足迹贯穿多个世纪，并催生了各种相关设备。"

——*Augustin B. Mouchot*,[7] 世界博览会，法国巴黎（1878）

从历史情况来看，常规燃料*非常易得，成本较低，供应充足，*但是通常认为光驱动能源转换具有分散性的缺点,[8] 无法完成机械工作。本处的工作包括利用太阳光进行显热转换、潜热转换，或者用于发电（日光和光合作用尚未纳入 19 世纪的可用能量范畴）。在佛罗里达许多原本采用太阳能热水的地区，城区引入低成本的天然气管道后，人们就放弃了太阳能热水设备。佛罗里达有些家庭的房顶上仍然保留有太阳能热水的永久结构，几乎已有百年历史。洛杉矶盆地发现天然气后，加利福尼亚的太阳能热水逐步退出了历史舞台（见图 2.3）。[6]

图 2.3 巴尔迪莫商人 Clarence Kemp 于 1891 年发明的太阳能热水系统

图片来自 Lawrence B. Romaine《贸易产品宣传册汇编》，"特殊类目"第 107 项，

加利福尼亚圣巴巴拉戴维森图书馆

---

⑥ "巴氏消毒法"的名称出现的比较晚，Mouchot 利用太阳能聚光法达到了几乎相同的效果。

⑦ Mouchot 用他的太阳能热量集中系统蒸馏出了世界上第一个太阳能白兰地，并因此享有盛誉。

⑧ 隔离：阳光。

我们可以归纳一下当前存在的一些观点：太阳能用于发电或水加热用途时，存在集中度不足，*能量不充分*的情况。从前文讨论中，我们可以发现，出现这一观点的直接原因是煤炭、石油、天然气、焦油砂、油页岩和天然气水合物等化石燃料获取方式简单导致的。⑨ 现代燃料供应紧张可能有多种原因。燃料储备地区处于高危地带，生物群落紊乱等环境因素（如地下水供给，以及溢漏或地面使用等生态系统困扰），全球取暖和发电造成环境变化和温室气体排放增加，都会体现在对燃料的使用和开采方面。上述限制因素都会导致燃料成本增加，从而促使人们转向寻求太阳能等可替代能源。

## 2.2 系统和模式

我们研究太阳能采用的现代化方法是了解各类系统的基础。[7] 太阳能系统设计与实施团队不仅需要解决奇异值问题，还必须共同努力，解决太阳能部署面临的*系统问题或挑战*。设计太阳能转换系统解决系统挑战时，我们希望建立可与周边环境系统协同工作的模式。因此，从本质上讲，太阳能系统设计与实施团队将根据现场太阳能生态条件的实际约束情况，代表业主*解决系统模式问题*。⑩[8] 稍后，我们将在正文中详细探讨太阳能转换系统模式的相关问题，将这一抽象概念具体化。

完成学习时，你应当针对下列问题给出自己的答案：⑪

1. 什么是系统？
2. 对系统来说，*周边环境*是什么？
3. 系统—周边环境关系的边界有什么关联性？
4. 在动力系统中，*存量*和*流量*的作用分别是什么？
5. 在动力系统中，*反馈*的主要因素是什么？

系统是一系列保持着较弱或较强网络关系的要素和其他系统的集合，该系统具

---

⑨ 我的一个好友兼同事将煤炭称为"集中日照"。

⑩ 解决模式：解决耦合问题的系统性，是由可持续性创始人 Wendell Berry 提出的表述。

⑪ 太阳能生态学：研究社会环境和技术的匹配系统。

系统：元素/组成和其他在网络关系中耦合在一起的系统集合体。

周围环境：系统边界的外围。

开放系统：质量、能量交换的边界是可渗透的。

潜能：流量的驱动力。

存量：存储的潜能。

流量：质量、能量或者信息随时间的变化。

有独特的模式或结构，可产生一系列特征行为。我们研究的是*环境系统*，各系统均具有一般边界，将系统（内部）与周围环境（外部）划分开来。环境系统也是一套*开放系统*，在时间和空间上具有动态特性，信息、质量、能量和可能穿过系统边界的熵。

处理系统与周边环境的关系时，我们隐含地定义了二者的边界。定义的边界将具备一些条件，包括可渗透能量、质量和熵。允许对能量、质量和熵进行渗透时（开放系统），我们可观测到潜在的响应流量。我们将此类流量的模式作为系统动力学进行研究，开放系统具有一个连续驱动力（如太阳辐射或重力），在非平衡条件下运行。

作为离地球最近的恒星，太阳是一个神奇的动力系统，离地球仅 9 300 万英里。太阳系与周围近真空空间的边界已延伸至光球层（大多数太阳辐射的来源）。日全食时，可观测到"太阳大气层"，分别包括反变层、色球层和日冕层。太阳大气层外是近真空空间，主要是太阳系*周边环境*。

作为人类家园的地球是另一个神奇的动力系统。我们将地球的边界定位在上层大气与近真空空间之间。认真分析地球与太阳的密切关系，我们可以观测到二者间重力与辐射的关联。因此可知，存在一个更大的系统，其与周围环境的边界囊括了地球和太阳两大天体。

太阳能转换系统是我们运用的一项技术，融入了周围环境，属于第三系统。太阳能转换系统要求设计者和实践者同时评估太阳能资源的供应和利用规模、系统设计、分配需求、太阳能资源波动预测经济模型，并制定解决瞬态循环的存储计划。我们无法从设计进程中去除地球或者太阳，我们将太阳能电池板/房屋/树木视作是一个系统（地球系统）中的系统（具体科技），而地球又是太阳—地球系统中的一个系统。[12]

因此，太阳能能量转换流程要求设计者将下列内容纳入其系统概念：（1）太阳，（2）地球，以及（3）采用的技术。因此，太阳能转换系统各要素之间具有较强的*耦合性*。太阳能转换系统已经准备好迎接商业领域（工程、科学、经济和设计）的变革召唤。

## 2.3　系统设计

很久以前的查科峡谷文化（又称阿纳萨奇文化）就是系统设计的一个典型案

---

[12]　由于月球对潮汐系统的引力影响（阅读：耦合），我们希望将月亮纳入地球系统的边界内。

例。通过谷歌地图，还可以找寻到普韦布洛波尼托遗址。建筑师 Stephen Dent 和城市规划师 Barbara Coleman 发现了证明这一时期的城市规划已经采用太阳能资源和利用气象条件的有力证据。这些定居点（现在已是废墟）的建成经历了多年，位于美国西南部，当地生态系统比较脆弱，而经考证，这些建筑充分考虑了周围的环境因素（太阳和月亮周期）。

查科建筑在建筑规模和选址方面均显现出了高度的环境敏感性。通常，建筑外形逐层降低，均朝向正南或者东南方位。这种结构可以使建筑内的开阔区域和大部分空间抵御冬季盛行的西北风的影响，建筑内冬暖夏凉……这种设计可以使建筑内的各个区域在冬季都能接受良好的阳光照射……

如果说查科安族不了解太阳能几何学，没有按此进行标注，或者说不理解其与自然周期的关系……这简直是不可思议的。[9]

然而，也有证据证明，虽然实施了这些创新性的环境规划，这种文化还是覆灭了。这可能与所用的材料有关系。这些建筑采用了大量的石头和木材，而这些材料的运送距离超过80公里。查科安族累计修建了200多公里的道路，将各个定居点连接在了一起。[10]也许，这是一个大型的生态系统迁移，而新的稳定状态可能无法维持阿纳萨奇人的文化传承。因此，应考虑我们现在的行为方式在环境和周围社会中的可持续性。

## 2.4　可持续性的道德层面

如今，研究人员和行业赋予了可持续性新的定义。如后续章节所述，能源系统的可持续性是一体化系统设计和生态系统服务的中心标准。本章中，我们认为可持续性必须成为人类社会和生态系统中大型能量转换开发项目的重中之重。但是，需要注意的是，"可再生能源"或"替代能源"不一定可以满足标准，作为可以满足人类社会需求的可持续能源系统。作为研究和应用的一个领域，能源系统实际上涵盖了质量、水、能源和资金等元素间的各种转换。如果能源系统成为了我们全球消耗的主体，极有可能在未来几十年逐步变成不可持续的系统结构。⑬

---

⑬　可持续性必须以支撑环境全新转变为中心；可持续能源：采用可持续性道德框架在社会中进行的能量转换；亟须为当地和全球网络利益相关者创造一个干净、安全的生物群落，营造康乐生活，培养长久或闭环时域，尊重后代。

什么是可持续性?[14] 为什么会将可持续性作为规范条件与道德行为相关联?[11] *Becker* 认为，可持续性是"用于探讨商务或教育等各类社会领域以及生物多样性丧失、气候变化、非可再生资源的分配和使用、能源生产和使用、全球公平和正义等主要环境、社会和全球问题，以及经济问题的整体理念"。[12]

虽然可持续性在目标各异的转变项目中仍未引起高度重视，但无疑是一个对社会和支持生态系统具有巨大潜力的重要理念。同时，可持续性是一副价值不菲的折射镜，让您洞悉您在未来能源系统中的重要作用。此外，可持续性的道德维度是植根于人类间基本关系中的内生框架：可持续性将现代的我们与空间广袤的宇宙、与数年后的后代以及赖以生存的生物群落紧密相连。可持续性一个重要的作用就是"代理"，您和您的设计团队就是负责改变的"代理人"，促进太阳能转换系统发展，满足客户、利益相关者的需求和福利，促进特定区域生态系统的发展。如此一来，可持续性的道德教育列明了我们对以下群体的同步、系统化道德义务，（1）当代全球社区，（2）人类社会后代，（3）支撑地球生命和生物多样性的自然群落或环境。[15][13]

因此，可持续发展早已涵盖了一些重要因素，在规划过程中，将遇到大多数此类因素。首先，科技可持续性包括部分学科以及科学和社会的融合。由于太阳能设计和部署整合了工程（机械、电气和建筑）、物理化学、经济金融、政策演变和系统政策等领域部分学科，太阳能领域已经实现了跨专业协作。此外，可持续性还要求必须考虑解决方案的本土性、解决方案与时间的协调以及与系统出现问题是需要采取措施和选择方向时解决方案真实存在的不确定性。我们确保选择的模式与我们对多元化科学方法和采用的假设的反思保持一致。请确定您如何将可持续性的道德教育融入您的太阳能转换系统的设计和部署中。[16]

太阳能技术的部署无须与可持续能源方法相提并论。将社会和技术与周围环境（太阳能生态系统）融合，开发太阳能转换系统，并着重关注使用材料使用寿命周期以及部署太阳能系统等大型项目产生的环境影响。此外，还存在以不符合行业规

---

[14]　可持续性：社会和环境之间道德系统关系的整体理念。在设计中考虑评估时域、对本地的依赖性和利益相关者。

[15]　可持续发展关系：

1. 全球当代人；

2. 后代；

3. 为我们提供支持的生物群落。

[16]　可以将太阳能转换系统作为支持型太阳能系统的环境技术，或者最终会对环境产生不利影响的技术。项目开发时，应酌情从道德层面考虑可持续性。

范的方式设计太阳能转换系统，比如不合理（甚至不健康）地处理技术生产流程中产生的废物、安装太阳能电池板时忽略对敏感生态系统中已有生物群落产生的极大不利影响。在可持续性的科学与实践方面，我们不仅仅是利益相关者，更是变革的推动者和代理人。

若考虑可持续性在我们支撑环境方面的深层次含义，太阳能转换系统极有可能发展成为一种生态系统技术或环境技术，表明能源系统将以一种具有建设性的方式与大自然相互作用。相反，太阳能转换系统亦可能对生态系统和环境有害，因为太阳能技术是一种"可再生"技术，但并非始终干净、安全，或者与可持续发展的理念始终和谐共存。我们应该明白，未来几十年，与农业技术和工业生态一样，太阳能转换系统部署也必将面临可持续性标准带来的巨大压力。Wendell Berry 编写了《模式解决方案》，并将其记录为"一系列工业方法，解决了具有众多对农业存续产生威胁和损害的'副作用'的食品生产问题"。[14] 从其他角度来看，可将太阳能作为适用技术纳入社会或环境的相关解决方案，这些方案可能规模较小，但是节能、因地制宜并且也可以提高当地的福利和顺应力。

在当地生态系统的框架下，在"环境"这个大系统中部署太阳能转换系统的环境技术和设计方案，无论生态系统是人口密集的城区，还是地域广袤的平原。作为变革的代理人，设计团队引入了可持续性能源系统，还必须意识到技术部署和服务对生态系统产生的影响。鉴于我们在能源勘探方面规划了重大变动，并且即将开展太兆瓦级新开发项目（或任何可再生能源资源），从道德方面来说，我们有义务在材料、水和能源使用方面做出重大变更时，考虑我们赖以生存的生物群落。⑰

## 2.5　生态系统服务

本章和此后的技术章节考虑了太阳能转换其他方面的问题，因为太阳能转换与周围的环境和生态系统相互作用。我们将构建一个基于团队的综合设计程序，使其与从经济方面足以提供可持续能源解决方案拟定的太阳能转换系统保持一致，同时

---

⑰　● $W = J/s$

● $kW = 10^3 W$ 千

● $MW = 10^6 W$ 百万

● $GW = 10^9 W$ 十亿

● $TW = 10^{12} W$ 万亿

太瓦：万亿瓦电能—能源需求率（$J/s$）。地球上人类总能耗为 16～17 TW，在数十年内增长至 30TW。

减少系统设计和部署过程中对业主产生的风险。社会和支撑环境之间的有机或无机关系以生态系统表示。对我们城市和农村生态系统的研究均可视为"生态研究"。事实上，从语源来看，"生态"一词源自希腊词语"oikos"（此处即指生态），意指"房屋、居住之地、栖息地"，简言之，是指对我们环境和居住地以及生物与环境互动的方式等模式的研究。⑱[15]

2005 年《新千年生态系统评估》对决策者提供了总结和指导，并表明人类活动将对地球生态系统生物多样性产生不断增长的影响。人为影响降低了生态系统的恢复弹性和生物承载力。[16]作为地球的生物群落，地球是人类的"生命保障系统"，为我们提供至关重要的生态系统服务（人类从生态系统获得的益处），我们必须不断传承、潜心管理。

● **支持**：是所有其他生态系统服务生产所需的关键和基础服务，包括光合作用、土壤形成、营养的初级生产、营养循环和水循环。

● **提供**：通过生态系统获得的产品，包括燃料等能源、食物、纤维、基因资源、生化药剂和药物、观赏资源和淡水等。

● **管理**：通过管理生态系统过程，获得的收益包括空气质量管理、气候管理（微气候和大气候）、水资源管理、腐蚀管理、水净化和废物管理、疾病管理、害虫管理、授粉和自然灾害管理。

● **文化**：社会从生态系统获得的非物质收益，包括丰富的精神生活方式、认知发展、思考、娱乐和审美体验。服务包括文化多样性、精神和宗教价值观、传统和正式知识体系、教育价值、启发、审美价值、受生态系统影响的社会关系、场所感、文化遗产价值、娱乐和生态旅游。

我们应考虑，在为特定地区的业主部署太阳能转换系统时，将会增加或减少哪些互补的生态系统服务？⑲事实上，生态系统服务这一理念是以与风险降低策略相似的形式产生，用于金融领域，被称为分散投资。⑳只有生态系统是我们希望不会"破灭"的唯一投资组合。我们通过生态系统服务㉑将太阳能转换为一种环境技术策

---

⑱  生态：家园和环境研究。

  经济学：家园和环境的管理。

⑲  生态系统服务：人们从生态系统或者可用于提供弹性有机环境活动所需资源和过程系统模式中得到的利益。

⑳  分散投资：通过将资产分散投资到多种选项，分摊风险。

㉑  生态系统服务：我们的设计方案是否会增加或减少服务？

略，实现可持续发展能源目标，对我们的可持续发展关系产生深远影响。如果仔细核查该表，并考虑"老派"的能源供应方式，我们可以发现很适合采用太阳能转换系统提供生态系统服务。② 如果我们独具创造力，即如果我们真正地将植物生长与我们的太阳能转换系统项目设计相融合，则我们可以采用生态系统服务支持光合作用。考虑到分散投资、投资项目或在项目中融合一系列生态系统资产，将会发现调节和文化生态系统服务方面将会产生众多机遇。再次回想我们禅宗山石园林的事例。该实例中，山石为我们提供调节和文化方面的生态系统服务。想象一下，采用屋顶绿化甚至是屋顶花园使建筑空间变得异常凉爽，并减少城市热岛效应。这时，您将看到分散投资在生态系统服务方面的巨大作用。屋顶绿化影响微气候，实现水净化或雨水径流控制，并为青少年教育和科学认知发展提供文化背景。如果是基于花园设计的屋顶绿化，则还可以提供本地食材、草本植物，增加与屋顶花园管理相关的社会关系。如果将太阳能光伏电池板融入屋顶绿化区可能会产生凉爽的微气候区域，可能在炎热的季节产生更多能量，甚至可能在业主进入屋顶时，展现出全然不同的美景，提供绝佳体验。

## 2.6 目标的局限性

对 MEA 总结报告进行审查后，我们开始认识到，无法将所有业主或利益相关者团体的利益"最大化"；事实上，我们正在处理的许多问题都非常严重。㉓[17] 实现太阳能设计目标时，可以发现科学和社会的作用：尽可能多地增加特定地区的业主或利益相关者团体的太阳能公共设施。公共设施㉔是一个经济学词汇，与业主对商品和服务的喜好相关。随后，我们通过太阳能公共设施指代源自太阳能资源的完全不同的一系列商品和服务，而不是非太阳能商品或服务。这包含了无数可能性，因为除了我们对光伏太阳能等小型技术有限的了解外，太阳能是天气、日照和农业的主要驱动因素。但是，Becker 告诉我们，功利主义模式具有诸多限制。㉕[18] 此类以成本效益分析为基础的方法应与经济学采用的方法相似，并且可以扩展至 Pigot 和 Pereto

---

㉒ "老派"：能源是供应问题，仅仅是提供服务；"新派"：能源是对供需的管理和匹配，是提供支持、调节和文化服务。

㉓ 持续发展设计面临众多挑战，并且此类挑战极为严峻。

㉔ 公共设施（经济学）与业主对商品和服务的喜好相关。太阳能公共设施指源自太阳能资源的一系列商品和服务，而不是非太阳能商品或服务。

㉕ 公共设施最大化是经济学领域中的一种古老理念（功利主义）。具有诸多限制：影响其解决模式的价值。

（20 世纪早期）、Bergson 和 Samuelson（20 世纪中期）以及近代的 Arrow 和 Sen 等福利经济学家。[19]对于社会，我们倾向于重点关注与支撑生物群落独立的人类福利，尽管我们的决策考虑了市场和非市场两个方面。

全球化带来了全球竞争，也使我们的生物群落、气象学和文化本地化和时间依赖性更高。世界生态学家的评估表明，我们的支撑生物群落并不能作为未来便利设施和资产的交换。实际上，我们的生物群落是社会不可分割的一部分，脱离了生物群落，人类甚至无法生存。为什么需要仔细考虑这些问题？因为政策允许技术发展。很多时候，良好的设计理念都由于没有明确的规定或拨款而分崩离析。

## 2.6.1　太阳能辅助照明

众多早期文化建筑朝向设计中，均充分利用了太阳能增益的优势，包括北美西南部的阿纳萨齐族文化建筑，中国、韩国和日本的寺庙，以及古希腊建筑。所有这些文化建筑中，均设计了窗洞，允许日光射进建筑内部，在白天提供可见光，在严寒季节得到热量。我们将在后续章节深入研究窗洞开口以及吸收内部空间的技术，是腔式吸热器的典型代表（与平板式系统相反）。㉖

当然，在某些地区，冬季采用开口窗的缺点在于开口窗将加快热量流失，从而需要更多燃料保持室内温暖。因此，在严寒季节，必须储存大量木材、煤、粪肥或其他液体燃料，加大了社会和经济成本。封闭空间燃烧燃料会降低空气质量，由于经常暴露于颗粒和挥发性有机物中，易对人体造成长期健康风险。

罗马早在公元 100 年左右就已开始采用玻璃板，在防止大量热量损失的同时允许阳光射入内部区域。当时的玻璃板并非现在使用的双层或三层嵌装大型玻璃板，而是适合富有人群、寺庙或教堂采用的小型人工吹制玻璃板。在东亚地区（中国、日本和韩国），采用了纸质嵌装玻璃，用于实现类似目的。在有资源的地区，甚至将本国㉗技巧与大型层状矿物白云母结合，形成密封窗（见图 2.4）。现在，我们将再次利用所有此类玻璃装配技术和功能，为太阳能技术服务，确保内部区域白日的短波辐照度，同时在夜间和阴天保持室内空气温暖。所有采用玻璃墙的文化建筑均实现了降低能耗、增加可用时间，以及提升室内空气质量和健康条件的目的。

---

㉖　我们在保证向空间内传递热量的同时，侧重研究可以允许光线进入室内的技术。

㉗　本国：建筑设计常用的描述性术语。从文化上得到认可的建筑方法是充分考虑了历代制定研究的当地气候干旱资源。

图 2.4　玻璃窗用白云母（云母类矿物）材料

图片摘自维基共享资源公有资源库

　　现在，我们转换到需要解决照明用燃料困境的当前迫切现状。在许多发展中国家的热带地区，可以修建许多价格低廉的房屋，这些房间墙面不设窗户，并设波纹金属屋顶。从本质上来说，这些房屋无须窗户储热，只需在室内实现自然采光，用于阅读、工作和手工艺作业。回顾 2002 年，来自巴西圣保罗的技工 Alfredo Moser 发明了一个全新理念，使用一个装满滤后水（采用漂白剂消毒，避免藻类生长）的塑料瓶，作为室内光照的光导管。事实上，Alfredo Moser 是以此照亮其工作车间！（见图 2.5）。

　　此后，在菲律宾出现了 MyShelter 非营利组织，该组织由年轻的菲律宾籍社会和生态企业家 Illac Diaz（麻省理工学院和哈佛大学毕业生）创立，称为 *Isang Litrong Liwanag*（翻译为"一升阳光"）㉘。ILL 以病毒性项目启动，目的是到 2012 年，在低收入家庭安装 100 万个灯管。[20] 太阳灯泡瓶采用一次性塑料苏打水瓶向室内空间折射日光。这些技术简单易学，容易复制，解决了发展中国家最基本的人类需求。材料和人力成本极低，使用的塑料瓶也是废弃材料。太阳能灯泡瓶采用了斯涅耳定律所述的光学物理和全内反射原理，形成了光导管（类似于光纤）。这一解决方案解决了光的折射和反射物理原理，我们将在以后与器件逻辑和语言相关的章节详细说明。[21]

---

　　㉘　参阅"一升阳光"网站，了解视频资料和创意分享，创造属于您自己的太阳能光灯泡。

图 2.5 以极低成本在晴天提供照明的 PET 塑料苏打水瓶（等效于 55W 白炽灯泡功率）

图片由 Jeminah Ruth Ferrer 提供

## 2.6.2 太阳能所有权和使用权

历史证明，数百年前就已形成太阳能法律架构。《太阳能所有权》确定了对太阳能的使用权，并对经济后果有着重大作用。如康涅狄格州立大学法学院副教授所说："太阳能所有权表明了产权人是否无需电力就可以种植作物，就实现照明、晒干湿衣服，利用自然光收获健康的收益，或者，在当代运行太阳能集热器设备将太阳能转换为热能、化学能或者电能。"[22]

在古罗马和古希腊，以地役权、政府土地分配以及严苟的城区规划方位和标高限值等形式确立法律结构。[23]该法律结构的出现确保公民可以通过日光获取太阳能，在冬季获取太阳能热，减少燃料消耗。

在美国，通过下列方法区分太阳能所有权和太阳能使用权。太阳能所有权：选择在住宅或商用地产内安装特定太阳能系统，受到私权限制。太阳能使用权：确保建筑红线内的结构或场所可接受光照，且不受周围物体（包括树木）的影响和阻碍。常见私权限制包括：禁止在屋顶安装太阳能装置、随处设定衣物烘干线、前院蔬菜园、太阳能驱动管道等相关约定或规定。㉙[24]截至 2012 年，已有 40 余个国家颁

---

㉙ 您是否看到了郊区人民的所作所为？

布太阳能使用权相关法律，如太阳能地役权或太阳能所有权，或都包含的相关规定。[25]宾夕法尼亚联邦、密歇根、南卡罗莱纳、康涅狄格州等并未颁布此类规定，这些地区在太阳能系统安装量方面相对滞后。

在德国，已颁布日光使用权相关法律，保证了工作场所可以充分利用日光，确保白天所有工人一天内都可以暴露在可变光强的日光之下。事实上，职业和室内环境健康研究已经表明，对于每24小时进行一次生物周期循环的昼夜系统而言，暴露在可变强度的光照下（如日光）至关重要。人体由内部模式驱动，从生物化学角度来看，与太阳能周期同步，因此，阳光是我们生命周期最基础的要素。我们的昼夜系统调节休息和活动的行为模式，以及细胞的生化功能，包括紫外线在生成维生素D方面的巨大作用。[26]为什么我们通常用紫外线照射牛奶等食物产品形成富含维生素D的产品？因为在阳光下，紫外线通常将我们体内的胆固醇转化为维生素D。在美国，随着人类室内活动不断增加，我们需要在膳食中补充维生素D。紫外线将牛奶产品中的胆固醇转化为维生素D，这是威斯康星大学麦迪逊分校（奶酪发源地）的专利技术。

## 2.6.3  太阳能企业

您是否相信当今世界第一的太阳能企业发迹于费城？作为19世纪著名的电子发明家，Frank Shuman 发明了"夹丝玻璃"（在玻璃板内嵌入钢丝网）、"Safetee 玻璃"（玻璃板变体内嵌入环氧树脂，用作汽车车窗）和低压蒸汽机。[27]随后，Shuman 于1910年成立了 Sun Power Company，并于1911年在埃及成功利用太阳能物理学实现蒸汽泵发电。[28]

这是企业参与温室效应同时依据科学理念的尝试。但是，此前，他曾在宾夕法尼亚州塔科尼（今费城东北附近）建立小型太阳能研究机构。Shuman 先建立了超大卧式热盒（卧式平板集热器技术），占地1080 ft$^2$（110 m$^2$），可容纳4马力蒸汽机抽水。㉚[29]并且，他们寻找了大量潜在客户。但是，Shuman 选择了宾夕法尼亚作为客户群体，但是这里的居民不缺少燃料，煤炭、石油和天然气等资源丰富。事实上，从个人经验来看，由于宾夕法尼亚州的"多云"天气，大多数本地居民都认为太阳能产生的价值极小。㉛[30]这种理念将随着时间的推移和新兴太阳能设计团队的参

---

㉚  请注意，1马力约合3/4kW。

㉛  同时，新泽西、马里兰和纽约将在州内大量安装太阳能发电系统。此外，将州名翻译为" Penn's Wood"，树木更能响应太阳能技术。各个州的气候不同。

与逐渐发生改变。综上所述，宾夕法尼亚州并不是太阳能聚光的最佳场所（适合平板技术，但不适合聚光技术）。

　　仔细回想，Shuman 开展玻璃业务，可以使用高质量的匹兹堡平板玻璃生产盖板和镜子。通过使用镜面（匹兹堡平板玻璃镀银板）管道系统和追踪曲柄，塔科尼工厂可以对超过 10000 ft$^2$（929 m$^2$）的聚光设备进行试验，并在晴天产生 25—50 马力泵吸作用。[31]最终，Shuman 的公司为埃及尼罗河开发了太阳能聚光技术，尼罗河地区太阳能资源更丰富，晴天天数更多，更有利于聚光。19 世纪后期，埃及主要以 15 美元至 40 美元每吨的价格从英国进口煤炭，Frank Shuman 计算得出，采用其开发的技术产生的太阳能蒸汽成本可低至 3 美元至 4 美元每吨。㉜[32]

　　让我们回顾一下燃料限制的历史案例：埃及直接日照辐射极高，燃料成本也非常高；因此，大力投资兴建太阳能，降低燃料消耗量，可使埃及长期受益。相反，宾夕法尼亚州的年直接日照辐射较低，当地煤炭资源丰富，1911 年的燃料成本极低。因此，太阳能聚光技术在宾夕法尼亚州的市场前景不大。在未来设计太阳能转换系统时，应始终牢记：通常，确定一项技术是否成功的不是阳光量，而是避免燃料成本、改善社会和环境条件带来的经济利益（见图 2.6）。

图 2.6　由 SolarFire. org 公司 Eerik 和 Eva Wissenz 在印度拉杰果德修建的

普罗米修斯 100（100ft$^2$太阳能聚光镜）

图片由 EerikWissenz 提供

　　如今，印度再一次出现了当代"Frank Shuman"！SolarFire 集团由加拿大人

---

　　㉜　阳光（太阳辐射）的量不是驱动我们采用技术的关键，相反，是避免燃料成本产生的优势促使我们采用太阳能转换系统。但是，第一次世界大战暂停了 Sun Power Company 的未来开发项目，当时大多由英国商业银行提供支持。

Frasier Symington 创建于 2007 年，由 Mike Secco 担任项目总监，整合墨西哥的烘炉技术。随后，Eerik 和 Eva Wissenz 大力发展 SolarFire.org 集团，使其逐渐开发工业应用，形成了众多的全球合作伙伴和投资网络，以开放业务模型向受太阳能影响程度较高的地区推广低成本太阳能聚光技术。[33] 三种部署模式中，已经开发了聚光技术，使其参加具有自行安装示意图和说明书的建筑开源制作社区、当地小型商用发电以及工业规模发电。[34]

有了赫利俄斯合成聚光镜聚光技术后，可以实现大于 500℃ 的高温，产生高压干蒸汽，由固定焦点吸收。事实上，他们已与印度 Tinytech 工厂合作，建设尺寸 32 $m^2$ 至 90 $m^2$ 的聚光镜，并配备 2—50 马力蒸汽引擎。同时，根据 Frank Shuman 在宾夕法尼亚塔科尼的首座聚光发电厂的计算，太阳能系统具有相同泵功率，但是其面积仅为位于印度古吉拉特邦聚光站的十分之一。聚光太阳能还可用于其他应用，比如做饭、煮咖啡、水净化、工业化食品和材料处理用蒸汽，甚至是熔铝。[35] 但是，太阳能技术的另一个案例则是环境技术和适用技术。③

## 2.6.4 太阳能生态系统服务

我们已经回顾了全球太阳能如何改变生活、保护人类健康、促进人类繁荣的相关历史数据。现在，让我们重新关注对我们生活和工作空间至关重要的生态系统。所有太阳能技术均会对部署技术的生态系统产生影响。事实上，如果设计时考虑了景观设计和生态因素，将会增加生态系统对该区域的服务功能。直到最近，太阳能设计才将生态系统服务作为太阳能设计理念的一部分。近期，出现了一些设计讨论，谈及了向光伏阵列增设所需遮蔽和遮挡（除了发电外）的方式。此外，评估了美国西南部大型太阳能项目对部署太阳能项目区域内各本土物种所需生态系统产生影响。

对于影响建筑环境空间或生活空间的太阳能，我们已经列举了图 2.7 所示 Ryo-Anji 禅宗山石园林。山石园林用于微气候和寺庙建筑周围照明条件等多种目的。若不考虑办公区前的小砂桩和横梁烘托得镇静效果带来的夸张景象，山石园林的确非

---

③ 生态系统服务：

● 支持：是所有其他生态系统服务生产所需的基础服务，包括光合作用、土壤形成、营养的初级生产、营养循环和水循环。

● 提供：通过生态系统获得的产品，包括能源、淡水和生物。

● 调节：通过调节生态系统过程（比如良好空气质量、水质、气候管理和腐蚀管理）获得的利益。

● 文化：社会从生态系统获得的非物质利益，包括丰富的精神生活方式、认知发展、思考、审美体验、娱乐和生态旅游。

常实用。如果按照 Robert Brown 教授（加拿大奎尔夫大学）的景观分析研究，山石园林可折射光线的表面朝向书房和抄经室南侧，夏季时，光线可柔和地折射进房间。此外，反射光的能量无法被地面吸收，保证山石园林室内空气整日凉爽。当然，仅此特点远远不够，因为凉爽空气很可能被吹离建筑，因此，特别设计了稍稍倾斜的挡风墙，确保室内空气始终凉爽。现在，反光墙仍然美观、洁白（或者亮灰）。京都附近的区域夏季炎热、潮湿，这就意味着该区域非常适合藓类或植物生长，并且叶片枝蔓爬上山石园林地面。若需维护山石园林地表，必须使用耙子定期耙去小灰石，或者绘制独具创意的纹路，或者使用一些大石头破坏这些特点。[36]这并不是说日本的山石园林就毫无审美形态，而是与许多与能源和舒适的生活环境一样，从数百年的太阳能应用经验中得来。

图 2.7　Ryo Anji 山石园林

图片由用户提供：cQuest／Wikimedia Commons／CC-BY-SA-3，2007 年 5 月

## 2.6.5　通过太阳能实现能源独立

我们不会在本章中讨论美国案例。几十年来，能源独立始终是工业化国家关注的重要问题。本章中，我们分析了 20 世纪 70 年代的德国。我们以 1975 年在德国西南部新建核发电站引发的小型抗议作为切入点。德国发生的一系列事件使得德国兴建了主要太阳能研究中心。本文涉及一个名叫 Wyhl 的村镇，是靠近上莱茵平原的凯泽斯图尔葡萄酒产区。该区东西边界紧邻法国、北靠瑞士—德国边境。

最初，酿酒人农村公社和村民在 1975 年进行了抗议示威。当地执法者并未妥善处理最初的抗议，负面宣传随之传开。最终，弗莱堡（大学城）公社的大约 3 万人重新入驻 Wyhl，并且未被遣散。因此，核电站并未建成，该片土地最后也成了自然

## 太阳能转化系统

保护区。[34][37]但是，这一事件在德国引起了关于获得更多扩展工业区权利的全国性辩论。在何处放置核废物这一疑问增加了人们对核电站的关注，而后，1979 年美国三里岛核反应堆发生事故（就位于宾夕法尼亚州首府哈里斯堡外）。1980 年，西德连邦议会的一个委员会提出实质性变更能源政策，放弃核能。德国大众肯定了这一提议，并于 1983 年选举西德连邦议会行使绿党职权。1986 年出现的切尔诺贝利核事故坚定了绿党摒弃核能的信心（见图 2.8）。[35][38]

图 2.8　2010 年 4 月 24 日，人们在 Krümmel 和 Brunsbüttel 两座核电站间排起了长达 75 英里的长链（超过 12 万人），进行 *KETTENreAKTION* 抗议，示威反对核能项目

2010 年 4 月 24 日摄于德国尤特森。图片由用户提供：HuhuUet/ Wikimedia Commons/ CC-BY-SA-3

相反，大约在 1985 年，美国各高校取消了太阳能工程研究这一新兴领域，同时，1978 年《能源税法案》（P. L. 95—618）失效。一些机构保留了小型从业团队，但是与同样相对年轻的核工程领域相比，太阳能领域已淡出美国 20 多年。许多讲解太阳能资源基础知识的课本均出自 1985 年以前，太阳能研究人员也逐渐转向制冷、微电子和纳米技术等其他资助领域，直到退休。2005 年《能源政策法案》（EPACT）使太阳能行业恢复生机，2008 年对《紧急经济稳定法》（P. L. 110—343）进行了修订，这为太阳能行业注入了活力。因此，在美国，培训太阳能科学家和工程师存在 20—25 年的间隔。同时，由于缺少工作机会、政府资助和化石燃料的供过于求，行业也逐渐衰落。而在这段时间，德国的情形如何？周围地区均是葡萄酒原产国，而非啤酒。

　　试想一下，如果您的国家已经做好规划，准备通过工业和商业发展扩大电力消

---

㉞　共识：绝不将水质降低与红酒产区生产力混为一谈。

㉟　《明镜》周刊保存了德国核抗议事件的时间表。

耗，却无奈受到无法使用足够煤炭和可裂变核材料等化石燃料的约束，您会怎么做？您是否仍然记得弗莱堡？20 世纪 80 年代初期，德国进行了大量科学技术投资。1981 年，成立了弗劳恩霍夫太阳能系统研究所（Fraunhofer ISE），这是欧洲首家太阳能研究机构，与附近的弗莱堡大学独立运行。虽然弗莱堡所在的德国西南部年太阳辐射低于美国除阿拉斯加州以外的其他各州的太阳辐射，但其也是全球年均太阳辐射值最高的地区之一。如今，该研究所已成为欧洲业内最大的研究中心，也是太阳能领域太阳能研究和公司合伙的全球领导机构之一。可以从首批应用的基本研究中发现能源独立的最初形态，与新泽西州发现的 Bell Labs 相似，于 20 世纪 40 年代申请专利，并于 1954 年设计了首款商用"太阳能电池"（现称"光伏"）。

除了德国的研究支持外，1990 年出台了《电力供应法》，确保优先选择通过水力、风力、太阳能、填埋气、沼气或生物质等能源产生电力。法律强制规定，电力公司必须购买可再生能源电力，同时向可再生能源发电商提供了大额贷款和补贴。随后，于 2000 年颁布了（《可再生能源法》，EEG），使得全球太阳能光电行业重拾生机。法案旨在通过建筑物的能源效率和可再生能源电力上网电价模拟法国的可再生能源经济。

在一次会议磋商后，德国政府总理默克尔回顾了日本福田核事故，并决定于 2022 年前关闭 17 座现有核电站（2011 年 5 月 30 日宣布）。Fraunhofer ISE 研究人员翘首期盼德国太阳能发展光明、可持续的未来。能源独立的第二种形态是指市场无法向新技术媒介过渡时政府的介入。

结束关于太阳能对社会和生态系统服务的部分讨论后，您对新兴创业理念有何独具创新的想法？此外，我们如何才能在考虑社会健康和经济效益的同时，通过设计有助于增加生态服务的太阳能转换系统学习太阳能技术？我们应该对自己、对周围社会、对后代、对我们赖以生存的生物群落负责。如果您比社会更先考虑这些问题和面临的长期挑战，则表明您已经意识到了可持续性的重要性。

## 2.7 问题

（1）做一个简要声明，说明太阳能工程师、经济学家或设计师的主要角色。详细阐释所做声明如何涵盖（甚至对比）日光、太阳能热水和太阳能电力。

（2）在历史的特定时间内（包括当前），燃料限制和地球其他特定地区潜在太阳能有何关系？撰写短篇论文，列举三个事例。

（3）研究中国太阳能热水的能源激励措施，确定对于中国普通公民能源价格是否昂贵（热能或电能）？说明中国为什么部署了全球 60% 的太阳能热水系统？

（4）针对燃料限制条件较高的地区确立太阳能所有权和太阳能使用权政策的价值，撰写短篇论文。制定太阳能所有权和太阳能使用权政策后，利益相关者有何得失？

（5）美国使用住宅太阳能热水系统的时间有多长？

（6）太阳能建筑设计中，门廊（露台、廊柱）有何作用和优势？为什么门廊总是朝向赤道，而不是背离赤道？

（7）为什么日光对于德国工人非常重要？

（8）什么是生态系统服务？什么是自然发生的太阳能生态系统服务？

（9）为什么在 Frank Shuman 和 Sun Power Company 于 1911 年取得成功后，蒸汽动力太阳能行业开始衰落？

（10）太阳能灯泡瓶更深层次的社会经济、健康和生态意义是什么？

（11）列举一个与太阳能所有权从法律上相悖的事例，并记录在短篇论文中。

## 2.8 推荐拓展读物

- 《发现它的光芒：6000 年的太阳能利用故事》[39]
- 《阿纳萨齐建筑和美国设计》（第 5 章和第 8 章）[40]
- 《光能：人类利用太阳的史诗故事》[41]
- 《太阳能所有权》[42]
- 《肥沃大地的馈赠：文化和农业论文集》[43]
- 《物品的一生》（电影）[44]
- 《物品的一生》：我们对物品的痴迷如何摧毁我们的星球、社会和健康—求变的视野（书籍）。[45]
- 《可持续能源：方案选择》[46]

## 参考文献

[1] Etymological origin from late 13c. Old French: *cople* "married couple, lovers," from Latin *copula* "tie, connection."
[2] Ken Butti and John Perlin. *A Golden Thread: 2500 Years of Solar Architecture and Technology*. Cheshire Books, 1980.
[3] Baker H. Morrow and V.B. Price, editors. *Anasazi Architecture and Modern Design*. University of New Mexico Press, 1997.
[4] Frank T.Kryza. *The Power of Light: The Epic Story of Man's Quest to Harness the Sun*. McGraw-Hill, 2003.
[5] Ken Butti and John Perlin. *A Golden Thread: 2500 Years of Solar Architecture and Technology*. Cheshire Books,1980.
[6] Ken Butti and John Perlin. *A Golden Thread: 2500 Years of Solar Architecture and Technology*. Cheshire Books, 1980.

[7] Donella H Meadows. *Thinking in Systems: A Primer.* Chelsea Green Publishing, 2008.

[8] Wendell Berry. *Home Economics.* North Point Press, 1987.

[9] Stephen D. Dent and Barbara Coleman. *Anasazi Architecture and American Design*, chapter 5: A Planner's Primer, pages 53–61. University of New Mexico Press, 1997.

[10] Anna Sofaer. *Anasazi Architecture and Modern Design*, chapter 8: The Primary Architecture of the Chacoan Culture–Acosmological expression, pages 88–132. University of New Mexico Press, 1997.

[11] For an excellent extended read on this topic, please seek out C. U. Becker's text, *Sustainability Ethics and Sustainability Research* (2012) Dordrecht: Springer.

[12] Chrstian U. Becker. *Sustainability Ethics and Sustainability Research.* Dordrecht: Springer, 2012.

[13] Chrstian U. Becker. *Sustainability Ethics and Sustainability Research.* Dordrecht: Springer, 2012.

[14] Wendell Berry. *The Gift of Good Land: Further Essays Cultural & Agricultural*, chapter 9: Solving for Pattern. North Point Press, 1981.

[15] Douglas Harper. Online etymology dictionary, November 2001. URL http:// www.etymonline.com/. Accessed March 3, 2013.

[16] Walter V. Reid, Harold A Mooney, Angela Cropper, Doris Capistrano, Stephen R Carpenter, Kanchan Chopra, Partha Dasgupta, Thomas Dietz, Anantha Kumar Duraiappah, Rashid Hassan, Roger Kasperson, Rik Leemans, Robert M May, Tony McMichael, Prabhu Pinagali, Cristián Samper, Robert Scholes, Robert T Watson, A H Zakri, Zhao Shidong, Nevill J Ash, Elena Bennett, Pushpam Kumar, Marcus J Lee, Ciara Raudsepp-Hearne, Henk Simons, Jillian Thonell, and Monika B Zurek. Ecosystems and human well-being: Synthesis. Technical report, Millennium Ecosystem Assessment (MEA), Island Press, Washington, DC., 2005.

[17] A **wicked problem** is likely part of a sustainable design challenge—wicked in the sense of being very challenging.

[18] Chrstian U. Becker. *Sustainability Ethics and Sustainability Research.* Dordrecht: Springer, 2012.

[19] Gjalt Huppes and Masanobu Ishikawa. Why eco-efficiency? *Journal of Industrial Ecology*, 9(4):2–5, 2005.

[20] Tina Rosenberg. Innovations in light. Online Op-Ed, February 22 2012. URL http://opinionator.blogs.nytimes.com/2012/02/02/ innovations-in-light/.

[21] Buzz Skyline. Solar bottle superhero. Blog, September 15 2011. URL http:// physicsbuzz. physicscentral.com/2011/09/solar-bottle-superhero.html.

[22] Sara C. Bronin. Solar rights. *Boston University Law Review*, 89(4):1217, October 2009. URL http:// www.bu.edu/law/central/jd/ organizations/journals/bulr/ documents/BRONIN.pdf.

[23] Ken Butti and John Perlin. *A Golden Thread: 2500 Years of Solar Architecture and Technology.* Cheshire Books, 1980; and Sara C. Bronin. Solar rights. *Boston University Law Review*, 89(4):1217, October 2009. URL http:// www.bu.edu/law/centra l/jd/ organizations/ journals/ bulr/ documents/ BRONIN.pdf.

[24] You see what Suburbia is doing to our world?

[25] North Carolina State University Database of State Incentives for Renewables and Efficiency. DSIRE solar portal. URL http://www.dsireusa.org/solar/ solarpolicyguide/?id=19. NREL Subcontract No. XEU-0-99515-01.

[26] National Research Council. Review and assessment of the health and productivity benefits of green schools: An interim report. Technical report, National Academies Press, Washington, DC, USA, 2006. Board on Infrastructure and the Constructed Environment.

[27] Frank T. Kryza. *The Power of Light: The Epic Story of Man's Quest to Harness the Sun.* McGraw-Hill, 2003.

[28] Ken Butti and John Perlin. *A Golden Thread: 2500 Years of Solar Architecture and Technology.* Cheshire Books, 1980; and Frank T. Kryza. *The Power of Light: The Epic Story of Man's Quest to Harness the Sun.* McGraw-Hill, 2003.

[29] Note that the conversion: 1 hp is equivalent to ~3/4 kW.

[30] Meanwhile, New Jersey, Maryland, and New York are going like mad to install PV power across the state. Also, the state name translates to Penn's Wood, trees being a pretty responsive solar technology. Must be different weather in these states, right? *(cough).*

[31] Frank T. Kryza. *The Power of Light: The Epic Story of Man's Quest to Harness the Sun.* McGraw-Hill, 2003.

[32] Frank T. Kryza. *The Power of Light: The Epic Story of Man's Quest to Harness the Sun*. McGraw-Hill, 2003.

[33] "Solar Fire is a modular, high temperature, fixed focal point, Solar Concentration System designed for scalability at low-cost." –SolarFire.org.

[34] Eva Wissenz. SolarFire.org. URL http://www.solarfire.org/ article/ history-map.

[35] Eva Wissenz. SolarFire.org. URL http://www.solarfire.org/ article/history-map.

[36] Robert D. Brown. *Design with microclimate: the secret to comfortable outdoor spaces*. Island Press, 2010.

[37] Consensus: Never mix the threat of decreased water quality with the productivity of a wine region.

[38] *Spiegel Online* has a Flash-based timeline of events in the Nuclear Protest movement for Germany.

[39] John Perlin. *Let it Shine: The 6000-Year Story of Solar Energy*. New World Library, 2013.

[40] Baker H. Morrow and V.B. Price, editors. *Anasazi Architecture and Modern Design*. University of New Mexico Press, 1997.

[41] Frank T. Kryza. *The Power of Light: The Epic Story of Man's Quest to Harness the Sun*. McGraw-Hill, 2003.

[42] Sara C. Bronin. Solar rights. *Boston University Law Review*, 89(4):1217, October 2009. URL http://www.bu.edu/law/central/jd/ organizations/journals/bulr/ documents/BRONIN.pdf.

[43] Wendell Berry. *Home Economics*. North Point Press, 1987.

[44] Annie Leonard. The story of stuff. Story of Stuff. Retrieved Oct 28, 2012, from the website: The Story of Stuff Project, 2008. URL http:// www.storyofstuff.org/movies-all/story-of-stuff/.

[45] Annie Leonard. *The Story of Stuff: How Our Obsession with Stuff is Trashing the Planet. Our Communities, and Our Health–and a Vision for Change*. Simon & Schuster, 2010.

[46] Jeffreson W. Tester, Elisabeth M. Drake, Michael J. Driscoll, Michael W. Golay, and William A. Peters. *Sustainable Energy: Choosing Among Options*. MIT Press, 2005.

# 第三章　光学定律[①]

　　光诱导能量传输是光和物质的传输。[②][[1]]光学是研究光的行为以及光和物质相互作用的另一个术语。本章汇总了辐射传输的基本规律。其中有些规律比较浅显易懂，而另外一些则需要借助详细的数学描述来表达其完整的含义。太阳能资源是极其丰富且多样化的。对于大多数读者来说，可能是第一次对太阳能的用途及其在能源转化领域的重要作用形成一个完整的了解。

　　图 3.1 展示了太阳能定向传输过程的一些简单的表示方法。通过这种形式，我们能够推测出光的生命周期，即光子从发射源到吸收体，再到接收表面的整个传播过程。作为一个跨学科的设计团队，我们运用图解法来演示光束的传播过程，这种方法与辐射能量平衡中的数值核算法同等重要。图解法能够使我们认清对问题的理解存在哪些欠缺，有助于日后对问题进行定量分析，积极改进，使其日趋完善。

　　后面当我们再提及"光"这个词时，我们指的是"电磁辐射传输"。针对太阳或地球的某些现象而言，我们可以将"光"定义为"波长在 250 nm（5eV）[③] 到 3000 nm（0.4eV）之间的电磁辐射传输"。这个波段称为*短波波段*，短波辐射能通过大气层照射到地面，大部分可被地面吸收，而地面辐射和大气辐射则属于*长波波段*，能量较低，大气吸收长波辐射，从而形成了温室效应。[④]

　　在图 3.1 中，直箭头代表短波光线，波浪箭头代表长波光线。弯曲弧线代表发射表面，而与箭头相交的直线则指的是光的透射、反射及吸收表面。曲线代表光的反射或散射表面，比如天空或地面，而横穿圆表面的线则指的是光入射到透明或半透明的材料表面（某些特定波段的光），从而发生透射或折射现象。简言之，接收

---

　　① 章节目标：阐述辐射传输的基本规律。

　　② 少数的极高强度光和等离子体器件除外。

　　③ 光能的基本单位是电子伏特，符号为 eV。1 电子伏特等于 $1.6 \times 10^{-19}$ 焦耳。我们稍后将说明硅光伏电池的带隙约为 1.1eV。

　　④ 短波波段：由太阳作为热源表面向外发射的一组辐射波，波长在 250nm 到 3000nm 之间（也有部分辐射被大气层反射/散射）。长波波段：由地面作为热源表面（地面环境温度为 180—330K）向外发射的一组辐射波，波长在 3000nm 到 50000nm 之间。

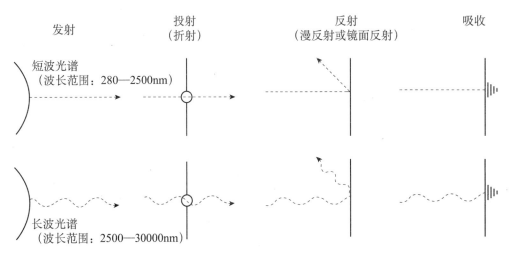

图 3.1　这是画光源示意图的关键

这种方法对本文至关重要，且有助于我们阐述不同太阳能转换系统中的辐射传输过程

或发射表面可以有选择性地与不同波段的光之间相互作用。

如图 3.2 所示，短波光线（此处省略长波光线的图解）与安装在地面上的光伏组件构成了一个简单的系统[5][2]。需要注意一点，在这个示意图中，太阳相当于光伏组件的光源，但同时天空和地面也会作为反射源，将阳光反射到光伏组件上，此时天空和地面可称为漫反射表面。因此，即使大气云层能够阻挡大部分太阳辐射，光伏组件仍可以通过天空和地面的反射而接收到部分短波光线。

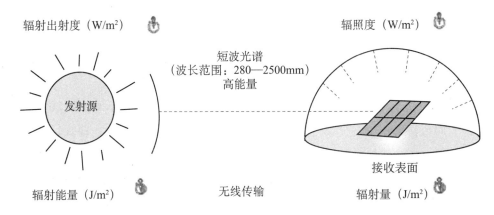

图 3.2　太阳—天空—收集系统是一个开放的热力学系统，

可以向光电和光热接收器——光伏板发射辐射能

⑤　在这个例子中，我们将大气中散射的短波光线简化成从天空中射出的直箭头，目的是为了说明天空中的短波光线是源于反射，而不是源于热发射。

　　光学的基础是光和物质的相互作用，这一点决定了*辐射总是定向性的*。光要么从发射表面射出，要么*被反射表面反射*，抑或是直接入射到接收表面。被照射表面单位面积接收的辐射通量称为*辐射照度*（单位：$W/m^2$，比率或功率密度），而一定时间内的辐射照度是衡量*辐射量*（单位：$J/m^2$，能量密度）的标准。换句话说，辐射通量从各个方向作用于接收表面，即为*辐射照度*。我们通常将太阳作为光源，如果我们转换这一视角，可以用辐射率（单位：$W/m^2sr$）这个概念来表示太阳在其表面某一方向的投影面积上、单位立体角内发出的辐射通量。*辐射出射度*（单位：$W/m^2$）指的是从辐射源表面单位面积发射出的辐射通量。发射源发出的光向各个方向传播，距离发射表面远的物体接收的辐射少，而距离发射表面近的物体接收的辐射多，这称为辐射的平方反比定律。太阳与地球上接收表面之间的距离是不同的，光的强度随着这个距离的平方呈现线性衰减，即与之成反比。[6]

## 3.1　光是泵浦系统

　　让我们类推一下光与物质之间的相互作用。物质中的能量可分为许多由低到高的能级（或状态）。这是从量子的角度来描述能量，量子是物质的电子态和振动态（热态）之间最根本的联系。[7] 我们很可能都知道光子和电子，但对声子我们又了解多少呢？声子是存在于所有物质中的振动量子态，它们的集合统称为热能（通俗的说法是热）。光子、电子和声子的本质均为量子，这是物质的微观表现，而这些粒子的集合在宏观上则分别表现为光、电和热现象（热现象是热能量的通俗说法），前后这两者是相关的。因此，所有能量量子均以聚集或分散的方式分布在由低到高的能级中，并保持稳恒态，此时若有外来高能量流干扰，它们就会由低能级跃迁至高能级。由图 3.3 我们可以发现，光是一种高能量流，它一旦被物质吸收，电子或声子就会由低能态跃迁至高能态，从而将光能转换为电能或热能。[8]

―――――――――――――

　　[6]　辐射照度：被照射表面单位面积接收的辐射通量（又称辐射功率），单位：$W/m^2$。辐射量：被辐射表面在一定时间内、单位面积接收的能量，单位：$J/m^2$。辐射率：辐射源在某一方向的投影面积上、单位立体角内发出的辐射通量，单位：$W/m^2sr$。辐射出射度：从辐射源表面单位面积发射出的辐射通量，单位：$W/m^2$。辐射能量：在一定时间内，从辐射源表面、单位立体角内发出的能量，单位：$J/m^2sr$。在本文中，一定时间内的辐射能量与辐射出射度是可交换的。

　　[7]　物质所有的能态都有与之相关的能量量子。相对于整个庞大且不完整的系统来说，我们企图忽略这一点，但是集合的量子态使我们将光子与物质联系起来，从而可以改变声子和电子的能态。

　　[8]　建议：热能不是"热"，而是全体声子和电子的统称，从这个角度重新学习热能这一概念。真正意义上的热指的是能量的传输。

## 太阳能转化系统

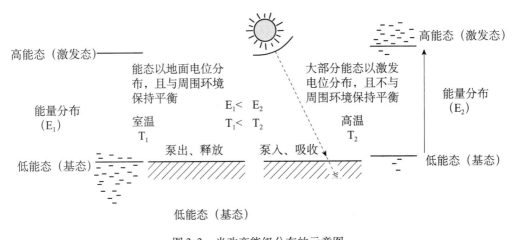

图 3.3　光改变能级分布的示意图

即由低能态（室温下基态）跃迁至高能态（高温下激发态）

从量子的角度来说，你今天午餐要吃的三明治在室温下仍是不断振动的。量子分布在不同的能级中，并保持稳态，这使三明治与局部环境处于热平衡状态。假若用微波照射三明治60秒，就会打破它与周围空气的热平衡状态。光子瞬间被三明治吸收（准确地说是被三明治中的水和脂肪分子吸收），扰乱了三明治中声子的能级分布，使之由低能级跃迁至高能级。即使周围空气的温度还未上升，三明治却已经升温，这就是无线加热[3]。因此，我们只利用光就实现了对三明治的远程控制加热，这是辐射能量转换的一个很好的例子。

从本文的角度来说，"光"（即电磁辐射或光子的统称）被认为是使泵工作的电流。我们都知道传统的泵可以通过电流做功，将物质或能量由低处提升至高处，从而将电能转化为机械能（称之为"工作"）。当然，一旦泵停止工作，或者当系统中不再有电流通过时，能量转换就会停止，一切都会重新回落到低处。⑨

从液体/水的角度来说，当泵内有电流通过时，系统可以提升水的水位，并将水抽送到井外。借助大坝的蓄能作用，我们可以利用蕴藏在水体中的位能进行水力发电（参考*抽水蓄能电站*）。从热的角度来说（比如热泵），电力做功能使处于稳态的量子发生由低到高的能级跃迁，并使低温热源的热能转移至高温热源（称为热转移）。热泵已经应用于冰箱、家用空调以及家庭能量管理系统中。从激光的角度来说，当有电流通过半导体时，电子受激发脱离稳态跃迁至高能级，从而引发相干光

---

⑨　简单来说，我们将光描述成泵。在读者的普遍理解中，太阳光子其实是一高能量流，它可以利用太阳能转换系统中的材料，通过做功实现能量转换。

的受激发射现象。

　　光与光学材料之间是相互作用的，现在我们再从无线能量传输的角度研究一下光。太阳发射的光是一种高能量电流，它能够使声子或电子脱离各自的稳态，由低能级跃迁至高能级。吸收材料可以收集光子，使量子发生能级跃迁。光能可能转化成了光伏材料中的电能，也可能转化成了阳光下温暖屋顶上的热能，但一旦光子消失，高能量状态终将回落到低能量状态。只要有稳定的光子流（亦称为稳态条件），系统就可以持续地将光能转化为电能或热能。能量由高处向低处流动及熵增过程都是自然规律，而泵需要通过做功来抵消这种自然趋势，才能使能量从低处流动至高处。图 3.4 是一个简易热泵的示意图。我们将吸收的光子看作是从环境中获取的能量，将太阳能转换系统（SECS）的吸收材料作为能量转换装置（ECD），处于低能态的粒子吸收光子，可跃迁至激发态。半导体中的电子，使材料升温的声子，以及光合作用中能态发生变化的分子，均可吸收能量跃迁至激发态。处于激发态的粒子很容易返回到基态，同时放出多余的能量，我们可以利用太阳能转换系统中的热机收集这些能量，将它们重新利用到社会和环境中。

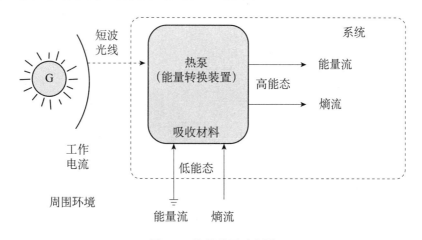

图 3.4　简易热泵示意图

热泵从周围环境或水体中获取低位热能，在光子流的作用下，通过电力做功，将热能转移到高位热源。

图中箭头指的是能量流或者熵流

　　基于最新提出的物质稳态泵的概念，光源可以引发如下三个重要的光学反应：

**（1）电子反应**（半导体：光电效应）［金属导电反应］

**（2）热反应**（热振动：光热效应）

**（3）电化学反应**（光合作用：光化学效应）

在图 3.5 中，我们分别从太阳能转换的视觉系统（使用光度测定术语如光照

**太阳能转化系统**

度）和一般的太阳能转换系统（使用辐射测定术语如辐照度）这两个角度展示了辐射传输的过程。

上述每个反应都是社会环境中的一项能量转换技术，它们可以单独存在，同时又能联手为生态系统服务提供支持。这些反应一方面是互相补充的，比如在光合作用中，热量和电化学反应共同维持生命，另一方面它们亦是互相对立的，例如在光伏反应中，电子和热反应在向装置输送电流时会相互抵制。

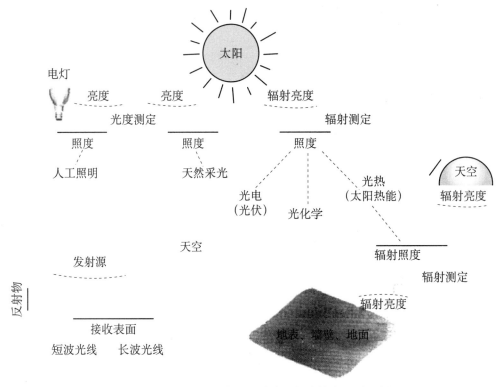

图 3.5　普通光源和辐射能量转换的相关技术和测量术语
此处没有详细介绍地球表面的短波反射，但是地面漫反射显然是太阳能转换系统的一个光源

如何有效利用光源，从而获得系统支持、实现社会效益并达到可持续发展目标，这都取决于设计团队。光泵系统在环境改造、蓄能以及能量转换和传输等方面有着重要意义，一个设计团队越重视这一点，他就越具有创造性，从而使太阳能的应用达到最大化，为特定区域用户更好地服务。[10]

例如，对于某一特定的客户或利益相关者来说，人工照明和天然采光的设计既要实用，又要给人愉悦的视觉体验。或许你并没有注意到这一点，但是你家和你工

---

⑩　在环境改造方面，可以将光看作是工作电流或者泵。

作场所的照明也是设计在特定位置的，会综合考虑各个因素，如房间的朝向、光的直接或漫射投影，以及光源与物体接收表面的色彩平衡等。以人工照明为例，LED灯（或者普通电灯）是光源，金属外壳是反射物，而人眼睛内的视杆和视锥是接收光子的天线，它可以把光子转化成有用的信号，从而使人们既能够躲避森林里的狮子、老虎和熊等危险，又可以在博物馆欣赏艺术作品。

## 3.2　太阳能转换系统和光

每个太阳能转换系统都有几个可识别的关键技术组件，且它周围特征比较简单。这些组件将光的传播信息通过光圈（打开的），传递到接收表面，能量在这里被储存或者转化成热、光、电以及燃料等，而能量的流动由一个或多个控制装置支配。

我们再回顾一下，太阳能转换系统将高能量光子流转化成电子流、声子流，或者使更多的光子由低能级跃迁至高能级。[11] 光是一种高质量能量流，它作为工作电流，可以将能量/热由低能态提升至高能态。这种将低位热源的热能转移到高位热源的装置称为热泵。收集装置将收集到的能量（电能/热流）通过热机做功应用到环境中。[12][4]

地球接收表面上的太阳能转换系统是由什么构成的呢？

- 光圈（光圈越大，进光量越多)[13][5]
- 接收器（可以是表面吸收装置）
- （蓄能）
- 分配装置（系统内部）
- 控制装置

当我们将重点从能量来源（源自太阳发射和天空反射的光）转移到能量转化的接收端，即太阳能转换系统时，我们可以将这些零散的信息整合到一起。输入到太阳能转换系统中的能量源于短波光线，而太阳能燃料的质量取决于光的强度和光的波长。每个太阳能转换系统的设计均需将安装地点纳入考虑范围之内，因为云层、天气状况等大气条件能够影响接收到的短波辐射的质量。[14]

---

[11] 声子的本质是振动的原子波，是从量子的角度描述热能，光子也是光的量子描述。

[12] 见附录 A 热泵和热机一览表。

[13] 和接收器之间的区别是什么？光圈能够最大限度地捕获光子（包括使用反射镜或透镜来聚光），而接收器是表面吸收系统。当不需要聚光时，它们的作用是一样的。

[14] 对于一般的辐照度，我们使用符号 E（$W/m^2$）来表示；对于太阳辐照度，我们使用符号 G（$W/m^2$）来区分。

## 3.3　光的定向性[15]

光（光子）具有生命周期，从表面发射、散射（反射和折射）直至最终被吸收。[16] 物质可以作为发射器来产生光子，方法如下：加热物质，直到其表面因有一定数量的光子分布而发光，或者直接用电来激发物质中的粒子，使其处于激发态，当粒子从激发态向低能级回落时，会辐射出等效能量的光子（如激光或 LED 光）。其次，物质还可以折射透过其表面的光，如光透过石英棱镜时会发生折射，或者短波光线入射到游泳池的水中时也会发生折射现象。在光的生命周期中，光还可能被物质表面反射或散射。所以物质也可以专门用来反射一定波长的光，而这种反射本质上可能是漫反射，也可能是镜面反射（或者是两者的结合）。当短波光线与大气中的氮气分子相互作用时，氮气散射可见光谱中的蓝色波段，从而使天空呈现蓝色。最后，物质在吸收光子的过程中，光子是会损耗的。由于光子能够使吸收介质发生能级跃迁，从而引发本章讨论的三个基本光能转换过程。[17]

光的定向性是一个核心概念，尤其对图解光的生命周期有着重要作用。在绘制光的定向示意图时，不管是短波光线还是长波光线，我们要么从发射源开始，一直画到接收端，要么从光的接收端（吸收表面）返回到发射源。从现在开始，我们试着从光的起源，即发射表面开始，按照光子生命周期的路径，直到吸收光子的接收表面为止（从发射到反射/折射，再到吸收）。如果一个波段的光有部分发生反射，那么光子还是有"生命"的，对吗？所以我们继续图解这部分光的反射过程，直至它们最终被吸收。光与物质是相互作用的，比如光与空气中的分子或者地面上的青草之间的相互作用，而这个图解的过程可以帮助我们发现在这方面理解的不足。如图 3.6 所示，我们将光看作是一种无线通信，这也不失为一个很好的想法。在无线通信中，信号从广播发射机发出，被传送到接收天线，而传输路径中经常还会出现一些中间体干扰。

--------

[15]　光的定向性是辐射传输的一个关键概念。

[16]　辐射传输系数：

- 发射率（ε）
- 透射率（τ）
- 反射率（ρ）
- 吸收率（α）

[17]　下降是一个气象术语，指具有方向性的光由上而下至地球表面的过程。上行与下降相对，指光通过长波发射或者短波反射，由下而上的传播。

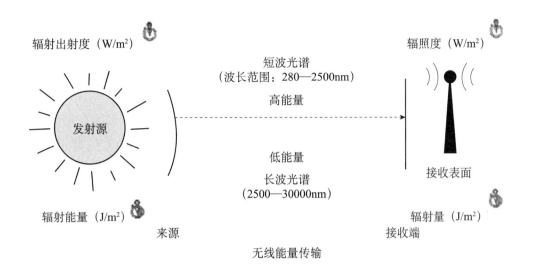

图 3.6　太阳能收集系统是一个开放的动学系统

它能够将太阳表面的辐射能量传输到地球表面上的收集器

我们用光的发射、反射、折射（或透射）以及吸收来描述光生命周期中的各种现象。在图 3.7 中，我们描绘了光的生命周期以及各个阶段的辐射传输系数比率，[18] 如发射率（$\varepsilon$）、透射率（折射率）（$\tau$）、反射率（散射率）（$\rho$）以及吸收率（$\alpha$）。虽然短波光线的主要来源是太阳，但是从太阳能转换系统的收集器角度来说，反射表面或者天空散射的光线均是重要且实用的光源。[19]

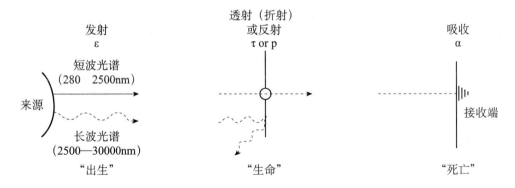

图 3.7　我们必须意识到光子具有"生命周期"

短波光线的一个重要来源是太阳的热发射表面（太阳表面温度 $T_{sun}$ 约为

---

[18]　系数比率的值在 0 到 1 之间。

[19]　源自天空散射和地面反射的光也是一种光源（通过反射）。

5777K），太阳光子与天空或地面上的反射/散射表面相互作用，最终被太阳能转换系统（光接收器）吸收。长波光线也能替代短波光线，被系统接收器吸收，这些长波光线源自温度为300K的热表面，如大气、地面、树木、墙壁等。[20]

本文讨论的是太阳能，除了光的定向性，我们还需提及一下光的其他几个特性。在聚光太阳能发电系统中，太阳光谱中的光子被集中反射到高塔顶部的聚光接收器上，通过这种方式获得的光子的强度与人造激光中的光子强度有何不同呢？[21] 我们想要知道是这二者的主要区别是什么。首先，激光是相干光且是准直光，即光子相位相同（相干性），传播方向也相同（平行光），而阳光是不相干光，传播方向和相位均不同。其次，激光是单色的，而太阳光是复色光，包含从黑体表面辐射出的各个波长的光。[22][6] 由于激光具有以上三个特性，所以它的能量密度（能量，J）比太阳或灯发射的传统漫反射光（不相干光）要大很多。

---

光的物理描述：

相干光：传播方向相同，相位相同，通常与激光技术有关；

非相干光：传播方向不同，相位无规则变化，频率和波长均不相同。白炽灯和荧光灯都属于非相干光源；

单色光：单一波长的光；

复色光：包含多种波长的光；

准直光：传播方向相同，光子的运动轨迹互相平行。由于太阳与地球的距离十分遥远，故太阳光近似为平行光，但准直激光的平行度要高很多。

---

## 3.4 光谱

光谱中各个波长的光都具有能量，能量的大小与波长有关。读者可能对电磁波谱比较熟悉，但是对太阳能领域的通用语言"能带"或许比较陌生。我们会讨论光谱中不同波段内光的波长以及光与物质的相互作用等特性。波段是一个操作性定义，[23] 它是根据发射表面或者接收表面的特性来定义的。比如，可见光波段（波长

---

[20] 天空是一个热源表面，它能很好地发射和吸收长波光线。

[21] 考虑一下这个问题：在光的特性方面，激光和太阳光的区别是什么？

[22] 美国宇航局为广大观众设计了一个关于激光的教育页面。

[23] 操作性定义：根据正在使用中的科技，而非科学原则来定义。

在 380—780 nm 之间）就是根据光谱中人眼可感知的部分而得名。[24]

我们将高能量光（包含可见光）划为一组，它们所处的波段为短波光谱。这束光包含不同的波长，它们的相似之处在于：均源于太阳发射，由于太阳与地球之间的平均距离高达 1AU，即 9300 万英里或 1.5 亿公里，光在传播过程中，功率密度会减小，但是入射到地球表面上收集器的总能量密度中，短波光线仍是主要来源。由地面或大气中的物体发射的低能量的光称为长波光谱。

长波光线发射表面的温度要比太阳低很多。[25][7] 这样的表面包括人体的皮肤，地球上的大部分表面，以及地球大气层的有效表面（我们将大气层简化为只有最高和最低两层，中间仅仅存在一些稀薄的气体和颗粒）。[26]

短波波段：由于光的平方反比定律，大气在吸收长波辐射的同时，也在放射辐射，因此地球表面上短波波段的范围约为 280—2500 nm（见表 3.1）。此外，由于辐射测量设备使用的标准材料的局限性，我们无法通过低铁含量的高透过率玻璃盖板测量到这个范围。

长波波段：长波波段的范围在 2500 nm 到 >50000 nm 之间，如短波波段一样，我们的测量设备也无法测量到这个范围。

我们可以观察一下图 3.8 中的光谱辐照度。注意图中描述了两个光谱，一个是大气质量为 0 时的光谱，一个是大气质量为 1.5 时的光谱。AM0 指的是在地球外空间接收太阳辐射的情况，而 AM1.5 是假定晴天万里无云时，太阳辐射透过一定厚度的均匀大气层，经过大气层的过滤后照射到地面的情况。这是空气质量的一个工程学表达方式，它采用了几何平行面的方式，暂时忽略了地球的曲率。

**表 3.1　测得的光谱波带详细数据表。能量（单位：电子伏特）代表的是范围内第一个值**

| 波带名称 | 光谱范围 | 能量（电子伏特） |
|---|---|---|
| 短波（AM 1.5） | 250—2500 nm | — |
| 长波（AM 1.5） | 2500—50000 nm | — |
| 无线电波 | 300 mm—100 km | $1.2 \times 10^{-11}$ |

---

[24]　我们可以通过如下公式：$E\ (eV) = \dfrac{1239.8\ (nm \cdot eV)}{\lambda\ (nm)}$ 将波长（纳米）转化为能量（电子伏特）。

我们也可以用 1234.5（nm·eV）来代替上述公式中的 1239.8（nm·eV）。"1234.5" 是一个概算值，不仅简单易记，而且在大多数太阳能设计中，这个误差是可以忽略不计的。

[25]　虽然太阳表面也发射长波光谱，但由于平方反比定律，这些光子大多发生漫反射现象，并未到达地球表面。

[26]　光，从光子的角度来说，是完全没有质量的。

续表

| 波带名称 | 光谱范围 | 能量（电子伏特） |
|---|---|---|
| 微波 | 0.3—300 mm | $4 \times 10^{-6}$ |
| 红外线（远红外线） | 15—1000 μm | $1.2 \times 10^{-3}$ |
| 红外线（中/长红外线） | 3—15 μm | $8 \times 10^{-2}$ |
| 红外线（近/短红外线） | 780 nm—3 μm | 1.6—0.4 |
| 可见光 | 380—780 nm | 3.3—1.6 |
| 紫外光 | 30—380 nm | 3.3—40 |
| X射线 | 0.1—30 nm | $1.2 \times 10^{4}$ |
| γ射线 | 1 pm—0.1 nm | $1.2 \times 10^{6}$ |

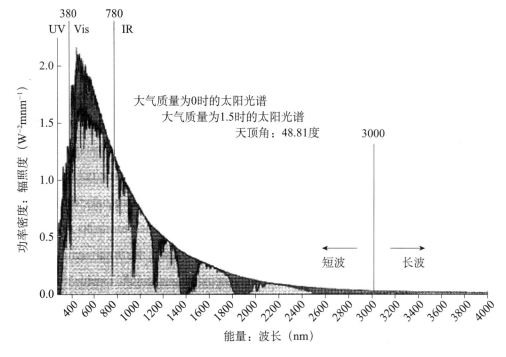

图3.8　利用SMARTS计算出的空气质量为0及空气质量为1.5时的太阳光谱

AM1.5[27]描述的辐照度具有一定的代表性，常用来测试器件，而并非是用作实际系统设计。大气实际上是一个动态的光过滤器，受云层、大气化学、地点海拔以及太阳一天内在空中的位置高度的影响。我们利用它来估算大气对地球表面接收太阳光的影响程度。如图3.8所示，短波波段透过大气层后有所衰减，从 ~3000 nm

---

[27]　AM1.5：表示空气质量的系数，用于实验室测试太阳能技术。AM1.5是指光照度为$1000W/m^2$的太阳光模拟条件，是美国中纬度地区理想晴空条件下的典型光照条件。

减少至 ~2500 nm。我们还观察到在短波波段中，一部分可见光和红外光均被散射或吸收。这是因为大气中的水蒸气、氧气、臭氧、一氧化碳和二氧化碳等气体对太阳辐射的过滤作用造成的。

所以，我们已经讨论了光源、光的接收端、光的定向性、光随距离衰减（平方反比定律）、不同波长的光组成的电磁光谱以及它们各自的能量。现在，如果从光子生命周期的源头考虑，我们该如何描述或估算一个特定的波长范围内光子的有效数量呢？

## 3.5　光随距离增加而衰减

光照强度随光源与接收表面之间的距离增加而呈现线性衰减，衰减率与两者之间距离的平方成反比，这就是所谓的平方反比定律。电磁辐射的平方反比定律描述的是检测到的光照强度与距离的平方（$d^2$）成反比。你也可以将平方反比定律类比为扬声器系统上的音量旋钮，虽然音量调小了，但音乐的音调却不受影响。平方反比定律并不影响发射表面（如太阳）发出的光的波长，所以图 3.8 中曲线的形状和位置并未从左到右发生变化。当然，发射和入射表面之间距离的变化会使曲线直接向上或向下移动（见图 3.9）。

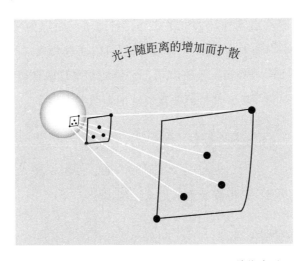

图 3.9　光子在一定区域的分布，用面积单位表示

平方反比定律的推理实际上与几何学有关。当光从一个点（或球体，如太阳）发出，向接收表面传播时，随着传播距离越来越远，光子的初始数量在一个越来越大的球形区域上分散开来。我们可以将这种随距离的增加而产生的面积扩散想象成一个膨胀的气球表面。此外，像太阳这种球形物体发射的光子向各个方

向传播。现在，球体的表面积就由距离平方决定，对吗？球形的表面积增大，而光子数量不变，这样，增大的表面积"稀释"了光子的密度，从而有效降低了光的辐照度。[28]

$$G \propto \frac{1}{4\pi r^2} \tag{3.1}$$

在已知距离的前提下，为了计算已测得的辐照度的下降值，我们将太阳辐射记为 $G$，球体的表面面积通过 $4\pi r^2$ 计算。在日地平均距离的条件下（$d = 1.5 \times 10^8$ km），在地球大气层之外，测得的入射到地球上的年平均辐射称为太阳常数（$G_{SC}$），约为1361 W/m²。太阳光球层的辐照度约为 $6.33 \times 10^7$ W/m²。通过平方反比定律，我们可以计算出太阳表面辐照度为 $\frac{1361\,W/m^2}{6.33 \times 10^7\,W/m^2}$ 或 $2.155 \times 10^{-5}$。[29]

相对于太阳而言，我们可以通过方程式（3.2）来计算其他表面的辐照度（比如另一个星球上的年平均辐照度）。式（3.2）是一个比例，我们取消了比例项，只保留了距离的平方比值（$d^2$）。

$$\frac{G_1}{G_2} = \frac{d_2^2}{d_1^2} \tag{3.2}$$

在太阳表面，$d = 0$ $km$，$G = 6.33 \times 10^7$ W/m²。但我们不能在这个比率关系式中使用 $d = 0$。因此，如果已知地球大气层之外，日地平均距离为 $d = 1.5 \times 10^8$ $km$ 时，入射到地球上的年平均辐射为1361 $W/m^2$，我们可以通过公式（3.3）计算出水星表面的辐照度（$d = 5.8 \times 10^7 km$）。不难看出，水星的年平均辐照度不仅大于地球，而且由于平方反比定律的存在，这个值要比地球的辐照度大得多。

$$\frac{(150 \times 10^6 \text{ km})^2}{(58 \times 10^6 \text{ km})^2} \cdot 1361 \text{ W/m}^2 = 9103 \text{ W/m}^2 \tag{3.3}$$

大家都知道这个公式当然也适用于普通的表面。但是许多光子的能量都可以测量，并且它们最终以波长的电磁波谱的形式呈现出来。

## 3.6 光的四个定律

除了平方反比定律描述的光的强度随距离的增加而发生非线性衰减，光还有四

---

[28] 想象一下：一个气泡变得越来越大，在越来越大的面积内扩散。

[29] 我们提到的太阳"表面"指的是光球层，它的等效黑体温度为5777 K。由于太阳表面常有黑子等太阳活动的缘故，太阳常数具有一定的微小变化。

● $G_{SC} = 1361$ W/m²。

个基本定律，它们影响着辐射传输过程中能源计量的规则。[30]

**（1）基尔霍夫定律**描述的是一种能量平衡。一个处于稳恒态、具有一定温度的表面在吸收光的同时，也向外发射光。光可能是定向的，但物质表面对光子的交换却发生在吸收和发射这两个方向！这一点相当重要，因为在谈及吸收表面时，人们往往只考虑它对光子的吸收。当然，好的光伏电板会汇集光子，从而发出明亮的白光。这个定律涉及的波段很广，这意味着它适用于与发射表面有关的所有能量、所有波长的光。

**（2）维恩位移定律**意指一个发光表面发射的最可几波长与发射表面的温度成反比。维恩定律这个概念的另一种解释方式是当太阳作为发射表面时，某些波长的光（如可见光）的光子概率密度高，然而当地球或大气表面作为发射源时，辐射波长会向红外波段方向移动。

**（3）普朗克定律**可以概括为所有物体都有一定的温度，并且由于这个温度的存在，他们都会发光。普朗克定律将光子的统计分布描述为玻色—爱因斯坦分布。

**（4）斯特藩-玻尔兹曼定律**是另一个关于能量平衡的定律。一个黑体表面（所有波长的积分）辐射出的总能量与黑体表面的绝对温度的四次方成正比。这个定律涉及的范围也很广，它适用于与发射表面有关的所有波长的光。[31]

由于所有的物体都能发光（比如人的身体、一块冰，甚至是天空的气体），我们可以证明光谱分布的强度和峰值波长随着表面热温度的变化而变化。一个表面发射光子的能力称为发射率，而一个空间内光子的统计分布称为玻色-爱因斯坦分布。

首先，我们一起回顾一下，太阳的光球层可被认为是一个不透明的表面，[32][8]且它的等效黑体温度为 5777 K。基于这些信息，我们可以估算太阳连续辐射出的光谱和最可几波长。为了达到这个目的，我们必须从 19 世纪量子现象的起源开始研究。

## 3.7　基尔霍夫定律

古斯塔夫·基尔霍夫是德国物理学家，于 1862 年创造了"黑体"一词，他的主要发现为：

---

[30]　基尔霍夫定律：$\alpha = \varepsilon \, @ \, T_{eq}$，维恩位移定律：$E_{b,max} \leftrightarrow T_{surf}$；普朗克定律：$E_{b,\lambda}$ 各波长对应的能量；斯特藩-玻尔兹曼定律：$E_b = E_{b,\lambda} d\lambda$。

[31]　理论黑体的发射率为 1，即 $\varepsilon = 1$（由公式 $\frac{e_\lambda}{e_{\lambda b}} = \epsilon$ 可得，其中 $e_\lambda$ 是光谱发射功率，$e_{\lambda b}$ 是理论黑体的光谱发射功率）。

[32]　太阳内部存在着一些炽热的等离子体。不过在新版本中，这些等离子体可能被描述成巨大的物质。

基尔霍夫定律：在物体与周围环境保持热平衡的条件下，任何物体或表面的发射率（$\varepsilon$）等于其吸收率（$\alpha$）。

早在19世纪，很多人就开始研究如何消耗最少的能量，产生最多的光能，基尔霍夫教授就是其中之一。200年后，我们在研究LED照明时就在做同样的事情！在那个时期，大部分的热力学科学都致力于解释固体、液体和气体等物质的温度概念。光子的奥秘仍有待探索。基尔霍夫方程式如（3.4）所示。

$$\frac{E}{E_b} = \epsilon = \alpha \tag{3.4}$$

我们将实际物体表面发射的辐射能记为 $E$（$W/m^2$），将绝对黑体发射的辐射能记为 $E_B$（$W/m^2$）。取消这两个物理量的单位，我们获得了一个介于0与1之间的无量纲分数值。请注意，在此公式中，实际物体不必为一个黑体（$E_b$，$\varepsilon = 1$）。实际物体表面更类似一个"灰体"，意味着他们的发射率和吸收率均小于1。

## 3.8　维恩位移定律

如果每个物体表面都有各自的温度，其特有的表面温度决定了光子在光谱中的传播，以及使辐射场能量取最大值的波长在光谱中的分布。如图3.8所示（随距离而发生的垂直位移），如果平方反比定律仅通过发射光谱的密度变化来影响位移，维恩位移定律通过波长和密度这两者的变化来影响位移（随着物体表面温度的下降而发生的非线性对角位移）。

维恩位移定律是 *Wilhelm Wien* 通过对实验数据的经验总结提出的，后来由普朗克理论证实。在黑体辐射的玻色-爱因斯坦分布中，这个重要的推论将给我们提供有关最可几波长的期望值。

维恩位移定律的含义是：温度不同的表面发射的光子，其分布图的形式和形状是相同的。然而物体表面的相对温度不同，导致最可几波长不同，其对应的能量也有高低之分。在测量距离相同的条件下，相对于温度较高的发射表面，物体表面温度越低，它发射的波长越向红光方向移动，其能量也就越低。同时，低温表面的光谱在高温表面的光谱范围中完全适用（如果两个表面是在 $d = 0$ 的条件下进行对比）。方程式（3.5）是一个总结性方程式，它描述了光谱分布中的最可几波长的计算。注意第一个 $\lambda_{max}T$ 方程式的表示方式，在斯特藩-玻尔兹曼方程式中，它对估算一个波段的能量密度分数有着重要作用。[33]

---

㉝　当黑体表面温度（$T_{eq}$）升高时，其辐射谱光谱辐射力的最大值对应的波长越短（能量较高），其标志为最可几波长向短波方向移动，辐射光谱偏蓝色，$\lambda_{max}$ 对应的能量为较高值 $E_{b,max}$。

$$\lambda_{\max} T = 2.8978 \times 10^6\, nm\mathrm{K}$$

$$\lambda_{\max} = \frac{2.8978 \times 10^6\, nm\mathrm{K}}{T\ (\mathrm{K})} \tag{3.5}$$

表面温度为 5777 K 的黑体，其峰值辐射波长（$\lambda_{\max}$）约为 500 nm，而表面温度为 300 K 的黑体，其峰值辐射波长（$\lambda_{max}$）约为 9660 nm，由此我们可以快速推算出太阳和地球上的人体释放的辐射范围。高温表面（例如太阳）对应的最可几波长处于短波波段，而低温表面（例如大气或天空）对应的最可几波长处于长波波段。[34]

## 3.9　普朗克定律

我们一直在考虑像太阳这种热表面发射的整个光谱的变化。太阳能研究者也将重点放在了某些特定波长的光上，只有这些光才能转换为可利用的能量，因为太阳能转换系统的吸收材料只吸收某一特定波长的光。例如，光伏电池中光子的能量要高于带隙，这是电子跃迁至激发态的临界值。基尔霍夫等人基于他们的实验观察，提出了这样的问题：

辐射的波长（或光的颜色）以及实验物体的温度是如何影响黑体辐射强度的呢？

*Karl Ernst Ludwig Marx Planck* 1858 年出生于德国基尔，这位公众熟知的 Max Planck 是量子理论的创始人。1877 年，他在基尔霍夫手下学习，埋头研究光的强度与物质的频率和温度之间的关系。Planck 教授是一个理论物理学家，1899 年至 1901 年之间，他在 Wilhelm Wien 提出的经验模型的基础上，提出了黑体辐射的理论模型。在这个理论模型中，Planck 确立了一定温度下的黑体光谱辐射能量与波长的关系（$E_{\lambda,b}$），当然前提是黑体处于表面温度平衡状态。[35][36]

普朗克定律可由如下公式表示（针对黑体表面而言）：

---

[34]　太阳的热表面即光球层距离地球有数百万公里，整个短波光谱都将发生垂直位移（在单位波长辐照度和波长关系图中），倍数是五个数量级（$1 \times 10^5$）。

[35]　如果我们将普朗克定律运用到太阳表面，但增加太阳表面与地球外表面之间的距离（1AU = 1.5 × $10^8$ km），根据平方反比定律我们可以得出辐照度 $\frac{1361\ W/m^2}{6.33 \times 10^7\ W/m^2}$ 或 $2.155 \times 10^{-5}$。

[36]　光谱辐射能量：单位面积的 1 个表面在单位时间（也就是辐射出射度）和单位波长间隔内（每纳米或微米）辐射出的能量。维恩经验模型只适用于高频率的黑体辐射或者非常热的物体。

$$E_{\lambda,b} = \frac{C_1}{\lambda^5 \left[ e^{(C_2/\lambda T)} - 1 \right]} \qquad (3.6)^{⑦}$$

式中：

$$C_1 = 3.742 \times 10^8 \, \mathrm{W\,\mu m^4/m^2}$$

$$C_2 = 1.4384 \times 10^4 \, \mathrm{\mu m\ K}$$

源自常量 $c$、$h$、$k$：

$$c = 2.998 \times 10^{14} \, \mathrm{\mu m\ s^{-1}}$$

$$h = 6.626 \times 10^{-34} \, \mathrm{J\ s}$$

$$k = 1.381 \times 10^{-23} \, \mathrm{J/K}$$

公式（3.6）可用来计算在微小范围内（如 1 μm 或 1 nm）的光谱辐射功率。如果使用数学软件，在光谱辐射功率与波长的关系图中，我们可以利用该方程绘制其中的点，将点连成线，曲线的积分即为黑体的辐射功率。

20 世纪 20 年代，印度物理学家 Satyendra Bose 发明了一种新的方法来计算光子的数量。Albert Einstein 意识到 Bose 工作的重要性，并要求将其发现从英语翻译成了德语。由此产生的玻色子能量状态的统计分布（这里指光子）如今称为玻色-爱因斯坦分布。[38][39]

## 3.10　斯特藩-玻尔兹曼方程和辐射系数

通过普朗克公式对所有波长进行积分，我们可以得到一个解析解，它能计算出黑体在单位面积内辐射出的总能量。我们通过数学软件获得一个数值解，它可以简化为辐射出的总能量等于常数（$\sigma$）乘以黑体表面温度的四次方。

约瑟夫·斯特藩对爱尔兰物理学家约翰·廷德尔的实验数据进行了归纳总结，从而推出了黑体辐射度的关系式。1884 年，斯特藩的学生路德维希·玻尔兹曼从热力学理论出发，最终推导出与斯特藩的归纳结果相同的结论。因此这个黑体辐射度的计算被称为斯特藩—玻尔兹曼定律。

$$E_b = \int_0^\infty E_{\lambda,b} d\lambda = \sigma T^4 \qquad (3.7)$$

---

[37] 你可以将公式（3.6）作为一个被积函数，用它来对黑体的能量波长积分。当黑体表面温度为 T（K）时，还可以利用这个方程来绘制单位波长的辐射出射度（$\mathrm{W/m^2\ \mu m}$）与波长（μm）的关系图。

[38] 非玻色子分布（称为费米子）可以服从经典粒子的麦克斯韦-玻尔兹曼分布，或者服从费米-狄拉克分布，它针对的是满足泡利不相容原理的粒子，如电子。

[39] 玻色-爱因斯坦分布中光能对波长的积分有一个解析解，即 $E_b = \sigma T^4$。

其中，

$$\sigma = 5.6679 \times 10^{-8}\,\mathrm{W/m^2 K^4}$$

$$E_{0-\lambda,b} = \int_0^\lambda E_{\lambda,b}d\lambda \tag{3.8}$$

现在，在 $0-\lambda$ 的波长范围内，对公式（3.6）（普朗克方程）进行积分，可以得到式（3.8）。式（3.8）是一个黑体辐射函数，式（3.7）是斯特藩—玻尔兹曼公式，用式（3.8）除以式（3.7），我们可以得到黑体在 $0-\lambda$ 波长范围内发射出的辐射能与其辐射总能量的比值。另外，公式（3.10）中的新积分已由 $\lambda$ 的函数转化为 $\lambda T$ 的函数。注：这与公式（3.5）维恩位移定律方程的形式是相同的！

$$\frac{E_{0-\lambda,b}}{E_b} = \frac{E_{0-\lambda,bT}}{\sigma T^4} = f_{0-\lambda T} \tag{3.9}[40]$$

$$f_{0-\lambda T} = \frac{E_{0-\lambda bT}}{\sigma T^4}$$

$$f_{0-\lambda T} = \int_0^{\lambda T} = \frac{C_1}{[\sigma(\lambda T)^5]}\frac{1}{[e^{(C_2/\lambda T)}-1]}d(\lambda T) \tag{3.10}$$

为了计算黑体在一个波段内发射出的辐射能，我们将公式改写为含有 $\lambda T$ 两个值的方程。

$$E_{\lambda_1,bT-\lambda_2,bT} = E_{\lambda,b} \cdot f_{0-\lambda T_2} - f_{0-\lambda T_1}$$

$$E_{\lambda_1,bT-\lambda_2,bT} = \int_{\lambda_1 T}^{\lambda_2 T}\frac{E_{\lambda,b}}{T}d\lambda T \tag{3.11}[41]$$

公式（3.9）中，如果已知黑体表面温度 $T$，我们可以计算出 $0-\lambda_1$ 波长范围内黑体发射出的辐射能与其辐射总能量的比值。然后以同样的方法计算出相同温度下 $0-\lambda_2$ 波长范围内的比值。两个比值之差（为正值）即为曲线下黑体在波长 $\lambda_1$ 和 $\lambda_2$ 区段内的辐射系数。

计算方法：所有这些方程看起来都很复杂，但我们该如何利用它们来估算某一光谱波段内的能量分数呢？Howell 和他的同伴们向我们展示了一种数值计算方法，在已知 $\lambda T$ 的前提下[9]，它能够计算出任何一个比值。在科学计算软件 Scilab、Matlab 或者你选择的其他软件中，将如下公式编程至其演算系统，通过数值法，你能够计算出函数的 10 项值（而不是"无限"项）。

---

[40]　用式（3.7）除式（3.8）可以得到一个介于 0 与 1 之间的无单位分数。

[41]　注意：我们必须用这个比值乘以此处由斯特藩-玻尔兹曼定律计算出的辐射度。

已知 $\lambda T$ :
$$x = \frac{C_2}{\lambda T}$$

$$f_{0-\lambda T} = \frac{15}{\pi^4} \sum_{n=1}^{\infty} \left[ \frac{e^{-nx}}{n} \left( x^3 + \frac{3x^2}{n} + \frac{6x}{n^2} + \frac{6}{n^3} \right) \right] \tag{3.12}$$

在实际应用中，我们可以认为太阳的温度为 5777 K，而黑体辐射系数出现在 0.38 μm 到 0.78 μm 的波段之间。

$$\lambda_1 T = 0.38 \ \mu m \ \times \ 5777 \ K = 2195 \ \mu m \cdot K \tag{3.13}$$

---

补充：

  相比光在光伏组件中的运用，植物和藻类所进行的光合作用则更具特色。光系统 I 和光系统 II 中蛋白质复合体的作用与光泵类似，能够产生储存能量的分子，比如 ATP 和 NADPH，但它们储存的能量是不稳定的。同样是在这个光合作用过程中，卡尔文循环中的酶可以利用这些不稳定的化学能将二氧化碳和水转化为糖类等有机物（植物的电池）中稳定的化学能。这些糖类中储存的稳定的化学能从根本上支撑着我们的生态系统和食物链，同时，地质时期（0.75—3 亿年前）的糖类等有机物也是今天地球燃料的来源。实际上，光合作用的效率小于 1%—3%，但是由于其转化的能量储存成本很低，因此它的低效率也就可以忽略了。更奇怪的是，考虑到时间、温度和压力的要求，其形成石油的效率估计约为 $10 \times 10^{-15}\%$，或者说只有"百分之毫微微"的效率。建议：千万不要与太阳能狂热者争论效率问题。

---

$$\lambda_2 T = 0.78 \ \mu m \ \times \ 5777 K = 4506 \ \mu m \cdot K \tag{3.14}$$

通过公式（3.12）将每个比例系数都计算出来，或通过查表，我们就可以得到这两者之间所有的比例系数。

## 3.11 问题

（1）6 月 21 日中午，你站在宾夕法尼亚州费城的一个房间里。房间的走向是沿着南北中轴线的，窗户朝南，灯在东北角，而你站在靠近西边墙的位置，正对着房间的中心。请绘制出与短波辐射相关的所有发射表面和接收表面。

（2）评估地球上的温室效应，（a）在一个横断面示意图中，绘制出与长波辐射相关的发射表面和接收表面，（b）长波辐射的主要来源是什么（发射源）？

（3）单色绿光（532 nm）激光笔的输出功率通常为 5 MW，发射出的绿光是圆形的准直光，横截面直径为 5mm，（a）垂直于光束的表面辐照度是多少？（b）大气质量为 1.5（AM1.5）时，水平面的辐照度为多少？将激光的辐照度与下午晴朗天空的辐照度做对比。（c）列出 3 个太阳辐照度与激光辐照度不同的特性，并对它们进行解释。

（4）通过编程来计算黑体辐射系数的近似数值。你将在下一个问题中用到这个编程。（Scilab 的编码问题）

（5）人体表面积约为 $2m^2$，皮肤的表面温度是 32℃。（a）已知人体的辐射系数 $\varepsilon = 0.97$，那么人体的辐射度（或向各个方向辐射出的总能量）是多少？单位：$W/m^2$。（b）计算灰体辐射度的比例系数，这个范围比黑体辐射的范围大，介于 8 μm 到 14 μm 之间。（c）求出辐射度的值，单位：$W/m^2$。

（6）太阳光球层单位面积内的辐照度是 6.33 × $10^7 W/m^2$。（a）假设太阳是一个黑体（$\varepsilon = 1$），表面温度为 5777 K，利用斯特藩—玻尔兹曼定律验证这个值的正确性。（b）已知地球大气层之外太阳常数为 $1361 W/m^2$，根据平方反比定律，计算金星和火星表面的辐射常数。

（7）（a）根据光球层表面温度计算出的辐射系数中，哪个对应的波长是 λ < 780 nm？（b）哪个对应的波长是 λ < 3000 nm？（c）哪个对应的波长是在 780 nm 到 3000 nm 之间（地球大气层之外短波辐射中的红外波段）？

（8）将太阳看作一个黑体，绘制太阳光球层表面的普朗克光谱（玻色—爱因斯坦分布），并对辐照度积分（曲线下的面积）。将你的答案与前面的问题提供的值进行比较。（计算软件编码问题）［你绘制的图中波长范围可能在 200 nm 到 50000 nm 之间］。

（9）根据平方反比定律重新绘制太阳光谱，按比例缩放以致能够呈现地球表面的辐照度，（a）对辐照度积分，求出曲线下的面积。（b）解释你可以明显降低波长范围的原因。（c）由维恩位移定律得出的最可几波长是否随着缩放比例而改变？（计算软件问题）［你绘制的图中波长范围可能在 200 nm 到 3000 nm 之间）。

（10）在各向同性平均温度为 255 K 的前提下，绘制大气光谱（辐射出射度或发光）。通过观察，最可几的波长可能出现在哪？（a）解释为何绘制的波长范围与短波辐射明显不同。（计算软件编码问题）（你绘制的图中波长范围可能在 2500 nm 到 50000 nm 之间）表 3.1。

# 3.12 推荐拓展读物

- 《自然与艺术中的光与色》[10]
- 《太阳辐射导论》[11]

- 《能源的消耗：支持八国集团行动计划的节能照明政策》[12]
- 《光学》[13]

# 参考文献

[1] With some small exceptions of extremely high concentrations of light and plasmonic devices.
[2] The example of scattered shortwave light from the atmosphere is simplified with a straight arrow emerging from the "sky dome." The intent is to convey that the shortwave light from the sky is derived from reflection, not thermal emission.
[3] Somebody call Nicola Tesla: TESLA PATENT #685,957 Apparatus for the Utilization of Radiant Energy.
[4] See Appendix A for a review of heat pumps and heat engines.
[5] What is the difference between an **aperture** and a **receiver**? The *aperture* is the opening to capture the maximum photons (includes a reflector or lens for concentration), while the *receiver* is the cove and absorber system. When there is no concentration, they are essentially serving the same purpose
[6] NASA has an educational page on lasers for the general audience.
[7] Although the surface of the Sun also emits **longwave spectra**. by the inverse square law those photons are effectively gone (too diffuse to be a significant contributor) at the Earth's surface.
[8] The Sun is a miasma of incandescent plasma. Thank you, *They Might Be Giants*, for the editorial update.
[9] John R. Howell, Robert Siegel, M. Pinar Menguc. Thermal Radiation Heat Transfer, CRC Press, 5th ed., 2010.
[10] Samuel J. Williamson, Herman Z. Cummins, *Light and Color in Nature and Art*, John Wiley & Sons, 1983.
[11] Muhammad Iqbal, *An Introduction to Solar Radiation*, Academic Press, 1983.
[12] Paul Waide, Satoshi Tanishima, Light's Labour's Lost: Policies for Energy- efficient Lighting in support of the G8 Plan of Action, International Energy Agency, Paris, France, 2006 (Organization for Economic Co-Operation and Development & the International Energy Agency).
[13] Eugene Hecht, *Optics*, Addison–Wesley, 4th ed., 2001.

# 第四章 光、热、功、光伏转换物理

*你可以继续使用这个词，但我认为你可能并不理解它的真正含义。*

*——此话出于电影《公主新娘》中的Inigo Montoya之口（《公主新娘》由William Goldman编剧，Rob Reiner执导）(1987)*

我们发现一些障碍是由于不了解现代能量知识造成的。[1] 例如，能量和功并不等同于温度，在现代热力学领域热量不仅仅代表"热"。但是我们平时还是会将能量、温度和热量等概念混合使用。我们想当然地以为，如果引擎持续发热，需要用"热量"来表达，同时也意味着更多的"能量"和"力量"，从而产生更多的"功"。这些都是对热力学概念的错误应用，同时也趋向于对能源热的其他重要转移：辐射转移(见图4.1)。[2]

温度也仅仅是一种特征检测，[3][1] 是一大群原子在动能空间摆动的单一值。热量并不是一个热体，[4][2] 而是通过传导和辐射传输实现的能量转移。我们会看到其他两大群带有动能和势能的能量粒子，它们也有自身的特征检测，且与温度理念类似。

我们在一群摆动压缩的原子和分子产生的热能中发现了动能，其可用于对表面施加压力，向涡轮传递机械能，而机械能可以通过磁场里的铜线圈来感应源源不断的电子，向发电机及其下一个能量转换装置传递电能，所有装置都在逐次转换中从一个能量形式转换到下一个形式。[5][3]

---

[1] 现在可以自问下：什么是功？什么是热？什么是有效能？一些答案的具体细节可以在美国能源部能源信息管理局的推广网站：能量解读中找到。

[2] 由于物理接触（传导而非对流）和辐射转移，热能总是从一个更高的能量体转移到较低能量体。
功就是我们做一些有用的事情所需的能量。白天和温暖的晴天也很有用。
温度是在分布状态内最可几能量的概括统计量。

[3] 特征检测是一种物理表示，也是最可几能量状态的统计总结。

[4] 注意热量不是对流。对流是传导和流体流动的突现特征。成群的能量粒子叫作能量分布。

[5] 各种形式的势能统称为能量来源。在社会中，我们将主要的能源称为资源。能源从初始形式到另一个形式间的对流叫作转化。

现在，设想一下势能存在的多种可能形式：重力势能、电化学势能、机械势能和核势能。同时，动能也存在多种形式，如：运动能量（如风力涡轮机叶片等大物体的运动），热能（如振动的原子和分子等较小物体的运动），或是电能/电子能（如电子和"空穴"等更小物体的运动）。

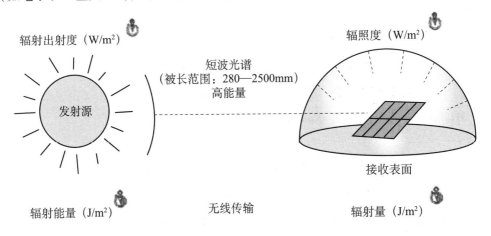

图 4.1　太阳收集系统是一个开放式的热力学系统

通过散出辐射能形成一个光电子和光电子接收器，构成一个光伏板

## 4.1　光、热领域的重大突破

如果我们有某种形式的能量，既是势能（储能）又是动能呢（处于运动状态）？我们真的发现了这种能量，它叫作辐射能。考虑到所有路径和横波的传递，辐射能的电磁波是在不断运动的（动能）。然而，在同一时刻，光辐射能的粒子群（学名为光子）每个都体现出了量子的势能，并且与光子的频率成正比（与波长成反比）。这两种形式是一个组合，解释辐射能在有效能量转换的设计中，可以发现其不确定性⑥[4]。

光子是处理的基本粒子。一个光子没有静止质量⑦[5]，但其具有传播动能的动量且与波长成反比。光子也存在势能，势能与光子波长成反比。光子并无"冷"或"热"的概念，然而由于它能与物质交换能量，因此诱导发生热量变化、电子变化和物质不同状态下的辐射能变化。光子是能量的量子形态（能量转换的基本单位），比如铀原子、碳氢化学键或一个单一的电子。

---

⑥　在多年小心谨慎地研究辐射能的过程中，注意检验一下海森堡不确定性原理。

⑦　一点质量都没有。

考虑到物质在稳定状态下的抽运，运用光源会产生三种响应：

（1）电子响应（半导体：光电子）［在金属里的电反应］

（2）热量响应（热震动：光热）

（3）电化学响应（光合作用：光化学）

# 光热转化简史[8]

我们怎能忽略掉辐射能这一重要又独特的双重属性呢，与光、热、热力学紧密相关？如果我们重新回顾能量转移的历史研究，有可能会发现一些不同。在化学燃料丰富（比如西欧的木材、煤、天然气和石油等）的发展时期，衍生出的技术表明了当时的热能或热量[9][6]或光能[10][7]间有显著区别。

从历史上来看，热力学的发展是出于提高早期蒸汽机（从热能向机械能转换）效率的需求而提出的。热力学（我们可以在历史书和维基百科中找到相关内容）在欧洲的发展历程包含了对应用能量转换高于或低于某一阈值的研究。能量转换高于阈值叫作功，而能量低于阈值叫作释放热。在 17 世纪，功的概念仅限于传播有效机械能。能量转换（从能量的一种形式转换成另一种形式并同时产出功和废热）的有效理念是热力发动机的一个概念。[11]

相比之下，通过 17 世纪的 René Descartes、Isaac Newton、Robert Hooke 和 Christiaan Huygens，以及 19 世纪的 Augustin-Jean Fresnel、Thomas Young、Michael Faraday 以及 James Clerk Maxwell 等学者的研究，光学和光子学逐渐发展起来。所有这些研究都早于光的量子性质的发现。老旧的高能耗白炽灯泡也是 19 世纪科技发明的产物（发明于 130 多年前的 1879 年）。在 20 世纪，我们已开始编制光子学方面的著作，涉及产生、发射、传输、调制、放大、检测和光感应等领域。光子学包括半导体材料的能源操作（20 世纪 60 年代初）、光学纤维（发展于 20 世纪 70 年代），以及复合薄膜和不同波长交互表面（20 世纪 80 年代）。然而，光子学这一术语已被广泛应用到了信息传输（通讯）过程。因此，光探测器解释为捕获信号的技术，而不是能

---

⑧　在量子物理学中，粒子的另一种叫法是量子。我们把现代科学的转换描述成了量子力学，你们的物理学教授一定是转着眼珠盯着这一陈述，双手捶胸。这和火或是啤酒的发现一样重要。

⑨　热：在 19 世纪，热被认为是一个热物体向一个稍冷物体的热能转换。

⑩　光：在 17 世纪，光指电磁光谱中可见的"有颜色"的部分。

⑪　功是执行有用工作时用的能量。废热仅仅是低于某一阈值的能源，无法应用到设计用途。在设计方面，我们经常受"我们认为的有用用途"的限制。

量变换技术。

热能向机械能转换（又叫作热传递）进行做功，辐射能向电子能转换（又叫作电磁能）进行信息传递的概念区分依据是科技发展的两条历史脉络（分别为基于热量的蒸汽机和基于信息的光学和半导体）。在蒸汽机开始发挥作用的200多年之后，也就是在21世纪，我们已开始运用光热聚合系统。热力学、热机、光和热、光电子学和光子学均已经适应了该核心意义，现代技术的每个概念语言都定义了新能源有效形式，如将电力用于计算机运行和半导体照明，或加热家中的空气和水，提高生活舒适度。我们可以发现，为了实现能量转换研发的材料也可以用于做功和信息传递，主要取决于系统设计者的创造力。[12]

## 4.2 光的热反应

许多热转移的教科书将*辐射传输*作为教育的重要组成部分，但是同时*辐射传输*经常被讲解为*能量损失*机制，而不是*能量增益*机制。从一个内燃机的角度来说，发出的辐射量比较分散，不足以做功，而且通常认为辐射源为低温。然而，从太阳的角度来看，辐射能量源可以满足维系生命，形成风雨，推动现代社会的运转要求。上文介绍了多项现代和古代技术，展示了利用太阳能加热液体和固体材料，便于审核和研究。

太阳能转换领域非常广泛（跨越许多领域），通用命名法无法对这些吸收光源的技术进行准确定义。在该领域，物质内的显热增长（物质内的实测温度上升）或物质内的潜热增长（内部能量逐渐增大，但实测温度不变）都能导致*能量增益*。温度变化和潜热在这一意义上可以归因于*辐射传输*，属于热传递领域最尖端的难题。我们的任务是详细介绍辐射转移，使更多的人可以利用太阳能转换。

光（或电磁辐射）需要一个*发射器*(作为光源)和一个*接收器*或吸收光子同时运用光源能量的收集装置。光从表面放射或反射，或从表面入射，然后从表面传输或者被表面吸收，光应与放射面/反射面和接受面进行图解。*发射器和接收器间的关系进一步证实了太阳能转换电磁辐射是定向转换*。[13] 在日—地模式下，*短波波段*的发射器是太阳（太阳光球层的$T_{eq}$是5777 K），而*长波波段*的发射器则位于我们的地

---

[12] 想一想下列项目是否有用：日光、温暖的空气、热水、微波炉、激光棒、日光浴、植物、雨、季节和风。这些都是光子、辐射能量源的衍生品，还有一些是来自太阳。

[13] 是的，从接收面的角度来说，反射光是光源。如果我们希望利用天空和地面的所有资源，便应明确方向性非常重要。

球，可能是大气层和地球上的物体（$T_{eq}$通常为180K到330K）。

我们提出了一个描述光向热能形式转换的术语。涉及参照系时，我们应先了解**热量测定法**，是测量热的物理变化（显热）、化学反应（潜热），以及热容量（比热）的一种技术。一种材料的热量反应可以源自光学方法，和我们经常看到的太阳为地球供热或是微波炉加热汤的情况类似。将光以及光与物质的相互作用的研究称之为光学。我们希望能够使用一个常用术语来指代光学与热量响应的耦合现象。因此，我们达到了光电子学⑭和热学的逻辑共轭，从而形成了光电技术学。该术语以及光电子学的术语主要是为了应用方便，需要进一步扩充其引申含义。例如，这术语不仅可用于太阳能取暖，还可以用于太阳能制冷。

"光电"意味着发光，与"辐射采暖"意味着标准概念的发光一样。"光电热学"是与光热行为相关的光的发射、检测和控制工具的应用与研究。在这种情况下，光的辐射形态包括有形辐射和无形辐射两种，是指处于产生热量响应的连续辐射状态下的物质的直接热激励。⑮[8]

在本文结尾部分，我们将介绍地球大气层和表层情况（盖层—吸收器系统），将其作为光电热系统的一个案例。温室效应的本质依赖于吸收表面（称为不透明 II 型灰体）和大气层（为 I 型选择面，对某些波长是透明的，但吸收其他波长的辐射）的光电热响应。

大气之所以是"选择性"的，是因为其对不同波长辐射的反应也不相同。大气层在短波波段内具有高透明度和适度的低反射率，而在长波波段具有透明性和吸收性（高发射率、低反射率）。⑯[9]大气层对 8—13 μm（8000—13000 nm）范围内的长波波段子集具有选择性透明度。这是一个天窗，通过该窗口传输热量，冷却大气。[10]

## 4.3　能源转换系统中的材料

在太阳能能源转换系统的新型设计中，一体化方案和通信的目标是适应系统基础和所有电磁辐射与材料相互作用的指向性。大多数情况下，我们通常更倾向于检

---

⑭ 维基百科解释（2013 年 1 月 27 日检索）："光电子学是研究和应用光源检测和光控制电子设备的学科，通常被认为是光子学的次领域。光经常包括无形和有形的辐射如伽马射线、x 射线、紫外线和红外线，还有可见光。光电器件是电到光或光到电的换能器，或是操作中使用此类设备工具。"

⑮ 在本文中，因为光电子学（包括光伏发电），我们选择使用光电一词。

⑯ 这对大气的描述过于简单了，但对于太阳能转换系统的设计具有实际意义。

测与入射（吸收、折射或反射）面相关的光学。光子将被适当的吸收表面（吸收材料）接收或者由其进行传输。光学有助于管理光子，或将纷乱的光子纳入密闭的笔式光子存储器。

工作电流从光到其他太阳能转换系统的耦合需要采用有用材料。为了利用太阳能提供的稳态开放系统，我们必须了解可用于技术开发的材料属性。所有太阳能转换系统技术都使用物理材料与电磁辐射进行交互，这是光学的定义。可以从两个角度对太阳能转换系统进行研究：（A）在电子、电化学和热量变化/存储过程中与光进行交互的材料；（B）与材料进行选择性交互的光波段（例如，短波/长波选择面）。

我们可以发现，材料会有选择的通过各个波长范围，主要依据条件是辐射强度、透射率、反射率和吸收率。材料的选择性可以让我们创建材料系统，实现提高太阳能转换技术利用率的目标，同时推动设计团队开发新的技术。另外，我们会发现有些材料缺乏光谱选择性，这是我们在某些器件中希望达到的目标，例如光伏装置除了吸收带隙能光子（能够产出用于发电的电子态）外，还可以吸收低能光子进行材料加热（降低器件效率）。我们这一情况作为更大的系统式解决方案，比如管理整合光伏系统的微气候，从而减少一天中的热量负荷。更广泛的跨学科综合设计团队可以通过扩大系统的边界条件，创建超越个别材料限制的解决方案，保证一个能源解决方案可持续性的同时，也向客户或选定部署区域内的利益相关方提供较高的太阳能利用率。

# 4.4 选择面和灰体：不反光

之前，我们一直考虑表面不反光的黑体能源，如今我们转向表面反光的灰体能源。

一部分收集器的设计考虑了接收面通过长波辐射损失能量，或是从太阳能短波获得能量的能力。关于入射面的设计，我们考虑减少或是提高热能损失（取决于太阳能转换系统利益）。所有类地表面都会"发光"，因为黑体（或灰体）发射率伴有光子能分布。该分布会红移（如维恩位移定律所述）在长波而非短波中形成最大概率波长（峰值）。[17]

---

[17] 我们每天都使用微波系统，为什么从来没有人意识到微波系统是一个发射器—吸收器？微波系统中，吸收表面是我们食物中的水和脂肪（以及密胺餐具，一种三聚氰胺甲醛树脂）。微波炉通过一个叫作磁控管的部件产生平行聚集的微波光子，（其波长 $\lambda$ 约为 120mm，导致吸收分子的摆动和旋转。此时，能源来自于光子流，而不是波长蕴含的能量。

为了充分理解这个由巨大热能发射器——太阳驱动的器件，我们一直着重于从太阳能短波中获取能量。为了扩大太阳能方面的知识，我们将让你走出光源的直觉误区（后文将详细讲述太阳的相关信息），去了解和评估吸光表面的材料属性（传输、吸收或反射）。

对于受燃烧循环和热传递性能影响的领域，通常认为辐射传输与发散表面相关的红外光相同（在热传递的参考文章中称之为热辐射）。[18][11]因此我们假设（可能不一定正确）热系统的辐射方式为："热"材料发出长波辐射，"冷"材料吸收短波辐射。[19][12]研究表明，半导体系统也存在类似情况，光电子学传播与发散面相关的"冷光"。在太阳能转换系统领域，我们可以发现上述两个观点存在不足，可能也欠准确。

首先，详细介绍透明式普通表面的部分辐射能衡算情况。如下为半透明情况的辐射衡算等量关系式（$\tau \neq 0$）：

$$\rho_\lambda + \alpha_\lambda + \tau_\lambda \tag{4.1}$$

我们可以发现，等量关系式（4.2）描述了基尔霍夫辐射定律，热平衡下所有表面的光谱发射率同光谱吸收率相同。

$$\alpha_\lambda = T_\lambda : \text{已知 } T_{eq} \tag{4.2}$$

为了开展进一步对比，我们对两个灰体板进行了比较，这两个灰体板分别向对方发射绝大多数长波光线。假定两个表面的温度 $T_1$ 和 $T_2$ 约为250—350 K。因为他们是平行的，不会发生光线损失。两个表面间的相互关系见图4.2。因此，如果 $\epsilon_1 \neq \epsilon_2$ 和/或如果表面1的温度与表面2的温度不同（$T_1 \neq T_2$），表明存在净能量传输（热）。换言之，其中一个能量的净增加会导致材料本体温度的上升。

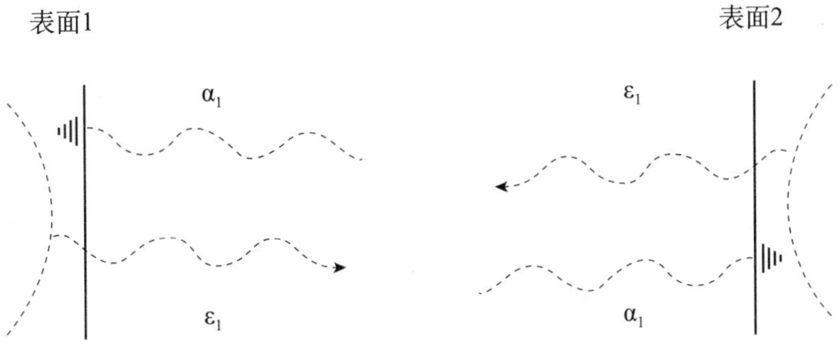

图4.2　两个平行平板的辐射能长波交换图例

两个表面的温度（$T_1$ 和 $T_2$）接近300 K，而且 $T_1 \neq T_2$

---

⑱　实际上，太阳也是来自极热表面的热辐射。

⑲　你能识别出其中逻辑上的瑕疵吗？仔细思考热力学第二条定律……

**太阳能转化系统**

从下列两个等量关系式中，我们可以发现，根据基尔霍夫辐射定律，各 $\epsilon$ 和 $\alpha$ 取决于具体表面情况，或带有表面温度 $T_{eq}$ 的特殊材料。从另一个角度考虑，如果热平衡条件下各表面的发射和吸收是相等的，则两个表面的发射和吸收比率相等。[20]

$$\varepsilon_1 = \alpha_1$$
$$\varepsilon_2 = \alpha_2 \tag{4.3}$$

或

$$\frac{\epsilon_1}{\alpha_1} = \frac{\epsilon_2}{\alpha_2} = 1 \tag{4.4}$$

我们发现不透明材料的 $\tau \rightarrow 0$（或接近此值），$\rho$（反射比）和 $\alpha$（吸收率）或 $\epsilon$ 能量守恒。记住这些系数（发射率和吸收率）都是无单位的分数，值从 0 至 1。

我们还可以以太阳（~6000 K，$\epsilon \sim 1$）和在海滩上晒太阳的冲浪员（~300 K，$\epsilon \sim 0.97$）为例来体验这种辐射交换。冲浪者距离太阳 1.5 亿公里，在晴天处于室外时，来自太阳（短波）的净额外辐射能被吸收和转化成冲浪者皮肤上的热能。同时，冲浪者也是热能发射源，向周围散发长波能源。如果她在封闭的建筑物内走动或在夜晚乘凉（此时地球表面远离太阳），她依然能散发长波能，其效率是白天的 97%。

对于厚度较大的不透明材料（例如混凝土墙体或金属铝板），理解材料光学性能的一个可行方法是评估其表面的反射率。[21][13] 我们知道材料可对各种波长在反射率、吸收率（或发射率）方面做出响应。太阳能设计工程中，我们将光学材料分析进行了简化，主要将相关值限定在了短波（<3 μm）和长波（>3 μm）范围内，突破了太阳能转换系统设计中对入射和出射方向的研究。

$$1 = \tau_\lambda + \alpha_\lambda + \rho_\lambda \tag{4.5}$$

通过公式（4.2）和（4.5），我们发现 $\alpha_\lambda$ 与 $T_\lambda$ 相当，低吸收率的材料发射率也低，反之亦然。因为我们已经声明材料是不透明的，公式（4.5）将材料的透光率设定接近 0。我们只需根据其表面光谱（短波和长波）的反射率对材料归类。通过重排公式（4.5），设置 $\tau_\lambda = 0$，得出下列关系式：

$$\rho_\lambda = 1 - \alpha_\lambda = 1 - \epsilon_\lambda \tag{4.6}$$

我们的材料对短波和大部分长波不透明时，对四类常规光学材料设定了分类标

---

[20] 在定义中，黑体材料反射率为 0（$\rho = 0$），反射光意味着光没有被吸收。黑体也是不透明的。因此透光率为 0（$\tau \rightarrow 0$）。

[21] 理解不透明材料的实际方法是使用反射率。

准。在这种情况下，材料对长短波的透光率均接近 0（不透明）。根据基尔霍夫定律公式（4.2），温度恒定的表面的吸收率和发射率基本相同。另外，对既定表面增加能量平衡概念，即特定波长的反射率、吸收率（或发射率）和透射率中的光学率（系数范围为 0 至 1）总量应与公式（4.5）中的相同。

## 4.5 一个表面的辐射交换

评估表面间的辐射传输时，我们希望使用统一的能量单位（例如，焦耳或电子伏特），但发射或吸收光子的波长（λ）和发散表面的温度单位（K）需要换算。电子伏特（eV）在光学中是一个统一的能量单位，我们在本文中用此单位代替焦耳。电子伏特的定义是一个电子经过 1 伏特的电势差加速后获得的动能。1 伏特为 1 焦耳每库伦（1 J/C），1 电子的电荷为（1 e）或 $1.60 \times 10^{-19}$ C，因此 1 eV $\equiv 1.60 \times 10^{-19}$ J。为了将波长 λ（nm）转化成能量（eV），我们采用公式（4.7）（算出 5）：

$$\frac{h \cdot c}{\lambda \ (nm)} \frac{1239.8 eV \cdot nm}{\lambda \ (nm)} \approx \frac{1234.5 eV \cdot nm}{\lambda \ (nm)} \tag{4.7}$$

所有物质为非零温度，表示系统熵[22]热的分配。如附录 A 所述，系统/周围总熵（dS）的变化关系为：

$$dS \geq \frac{1}{T} dQ \tag{4.8}$$

式中，$Q$ 为热量的传统符号。温度是热的同源词（与热能相关），也是测量微粒平均动能的一种方法。从广义上讲，温度测量本质上是建立了一种材料动能麦克斯韦-玻尔兹曼分布的大部分能量状态。

$\lambda_{max}$ 为玻色-爱因斯坦分布中最可能出现能态的汇总统计。我们发现普朗克定律和斯特藩-玻尔兹曼定律两者都可以将开氏温度热态转变成能量总值（焦耳）。进行各波长转换或温度转化时，我们主要关注了通过评估能量或动力总值来简化计算表面的净能流。热传输主要关注热辐射，其中物质和辐射处于局部平衡状态。[23][14]太阳是太阳能转换系统的主要光源。太阳光是大气层内主要的热能辐射来源，比地球上的任何东西都要热。[24]

热力学中的"热"的定义是由于温度差或温度梯度引起的能量在系统边界中的传递[25][15]。因此，热是一种能量传递，而热能是原子和分子或实体因振动或移动产

---

[22] 熵是对一定温度下能量分散度的度量（包括质量和光状态）。

[23] 同步放射、受激发射（激光）和康普顿散射的非平衡辐射来源。

[24] 来自色球层（日冕）的光子额外非热源使得黑体趋于偏离光球层。

[25] 如果已涉足热传递研究，应了解热意味着能量传递。

太阳能转化系统

生的一种能量。热能可在表面或边界间传递。我们也许会认为空气水平运动或者热液体整体运动可以传递能量。然而，从热力学角度讲，热能传递只有两种机械方式：传导式或辐射式。[16]

熵是对一定温度下能量分散度的度量（包括质量和光状态）。

我们进行区分的目的是从太阳能的角度考虑我们监督和核算的主要能源形式是利用辐射能，即通过光吸收转换成热能。首先，我们可以肯定的是太阳（～6,000K）和地球（～300K）之间存在巨大温度梯度。由于太空近似真空，太阳上的能量（无线）传递给地球（或是地球至太阳）是通过辐射传输。方向恒定的（例如太阳至地球的 $-Q$）净能通量辐射传输是由于两个表面辐射射出度（发散，$W/m^2$）和辐照吸收度（也是 $W/m^2$）之间的不平衡实现的。一段时间内净辐射交换以 $Q$（以 J 为单位）或 $q$（以 $J/m^2$ 为单位）输送。辐照度反映出能量传输率，本文采用惯用的 $q$（单位 $W/m^2$）作为单位。

通过前文介绍，我们了解了黑体能量计算，以及黑体表面能量平衡计算。现在，我们将深入研究灰体计算，除了研究发射率和吸收率（或传输），还要研究多种反光面。必须计算特定方向净能通量辐射传输，因为太阳能设计者可能会利用不平衡来开展工作。对于当前研究不透明表面间传输使用的简化方法，首先将表面估算为"弥散灰体表面"，表面的热特性和入射光一致。[17]

## 弥散灰体曲面近似算法

- 假设表面是弥散发射，发射率与方向无关（$\theta_i$ 或 $\gamma$）。
- 如若辐照特性与波长（$\lambda$）无关，其中 $0 < T < 1$（白色和黑色之间），则假设表面是"灰体"。
- 假设评估范围内的表面温度相同。
- 假设表面的辐照度相同。

从不透明发射物质（例如太阳或我们的皮肤）的角度考虑，辐射从表面发出。对同一不透明材料进行照射，表面可产生镜面反射或弥散反射。镜面反射的典型代表是镜子（入射角等于反射角），弥散反射的典型代表为白漆或粉笔（从各角度反射）。当然，反射也可以是镜面反射和弥散反射的组合，例如对墙漆进行抹平、薄胎、上光或抛光处理（从弥散反射变成镜面反射）。

进行两个表面的灰体计算时，需计算表面的发射率和反射率，称之为表面光辐射。光辐射（$J_i$）㉖ 指的是一个表面 $i$ 发射和反射光的总和。[18]

---

㉖ 光辐射（$J_i$）指单个表面释出的辐射能量平衡。

64

$$J_i = \rho_i G_i + \epsilon_i E_{b,i} \tag{4.9}$$

如前文所述，不透明（$\tau \to 0$）灰体表面的反射率（$\rho$）和吸收率（$\alpha$）的相互关系为 $\rho_i = 1 - (\alpha_i)$。如果我们使用基尔霍夫定律，吸收率和发射率必须相等，则 $\rho_i = (1 - T_i)$。

因此，计算单个表面光辐射的公式（4.9）可有三种方法供选择：

$$\begin{aligned} J_i &= \rho_i G_i + (1 - \rho_i) E_{b,i} \\ &= 反射太阳能 + 发射 \\ &= (1 - \epsilon_i) G_i + \epsilon_i E_{b,i} \\ &= (1 - \alpha_i) G_i + \alpha_i E_{b,i} \end{aligned} \tag{4.10}$$

依据表面 $i$［公式（4.11）］、光辐射（$J_i$，单位：$W/m^2$）和辐照度（$G_i$，单位：$W/m^2$）间的平衡关系，计算单个表面 $i$ 的净辐射传输率（$\dot{Q}$）（见图4.3）。

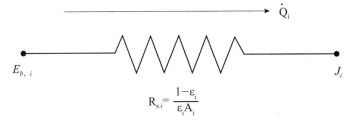

图4.3　辐射传输通用热阻图

图中，$\dot{Q}$ 指表面间的净能量传输率，$E_{b,i}$ 指从表面 $i$ 发射出来的黑体能量，$R_{s,i}$ 是表面电阻，而 $J_i$ 是表面 $i$ 的最终光辐射，$A_i$ 是指面积，$\varepsilon_i$ 指表面 $i$ 的发射率

$$\dot{Q}_i = A_i J_i - A_i G_i \tag{4.11}$$

暂时假设表面不吸收净能量（$\dot{Q} = 0$，绝热系统），将公式（4.10）重新调整为：[27]

$$G_i = \frac{J_i - \epsilon_i E_{b,i}}{1 - \epsilon} \tag{4.12}$$

将公式（4.12）代入公式（4.10），得出：

$$\dot{Q}_i = A_i \left( J_i - \frac{J_i - \epsilon_i E_{b,i}}{1 - \epsilon} \right) \tag{4.13}$$

$$= A_i \left( J_i \frac{1 - \epsilon_i}{1 - \epsilon_i} - \frac{J_i - \epsilon_i E_{b,i}}{1 - \epsilon} \right)$$

---

[27]　注意：太阳能光子辐照度本身大部分为短波，而从地球发射的光子全部为长波。在太阳能转换系统设计中我们可使用这种区别作为表面间的选择性能量传递。

**太阳能转化系统**

$$= A_i \left( \frac{- \in_i J_i + \in_i E_{b,i}}{1 - \in_i} \right)$$

$$= \left( \frac{\in_i A_i}{1 - \in_i} \right) (E_{b,i} - J_i) \tag{4.14}$$

$$= \frac{E_{b,i} - J_i}{\left( \frac{1 - \in_i}{\in_i A_i} \right)} = \frac{E_{b,i} - J_i}{R_{s,i}} \tag{4.15}$$

从式中可知，辐射传输具有驱动力，其值等于黑体辐照度减去光辐射。图 4.4 中相关辐射交换阻力为 $R_{s,i}$（$m^{-2}$），称为表面阻力。[19] 如果表面是黑色，$\in_i \to 1$，无表面阻力。如果表面具有高度反射性（具有光泽的金属），则 $\in_i \to 0$，表面阻力接近无限大。由于表面会反射所有光线，表面不会与其周围环境产生辐射传输。㉘[20]

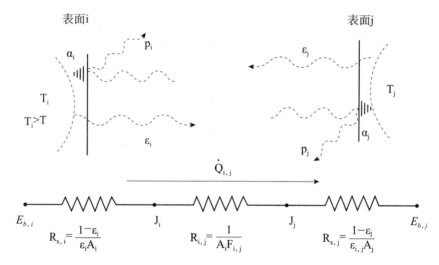

图 4.4　两个表面间的辐射交换

包括与公式（4.18）分母相关的热阻力图，注意到两个表面为辐射交换，$\dot{Q}_{i \to j}$

针对地球表面和地球大气层在正常环境条件下的热力学平衡，我们将对四类不透明太阳光学进行介绍。下表描述了四种进行短波光和长波光调控的常规选择面。该清单具有重要意义，各等级具有相关的实际不透明材料，有助于对太阳能转换系统设计的可用材料进行初步评估。

---

㉘　注意：真正的灰体输出功率 $W$ 与表面发射率成比例：$W = \in \cdot \sigma \cdot A \cdot T^4$。因此，发光面不会因为辐射传输而自身变热，太阳能转换系统中可作为光线集中抛物镜面！同样，金属轻太空毯通过将 IR 光线反射至你的身上，从而帮助保暖。

　　类型Ⅰ灰体：低短波吸收率、低长波发射率：典型材料为纯铝、银、镍和黄金（称为镜面反射板）

　　类型Ⅱ灰体：高短波吸收率、高长波发射率：典型材料为帕森黑体、炭黑、灯黑（为煤灰的各种变体）

　　类型Ⅰ选择面：高短波吸收率、低长波发射率：典型材料为黑铬、铜铬黑（所有金属亚氧化物）和水合装置

　　类型Ⅱ选择面：低短波吸收率、高长波发射率：典型材料为阳极氧化铝、氧化镁、氧化锌（用于屋顶冷却的漫反射器）

## 4.6　两个表面的辐射交换

　　对于两个或两个以上表面的普通辐射交换，我们应了解各表面间相互辐射的详细信息。为此，我们确立了视角系数。两个漫射面的几何形状（$i$ 和 $j$）能够均匀朝各个方向发射光线。表面 $i$ 的总辐射出射度施加在表面 $j$ 的辐照度可表示为一种几何关系，见公式（4.16）。表面 $i$ 产生的总辐射出射度衍生的表面 $j$ 上的辐照度比例称为视角系数（$F_{i,j}$），数值在 0 至 1 之间。

$$F_{i,j} = \frac{\text{表面}\,j\,\text{吸收表面}\,i\,\text{的辐射度}}{\text{表面}\,i\,\text{总辐射出射度}} \neq F_{j,i}$$

$$F_{j,i} = \frac{\text{表面}\,i\,\text{吸收表面}\,j\,\text{的辐射度}}{\text{表面}\,j\,\text{总辐射出射度}} \tag{4.16}$$

　　太阳能转换系统中，主要表面是太阳（发射短波光线）。但是光线具有方向性，辐射能源在 2 个或 2 个以上表面进行交换，我们还指出接收太阳短波的表面和反射长波的射出面。

　　与太阳光球层相对的对称表面为地球表面、地球表面上的技术收集系统（如PV），以及地球大气层（通常忽略）。在前文关于光照定律的章节中，我们了解了反平方定律，以及太阳发射的相同数量的光子如何随着距离（$d$）的增加而逐渐扩散成的越来越大的气泡，导致光子密度按照 $1/d^2$ 的比例损失。假设一半地球表面（约定时间段）与分散至太空的光子发生交互作用（见图4.5），我们发现来自太阳的许多光子由于距离问题无法到达地球（反之亦然）。因此，太阳和地球间的视角系数依赖于辐射平方反比定律。[29]

---

[29]　尽管天空对大多数短波光线为透明状态，它是太空至地球间的长波光线重要发射源，下一章将讨论天空事宜。

太阳能转化系统

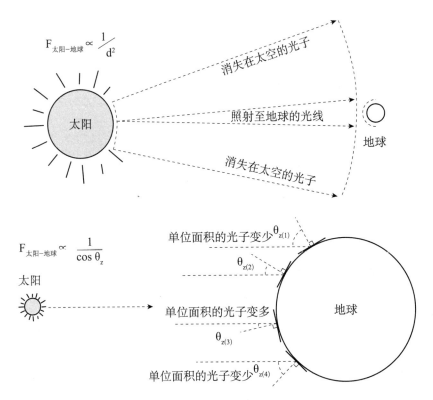

图 4.5  影响地球和太阳视角系数的参数图

另外，地球表面呈弧形，由于两个表面之间的巨大距离，光子照射至上层大气会呈现部分平行。如果我们将地球某一表面想象成一块桌面，我们可以想象一个矢量直接指向天顶（称为法向量）。如果一束太阳光与法向量交叉，太阳光束和指向天空的矢量之间的夹角称为角度或入射角，或是天顶角（$\theta_z$）。如图 4.5 所示，光强度与入射角余弦成反比（单位面积光子密度）。在高纬度区域（靠近两极），太阳入射角随着太阳光偏移地球表面而增加。因为相同数量的光子覆盖的区域变大，辐照度相应减少，这称为余弦投射效应，太阳和地球之间的视角系数与其相关。两者对视角系数 $F_{(太阳,地球)}$ 的影响非常非常小。如果表面 $i$ 为太阳（距离地球 1.5 亿公里），视角系数约为 $F_{(太阳,地球)} = 4.5 \times 10^{-10}$（接近 0）。[30][21] 这意味着太阳发射出的光子中，每 200 亿光子中仅有 9 个到达地球表面。[22] 因此，我们每天得到的辐照度比我知道的要多。

一般情况下，例如两个平行板，或是凸面球体，两个内表面的视角系数等于 1

---

㉚  根据辐射反比平方定律推断，绝大部分太阳能光子不是直接指向地球。

（两种方法），外表面视角系数为 0。依据黑体假设，$E_{b,i} = A_i \sigma T_i^4$ 和 $E_{b,j} = A_j \sigma T_j^4$。依据灰体条件，我们知道必须考虑表面光辐射，因为 $A_i J_i$ 和 $A_j j_j$ 的视角系数为 $F_{i,j} = F_{j,i}$。因此，辐射传输 $\dot{Q}_{i \to j}$ 可以表述为公式 (4.17)。

$$\dot{Q}_{i \to j} = \frac{(J_i - J_j)}{R_{i,j}} \tag{4.17}$$

式中

$$R_{i,j} = \frac{1}{A_i F_{i,j}} = \frac{1}{A_j F_{j,i}} \tag{4.18}$$

假设视角系数相互作用的 $A_i F_{i,j} = A_j F_{j,i}$，$\dot{Q}_{i \to j}$ 可简化为：

$$\dot{Q}_{i \to j} = -\dot{Q}_{j \to i} = A_i F_{i,j} (J_i - J_j) \tag{4.19}$$

$$= \frac{\sigma(T_i^4 - T_j^4)}{\dfrac{1 - \epsilon_i}{\epsilon_i A_i} + \dfrac{1}{A_i F_{i,j}} + \dfrac{1 - \epsilon_j}{\epsilon_j A_j}} \tag{4.20}$$

两个表面光辐射完全扩展看似非常密集，与公式 (4.15) 表示的从一个表面射入太空的模式类似。我们用 R 表示两个表面，以及面积乘视角系数的反比例。有一种方法可用来描述最复杂的辐射传输功能非线性比例，并通过 $h_r$ 线性关系，辐射热传输效率。[23]

$$\dot{Q}_{i \to j} = A_i h_r (T_i - T_j) \tag{4.21}$$

式中

$$h_r = \frac{\sigma(T_i^2 + T_j^2)(T_i + T_j)}{\dfrac{1 - \epsilon_i}{\subset_i} + \dfrac{1}{F_{i,j}} + \dfrac{(1 - \epsilon_j) A_i}{\epsilon_j A_j}} \tag{4.22}$$

我们仅使用简单的数学关系来描述平方差：㉛

$$(T_i^4 - T_j^4) = (T_i^2 - T_j^2)(T_i^2 + T_j^2)$$

同时

$$(T_i^2 - T_j^2) = (T_i - T_j)(T_i + T_j)$$

因此

$$(T_i^4 - T_j^4) = (T_i - T_j)(T_i + T_j)(T_i^2 + T_j^2)$$

最后，有两种情况可以简化辐射传输方程式。

---

㉛　平方差：$a^2 - b^2 = (a + b)(a - b)$

太阳能转化系统

情况 1：如果无限平行的两个平行板，或两个间距非常小的球体，通过公式（4.22）会发生什么？[24] 这种情况就意味着 $A_i = A_j$ 和 $F_{i,j} = 1$：

$$\frac{\dot{Q}_{i\to j}}{A} = \dot{q}_{i\to j} = \frac{\sigma(T_i^4 + T_j^4)}{\frac{1}{\epsilon_i} + \frac{1}{\epsilon_j} - 1} \tag{4.23}$$

式中

$$h_r = \frac{\epsilon_i\sigma(T_i + T_j)(T_i^2 + T_j^2)}{\frac{1}{\epsilon_i} + \frac{1}{\epsilon_j} - 1} \tag{4.24}$$

情况 2：如果相对于一个大的密闭空间有一个非常小的凸面体，公式（4.22）会发生什么？第二种情形适用于被太空包围的地球或者被大气穹顶包围的太阳能收集系统。例如 $F_{i,j} = 1$，$A_i \ll A_j$，和 $A_i/A_j \to 0$。[32]

$$\frac{\dot{Q}_{i\to j}}{A} = \dot{q}_{i\to j} = \epsilon_i\sigma(T_i^4 - T_j^4) \tag{4.25}$$

式中

$$h_r = \epsilon_i\sigma(T_i + T_j)(T_i^2 + T_j^2) \tag{4.26}$$

## 4.7 半透明材料的反射率和反射比

之前我们讨论的是透过率几乎为零的不透明材料（$\tau \to 0$），而现在我们要研究的是半透明材料，由于它们的反射比和吸收率都很低，因此它们允许光子通过。[33] 之前我们就已经将反射比（$\rho$）应用到了不透明材料中，用来说明在某些灰体计算中发射率和吸收率之间关系。然而，反射比也可以作为是一种工具，帮助我们理解透过率在透明材料或半透明材料表面所起的作用。

$$E_i = E_t - E_r \tag{4.27}[34]$$

在公式（4.27）中，当光传播至物体表面时，光子在发生透射和反射现象的同

---

[32] 请记住这个公式：$\sigma = 5.6697 \times 10^{-8} \text{W/m}^2\text{K}^4$，
来自最后一章的斯特藩-玻尔兹曼常数。

[33] 在这部分中，我们研究了物体的特性在半透明体中的具体贡献，以及几个相关的分数值反射比、透过率（$\tau$）和吸收率（$\alpha$）之间的关系。

[34] 方程（4.27）以入射表面作为参考系。监测器实际上安装在太阳能集热器中，因此测量的只是没有发生反射的光，或者 $E_t - E_r$。没有发生反射的光要么发生了透射，要么被物质吸收。净能量平衡中没有光子的丢失。

时，也遵守净能量平衡的原则。那么，吸收的光子去了哪里呢？由于辐射能可以透过物质，所以它就有可能被吸收，这取决于物体固有的光学性质和它的厚度。因此，在能够合理分析的前提下，由于吸收现象而造成的能量损失就可以通过透过率的值体现出来。事实上，所有物质都具有一定的吸收光子的能力，因此，我们看到的物质厚度各不相同，性能也各异，从高度透明到高度不透明均有。

$$\rho = 1 - (\tau + \alpha) \qquad (4.28)^{\text{⑤}}$$

反射比、吸收率和透过率密不可分。公式（4.28）表示的就是这三者的净能量平衡关系。光在物质表面发生反射现象的同时，也发生了透射和吸收现象。这三者是一个整体：你不可能只谈论物体的反射比，而不考虑物体表面对透过率和吸收率的影响（即使它们的值很小）。此外，在图 4.6 中，我们可以看到物质 2 的界面中有另外两个代表短波光的箭头。在净能量平衡中，每个箭头所代表的能量为总辐射能量与其他两个箭头所代表的能量之差。当光透过物质时，透过率和吸收率是同时发生的，而总辐照度与这两者之差即为反射比。

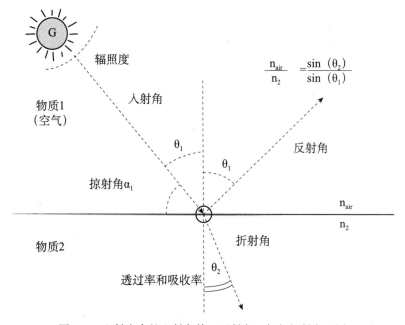

图 4.6　入射光束的入射角等于反射角，但与折射角不同

斯涅尔定律描述了光从一种介质进入到另一介质中时，入射角与折射角的关系。请注意，我们也提到了

入射角的余角：掠射角，它对于后面章节中我们要讨论的余弦投影效应有着重要作用

---

⑤　方程（4.28）以接收表面之外（在天空中）的监测器作为参考系。监测器测量的只是反射光，它等于入射的辐射能减去透射的能量和吸收的能量。

## 太阳能转化系统

透明度是物质性能（折射率）、选择性波长和样品厚度的函数。由于在极限厚度以及一定的波长范围内，所有物质都可以是透明的或不透明的，因此我们称它们为"半透明体"。[36] 碳作为黑色的烟灰，对短波和长波波段的光都具有很高的吸收率。然而，碳作为玻璃上的单层石墨烯片（单原子厚度），从我们的视觉上来说，它却是透明的。

我们换个角度来考虑物质，比如日常生活中窗户上的玻璃。正常情况下，当我们从玻璃最薄处看它时，从视觉上来说，它是透明的，因为它对短波波段中的可见光有很高的透过率。然而，窗户玻璃中含有不同的金属杂质（如铁），所以当从玻璃的边缘看它时，我们会发现它几乎是绿色不透明的，这是由于从边缘看到的玻璃厚度与之前看到的是不同的，而且玻璃中的金属杂质吸收并反射了一部分光。[37] 物体厚度的增加可使之变成不透明体，而正常情况下不透明体（甚至金属）的薄膜却可以是半透明的。事实上，玻璃行业的专业薄膜（$d < 10$ nm）都是有选择性的，对可见光是透明的，而对于红外光的反射率却很高（对短波光线和长波光线均如此）。[38]

光在物质表面能发生非弹性散射现象，对于光的这种行为我们了解多少呢？大家可能知道各式各样的太阳镜都包含一个光学偏振滤光器。有人甚至试图在不同方向上（将头转向那一侧），通过偏振太阳镜，观察湖泊[39]或游泳池反射的光。在90度的转动过程中，光强总会在一个特定的方向上变得最大，这是由于水体表面反射的光发生了偏振。电磁波（即光、光子）的振动方向与传播方向垂直。偏振是指电磁波的电振动矢量分量是沿着两个不同的方向的。[40]

$$n_2 = n_1 \frac{\sin(\theta_1)}{\sin(\theta_2)} \tag{4.29}[41]$$

当光子从一个物体表面入射到另一个物体表面时，如果后者具有一定的透明度，那么接下来将有两种光学现象发生：一部分光发生反射，且反射的角度与入射角

---

[36] 是的，由于厚度和相应的光带会发生各种变化，因此所有物质都是半透明的。

[37] 太阳能器件中使用的特殊玻璃为低铁玻璃，因为它对更广泛的短波光谱具有更高的透过率。我们会将玻璃中能透过红外线的部分切割出来用于太阳能转换系统。

[38] 在玻璃行业中，薄膜的选择性表面被称为 low-E 表面，即低发射率（$\epsilon$）表面，意味着它们对红外线的反射率（$\rho$）很高。

[39] 空气（或天空）的折射率为 $n = 1$。

[40] 在光学文献中，平行和垂直的偏振矢量分量也可以称为 $\rho$ 偏振和 $s$ 偏振。

[41] 请格外注意此处提到的折射角 $\theta_2$。你将在公式（4.36）中用到它！

（$\theta_1$）相同。[42] 反射过程中的这个等效角被称为镜面反射的反射角。[43]

当光传播至物体表面时，一部分光将透过透明介质，由于光速的变化，折射角（$\theta_2$）不等于入射角。折射角的大小取决于折射率，而折射率又是波长的函数 [$n$（$\lambda$）]。[44][25][26] 如图 13.4 以及如下方程所示，入射角和折射角的关系可由斯涅尔定律得出。通常情况下，光传播的初始介质是空气，它本身就具有折射率。

19 世纪时，法国有一位名叫 Augustin-Jean Fresnel 的工程师，他是一个建筑师的儿子，他研究出了一个实用模型，用来描述反射光的偏振现象。[45][27] 反射率指的是物体表面所反射的辐射能（$E_r$）与入射的辐射能（$E_i$）之比。反射率（$r$）与反射比（$\rho$）略有不同。[46] 如（4.30）和（4.31）所示，Fresnel 推导出了反射光的垂直偏振分量（$r_\perp$）和平行偏振分量（$r_{II}$），[47] 最终公式（4.32）计算出的则是物质的平均反射率（$r$）（其中，$E_i$ 是入射的辐射能，$E_r$ 是反射的辐射能）。

$$r_\perp = \frac{(n_1\cos\theta_1 - n_2\cos\theta_2)^2}{(n_1\cos\theta_1 + n_2\cos\theta_2)^2} = \frac{\sin^2(\theta_2 - \theta_1)}{\sin^2(\theta_2 + \theta_1)} \tag{4.30}$$

$$r_{II} = \frac{(n_1\cos\theta_2 - n_2\cos\theta_1)^2}{(n_1\cos\theta_2 + n_2\cos\theta_1)^2} = \frac{\tan^2(\theta_2 - \theta_1)}{\tan^2(\theta_2 + \theta_1)} \tag{4.31}$$

对这些方程的分析表明，两个偏振分量的平方三角函数非常相似。公式（4.30）所示的垂直偏振分量可简化为正弦平方的比值，而公式（4.31）所示的平行偏振分量可简化为正切平方的比值。

我们期望通过公式（4.32）将这两个量结合起来，从而得出它们的平均值。计算结果为反射光的辐射通量（$E_r$）（又称为辐射强度，单位：W/m$^2$）与入射光的辐射通量（$E_i$ 辐照度）的比值。对于一般的入射角，在使用公式（4.29）时应结合公式（4.30）、（4.31）及（4.32）。

----

[42] 是的，在太阳辐射的几何关系中，$\theta_1$ 与入射角 $\theta$ 是相等的。

[43] 镜面反射指的是经平面镜反射后的光仍是平行的，这与漫反射截然不同，漫反射指的是光向各个方向散射的现象（如光入射到白色油漆的表面）。

[44] 此外，当光子在物质中的穿透厚度越来越大时，它被物质吸收的可能性与衰减系数或消光系数 $k$（$\lambda$）有关，这与我们之后将讨论到的吸收系数也有一定关联。

[45] 英语国家学习者请注意：在名字 Monsieur Fresnel 当中，姓 Fresnel 中的 "s" 是不发音的，且重音在第二个音节，即 *frehn-el*。太阳能历史上是不存在 *frez-nell* 的！欢迎加入业内人士的俱乐部。

[46] 反射率（$\gamma$）和反射比（$\rho$）相关却不同。为了计算反射比，我们必须将透过率以及吸收现象损失的能量考虑在内。

[47] 为了计算反射率，我们必须取 $r_\perp$ 和 $r_{II}$ 的平均值。在物理界，光的强度等于电场中电磁波的振幅的平方。

**太阳能转化系统**

$$r = \frac{E_r}{E_i} = \frac{1}{2}(r_\perp + r_{\mathrm{II}}) \tag{4.32}$$

此外，反射率是反射光的辐射通量（$E_r$）与太阳短波辐照度（$E_i$）的比值。而反射比是某一波长的反射率和透过率的函数 $[\rho = f(r_{\lambda,\perp}, r_{\lambda,\mathrm{II}}, \tau_\lambda)]$。[48]

在如下这种特殊情况下，反射率的计算要简单得多。当光垂直入射时（垂直入射至集电器表面），入射角是零。事实上，$\theta_1$ 和 $\theta_2$ 都等于零。此时，公式（4.29）和（4.32）可简化为公式（4.33）。

$$r\,(0°) = \frac{E_r}{E_i} = \left(\frac{n_1 - n_2}{n_1 + n_2}\right)^2 \qquad 变量值 \tag{4.33}$$

接下来，我们该如何计算某一特定波长或波段的透明度或透过率呢？从图4.6中我们可以找到答案。当光传播至另一个物体的表面时，光能的损失有两种途径：首先，光被散射或反射；第二，当光透过物质时被物质吸收（即使吸收的数量很少）。

让我们看一下单层盖板，比如一片玻璃或塑料的 $\tau$、$\alpha$ 和 $\rho$ 的工程近似值（所有的能量损失均考虑在内）。我们将涵盖公式（4.34）、（4.40）及（4.41）。注意透过率的估算方程有两种，一种是只考虑吸收现象的透过率计算 $[\tau_\alpha;\ \mathrm{Eq.}$ (4.36)]，另一种是只考虑反射现象的透过率计算 $[\tau_\rho;\ \mathrm{Eq.}\ (4.38)]$。[49]

$$\tau \approx \tau_\alpha \tau_\rho \tag{4.34}$$

对于第一种只考虑吸收现象的透过率，若已知折射角（$\theta_2$）、消光系数（$k$）和物质的厚度或光的穿透深度（$d$），就可以计算出 $\tau_\alpha$ 的值，如公式（4.36）所示。根据光吸收的基本定律朗伯比尔定律可知，公式（4.35）是（4.36）的基础。此处，物质的消光系数（$k$）是一个比例因子。光在半透明介质中的穿透深度为0至 $d/\cos(\theta_2)$，对方程两边进行积分，即可推导出公式（4.36）。[50]

---

[48] 反射比（$\rho$）是反射率（$\gamma$）和透过率（$\tau$）的函数。$\rho = f(\gamma, \tau)$

[49] 没有发生透射的光要么发生了反射，要么被物质吸收。净能量平衡中没有光子的丢失。

[50] $\tau_\alpha$：只考虑吸收现象的透过率。

$\tau_\rho$：只考虑反射现象的透过率。

$\theta_2$：折射角，而不是入射角。

$K$：消光系数

$d$：样本厚度

牢记：盖层厚度的单位（长度 $d$）必须与消光系数的单位（$k$）保持一致。

$$dE = -kEdz \qquad (4.35)$$

$$\tau_\alpha = \exp\left[-\frac{kd}{\cos(\theta_2)}\right] \qquad (4.36)$$

在太阳短波波段中，消光系数的单位是长度的倒数，通常用米的倒数（$m^{-1}$）或厘米的倒数（$cm^{-1}$）来表示。透明覆盖材料通常使用前者，而光伏材料通常使用后者。[28]消光系数很大表明物质为不透明体。

---

透明覆盖吸收材料的消光系数约在4—30 $m^{-1}$之间，而光伏材料的消光系数约为 $10^{12}$—$10^{13}$ $cm^{-1}$。光伏使用的是吸收系数 $\alpha_\alpha$。此处，吸收系数用 $\alpha_\alpha$ 表示，以区分吸收率 $\alpha$，吸收率是一个单独的、通用性更强的值。公式（4.37）描述的是吸收系数与消光系数之间的关系。当波长 $\lambda$ 分别为 500 nm 和 100 nm 时，$\alpha_\alpha$ 和 $k$ 之间的换算系数分别为 $k$ 乘以 $2.5 \times 10^{-9}$ 和 $k$ 乘以 $1.3 \times 10^{-9}$，从而得出 $\alpha_\alpha$ 的值在 $10^4$ $cm^{-1}$ 和 $10^5$ $cm^{-1}$ 之间，与预期吻合。

注意，消光系数的两个单位均表明在一定的辐射波段范围内，透过率和吸收率都是可量化测量的。消光系数的倒数的物理意义是因介质的吸收使得光强衰减到原来的 $1/e \approx 36\%$ 时，光所通过介质的厚度。

$$\alpha_a = \frac{4\pi k}{\lambda} \qquad (4.37)$$

---

对于第二种只考虑反射现象的透过率（$\tau_\rho$），通过公式（13.9）能够计算出具有 N 层盖板的半透明体的透过率。从该方程我们可以看出，若能量损失只与光的散射有关，要计算透过率 $\tau_\rho$，必须先测量出反射率的值。反过来，公式（4.30）和（4.31）表明，我们还需根据公式（4.29）求出入射角和折射角。在一定的波长范围内，好几个值的计算都会归结到两种物质界面处的折射率。

$$\tau_\rho = \frac{1}{2}\left[\frac{1-r_{\mathrm{II}}}{1+(2N-1)r_{\mathrm{II}}} + \frac{1-r_\perp}{1+(2N-1)r_\perp}\right] \qquad (4.38)^{\text{⑪}}$$

若 N = 1，则公式可简化为：

$$\tau_\rho = \frac{1}{2}\left(\frac{1-r_{\mathrm{II}}}{1+r_{\mathrm{II}}} + \frac{1-r_\perp}{1+r_\perp}\right) \qquad (4.39)$$

---

⑪　$r_{\mathrm{II}}$：平行偏振反射率

$r_\perp$：垂直偏振反射率

N：系统盖板的层数

**太阳能转化系统**

在公式（4.40）中，吸收率 $\alpha$ 约等于总数减去只考虑吸收现象的透过率（透过率不包括吸收现象）。公式（4.40）不包括只考虑反射现象的透过率，因为反射的能量实质上并没有进入物质内，因此也就无法被吸收。如果有多层盖板[52]，那么这个近似值的计算将会复杂一些。

$$\alpha \approx 1 - \tau_\alpha \qquad (4.40)^{[53]}$$

在公式（4.41）中，反射比 $\rho$ 是只考虑吸收现象的透过率与总透过率的函数。

$$\rho \approx \tau_\alpha (1 - \tau_\rho) = \tau_\alpha - \tau \qquad (4.41)^{[54]}$$

现在我们总结一下透过率（$\tau$）、反射比（$\rho$）和吸收率（$\alpha$）的估算值。在下列公式中，我们对每个偏振分量之间的关系做了详细的推导，其中也包括透过率（$\tau$）、反射比（$\rho$）和吸收率（$\alpha$）这三者之间的关系。这些推导对于多个盖层以及太阳能转换系统中的盖板、反光片和吸收器表面使用的复合薄膜都有很重要的作用。[55][56]

若光的波长为 $\lambda$，光的两个偏振分量：

$$\tau_\perp = \frac{\tau_\alpha (1 - r_\perp)^2}{1 - (r_\perp \tau_\alpha)^2} \qquad (4.42)$$

$$\tau_{\mathrm{II}} = \frac{\tau_\alpha (1 - r_{\mathrm{II}})^2}{1 - (r_{\mathrm{II}} \tau_\alpha)^2} \qquad (4.43)$$

$$\rho_\perp = r_\perp (1 + \tau_\alpha \tau_\perp) \qquad (4.44)$$

$$\rho_{\mathrm{II}} = r_{\mathrm{II}}(1 + \tau_\alpha \tau_{\mathrm{II}}) \qquad (4.45)$$

$$\alpha_\perp = (1 - \tau_\alpha)\left(\frac{1 - r_\perp}{1 - r_\perp \tau_\alpha}\right) \qquad (4.46)$$

$$\alpha_{\mathrm{II}} = (1 - \tau_\alpha)\left(\frac{1 - r_{\mathrm{II}}}{1 - r_{\mathrm{II}} \tau_\alpha}\right) \qquad (4.47)$$

---

[52] 太阳能转换系统一般采用多层盖板。窗玻璃可以有两片或者三片。盖板既可以使用玻璃，又可以采用高分子聚合物。太阳能集热器系统的盖板也是多层的。

[53] 为了计算 $\tau_\alpha$，我们要用到公式（4.36）。

[54] 为了计算 $\tau$，我们要用到公式（4.38）或（4.39）。

[55] 透过率是两个偏振分量的平均值：$\tau = \frac{1}{2}(\tau_\perp + \tau_{\mathrm{II}})$

反射比是两个偏振分量的平均值：$\rho = \frac{1}{2}(\rho_\perp + \rho_{\mathrm{II}})$

吸收率是两个偏振分量的平均值：$\alpha = \frac{1}{2}(\alpha_\perp + \alpha_{\mathrm{II}})$

[56] 分别求出两个盖板 $\tau$，$\rho$ 和 $\alpha$ 的值。

为了计算多层盖板的值，我们必须计算每个盖板的折射率（$n_1$ 和 $n_2$），以及入射角和折射角（$\theta_1$ 和 $\theta_2$）。

$$\tau = \frac{1}{2}(\tau_\perp + \tau_{\mathrm{II}}) = \frac{1}{2}\left[\left(\frac{\tau_1\tau_2}{1-\rho_1\rho_2}\right)_\perp + \left(\frac{\tau_1\tau_2}{1-\rho_1\rho_2}\right)_{\mathrm{II}}\right] \qquad (4.48)^{[57]}$$

双层盖板的反射比计算公式运用的是系统总透过率 $\tau$ 的值以及计算出的第二层盖板的透过率 $\tau_2$。

$$\rho = \frac{1}{2}(\rho_\perp + \rho_{\mathrm{II}})\frac{1}{2}\left[\left(\rho_1 + \tau\cdot\frac{\rho_2\tau_1}{\tau_2}\right)_\perp + \left(\rho_1 + \tau\cdot\frac{\rho_2\tau_1}{\tau_2}\right)_{\mathrm{II}}\right] \qquad (4.49)^{[58]}$$

吸收率的值最终由系统的总透过率 $\tau$ 和总反射比 $\rho$ 决定。

$$\alpha = 1 - \tau - \rho \qquad (4.50)$$

> 补充：光是一个非常普遍的术语，它不仅指可见光谱中的光子，而且也可用于紫外线能量和红外线能量中（短波和长波光谱）。很不巧的是，辐射也是如此，它可以指代光子，但它在物理学中最普遍的意义是指核物质经裂变衰变而发射出的带有质量的高能粒子。例如，$\gamma$ 射线是由光子组成的，而 $\beta$ 射线是由电子组成的。本文所提到"辐射"指的是具体的辐射能量传输，即光源在一定的时间间隔内辐射出的能量（单位：$J/m^2$）。
>
> 光为我们的日常生活提供了很多便利，比如我们用微波炉加热食物、乳制品行业用紫外线从牛奶胆固醇中提取维生素 D。不仅如此，在我们隔离处置核废料时，$\gamma$ 射线极高的能量还能将原本为"绝缘体"的二氧化硅（$SiO_2$）变成导体。

## 4.8　问题

（1）传统温室玻璃窗在光 PAR 波段（光合作用的有效辐射波段：400 nm $< \lambda <$ 700 nm）的透过率为 $\tau = 0.90$，在短波近红外波段（700 nm $< \lambda <$ 2500 nm）的透过率也是 $\tau = 0.90$，而在紫外波段（200 nm $< \lambda <$ 400 nm），$\tau = 0.60$。相比之下，对于波长较长的光（$\tau < 0.02$），温室玻璃几乎是完全不透明的。假设太阳辐射的有效

---

[57] $\tau_1$：上层盖板的透过率。

$\tau_2$：下层盖板的透过率。

$\rho_1$：上层盖板的反射比。

$\rho_2$：下层盖板的反射比。

[58] 若要根据公式（4.49）计算系统总反射比，我们必须先根据公式（4.48）计算出系统总透过率。

温度为 5777 K，内部温室辐射的有效温度为 310K，计算：（a）入射的短波辐射透过玻璃窗的百分比（或分数），（b）温室内部表面发射的长波辐射透出玻璃窗的百分比（或分数）。

（2）我们将一个单层的聚苯乙烯固体薄板视为盖板。聚苯乙烯对于可见光的折射率为 1.55。薄板的厚度为 $d = 2mm$，消光系数为 $k = 5 \ m^{-1}$。在入射角分别为：（a）10°、（b）45°和（c）60°的情况下，计算光滑塑料薄板表面的反射比（请注意单位的转换）。

（3）低铁玻璃专门用于太阳能转换系统，可作为太阳能集热器的双板系统。若玻璃板（$n = 1.53$）的厚度为 3mm，消光系数 $k = 4m^{-1}$（低铁），计算如下两种情况下盖板的透过率：（a）光垂直入射时，（b）入射角为 40°时。提示：不要使用近似值。由公式（4.48）倒推至公式（4.29）。

（4）在太阳能热应用的真空管集热器系统中，吸热板是不透明的，所以因传导或对流造成的能量损失微乎其微。没有机械泵作用时，液体停滞在集热器内部，其温度会非常高。

假设将一个不透明的平板集热器水平放置，其接触表面积为 2 $m^2$，吸收的净辐射为 800W/$m^2$，表面吸收率 $\alpha = 0.85$。周围环境温度是 30℃，（a）如果忽略因传导和对流造成的能量损失，平板集热器和周围环境的净辐射交换是多少？（b）集热器的平衡温度将会是多少？

（5）［高级］综合热力学和统计力学，给出了温度最常规的定义。

## 4.9　推荐拓展读物

- 《热传递》[29]
- 《微气候设计：舒适户外空间的秘密》[30]
- 《闪耀吧：太阳能 6000 年的故事》[31]

# 参考文献

[1] A **characteristic measure** is a physical representation, or a statistical summary of the most probable energy states.

[2] Note well that heat is not convection. **Convection** is an emergent property of conduction and fluid flow.

[3] A great big tank or **stock** of any **form** of *potential energy* is called a **source** of energy. As society, we identify our major *sources* of energy as **resources**. The conversion of an initial *form* of energy to a different *form* of energy is a **transformation**. Get it?

[4] Check out the Heisenberg Uncertainty Principle as applied to radiant energy for years of circums-pection.

[5] Not even a *very little bit* of mass.

[6] **Heat**: originally regarded as a transfer of thermal energy from a hot body to a cooler body in the *19th century*.

[7] **Light**: originally referring to the visible, "color" portion of the electromagnetic spectrum in the *17th century*.

[8] In this text, we have chosen to use opto- rather than photo- due to the precedent of optoelectronics (which encompasses photovoltaics).

[9] Admittedly, this description for the atmosphere is an oversimplification. However, it is relatively useful for our purposes in the design of SECS.

[10] See G. B. Smith and C.-G. S. Granqvist's superb textbook: *Green Nanotechnology: Solutions for Sustainability and Energy in the Built Environment*.

[11] Actually, the Sun is also thermal radiation coming from a much much hotter surface.

[12] Can you identify the flaw of logical omission in this statement? Reflect upon the second law of thermodynamics…

[13] All practical paths to understanding opaque materials use *reflectivity*.

[14] There are sources of non-equilibrium radiation from synchrotron emission, stimulated emission (lasers), and Compton scattering.

[15] If you have studied *heat transfer*, then you have heard that the very phrase is redundant because heat *means* energy transfer.

[16] Gregory Nellis and Sanford Klein. *Heat Transfer.* Cambridge University Press, 2009.

[17] John A. Duffie and William A. Beckman. *Solar Engineering of Thermal Processes.* John Wiley & Sons, Inc., 3rd edition, 2006; and Gregory Nellis and Sanford Klein. *Heat Transfer.* Cambridge University Press, 2009.

[18] Gregory Nellis and Sanford Klein. *Heat Transfer.* Cambridge University Press, 2009.

[19] Gregory Nellis and Sanford Klein. *Heat Transfer.* Cambridge University Press, 2009.

[20] So, shiny surfaces will not get very hot themselves from radiant transfer and can be used for SECS as light concentrating parabolic mirrors! Also, metallic lightweight space blankets will keep you warm by reflecting IR light back into your body.

[21] Recall that as corollary to the Inverse Square Law of Radiation most solar photons are not directed toward the Earth.

[22] Gregory Nellis and Sanford Klein. *Heat Transfer.* Cambridge University Press, 2009.

[23] John A. Duffie and William A. Beckman. *Solar Engineering of Thermal Processes.* John Wiley & Sons, Inc., 3rd edition, 2006.

[24] John A. Duffie and William A. Beckman. *Solar Engineering of Thermal Processes.* John Wiley & Sons, Inc., 3rd edition, 2006.

[25] Eugene Hecht. *Optics.* Addison–Wesley, 4th edition, 2001.

[26] Additionally, the likelihood of the material to extinguish (read: absorb) a photon as it traverses thicker and thicker material is related to the attenuation or extinction coefficient ($k(\lambda)$), which has relation to the absorption coefficient that we shall discuss later.

[27] English-speaking learners: *attention!* The proper way to **pronounce Monsieur Fresnel's family name** is *without the "s,"* with emphasis on the second syllable, as in frehn- *el*. There is no *frez*-nell out there in the history of solar energy, ok? There. Welcome to the insider's club, or *bienvenue*.

[28] Christiana Honsberg and Stuart Bowden. Pvcdrom, 2009. http://www.pveducation.org/pvcdrom. Site information collected on Jan. 27, 2009.

[29] Gregory Nellis and Sanford Klein. *Heat Transfer.* Cambridge University Press, 2009.

[30] Robert D. Brown. *Design with Microclimate: The Secret to Comfortable Outdoor Spaces.* Island Press, 2010.

[31] John Perlin. *Let it Shine: The 6000-Year Story of Solar Energy.* New World Library, 2013.

# 第五章　气象学：研究大气各个特征的学科

*俯视地面，此时你正站在穹顶中。人们想到大气时会倾向于抬头仰望，但事实上地球周围就充斥着大气。我们在大气中穿梭、呐喊、耙树叶、给爱狗洗澡或者驾驶。站在大气中做深呼吸运动。我们每一次呼吸都会呼入数以百万计的大气分子，在体内经过短暂的气体交换，再将它们呼出体外。*

——《感觉的自然史》*Diane Ackerman（1991 年）*

大气是太阳能转换系统的重要组成部分：作为一个天然屏障，它能够吸收并反射某些波段的光，从而有选择性地阻止部分太阳辐射入射到地球表面，比如紫外线。[①] 此外，大气作为储热介质，其中的冷暖气体在储存能量的同时，也能以长波辐射的形式向外放射能量。大气中的云层能够大大地削弱入射到太阳能转换系统上的辐射能，而云层也恰是最难理解和预测的复杂因素之一。同时，相对于地球这个发射表面，大气可充当一覆盖表面，它既能吸收地球表面热源体发射的地面长波辐射，又能以大气长波辐射的方式向外放射更多的能量，这就使地球处于一个适宜的环境中。大气还包含许多化学物质，比如呼吸所需要的氧气，藻类光合作用产生糖类所需要的水和二氧化碳，以及形成云层所需要的充足的水分。

本章开头引用了 Diane Ackerman 的一段话，这让我们对大气有了一个初步的印象：它是庞大的、无垠的。大气处于太阳和地面上太阳能转换系统之间。光在传播过程中大气对太阳辐射有削弱作用，这就是本章此处要研究的太阳能损耗的概念。大气中存在许多分子（气体）和颗粒，水气溶胶（云）聚集悬浮会形成涌现现象，这些都能削弱辐射到太阳能转换系统上的能量。在光与大气相互作用的过程中，太阳能的损失（与大气底部收集到的能量有关）取决于：（1）入射的角度和光透过大气的路径长度，（2）大气的组成成分，如果是较大的空气团，可以称之为气团。在宾夕法尼亚州匹兹堡地区，影响太阳能吸收的大气组成成分并不是"出生"在那里

---

[①]　大气还包含天气和气候系统。太阳有力地推动了大气中风、雨、雪等气象现象的发生。

的。此外，气团源地在一年之中会发生季节性变化，这也影响太阳能转换系统在这些地区的设计与安装。这些季节性变化意味着根据相关气团的活动情况，太阳能系统会被设计安装在不同的地方。②

在石油和天然气这些地球燃料的生产过程中，通晓相关工程与经济决策的是地球科学家。同样，在太阳能和风力发电领域，工程师和经济学家们会对气象和气候学家产生很大依赖，因为今后无论太阳能转换系统的项目规模有多大，他们都掌握着其金融发展方向。有些太阳能评估尺度是针对某一特定地区的，且时间较短，因此适用于气象学；有些则是针对多区域范围，跨越多个季节，且时间较长（几年甚至几十年），因此适用于气候学。

## 5.1　气团

回忆一下在前面章节中我们是如何描述两个表面之间的辐射交换的。其实，研究辐射交换的真正乐趣在于三个甚至更多的表面之间发生交换。无论是地球表面还是大气中的云层和颗粒，它们都能反射太阳短波辐射，并造成部分能量损失。大气和地球表面也能发射长波辐射。对太阳能转换系统的兴趣使我们深思：是否存在另外一个表面，它能够聚集并引导太阳或大气辐射，使它们入射到能量转换系统的接收器表面。光在天空中的传播犹如一支欢快的舞蹈，使太阳能领域散发着迷人的魅力！那么令夜空星光闪烁的空气团又是什么呢？

首先，我们要将工程概念大气质量和气象概念气团加以区分。回忆一下之前在描述光谱性质时提到的大气质量的概念 AM0 和 AM1.5，这个术语描述的是典型晴天时光线通过大气的实际距离。大气质量这个概念是用来描述如下现象的：大气如何对光进行过滤；随着光线通过大气实际距离的增加，大气如何对光进行衰减。同时它还可以作为太阳能转换技术模拟辐射的标准测试条件。大气质量与天顶角的余弦值成反比。天顶角指的是太阳入射光线与地面法线间的夹角。当天顶角为 $\theta_z$ 时，大气质量为：

$$AM = \frac{1}{\cos(\theta_z)} \left[\text{简易平行板}\right] \tag{5.1}$$

后来 Gueymard 研究出大气质量的另一个模型，它适用于天顶角大于 80°时的情况，而公式（5.1）中天顶角（$\theta_z$）的最大值是 90°。[1]

---

②　地球轴线的倾斜可由太阳赤纬表示：$\delta = \pm 23.45°$，它周而复始的变化形成了四季。

太阳能转化系统

$$AM = \frac{1}{\cos(\theta_z) + 0.00176759 \cdot \theta_z \cdot (94.37515 - \theta_z)^{-1.21563}} \quad (5.2)$$

但是，本章要研究的并不是大气质量这个概念！从系统科学这个具有深远意义的角度来看，它表示处于不断变化中的气块在地球表面的移动，并由此产生云、晴天、飓风或沙尘暴等天气现象。这就是气象概念：气团。

大气中的气体和粒子可分为具有共同属性（化学性质、压力和温度）的大块的空气团，当光在大气中沿特定线路传播时，所有这些属性都会影响光能的衰减程度。气象学上称这些较大的气块为气团，它们会随着热梯度引发的湍流不断移动。此外，虽说湍流经常出现在云和雾中，但晴朗的天空也存在着湍流。[2] 所以将气团看作是一个大的湍流，它能够与短波光线和长波光线相互作用，从而形成地面和卫星轨道（卫星遥感）各自的辐射状态。它们是不断变化的，而且可以为太阳能转换技术提供必要的预测。

气团可以按照其相似的物理特征、行为以及源地进行分类。美国气象学会是这样描述气团的：分布在地球表面广阔区域内的大气团，其物理属性形成于源地，且在水平方向上分布比较均匀。当气团离开源地后，也会发生很多变化。大气质量在辐射领域的应用也非常广泛，它指的是："太阳光线通过大气的实际距离与大气的垂直厚度之比。在大气质量为零的情况下，表面测量的外推法作为一种原始方法，能够估算大气顶部太阳辐照度的值。"[3]

天气锋面指的是气团之间的变化。在一个子年度的基础上，将地区性动态气团和与之相随的锋面的研究称为气象学，对此我们都很熟悉。③[4] 如果将时间因素考虑在内，那么在每年的不同时期，处于研究范围内的各个地方都将受到不同气团的影响，这对太阳能转换系统有着重要意义。在北美洲的中纬度地区，这种现象称为周期性季节。由于每个时期处于主导地位的气团并不相同，因此，我们会在不同的地区有效地选择安装太阳能转换系统（见图5.1）。④[5]

由于地球表面能够获得太阳辐射，地球的倾斜使辐照度随季节不断地变化，因此气团也不是一成不变的。随着时间的推移，在各个固定地点都能监测到气团行为的变化。气团生成于源地，并从源地获得温度和湿度等属性，而后它会离开源地，向其他地域移动。图5.2是一个源地示意图，源地的风很轻，气团可以在源地上空

---

③　如果在多个地域、在更广泛的空间和时间范围内，比如从几十年到几千年来研究气团的行为，那么这类研究就是所谓的气候学。

④　他的意思是在为客户做设计时，要将系统设计在四个不同的地方，而不是一个？

冬季　　　　　　春季　　　　　　夏季　　　　　　秋季

Dec 1—Feb 28　　　　　　　　June 1—Aug 31

图 5.1　北部中纬度地区的天气间隔时间

四个不同的季节意味着同一个地理位置需要四个不同的太阳能转换系统安装地点

停留较长的时间或缓慢移动，从而获得与下垫面（巨大的太阳能转换装置）相应的比较均匀的温湿特性。因此，受急流影响的地区不会产生新的气团。

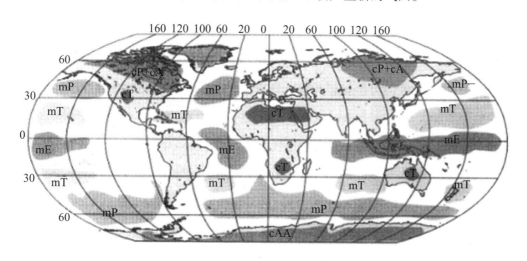

图 5.2　主要大型气团的源地示意图

数据来源于美国航空航天局。用户：GateKeeperX/维基共享资源/公共领域，2008 年 11 月

　　Bergeron 分类系统指出了气团的起源，并在大气科学中得到了广泛的应用。对于太阳能工程师和经济学家来说，太阳能的设计要考虑资源的质量，这对设计的约束条件影响较大。Bergeron 分类也指出了气团的热力学性质和湿度，而且它还具有两三个相对简单的字母代码。首先，根据源地湿度的性质可以将气团分为大陆气团（$c$）和海洋气团（$m$）。由于海洋气团的下垫面为水体，因此其湿度较大，而大陆气团则相对比较干燥。其次，按照气团的源地还可分为以下四个类型：冰洋气团（包括北极气团和南极气团）、极地气团、热带气团和赤道气团（A、P、T、E）。由于急流和纬度的变化，这种分类在很大程度上也可单独成立。急流和纬度的变化源自

地球本身的倾斜，这种倾斜是相对于太阳辐射的投影而言的。将这两个字母连接起来，我们就可以绘制出行星气象行为的源地，并记录它们的季节性变化。[⑤]

---

北极气团/南极气团（*A/A A*）：特点是压力高，气层稳定。

极地气团（*P*）：中纬度地区（如美国和欧洲）很普遍的气团。

热带气团（*t*）：中纬度地区（如美国和欧洲）很普遍的气团。

赤道气团（*E*）：形成于赤道附近，压力高。

---

## 5.2　多种气候型[⑥]

从气象学角度来说，气候型指的是某一时空区域所特有的且在该地区普遍存在的气候现象。中纬度地区（北半球和南半球）往往存在四种气候型，受季风旋转影响的地区可能存在两种或三种气候型。大气温度是影响气候型的一个因素，而大气状况又受相对湿度、风速、天气现象和云层涌现行为的影响。有关太阳辐射的一些基本观测，比如晴空指数以及它与倾斜表面漫反射大气模型的相互关系，其实都是气候型的涌现性，下面会详细介绍这一内容。四季气候的概念大家应该都不陌生，但是将这方面的知识运用到多气候型的设计中却是我们之前没有接触过的。

实际上，地球上每个地理位置在一年内都会经历不同的气候型。因此，宾夕法尼亚州不止一个费城市，而是有四个。从太阳能转换系统的设计角度而言，12月1日至2月28日的费城与6月1日至8月31日的费城的大气气候型是不同的。

要是像清除干净玻璃窗上的鸟粪一样，移除污染盖层的讨厌的云就好了……

## 5.3　假设大气不存在的模型

太阳是寒冷太空中的一个重要因素。如果没有太阳，地球表面的温度会比没有大气时还要低。太阳对维持系统热平衡而言极其重要，但大气也发挥着不可替代的作用。如果推断大气质量为零，那么我们以大气不存在为前提来研究大气是如何影响太阳能转换系统的。在这种特殊情况下，太阳和地球表面是唯一的光源。地球周

---

[⑤]　气团与季风周期的关系在北美大陆气象中的应用较少，但对亚洲的太阳能发展具有重要的影响。

[⑥]　难道你们不是在谈论季节吗？我们确实是在讨论季节。但我们正以机器猴的方式来讨论，这与内部工程师的想法是不谋而合的。

围会非常冷，温度远低于水的冰点。

在常规基础上将光伏（PV）技术应用到这个没有大气层的环境中。光伏系统和电力存储系统会定期给卫星供电。卫星轨道上的能源是非常昂贵的，而且那里没有加油站或充电站。[⑦][6]事实上，从长远来看能源的最佳来源是核裂变能或是光伏发电。在之后的章节中我们会讨论太阳能光伏，其实对光伏组件的部署而言，卫星系统受面积制约的程度相当高，因此太空中使用的高效多结光伏电池组件是最昂贵的。

为了充分理解大气的作用，首先将大气"删除"，然后再进行表面辐射交换的能量核算。假设大气不存在，建立地球气候的能量平衡模型（EBM），称为零维空间 EBM，它表示的是地球在吸收、反射、传输和储存电磁辐射的过程中发生的能量交换。[⑧][7]在这个模型中，整个地球被视作一个单一的点（零维），目的是为了说明稳态条件下的能量交换，即进入地球的辐射通量与离开地球的辐射通量。如果能量流动是平衡的，那么该系统就是恒温的，且处于稳态。然而，如果能量流动是不平衡的，那么地球模型系统的温度将会发生变化（见图5.3）。

我们会通过所得的温度值来检验模型。在太阳辐射收益和长波辐射损失的双重作用下，地球表面的温度是多少呢？

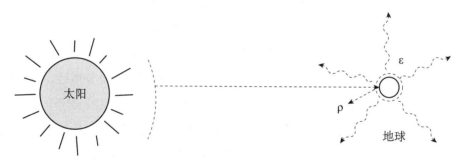

图 5.3　零维太阳—大气地球系统能量平衡

太阳是短波辐射发射源，而地球是短波辐射反射源和长波辐射发射源。

## 5.4　黑体能量收支核算（假设大气层不存在）

地球在一年之中接受的平均太阳辐射称为太阳常数（$G_{sc}$），其值为 1361 W/m$^2$。[8]注意这个值的辐照度单位瓦特/平方米，它代表的是瞬时辐射通量（或者说时间间

---

⑦　电池的活性物质终将耗尽，也不具备电解再充电的条件，而燃料需要氧化剂进行化学反应，能量储存也有限。

⑧　本课题的精彩在线讨论可以在宾夕法尼亚州立大学以及纽约大学找到。

## 太阳能转化系统

隔为 1s：1W = 1 J/s）。回顾一下在太阳光谱中，如果将平方反比定律计算出的辐照度损失考虑在内，到达地球的大多数太阳短波辐射的波长介于 200 nm 和 3000 nm 之间。当然，这个短波波段包含一些亚波段，如紫外线、可见光线和近红外光线。地球也会发射长波辐射（记为 $E_e$），辐射度与其表面温度的四次方成正比（斯特藩—玻尔兹曼定律）。

假设太阳与地球表面之间的辐射交换处于稳态，且认为这两者均为黑体，即不反射任何入射光。现在我们重新介绍能量系统平衡：入射的能量等于出射的能量！⑨[9] 在所有的能量转换系统中，入射到地球表面的能量必须等于其出射的能量。或者，将这两个词简单地结合在一起，即稳态条件下入射＝出射。⑩[10] 根据惯例，下列方程的左侧是能量"输入"，方程的右侧是能量"输出"。如果"输入"的净辐射交换大，那么地球温度会相应地上升。如果"输出"的净辐射交换大，那么地球温度会相应地下降。

对地球黑体表面的能量核算而言，这是微不足道的，它是与表面之间的能量交换成比例的（注意观察比例系数）。

$$太阳辐射通量（W）= G_{sc} \times (\pi r_e^2) \qquad (5.3)$$

这些是能量输入，其中 $r_e$ 是地球的半径，$\pi r_e^2$⑪是地球任意时刻接受太阳辐射的平均面积，即地球的纵切面。从太阳上观看地球，映入眼帘的是一个圆盘，半径为 $r_e$。⑫ 在任何时候地球都只有一个半球暴露在阳光下，由于距离十分遥远，因此部分太阳光可视为准直光。相比赤道地区，余弦投影效应将相同数量的光子分布在更大的区域范围内，但是二维空间内光子的入射面积是一个圆。因此，在任意时刻地球整个表面所吸收的总功率密度（入射的能量）$G_{abs}$ 等于 $G_{sc}$ 乘以地球的表面积，而非半球的面积。

$$地球辐射通量（W）= \sigma T_e^4 \times (4\pi r_e^2) \qquad (5.4)$$

这些是能量输出，其中 $\sigma = 5.6697 \times 10^{-8} W/m^2 K^4$，这在之前章节中介绍过，此

---

⑨ 注意：这部分的理解需要幽默感。
  质量和能量传输的委婉说法：gazinta 指的是"入射的能量"，gazouta 指的是"出射的能量"
  小提示（针对将英语作为第二语言的学习者）：这是俚语，不是正规英语。

⑩ 感谢亲爱的朋友将自然界这个重要的物理事实以令人难忘的措辞翻译出来。

⑪ 圆的面积为：$\pi r^2$

⑫ 地球的平均半径为 $r_e \sim 6371 km$。

外辐射面积指的是地球各个方向上的总面积（$4\pi r_e^2$,[13] 注意这是对地球表面而言的）

在稳态下入射的能量＝出射的能量,[14] 所以：

$$G_{sc} \times (\pi r_e^2) = \sigma T_e^4 \times (4\pi r_e^2) \tag{5.5}$$

在大气不存在的条件下，若要求地球黑体的有效表面温度，需要将斯特藩—玻尔兹曼方程拆分，在这个方程中表面温度是以四次方的形成存在的。分步求解 $T_e$：

$$T_e^4 = \frac{G_{sc}}{4\sigma} = 6.027 \times 10^9 \text{K}^4 \tag{5.6}$$

$$T_e^4 = \left(\frac{G_{sc}}{4\sigma}\right)^{1/4} \tag{5.7}$$

$$T_e = 278.3\text{K} \tag{5.8}$$

由此计算出的全球平均温度278.3K大约相当于5℃或41 ℉，与2012年全球平均温度14.6℃或58.3 ℉相比，这个温度已经相当低了，而且短波辐射中还未包括地球的平均反射。反射光不会被吸收，由灰体核算可知非零反射比（$\rho > 0$）的物体会减弱输入到系统中的能量，从而使地表有效温度降至278.3 K以下。

## 5.5　变量变化：0—100的整数

详细的灰体能量核算包括*辐射度*，当然最终也需将大气考虑在内，但在这之前，我们要对变量做一下替换，规定能量总输入和总输出的最大值为100的整数（能量的换算值，没有单位）。[11] 我们想要这样一种能量平衡：首先将进入到地球表面100%的短波辐射视为入射的能量，外逸到太空中100%的长波辐射视为出射的能量，然后再相应地平衡能量传输过程中的其他值。为了强调方向性——因为光是定向传播的，我们会使用入射和出射这两个能量术语。当增加灰体核算的复杂性以及在模型中加入简化的大气层时，变量替换使得能量收支过程的语言和比较变得更加简洁和直观。[15][16]

$$G_{sc} \times (\pi r_e^2) = 100[出射] \tag{5.9}$$

$$100[入射] = \sigma T_e^4 \times 4(\pi r_e^2) \tag{5.10}$$

---

[13]　球的表面积为：$4\pi r^2$。

[14]　回顾一下，辐射度（$J_i$）指的是一个表面辐射出的总能量—出射能量的总和。

[15]　太阳辐射通量为 $G_{sc} \times (\pi r_e^2) \cong 1.74 \times 10^{17}$ W。整数100［入射］运用起来更加简单，难道不是吗？

[16]　将公式（5.5）的两边分别乘以公式（5.9）和（5.10）中的等价项，就相当于将公式（5.5）两边分别平方。

## 太阳能转化系统

稳态条件下入射的能量 = 出射的能量，所以：100［入射］= 100［出射］。直观上这个方程非常简单，但接下来它的难度会增加。若要将地球半球总太阳辐射功率的值（单位：瓦特，详见公式5.5）转化为标准值100［入射］，同时将地表辐照度转化为标准值100［出射］，需要将公式（5.5）的两边分别乘以公式（5.9）和（5.10）中的等价项，然后用出射的能量除以入射的能量，详见公式（5.12）。

$$G_{sc} \times (\pi r_e^2) \times 100[出射] = \sigma T_e^4 \times (4\pi r_e^2) \times 100[入射] \qquad (5.11)$$

$$\frac{G_{sc} \times (\cancel{\pi r_e^2})}{4 \times \sigma \times 100[入射](\cancel{\pi r_e^2})} \times 100[出射] = T_e^4 \qquad (5.12)$$

将温度的四次方放在方程的左边，从左到右重新排列方程：

$$T_e^4 = 100[出射] \times \frac{G_{sc}}{4 \times \sigma \times 100[入射]} \qquad (5.13)$$

在求解 $T_e$ 的过程中，引入了一个标准常数 b = 88.02 K／［入射］$^{1/4}$，如公式（5.16）所示。在这个变量替换中，$b$ 作为转换工具，[17] 将所有的值都转换为整数，从而简化了能量与表面有效温度（$T_e$）之间的转换。

$$T_e^4 = 100[出射] \times \frac{G_{sc}}{400\sigma} \qquad (5.14)$$

$$T_e = (100[出射])^{1/4} \times b$$

$$b = \left(\frac{G_{sc}}{400\sigma}\right)^{1/4} \qquad (5.15)$$

$$其中 b = 88.02K/[入射]^{1/4} \qquad (5.16)$$

$$T_e = 278.3\ K \qquad (5.17)$$

在公式（5.7）中，我们利用 $G_{sc}$ 计算出了地表温度，它与公式（5.17）所得的结果是一致的。从现在起，运用以下公式就可求得表面的有效温度：

$$T_e = (X[出射])^{1/4} \times b \qquad (5.18)$$

其中，$X$ 是通过连续的能量平衡模型（EBMs）计算得到的出射值。[18]

---

[17] $b = \left(\frac{G_{sc}}{400\sigma}\right)$ 是一个标准常数，它能将 0—100 整数范围内的辐射功率转换为表面的有效温度，如公式（5.7）所示。

[18] 入射和出射的值确实是没有单位的，但在这个不同寻常的变量替换中，一个详细的单位分析表明，在求解表面温度时，这两个值都变成了整数的1/4次方。使大脑放松！我们建议你停止对这几页内容的怀疑，使用这个标准尺度来平衡辐射能量传输。

## 5.6　黑体和灰体的能量收支核算（无大气覆盖层）

现在将地球模拟为灰体。在上一章有关辐射交换的内容中，我们提到了辐射度（$J_i$）的概念，它可以用于灰体能量核算，因为表面损失的能量是发射和反射的能量总和。地球表面反射的辐射称为反照率。[19] 太阳仍是一个黑体，但地球短波辐射（波长范围 200—3000 nm）含有灰体的特性。

回想一下，辐射度 $J$ 指的是物体释放的能量总和，尤其是灰体。这里用辐射度的概念表示地球表面辐射出的能量。物质对太阳短波光线（$G_{sc}$）的反射与反射率（反照率 $\rho$）有关，而地球长波辐射则与其有效温度（在与太阳辐射有关的第二个地球模型中，有效温度记为 $T_{e,2}$）以及物质的长波辐射率（$\in$）有关。

$$J_e = \rho G_{sc} + \in E_e \tag{5.19}$$

地球的平均反照率（$\rho_{地球}$）表示的是被反射回太空的短波辐射的百分比（假设大气不存在），这个值介于 0 与 1 之间。这里的反照率可以衡量地球表面物质的反射率（土地、冰、水、植被）。此处 $\rho_{地球}$ 的平均值为 0.32。

其次，长波辐射出射度 $E_e$ 会使地球能量外逸。回想一下斯特藩—玻尔兹曼定律的内容，任何物体[20][12]都能发射一定的光谱，其发射速率由斯特藩—玻尔兹曼定律的积分决定。在之前的章节中我们讲过，像地球这种低温发射源发射的光谱属于长波，其能量密度所对应的波长范围处于 3000 nm 和 50000 nm 之间。通过解答上一章的问题，希望大家能清楚地明白入射的短波光谱和出射的长波光谱在它们各自的光子分布上并没有明显的重叠现象。值得注意的是，这个方程有一个附加项，即地球表面的平均发射率（$\in \approx 0.97$）。该系数可以衡量地球作为一个灰体的发光效率。[21]

稳态条件下入射的能量 = 出射的能量，若有 100 单位的辐射能量输入，就有 100 单位的辐射能量输出，其中包括 32 单位的能量反射和 68 单位的能量发射。求解地球实际发射的能量 $E_e$，所得值为 70 单位：

$$100 = J_e = 32 + 0.97\, E_e \tag{5.20}$$

$$E_e = \frac{100 - 32}{0.97} = 70\,[出射] \tag{5.21}$$

---

⑲　反照率是反射率的同义词，但具体应用于地球系统科学和气象学。

⑳　所有的物体都发光。

㉑　辐射度只是出射能量的另一种更为精炼的说法。地球的辐射度是反射的短波光线和发射的长波光线之和。

因此，地球吸收的能量从 100 降到 70。[22][13] 由维恩位移定律的原理可知，较低的辐射功率会对应一个较低的表面有效温度。地球灰体短波辐射的反射率为 $\rho = 0.32$，长波辐射的吸收率为 $\alpha \approx 0.97$，那么修改后的新的地球温度为：

$$T_{e,2} = (70[\text{出射}])^{1/4} \times b \tag{5.22}[23]$$

$$T_{e,2} = 255\ K = -18℃ = 0\ ℉ \tag{5.23}[24][25]$$

如果将物质的反射率考虑在内，由此引起的能量变化会导致温度下降至远低于零摄氏度。这个平均温度会使整个行星上的水结冰，抑制物质表面许多生化反应的发生。如果假设成立，那么地球的生命保障很可能集中在海洋底部附近的热液喷口（反之海洋会冻结），并获得地球地幔和地心处的地热梯度的支持。虽说这与目前的地球环境大相径庭，但至少现在我们能够意识到大气做出了极其重要的贡献。因此，将大气这个巨型的太阳能转换系统考虑在内，观察它是如何使物质升温的。

## 5.7　含有大气的灰体能量收支平衡

接下来，在灰体的能量平衡模型中加入大气层，但它只是一个简化的接收表面，不包括云与气溶胶（或者假设将云压缩至地球表面）。气团在光能衰减过程中会扮演什么角色呢？在这种情况下，最简单的模型是假设地球表面只包围了一层均匀的大气。其实我们可以暂时将大气想象成地球表面的一个盖层（犹如一片玻璃）。当然这个晴朗的天空仍须具备吸收、反射、透射和发射等特性，而且它们在整个大气半球内是可预测的（见图5.4）。[26]

地球的第一个覆盖系统是大气：它对短波辐射是透明的，同时还能吸收长波辐射。灰体能量核算的范围扩大至包含大气（盖层），它具有吸收和发射长波辐射的能力（红外部分）。任何一个盖层都有两个表面，这表明地球吸收表面拥有一个内部和一个外部表面，意味着大气中存在两个发射长波辐射的表面，而不只是一个（见图5.5）。

现在，我们要平衡三个主体的辐射能量。太阳、大气和地球均是具有光学表面

---

[22]　如果"入射"的净辐射交换大，那么地球温度会相应地上升。如果"出射"的净辐射交换大，那么地球温度会相应地下降。

[23]　标准常数 $b = 88.02K$ 来自公式（5.16）。

[24]　比较：$T_e = 278$，而 $T_{e,2} = 255K$，相差 $-23K$！实际观测到的表面温度为 288K，因此我们的模型仍需改善。

[25]　事实上，$-18℃$ 是北达科他州法戈市一月份的平均温度。

[26]　无云的天空允许短波辐射通过，其吸收（发射）长波辐射的能力也很强。天空中的云能够反射短波辐射，这就是它呈现白色的原因。

图 5.4　晴朗天空下的积云

天空之所以呈现蔚蓝色是由于氧气和氮气分子对光的散射（瑞利散射）造成的。云之所以呈现出白色是由于水滴和尘埃对光的散射造成的（米氏散射）。岩石和地面会将辐射光束反射到你的眼睛中。照片由 Michael Jastremski 拍摄。照片来源：维基共享资源 CC-BY-SA-2，2005 年 7 月

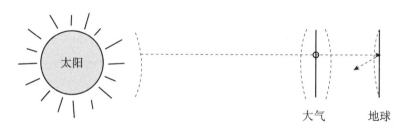

图 5.5　太阳大气地球系统能量平衡

假设大气的内、外表面均能发射长波辐射

的热源体。现在分别从太空中的卫星（大气层之外）、穿梭在大气中的飞机以及地球表面骑脚踏车的人这三个角度来平衡系统能量。

从卫星的角度：太阳辐照度 = 短波辐射反射率 + 大气发射率

从飞机的角度：地球辐照度 = 大气发射率

从自行车的角度：短波辐射吸收率 + 大气发射率 = 地球辐照度

三个系统中的每个方程都可以用整数表示。三个主体之间的辐射交换为：

$$\text{从太空的角度：} 100 = 32 + E_a \tag{5.24}$$

$$\text{从大气的角度：} (0.97E_e) = 2 \times E_a \tag{5.25}$$

$$\text{从地球的角度：} (100 - 32) + E_a = (0.97E_e) \tag{5.26}$$

$$E_a = 68 \; [\text{出射}]$$

$$E_e = 140 \; [\text{出射}]$$

和

$$T_{a,1} = (68 [出射])^{1/4} \times b = 253 \text{ K}$$

$$T_{e,3} = (140 [出射])^{1/4} \times b = 303 \text{ K}[27]$$

由此得出的地球平均表面温度为 $T_e = 303 \text{ K} = 30℃$。但是这个温度太高了！现在印度孟买长期的气候年平均气温是30℃，而全球平均气温要低得多，接近15℃。所以这也不可能是正确的，但它给了我们一个警示：大气中二氧化碳和水的增加会对全球气温产生很大影响（见图5.6）。

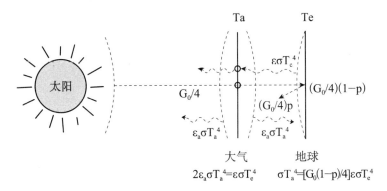

图5.6  太阳大气地球系统能量平衡以及能量平衡的基本方程

## 5.8  含有大气层和大气窗的灰体能量核算

大气有选择性地允许长波波段中某些波长的光通过。大气有一个选择性的长波大气窗，它不仅使这个波段中的长波具有相当高的透过率，而且热量也须通过它散布到太空中，从而使物体降温。在之前光的行为那一章所设的问题中称这为大气窗。图5.7所示为光谱窗。此外，如果仔细观察图示，我们亦可确定短波波段的透明光谱区域。

长波光线大气窗对应的波长在8—13 μm之间。[14]图5.7的（c）部分代表的是大气的吸收率。可以看出这个大气窗处于长波波段。有趣的是，窗口右侧13 μm处出现的是二氧化碳吸收带，而窗口左侧8 μm处出现的是水汽吸收带。所以，随着二氧化碳含量的增加以及全球变暖，更多的水汽会进入到大气中，热量就更难以散发出去。很少有人指出是这个"阀"控制了全球气候的温度。更重要的是，Smith 和 Granqvist 提出了一个很有创意的目标，即设计一个选择性表面，它能够发射特定的大气窗波段内的辐射能，还可调整能量发射频率，使热量散发出去，从而达到降温的目的！[15]

---

㉗  同样，$b = 88.02 \text{ K}$ 源自方程（5.16）。

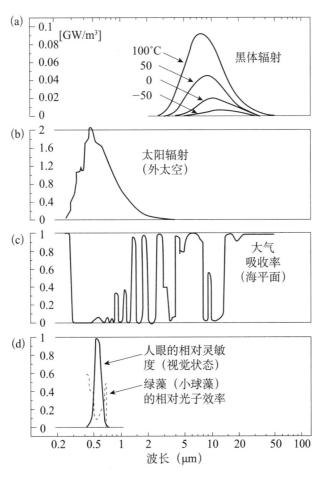

图 5.7  太阳集热系统显示的下行短波辐射和上行长波辐射、可见光窗区

以及 8 至 13 微米之间的红外窗区。图片由 C. G. Granqvist 提供

接下来重复一遍二体能量平衡模型，其中长波波段的大气窗约为 $\tau_\alpha \sim 0.1$。[28] 从太空观察，大气对地球长波辐射的透射率为 10%。对于大气内部而言，输入的能量只有地球长波辐射能量的 90% （$0.97E_e$）。从地球的角度来说，68 单位的短波辐射以及半个大气发射的长波辐射均被吸收。从卫星、喷气机和脚踏车的角度来说，仍存在三个平衡：

$$\text{从太空角度而言：} 100 = 32 + E_a + (0.1 \times 0.97E_e) \quad (5.27)$$

---

[28]  回顾一下，$\tau_\alpha$ 指的是只考虑吸收现象的表面透过率。

$$\tau_\alpha = \exp\left(\frac{-kd}{\cos(\theta_2)}\right)$$

其中，$k$ 为消光系数，$d$ 表示盖厚度，$\theta_2$ 表示折射角。

$$从大气内部角度而言：(0.9 \times 0.97E_e) = 2 \times E_a \tag{5.28}$$

$$从地球角度而言：(100 - 32) + E_a = 0.97E_e \tag{5.29}$$

令人惊奇的是由于长波辐射进入太空造成了能量损失，从而导致了 $-7℃$ 的温度改变。[29]

$$E_a = 55.3 \ [出射] \tag{5.30}$$

$$E_e = 127.1 \ [出射] \tag{5.31}$$

和

$$T_{a,2} = (55.3 \ [出射])^{1/4} \times b = 240 \ K \tag{5.32}$$

$$T_{e,4} = (127.1 \ [出射])^{1/4} \times b = 296 \ K \tag{5.33}$$

即使如此，这个温度对于太空而言还是有点冷，而对于地球来说还是太热。大气实际上吸收了约77%的红外辐射（包括长波辐射），或 $\in_a = 0.77$。经过最后的微调整，通过模型计算出的温度为 $T_{e,5} = T_{e,avg} = 288 \ K = +15℃$，这个温度比较适宜，而孟买的平均温度仍为30℃。

在所有这些实验中，大家需注意两点。首先，大气是一个选择性的表面，它可以作为一个透明表面，允许几乎所有的短波辐射通过（也有部分短波辐射被大气吸收）；与此同时，它对地球表面发射的长波辐射的透射率为10%、吸收率为77%（由辐射平衡状态下 $1 = \tau + \alpha + \rho$ 可得，反射率为13%）。其次，大气的功能有二：其一是作为盖层保留地球表面辐射能量转换的热能，其二是作为一个阀门，通过将辐射能量散布到太空中而达到冷却地球大气系统的目的。[30]

给潜在的建模冒险家一个小提醒：我们建的模型并没涵盖影响能量平衡的全部因素，它应该还包括对流和传导，潜热效应和气团在大气中的移动。完整的全球气候模型规模很大且非常详细，但这些数字确实帮助我们了解了在太阳能转换系统中，光子流通过做功对地球表面热状态的激发以及大气盖层的重要作用。

## 5.9 云的作用

我们在前面各章节中巧妙地回避了对天气系统中最复杂因素：云的讨论。[31] 云可以散射甚至聚集光线，但是云本身是一个暂时的和变化的系统，其对光的散射和

---

[29] 哇！大气只是将辐射能泄露到了太空中，竟然就产生了 $-7°$ 的温差！

[30] 如果将长波辐射的透过率由0.1改为0.08，那么模型中温度会升高1℃。

[31] 有一个词将云的形式和有趣的形状关联起来，这个词就是：飘浮在空中的城市（Nephelococcygia）。

聚集也是暂时和变化的。

云是一种神奇的自然发生的大气现象，从地面或者气象图中都可以观察得到。云的大小、形状和运动变化多端，这些性质本质上都是由上升水汽的微小水滴决定的。这些微小的水滴可以散射来自太阳和周围天空的光线，这些云是导致太阳能源减少的主要因素。

在活跃或者被动的环境中，云都会发生变化，包括地球表面的上升气流，也会引起云的变化。积状云是在动态活跃、不稳定的空气中形成的，一种常见的菜花形状的云。空气的浮力会加速积状云的垂直生长，积状云半径的数量级与其高出地面距离的数量级接近。如图 5.10 所示，积状云的大小和存在时间差异较大，可以跨越好几个数量级。积状云一般形成于冷锋面附近，具体还可细分为：淡积云、中积云、浓积云和积雨云（也叫雷暴云）。层积云的形成方式与积状云不同，一般不是由于浮力，而是由于地球表面上升气流和风切变湍流形成的。[32][16]

在稳定的空气环境中形成的云为层状云。这是一种多层片状，覆盖大面积天空的层云，一般在暖锋面附近形成。浮力的存在抑制了层状云在垂直方向的生长。只有在有一个外部力克服浮力的作用，将云托举起来的时候，层状云才可能存在。这个外部力可以是由湿润空气水平对流和沿暖锋面上升提供，这种力空间范围很大（达 1000s 千米），且与地面之间的对流之间不发生耦合。层状云又分为：卷云、卷层云、卷积云、高层云、高积云和雨层云。[33][17]

## 5.10  晴空模型建立[34]

前文已经探讨过天空在太阳能转换系统中的重要地位和作用，并讨论了云在太阳能源输入减少中的重要性。现在，我们要将关注点从对全球范围系统的讨论拉回到与客户和利益相关者的利益相关的某一个具体地点上来。应该如何建模，模拟假想中的没有云等涌现现象的透明天空？如何运用大气科学的概念预测在天空投射的晴空情况？

大气的透明度与几个物理材料的性质相关，如气体的化学性质（$CO_2$、$CO$、$N_2$、$O_2$、$O_3$），水蒸气的含量（$H_2O_{(g)}$）和气溶胶的浓度（以气溶胶光学厚度 AOD 表

---

[32]  冷锋附近或后面形成的一般是积云。

[33]  暖锋附近形成的一般是延伸距离在 100s 到 1,000s 千米的层状云。

[34]  假设晴空为基础情况，不同的天空情况，可能会导致太阳能输入预算的减少。如果一个模式的不确定性高，这个不准确模型产生的误差就高：我们将这种情况称为风险。

示）。测得大气透明度也受太阳高度角（某一个给定时间点）和具体位置相对于海平面的海拔高度的影响。在晴朗天气的正午时候，约有 75% 的地球外辐照度可以透过大气层。因此，即使是在理想的情况下，也有四分之一的光线在传输通过大气的过程中被散射和吸收掉。[18] 作为一体化设计过程的一部分，我们鼓励太阳能设计团队与大气科学家和气象学家合作，获取与所研究区域及最新气候区理论相符的准确气象输入参数。

以下的每一个工具都是理想晴空模型，每个模型都应该从可接受的不确定度的平衡角度进行考虑。在已知研究气团的气象特征输入值的情况下，通过恰当的物理参数建立晴空模型，这一方法相对简单明了。

云可能是导致地球辐照减少的一个最重要的因素，不过，大气中存在的微粒对某些太阳能转换系统也有着显著影响。特别是对于聚光型系统，大气中的气溶胶的作用不可低估。气溶胶是悬浮在空气中的固态或液态颗粒，因为要在天空中悬浮较长时间，所有其半径一般很小（纳米到微米级），具体包括水滴、盐结晶、煤烟气以及其他地球矿物质。水溶胶充分聚集，导致云或雾的涌现现象。许多发达国家的空气中气溶胶的负载量较小，其对平板光伏系统等非聚光型太阳能系统的影响很小，影响程度大概不到 5%。然而在亚洲地区，特别是中国的东南部，气溶胶是导致太阳能能源预算季节性减少的主要因素。气溶胶的散射作用通过法向直射辐照度（DNI）影响太阳能辐照度的光线成分。研究显示，在时步低于日周期时，根据经验模型进行光线估计的效果很差。[19] 气溶胶在晴朗天气中也可能出现，如我们在清明天气也可以看到空中飘浮的云朵，也是气溶胶的一种体现。太阳能源估计不能用眼睛看，一定要测量、测量、再测量。[⑤]

据观察，美国中纬度地区，晴朗天气时的正午时分，太阳下行辐照的短波辐照中，约有 25% 被太阳与地球之间的大气散射和吸收掉了。[20] 因此，大气对于短波辐射也不是透明的。早晨和傍晚时候，太阳光到达地球的路径长度还要更远一些，据此可以预计早晨和傍晚时候太阳光线的衰减会增加。从太阳发射出来，经直线来到地球的太阳光称为法向直射辐照（DNI，其中我们使用法向直射辐照度符号 $G_{b,n}$）。[⑥]

然而，下行辐照度也会与大气中的分子和微粒发生相互作用，产生各个方向的

---

⑤　气溶胶：飘浮在空气中的固体或液体小颗粒（半径在 nm—μm 级）。大气中气溶胶的组成成分包括水滴、盐结晶、煤烟，以及地球矿物质（灰尘）。

光线组分：来自太阳的直接光束的太阳能源输入贡献。

⑥　DNI：法向直射辐照度（$G_{b,n}$）。垂直于太阳表面的光线辐照，其对于太阳能追踪系统非常重要。

光线散射。这部分照射到天空然后照到地面的非直接辐照度，称为散射辐照度。对于这部分来自天空的散射辐照度，我们将其作为一个单独的光源处理，这也解释了为什么我们处于阴影中看不到光线成分时，也可以观察到光线的原因。阴天时，散射辐照就成了太阳能的唯一来源。

某一个水平表面（如桌子或停车场）的下行短波总辐照度称作总水平辐照度（GHI）。这是研究的一种常规情况，因为大多数总水平辐照度的测量都是使用水平安装的日射强度计测量的。另外，在日射强度计中安装一个遮阳工具，可以消除直射辐照度，从而测得散射辐照度。

> 法向直射辐照（DNI）：相对于垂直于太阳表面的一个平面的较小入射角（2.5°）测得的辐照度，法向直射辐照（$G_{b,n}$）跟踪太阳，其意义与光伏阵列面上的直射辐照度（$G_{b,t}$）不同。
>
> 总水平辐照度（GHI）：面朝天空的水平表面上测量的总（全球）辐照度结果。
>
> 光伏阵列（POA）：太阳能转换系统中相对于光孔表面总体方位的总辐照测量。

## 5.11 太阳光组分[37]

我们知道，光是有方向性的。即使空气中的大气在朝我们折射和反射光线，我们仅关注最后入射到太阳能转换系统上的这部分光线。因此，我们将天空、雪地、人行道等都作为太阳能转换系统的光源。晴空光照条件与下列因素有关：太阳高度角（$a_s$）（以天顶角 $\theta_z$ 作为补角）、场地海拔、气溶胶浓度、水蒸气、大气压力以及所在区域的天空构成。我们可以将天空和地表面分成许多不同的部分，或者不同光源组分。将所有入射到集热器的短波光线部分相加，即得到总辐照度，或者说全球

---

[37] 总水平辐照度和光伏矩阵的组分：

- 水平辐照（$G_b$）
- 天空水平散射（$G_d$）
- 太阳周边辐照
- 地平线散射
- 地表反射率（$\rho_g$，星体反照率）
- 总和；全球或总水平辐照度（$G$）

辐照度。

太阳发出的光束被空气中的化学物质通过能量散射，得到一束小小的圆锥形光，称为天幕环太阳组分。其次，白天天幕中的散射在半球主要表面产生一个蓝色或者白色的光晕，这种光源我们称之为天空散射组分辐照度。随着天空散射路径长度的增加，我们还可以在天幕下端观察到一条微弱的光带，称为地平线光带，其与地平面散射组分相关联。最后，地面反射比（星体反照率）有利于对非水平安装（倾斜或者垂直安装）的集热器的运行。如前文所述，散射辐照度包括地面反射的光线，具体取决于星体表面反照率（雪天光线特别亮，就是因为星体反照率的作用）的大小。我们将其称为受天幕影响的星体反射表面的地面反射组分。[38][39]

表 5.1 以平均灰体计量的形式列出了一些材料对短波波段光线的反射率。实际上，大多数材料对短波或长波波段光线的反射比是不一样的。从图 5.8 和图 5.9 可以发现，植物可以选择性地反射长波段光线，而屋顶瓦（焦油基）、沥青（包括黑炭）和海水几乎不能反射短波光线。

表 5.1　材料短波平均反照率列表

| 材料 | 反射率（ρ） |
| --- | --- |
| 新鲜沥青 | 0.04 |
| 旧沥青 | 0.12 |
| 针叶树木 | 0.08—0.15 |
| 落叶乔木 | 0.15—0.18 |
| 裸露地面 | 0.17 |
| 绿草地 | 0.25 |
| 沙漠沙 | 0.40 |
| 新浇混凝土 | 0.55 |
| 陈雪 | 0.40—0.60 |
| 初雪 | 0.80—0.90 |

法向直射辐照在具体水平表面的投射可以用一个简单的几何关系式表示，即公式 5.34。结果值为辐照度值 $G_b$，该值与天顶角（$\theta_z$）余弦成比例降低。注意：这里的光线辐照度是特指水平表面的辐照度，而法向直射辐照则是垂直（也称为"法向"）于太阳方向平面的测量值。

$$G_b = G_{b,n} \cos (\theta_z) \tag{5.34}$$

---

[38]　我们经常将直射光组分和太阳周边光线组分简单加和到一起，都标记为直射光组分。

[39]　回忆一下，地面散射和反射光的能力称为星体反照率（ρ），是一个大小在 0—1 之间的小数。

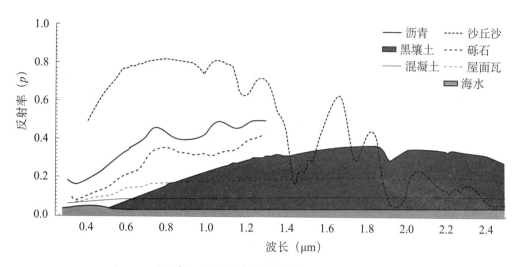

图 5.8　无机材料和海水光谱选择反射比

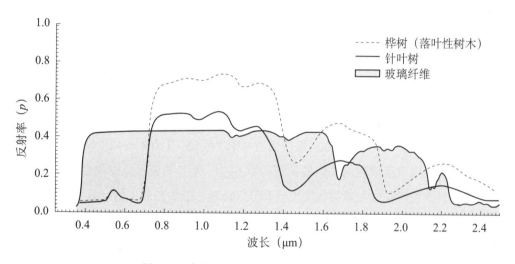

图 5.9　玻璃纤维和不同树木光谱选择反射比

不过，许多计划建设的太阳能转换系统并不是水平的。如果研究平面的方位朝向东/西/南/北任一方向，则可以对于该光伏阵列（POA）的总辐照度求和。因此，已知法向直射辐照组分的计算值或估计值，可以作为第八章测量和估计的研究主题。

为建立水平面（不倒置或者垂直）晴空模型，我们将模型中的地面反射贡献部分减去，精简为仅包括直射和散射组分的模型。总辐照度等于各组分辐照度的总和。一些非常强大的模型考虑了天空中化学物质与太阳能辐照度光谱学的物理现象的影响（每一个波长都进行直射和散射贡献估计），不过本文仅讨论关于短波光谱带直射组分能量的整合。

## 5.12    Hottel 晴空辐照模型（1976）

Hottel 引入了一种晴空经验模型，[40] 依据 1962 年美国基础大气数据库的大气透射比计算值得出法向直射辐照度（DNI）（表面直指太阳的光线组分）。参数 $\alpha_0$、$\alpha_1$ 和 $k$ 用来描述一般的"干净"大气状态或者"城市迷雾"的大气状态，并且与研究地区的纬度相关联。[21]该工作关系式为公式（5.35）。

$$G_{b,n} = G_0\left[\alpha_0 + \alpha_1\exp\left(\frac{-k}{\cos(\theta_z)}\right)\right]\,(\mathrm{W/m^2}) \tag{5.35}$$

我们将公式 5.35 与公式 5.36 进行对比，公式（5.36）表达了光线通过透明盖时因为光吸收（$\tau_\alpha$）导致的传输损失部分。上文讨论半透明材料时，曾讨论过这个公式。

$$G_0\cdot\tau_\alpha = G_0\left[\exp\left(\frac{-kd}{\cos(\theta_2)}\right)\right]\,(\mathrm{W/m^2}) \tag{5.36}$$

已知折射角（$\theta_2$）、材料消光系数（$k$）、材料厚度或者光透过材料必须经过的距离（$d$），可以计算传输损失部分 $\tau_\alpha$。报道显示，太阳光能短波段消光系数与光通过距离成反比，因此，将消光系数乘以距离，将得到一个无量纲分子（如 Hottel 提出的理论相同）。透明盖材料的消光系数数量级约为 4—30 $\mathrm{m^{-1}}$。公式（5.35）中的天顶角与公式（5.36）中的折射角的含义非常接近（假定此时的折射较低）。注意这两个公式的指数形式。比较一下 Hottel 如何仅使用透射原理形成一个有效的晴空模式。

讨论完法向直射辐照的法向辐照组分（$G_{b,n}$）和水平表面短波段光线光组分早期模型后，继续讨论水平散射辐照度（DHI）计算。散射辐照度估计具有重要意义。法向直射辐照数据可以通过直接测量总下行辐照度，然后计算入射到水平表面的直射光组分得出。其几何关系见公式（5.34）。

Muneer 对部分扩散天空模型开展了研究，[22] 发现所有模型都有一个与季节、云、气团来源区域相关的区域特征。通常区域特征包括大尺度、中尺度和微小尺度的天气（或气象）。由于许多人生活的地区较少有晴朗天气，估算扩散光组分非常具有挑战性，同时还存在很大程度的不确定性。从这些简短的讨论中，可以提取出哪些可用于太阳能转换系统设计的知识点呢？

## 5.13    Bird 晴空模型（1981）

美国能源部太阳能研究所的 Richard Bird 和他的同事们开发出了 Bird 晴空模型，

---

⑩  展示 Hottel 模型只为了指出大气的作用和折射角。这个模型在现实中已经停止使用。

该研究所现在是国家可再生能源实验室（NREL，发音为"*en-rell*"）的能源部。[23]

Bird 模型需要下列数据输入：

- 太阳常数 $[G_0，(W/m^2)]$
- 天顶角（$\theta_z$）
- 地面气压 $[P，(mbar)]$
- 地面反照率（$\rho_g$）
- 可沉降水蒸气（$H_2O$）（*cm*）
- 臭氧总量（$O_3$）（*cm*）
- 波长 $\lambda$ 为 500 nm 和/或 380 nm 时的浊度
- 气溶胶前向散射比（建议值为 0.84）

Bird 模式随后被国家可再生能源实验室的 Daryl Myers 合并到了一个公用编码，包括一个实验和探索用的标准电子表格。（参考 RReDC 晴空模型和简单 Bird 模型）该模型的输出包括以下"晴空"估计结果：总（或全球）水平辐照度：GHI，法向直射辐照度（光束，法向直射辐照）和波长范围为 305—4000 nm 的 122 条光线的散射辐照度。该模型通过给定的纬度（$\phi$）、经度（$\lambda$）和时区，计算某一太阳时时点的各相关值。因此，如果希望获得一天当中所有时间的光组分辐照度，必须选取多个点进行绘图。该晴空模型的结果没有考虑云、树木、山脉或建筑物阴影。

另一个太阳能天空模拟工具是由太阳能咨询服务部的 Christian Gueymard 教授开发的 SMARTS 系统。[24] 不过，SMARTS 主要用于调查研究，之后还开发出了一个叫作 REST2[41] 的非光谱工具，用来模拟晴空下的散射和直射光组分，类似于 Bird 晴空模型。该模型需要输入以下大气性质参数：

- 大气压力
- 可沉降水分（或温度和相对湿度）
- 臭氧和 $NO_2$ 气体的减少值，路径长度
- 还包括波长在 700 nm 以上和以下的重要散射光谱波长指数的散射因子，以及气溶胶光学厚度。

REST2 模型将输出散射、直射（法向直射辐照）和总光伏阵列（POA）辐照度。[25]

---

㊶ REST2 输出照度和 FAR 估计值，或者在同一个文件中输出光合有效辐射。

## 5.14　时空不确定性

对于系统问题的解决方案需采取的措施和定位，这样的解决方案具有不确定性。太阳能转换系统作为生态系统技术，其开发与可持续科学具有紧密关系。太阳能技术的可持续性要求多学科知识，需要整合社会和科学专业知识，协调解决方案应与具体的运用区域相适应。[26]

首先，讨论发生在我们星球上的一些现象。我们十分确定，太阳在接下来的几十亿年里，仍会在每天早晨升起，在傍晚落沉。当然，北极（$\phi = +66.6°$）和南极（$\phi = -66.6°$）例外。不过，对于生活在两极之间的绝大部分人类而言，太阳仍将每天升起和落下。日出、日落和太阳正午，称为日事件。事实上，生物化学里描述的昼夜现象都是日现象，昼夜（circadian）⑫ 这个词从词源上看包含了"关于日"的意思。因此，日事件的发生与地球是否有一个天空无关，日现象的发生也与天气无关，这一点从另外一个方面体现了日现象的定义。

气象（天气）事件的发生具有一定的不确定性，因为其与移动的气团与地球和太阳之间转移的能量之间的相互作用有关。另一方面，气候趋势相比于其他气候状态来说，其不确定性要低很多。年复一年，季节都以类似的方式更替，地球自转行为可预知，其影响着每日入射到地表面的光能总量，同时气候信息也含有大量空间数据集。你可能注意到了，我们一直强调事件发生地点和时间的确定性。在太阳能转换系统的设计和开发领域，确定度的量化关系到气候现象，气候改变也以比较细微的方式在太阳能转换系统的使用寿命（30—50 年）中对其产生影响。[27]

## 5.15　机器猴认知：时空

天气现象的发生涉及多尺度时间和空间。为了讨论自然界中的时空暂存现象，我们需要回到气象历史研究的早期阶段。在 Geoffrey Ingram Taylor（1886—1975）⑬ 爵士的诸多才能和成就中，有一条关于一定时间段或一定空间范围内发生的湍流现象的假设理论，称为泰勒冻结湍流假说。运用泰勒冻结湍流假说，可以以时间为单位或者以空间为单位进行研究，并且可以将两个研究体系通过一定的机理联系起来。

---

⑫　昼夜（Diurnal）这个词，从它的拉丁语词源上看，是拉丁文中的"日"和"天空之神"的组合，一般以下标形式出现，表示时间。

⑬　Taylor 是曼哈顿冲击波行为预测、超音速飞机设计、气象学关键理论提供项目代表团的成员。

泰勒冻结湍流假说认为，固定地点在某一时间段内的变化（抬头看到雷暴从头顶经过）是由于通过了该地点不变的空间格局，也就是说，雷暴乌云从天空平移（漂浮）过去了。[28]观察者从一个固定不动的位置观察现象变化，称为欧拉坐标系。想象一下，如果观察者站在一团积云上，随着积云从你家屋子上方移动到邻居房子上方，再到下一栋屋子，该观察者随着气候现象移动，而不是固定在某个位置不动，这种情况称为拉格朗日参照系。㊹

泰勒冻结湍流假说假定，气候现象随着时间推移发生变化（如黑夜—白天—黑夜—白天—黑夜）是由于气象事件区域发生的侧向改变导致（如云—晴空—云—晴空—云）的。不仅限于气象学，泰勒冻结湍流假说认为，固定地点上一系列时间点观察得到的辐照度数据可以转化成空间变化的等效现象（根据相应空间格局的平流或传播速度）。因此，只要平流风速大于研究气象事件的时间尺度，时间尺度同时也是空间尺度。

通常，在太阳能领域和相关的能量产业和市场，需要对气象尺度有一定的理解。间歇性是可能不定期发生的比较混乱的阶段交替动态系统，其具有涌现特征。光伏和风能发电等太阳能技术与间歇气象直接相关，包括辐照度、空气温度和风速，我们将其标为非可调节能源。有时，可再生能源产业替代更传统的"可变性"，来描述间歇性气象产生的不规则能量波动。㊺

可再生能源分布式产生存在的一个有趣的问题，那就是我们如何使用现有的和新兴的科学技术和方法处理涉及多样时间尺度的间歇性/可变性。[29]可再生能源发电产业有许多空间和时间尺度数量级，面临系统协调的挑战。这些协调挑战凸显了未来成功地规划和适应一体化可再生能源的重要性。[30]

图5.10是气象学中时间和空间距离结合的通用参考缩放比例。数据分析重点为在日峰周期（非天气驱动）内或周期外的天气驱动现象。左下方子图是功率谱密度图（PSD），㊻表示对数时间周期辐照度数值的统计方差结果。在这条曲线下方整合任一个间隔，可得到研究点的统计方差（$\sigma^2$）结果。

---

㊹ 欧拉坐标系：观察者固定不动，气候现象的速度以一个固定参考系确定。湍流表现为一个时间段内观察到的系列波。

拉格朗日参考坐标系：观察者随着流动元素（空运）移动。湍流表现为云从空中经过。

㊺ 间歇性：动力系统包括不定期的潜在相位交替的涌现特征。

非可调节：电力能源不能根据需求调整其输出

㊻ 功率谱密度图（PSD）峰对应每日或日辐照度现象（如日出/太阳正午/日落以及对应的谐波现象）。他们是强势特征，实际是傅立叶分解的数学式（将非正弦日周期嵌入一系列正弦曲线）。

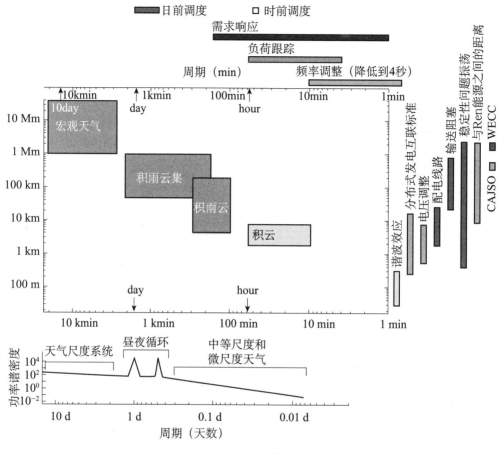

图 5.10　时间和空间的 Fujita 关系

　　图 5.10 中央的图概略出了主要云和天气现象基于时间尺度（横轴）和空间尺度（纵轴）的 Fujita 对数关系，这里的刻度是对数刻度。图的上部（左上方）对应的是空间范围在 1000km 以上，时间在 30—90 天气尺度的气象。这种大尺度称为天气尺度天气，大到季节变换，小到日事件以上的天气，都属于这个范畴。从图中部往右下方，是中等尺度和微尺度天气，以及相关的云现象。[31]

　　图 5.10 中的周长显示了气象现象关于电网规划、管理和电力市场时间和空间尺度的交集。电力系统管理和市场的管理和技术参数可以出现在年、天，或者小到不足一分钟的时间（有超过六个时间量级）。区域电网内的功率响应、输电网自然的不稳定性问题、传输阻塞以及管理范畴常常涉及大到几千米小到十几米的空间尺度（有不止 5 个空间数量级）。[32] 可再生能源主要的系统和补充尺度与 Fujita 云特征时空尺度中阐述的气象现象的尺度一样。通过采用一个平均传输速度（17m/s），可以将传输距离在 25—1000 km 之间的传输阻塞相关变量时空尺度转换成时间范围在 25

s 到 980 min（16 h）内的天气现象尺度。另外，电网传输范围在 30—300 m 之间的谐波效应，与时间范围在 1.8—18 s 之间的天气现象是相关联的。[47]

如果天空中空气的移动（如风速）比云或雷暴的演化快，则泰勒冻结湍流假说会产生效应。云对于太阳能资源评估非常重要，云的存在导致了太阳能源预测的不确定性。云演化的时间尺度通常比风速要慢得多。因此，面积大的云，其影响周期长，存在时间长，对太阳能转换系统设计影响的距离也长。与此相反，蓬松云存在时间短，因此其对特定太阳能转换系统的影响距离也更小。

**恭喜！机器猴奖励您一根闪光的香蕉，庆祝你学完了扩展重点学习。**

## 5.16　问题

（1）太阳能技术中的天幕指的是什么？

（2）描述太阳能技术（AM1.5）短期性能校准使用的经验气团与气象学气团之间的区别。

（3）AM0（地球外辐照度）值如何计算？

（4）太阳能转化中的"晴空"是什么意思？指出晴空计算中包括了哪些参数，排除了哪些因素？

（5）什么是泰勒冻结湍流假说（又叫作冰冻湍流假设），作为一个重要理论，其在太阳能评估中是如何运用？

（6）方差是什么，其怎样在太阳能评估中起重要作用？

（7）解释电力系统联网太阳能能源评估的方法学。

## 5.17　推荐拓展阅读

- 《科学家和工程师气象学》[33]
- 《大气辐射第一课》[34]

## 参考文献

[1]Matthew J. Reno, Clifford W. Hansen, and Joshua S. Stein. Global horizontal irradiance clear sky models: Implementation and analysis. Technical Report SAND2012-2389, Sandia National Laboratories, Albuquerque, New Mexico 87185 and Livermore, California 94550, March 2012. URL http://energy. sandia.gov/wp/wp-content/ gallery/uploads/SAND2012- 2389_ClearSky_final.pdf.

---

[47]　工艺规范和工艺参数：转移和发电长期规划，电力合同，日前调度/市场，时前调度/市场，业务恢复和需求响应。

[2] Théo Pirard. *Solar Energy at Urban Scale*, Chapter 1:The Odyssey of Remote Sensing from Space: Half a Century of Satellites for Earth Observations, pages 1–12. ISTE Ltd. and John Wiley & Sons, 2012.

[3] American Meteorological Society (AMS). Glossary of meteorology. Allen Press, 2000.URL http:// amsglossary.allenpress.com/ glossary/. Accessed October 1, 2012.

[4] When we expand our studies of air mass behaviors to multiregional scales(larger spatial scales) and time scales in the range of decades to millennia, this is called *climatology*.

[5] Did he just imply that we have to design our systems to function for the client or stakeholders in *four* different locales instead of one? *Yes!* Boy, that's going to make the goal of solar energy engineering more complicated. *Right. So get back to work and read the section on multiple climate regimes.*

[6] Batteries run out of reactive materials without electrolytic recharging, and fuel requires an oxidant chemical to react *and* is limited in storage.

[7] Excellent on-line discussions of this topic can be found at PSU and NYU.

[8] Greg Kopp and Judith L. Lean. A new, lower value of total solar irradiance:Evidence and climate significance. *Geophys. Res. Letters*, 38(1): L01706, 2011. doi: http://dx.doi.org/10.1029/2010GL-045777.

[9] Warning: this section requires a sense of humor.

[10] Thanks to a dear friend for translating this important physical fact of nature into memorable terms.

[11] Brian Blais. Teaching energy balance using round numbers. *Physics Education*,38(6): 519–525, 2003.

[12] All objects glow.

[13] If the net radiative exchange is greater on the *gazintas*, then the temperature of the Earth will respond by increasing. If the net radiative exchange is greater on the *gazoutas*, the Earth temperature will decrease.

[14] Geoffrey B. Smith and Claes-Göran S. Granqvist. *Green Nanotechnology: Energy for Tomorrow's World*. CRC Press, 2010.

[15] Claes-Göran Granqvist. Radiative heating and cooling with spectrally selective surfaces. *Applied Optics*, 20(15): 2606–2615, 1981; and Geoffrey B. Smith and Claes-Göran S. Granqvist. *Green Nanotechnology:Energy for Tomorrow's World*. CRC Press, 2010.

[16] Roland B. Stull.*Meteorology for Scientists and Engineers*. Brooks Cole, 2nd edition, 1999.

[17] Roland B. Stull.*Meteorology for Scientists and Engineers*. Brooks Cole, 2nd edition, 1999

[18] Matthew J. Reno, Clifford W. Hansen, and Joshua S. Stein. Global horizontal irradiance clear sky models:Implementation and analysis. Technical Report SAND2012-2389,Sandia National Laboratories, Albuquerque, New Mexico 87185 and Livermore,California 94550, March 2012.URL http :// energy. sandia.gov/wp/wp-content/ gallery/uploads/SAND2012-2389_ClearSky_final.pdf.

[19] C. A. Gueymard. Temporal variability in direct and global irradiance at various time scales as affected by aerosols. *Solar Energy*, 86:3544–3553, 2013. doi: http://dx.doi.org/10.1016/j.solener.2012.01.013.

[20] Matthew J. Reno, Clifford W. Hansen, and Joshua S. Stein. Global horizontal irradiance clear sky models: Implementation and analysis. Technical Report SAND2012-2389, Sandia National Laboratories,Albuquerque, New Mexico 87185 and Livermore,California 94550,March 2012.URL http:// energy.sandia.gov/wp/wp-content/gallery/uploads/ SAND2012-2389_ClearSky_final.pdf.

[21] William B. Stine and Michael Geyer. *Power From The Sun*. William B. Stine and Michael Geyer, 2001. Retrieved January 17, 2009, from http://www. powerfromthesun.net/book. htm.

[22] T. Muneer. *Solar Radiation and Daylight Models*. Elsevier Butterworth-Heinemann, Jordan Hill, Oxford, 2nd edition, 2004.

[23] R. E. Bird and R. L.Hulstrom.Simplified clear sky model for direct and diffuse insolation on horizontal surfaces. Technical Report SERI/TR-642-761, Solar Energy Research Institute, Golden, CO, USA, 1981. URL http://rredc.nrel.gov/solar/ models/clearsky/.

[24] Christian Gueymard. Simple model of the atmospheric radiative transfer of sunshine, version 2 (smarts2): Algorithms description and performance assessment.Report FSEC-PF-270-95, Florida Solar Energy Center, Cocoa, FL, USA, December 1995.

[25] Christian A. Gueymard. Rest2: High-performance solar radiation model for cloudless –sky irradiance, illuminance, and photosynthetically active radiation–validation with a benchmark data set. *Solar Energy*, 82:272–285, 2008.

[26] Christian U. Becker. *Sustainability Ethics and Sustainability Research*.Dordrecht: Springer, 2012.

[27] A. McMahan, C. Grover, and F. Vignola. *Solar Resource Assessment and Forecasting*, chapter "Evaluation of Resource Risk in the Financing of Project."Elsevier, 2013.

[28] G. I. Taylor. The spectrum of turbulence. *Proc Roy Soc Lond*, 164:476–490, 1938.

[29] Alexandra von Meier. Integration of renewable generation in California: Coordination challenges in time and space. 11th International Conference on Electric Power Quality and Utilization, Lisbon, Portugal, 2011. IEEE: Industry Applications Society and Industrial Electronics Society.URL http:// uc-ciee. org/electric-grid/4/557/102/ nested.

[30] J. Rayl, G. S. Young, and J. R. S. Brownson. Irradiance co-spectrum analysis: Tools for decision support and technological planning. *Solar Energy*, 2013. doi: http://dx.doi.org/10.1016/j. solener. 2013.02.029.

[31] T. Theodore Fujita. Tornadoes and downbursts in the context of generalized planetary scales. *Journal of Atmospheric Sciences*, 38(8):1511–1534, August 1981.

[32] Alexandra von Meier. Integration of renewable generation in California: Coordination challenges in time and space. 11th International Conference on Electric Power Quality and Utilization, Lisbon, Portugal, 2011. IEEE: Industry Applications Society and Industrial Electronics Society. URL http:// uc-ciee. org/electric-grid/4/557/102/ nested.

[33] Roland B. Stull. *Meteorology for Scientists and Engineers*. Brooks Cole, 2nd edition, 1999.

[34] Grant W. Petty. *A First Course in Atmospheric Radiation*. Sundog Publishing, 2nd edition, 2006.

# 第六章　太阳—地球几何学[1]

哈里森《时差表》让时钟用户可以对真太阳时，即对"真正的"时间（日晷所示时间）与人工规定但更常用的平太阳时（二十四小时制时钟测定时间）之间的差值予以修正，且太阳正午和平正午的差值在浮动计算时随着季节变化而宽窄不等。虽然现今我们已不关注真太阳时，仅仅以格林尼治平时作为标准，但在哈里森的时代，人们仍然广泛使用日晷。

——Dave Sobel 的《经度》：一位寂寞天才的真实故事——他解决了所处时代最伟大的科学问题（2007）

能够理解球面三角形是如此的神圣、崇高，致使其中奥秘不适合向大众分享。

——Tycho Brahe De Nova Stella（1573）

早在依照全球各地国家实验室的原子钟设定国际标准，手表和计算机通过卫星实现时间同步前，我们的文化早已赋予我们蓬勃的想法和构思，来构建天文、地面和时间之间的联系。非正式调查显示，即使真太阳时等同于我们观察到的昼夜活动的顺序时间，我们那些从事理工科（及科普写作）的同辈人在"现代社会"也很少使用真太阳时。而在太阳能设计中，我们需要将想法转换成真太阳时体系以做参考。对于太阳能设计专业人员来说，先以真太阳时体系设计方案，然后再将其修正成大众所用的平太阳时体系，这样处理变得更加简便。

我们已经确定时间与空间因素在太阳能资源评估中非常关键，而且我们认为若要在太阳能转换系统设计中坚持可持续性发展观，[2] 则应在心中时刻坚持可持续发展科学，根据不同科学方法和基本假设进行自我批判、自我反省，不断完善设计方案。接着，针对其他因素，应根据设计方案所在区域及当地环境坚持可持续发展科

---

① 在你完成本章阅读之后，欢迎你步入第谷·布拉赫（Tycho Brahe）提及的奥秘殿堂。

② 可持续性在设计思维和系统思维中存在巨大潜力，可以提升整个社会和供给生态系统。你也许会在整个职业生涯中一直秉持可持续性，将其作为你设计原则中的必需要素。

学，并根据当地生态系统服务（如供给和调节服务）根据时间调整设计方案。若不能牢记现场太阳与采光口随时间变化的相对定位，则无法设计出性质优良的太阳能转换系统方案。

可持续性在设计思维和系统思维中存在巨大潜力，可以提升整个社会和供给生态系统。你也许会在整个职业生涯中一直秉持可持续性，将其作为你设计原则中的必需要素。

现在开始讨论公式表述的话题。由于太阳能设计既包含部分可持续发展科学，又包含部分环境技术，所以我们在工作中必然涉及诸多学科，从而才能够在科学理论和社会应用之间构架好沟通的桥梁。[1]我们又如何在语言表述和实际坐标间"定位"自己，从而可以横跨学科进行表述，向有关受众准确传达：

- 在地球上我们相对于其他人的位置；
- 太阳能转换系统相对于太阳的朝向；
- 相对于本初子午线的时间；
- 光束照射周边的树木及建筑物时阴影存在的时间，以及我们的太阳能转换系统追踪太阳位置变化而变动朝向？

上述各项间都互相关联且具有一定的挑战性，而每一项都需要我们去领会、学习，将其磨炼成扎实的职业技能，从而才能成长为太阳能产业中的专业人员。

考虑到太阳能设计的目标，③ 我们可以利用三种工具在指定区域的用户端上对太阳能利用率进行调节：

1. 减小采光口/接收器的入射角。
2. 减小采光口/接收器的余弦投影效应（入射角或低掠射角的极限角）。
3. 减小采光口/接收器上由阴影造成的光子损失（如有必要）。

然而，若想要使用这三种工具，首先需要了解太阳相对于太阳能集热系统的位置与时间变化。

# 6.1 激光实验④

在实验中，从暗黑色的墙面或桌面上捕捉激光指示器的照射光很有意思。当你

---

③ 太阳能设计目标：
- 最大化太阳能利用率。
- 服务用户为宗旨。
- 适宜指定区域使用。
④ 本实验中以发光明亮的闪光器作为指示器。

## 太阳能转化系统

从垂线（几何学中也称为"法线"）的角度用激光指示器向接收器表面照射时，稍微花点时间，考虑一下表面上到底发生了什么。此时垂直入射角又称为入射零角（$\theta = 0°$），而我们将入射角的余角（90°减入射角）⑤ 称为掠射角（此处示为 $\alpha$）。现在向上或向下倾斜指示器的同时保持照射光的焦点在接收面上不变，当将指示器偏移"法线角"时，入射角变大，掠射角减小，入射角的余弦值与接收面上的光子的密度成正比。

当入射角增加时（即入射光倾斜远离接收器），入射光辐射照度与掠射角的余弦成比反比降低趋势，这被称为余弦投影效应。而余弦投影效应也可采用另外一个数学表达式表述，方向垂直于指示器（$E$）的射束，其强度映射到垂直于接收器表面方向上的标量投影（$\parallel E \parallel \cos\theta$，代表两个向量的点积关系）。

例如，当太阳高度角为30°时，与其互补的天顶角为60°，在这种情况下入射角等于天顶角，接收器表面与太阳成60°角，且因为60°角的余弦为二分之一（0.5），这说明只有半数光子能够达到一平方千米的等效面积。若取入射角的倒数，同样能得出要收集相同数量的光子所需面积须成比例增加：$1/\cos\theta = 2$。余弦投影效应解释了为什么南北两极区域要比赤道区域冷得多。同样，浅掠射角也意味着阳光必须途经规模更大的空气团（$\gg$AM 1.0），部分辐射照度会被吸收或散射，而这对太阳能工程和设计团队意味着什么呢？最小化 $\theta$！⑥

虽然大多数接收器的表面是固定不动的，但太阳却始终处于移动状态，作为系统解决方案的设计团队，我们的任务就是将集热器调整至最适宜的朝向，在白天正午太阳正处于天幕顶点，太阳辐射照度最大时，尽量减小太阳能转换最佳时间时的入射角。研究人员已成功绘制出美国及欧洲地区的全部图谱，引导设计师在此区域内设计太阳能转换系统。[2] 太阳能转换系统系统设计中的另一个标准就是能够针对特定区域内的用户或受益人设计特定的解决方案，提高每日掠射角，最小化太阳能在夏至/冬至或凌晨/傍晚时的余弦投影效应。

把你的手挡在光束前面就会形成阴影，这会造成接收器光子损失，降低能量转换效率。但即使阴影确实会影响太阳能转换效率（如在光伏板中），有时我们却还需要阴影（如在庭院设计中）。而在设计方案中何时何地需要阴影是由设计团队决定并利用正射投影和太阳图表工具对其进行预测。

---

⑤ 作为入射角的余角，掠射角的正弦与入射表面上的光子密度成正比。

⑥ $60° \cdot \pi/180° = 1.047\text{rad}$。

我们刚刚在上述利用激光指示器做的小实验中，讨论了如何利用三种重要的几何方法对太阳能工程和设计的目的进行调整![7] 我们将在后续章节中展示时间与空间因素是如何统一于用户端"现场"概念中的。地球上任何地点都有四季变化，其气候随区域不同而变动，天幕中太阳的位置也会发生变化，且设计太阳能转换系统时也要考虑位于赤道以北或以南，那我们如何才能够利用本章及下章中介绍的工具来实现太阳能设计的目标呢？

## 6.2 空间关系

我们还是从希腊字母开始讲述吧？在这种情况下，$\alpha$，$\beta$，$\gamma s$ 等代替 ABC，用来表述太阳场中的空间关系。在白天期间，任何指定点的太阳位置都可以用太阳高度角（$\alpha_s$）和太阳方位角（$\gamma_s$）来表示。请注意，我们只使用了下标"s"来表示投影在天幕上的太阳高度角和方位角位置。在白天太阳的位置是我们进行追踪的一个关键节点。但除了太阳，我们还有太阳能转换系统，对不对？所有的太阳能转换系统都有斜角坐标（$\beta$）和方位角坐标（$\gamma$），具体说来，就是角坐标可以代表球面坐标系中的位置。任何天幕中的太阳投影都可以用高度角和方位角（$\alpha$ 和 $\gamma$）来表示，而任何太阳能转换系统也都可以利用斜角和方位角（$\beta$ 和 $\gamma$）来表示其朝向。

常用表述中，斜角（$\beta$）也可以替换为下列术语：

- 斜度，
- 斜间距，
- 倾斜角。

同样，常用表述中方位角（$\gamma$）可以替换为：

- 方向，
- 平面坐标。

下列各项在常用表述中也表示高度角（$\alpha$）（或其余角）：

- 仰角，
- 高程坐标，
- 高度角的余角是天顶角（$\theta_z$）。

---

[7] 在太阳能转换最佳时间内，应尽量减小太阳与收集器之间的入射角；
在每年的关键节点（如夏至和冬至）（根据用户所在区域调整），应尽量提高掠射角，减小余弦投影效应；
若有必要，则需尽量减小或消除阴影效应，以降低太阳能转换系统的光子损失（同样，若有降温的必要，则需提高阴影效应）。

**太阳能转化系统**

上述三种坐标系统用于球面定位系统，能够建立起地球与太阳（$\delta$、$\omega$、$\phi$，表示地球—太阳相对角度）间的联系，地球表面上特定位置处的观察者与太阳（$\alpha_s$、$\gamma_s$、$\theta_z$，表示太阳—观察者相对角度，参见图6.1）间的联系，还有太阳能转换系统采光口/接收器的方向与太阳位置变量（$\beta$、$\alpha$、$\gamma$、$\theta$，表示太阳—采光口相对角度，参见图6.2）间的联系。⑧[3]

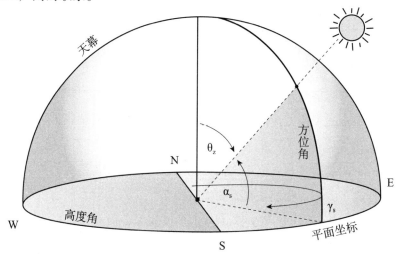

图6.1 以角坐标系中的太阳高度角（$\alpha_s$）和太阳方位角（$\gamma_s$）

表示太阳投射在天幕中的位置，在这种情况下，方位角以正北方为0°，逆时针从0°增加到360°

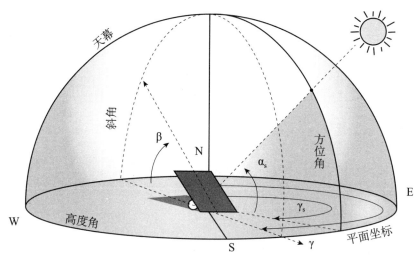

图6.2 利用斜角（$\beta$）和方位角（$\gamma$）

表示太阳能转换系统的相对几何角坐标。通常状况下，$\gamma_s \neq \gamma$，

需要标明太阳高度角（$\alpha_s$）坐标和太阳方位角（$\gamma_s$）坐标

---

⑧ 有三种坐标系统！

## 6.3 球面坐标

可以将天球假想成一个巨大的气泡，它以地球上的观测者为中心与地球一起（同心同轴）旋转。地球本身是一个近似球形的物体，以太阳为中心沿椭圆形轨道公转，周期一年。即使我们处于地球表面上某个观测点，视线所至，看似平直，我们也可以像上节已经描述的那样，参照我们的太阳能转换系统，假想出一个半球面天幕，从不同角度分析表述入射阳光。而且其中存在着如此众多的球面关系！你们中的许多人肯定都对空间笛卡尔坐标（$x$、$y$、$z$）很熟悉吧，可是在处理像地球和天球这样的球状体之间的空间关系之时，我们发现在工作中采用基本的球面坐标系统，便可以利用三角法对空时转换方程求解。我们将会在后续的小插曲中发现，球面三角学之所以能够飞速发展就是源于这样的早期问题：如何表述全球各个地方间的相对位置，例如：麦加究竟在哪里呢?[4]

我们需要采用径向距离、天顶角和方位角信息来表述球面坐标（如图 6.3 所示）。然而，在太阳定位研究中，我们首先需要确定半径，再利用长度为单位半径的单位矢量来求出未知的天顶角及方位角（及天顶角、高度角的余角）。请注意，图 6.3 中天顶角即常规 $\theta$ 角是如何与太阳天顶角（$\theta_z$）全等，而常规方位角（$\gamma$）又如何与太阳方位角（$\gamma_s$）全等的。

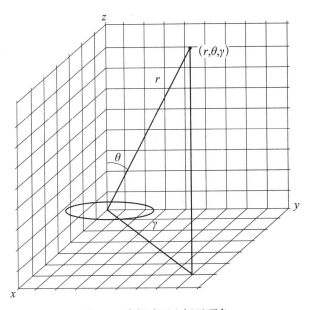

图 6.3 常规球面坐标天顶角

　　此外，在球形坐标系统中，角度就是用坐标来表述的。所以，如果我们站在美国北达科他州区域内（见图6.4），看到某个类似巨型风力涡轮机的物体，那么我们就能够以我们自己为观测中心，通过计算常规方位角（$\gamma$，经地平线从正南方开始旋转）及常规高度角（$\alpha$，由地平线开始向上旋转），来表述风轮机机舱[9]顶点相对于我们的"临界点"。同样，我们自己在天幕正交投影矩形体中也存在着坐标 $x$（$\gamma$）和 $y$（$\alpha$）。

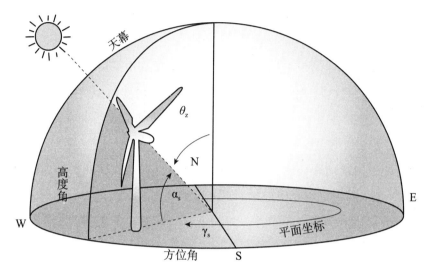

图6.4　利用太阳高度角（$\alpha_s$）和太阳方位角（$\gamma_s$）

的角坐标表示太阳投影在天幕上的临界位置

这恰好能够让风轮机机舱顶点形成阴影。在这种情况下，方位角以正北方为 0°，

开始以逆时针从 0° 增加至 360°

　　用下述方程来计算单位向量的笛卡尔坐标（$x$、$y$、$z$），而其等效泛函采用互余高度角。

$$z = \cos\theta = \sin\alpha$$

$$x = \sin\theta\cos\gamma = \cos\alpha\cos\gamma$$

$$y = \sin\theta\sin\gamma = \cos\alpha\sin\gamma \tag{6.1}$$

## 6.4　地球—太阳角

　　在要表述地球与太阳间的相对位置时，我们需要再次使用球面坐标角，但此时

---

　　[9]　风轮机机舱是指风机的上部外壳，包围防护系统发电部分（发电机、传动装置、传动系统、制动元件）。

不用知道某个集热器的全部位置信息，这是因为我们主要采用地球及太阳的总坐标来进行计算。虽然我们可以说地球—太阳间的相对角度与观测者或集热器的位置无关，但是这却由地球所处公转周期及自转周期（及昼夜循环）的时间点来决定的，所以我们必须计算出地球上任何地点在任何时间上的赤纬（δ）及时角（ω），而且也必须可以从网络资源中查出该地的纬度角（φ）。赤纬角、纬度角连同时角在后续章节中非常重要，我们可以利用这些信息计算出太阳高度角及太阳方位角（见图6.5 太阳—观测者间的相对角度）。[10]

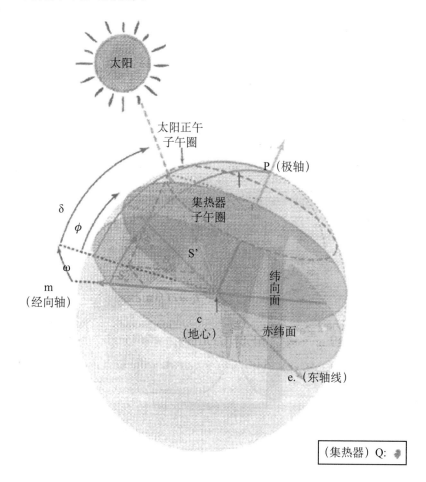

图6.5　该图显示由地球中心（$C$）指向太阳的方向矢量 $S'$

地球表面上某集热器（$Q$）的位置已标出，且只与经向轴、集热器子午圈和时角 $\omega$ 相关。

$$S' = S'_m i + S'_e j + S'_p k$$

---

[10]　太阳赤纬与磁偏角不同，磁偏角是指地球磁场与真正的南—北方向间的偏差。

## 太阳能转化系统

地球围绕着其倾斜的自转轴进行旋转，昼夜变化，且自转轴与地球绕太阳运转的轨道（黄道）平面之间的最大倾斜角度为23.45°。我们以太阳赤纬（$\delta$）来量度地球倾角，太阳赤纬就是地球赤道平面和黄道平面之间（即地球围绕太阳运转轨道的平面）的观测角（取决于极化倾角）。赤纬与我们在地球表面的位置没有关系，只取决于地球所处公转周期内的时间点。[11]

既然地球的自转轴与太阳之间存在一定倾角，所以地球绕太阳公转时，地球的南北半球每年都会各有一个时刻倾斜远离太阳，此时太阳赤纬达到最大角度 $\delta = \pm 23.45°$。另外，每年也会有两个时刻（即春分日与秋分日），太阳赤纬达到最小角度（$\delta = 0°$），此时地球自转轴垂直于黄道平面，与太阳间不存在明显夹角。[12][13]

太阳赤纬可以通过公式（6.2）表示的简单近似法计算出，其中 $n$ 是一年中从1月1日到12月31日间的天数。依照表6.1查找出天数（不包括闰年），当年第一天开始于真太阳时1月1日晚上12点（$n = 1$）。

表6.1　依照此表格，根据给定的月份及日期 $i$ 可以计算出任何天数 $n$

| 月份 | 天数 |
|---|---|
| 一月 | $i$ |
| 二月 | $31 + i$ |
| 三月 | $59 + i$ |
| 四月 | $90 + i$ |
| 五月 | $120 + i$ |
| 六月 | $151 + i$ |
| 七月 | $181 + i$ |
| 八月 | $212 + i$ |
| 九月 | $243 + i$ |
| 十月 | $273 + i$ |
| 十一月 | $304 + i$ |
| 十二月 | $334 + i$ |

---

[11]　实际上地球不可能花费整整一天的时间通过分至点，所以上述的两个时刻表示计算角度时只需两个关键的时间点，而非几天甚或几周。地球公转周期中的时间点以太阳赤纬（$\delta$）来表示，输入天数（$n$）即可计算出来。

[12]　实际应用中，此近似计算公式定义北至点为 $n = 172.25$（即本初子午线上真太阳时为6月21日早上6点），定义南至点为 $n = 354.75$（即沿本初子午线真太阳时为12月20日下午6点）。当你在网上查证时，会发现实际的二分点、二至点一年又一年地在几小时之内变化。

[13]　太阳赤纬范围受限于地球倾斜角度：$-23.45°$（南至点）$\leqslant \delta \leqslant +23.45°$（北至点）。

116

$$\delta = 23.45°\sin\left(\frac{360}{365}\ (284 + n)\right) \tag{6.2}$$

该公式可用于计算采用非跟踪技术的太阳能工程。针对采用跟踪技术的太阳能工程，已开发出更精确的算法，详情请参考更专业的资料。

规定地球倾斜以北半球朝向太阳时，太阳赤纬值为正，以南半球朝向太阳时，太阳赤纬值为负。相反，太阳赤纬在二分点时达到中点，且发生二分点时，太阳赤纬角度为 0°。请注意，我们首先要查找出每个分点 0° 时刻发生的具体日期（范围为 24 小时），所以说，太阳赤纬是一种依照日长、太阳高度角和地平线上日出/落日位置计算的均衡度量方法。依据太阳赤纬，我们还定义了地图上出现的北回归线及南回归线，解释了为什么在每年若干时间段北极圈/南极圈以内会出现极昼（白天时长 24 小时）或极夜现象（黑夜时长 24 小时）。

太阳赤纬在一年中是随天数变化而增加或降低的，我们可以将这种变化趋势想象成一系列投影到天幕上的太阳运动路径（见图 6.6）。在夏至时，天幕中太阳运动路径较高，而冬至时太阳路径较低，需要注意的是，地球上某个地方的日长是由太阳赤纬（$\delta$）结合此地纬度角（$\phi$）决定的。一年中的日出点在地平线上的偏东北方、东方或偏东南方之间变化，而这也是由太阳赤纬（$\delta$）和此地纬度角（$\phi$）直接决定的。由于太阳赤纬和纬度角的影响，太阳在一年中的大部分时间内都不会从正东方向升起，而是以偏东北或偏东南方向作为日出点。与之相对应的是，太阳只在春至、秋至时才会由正东方升起至正西方降落。

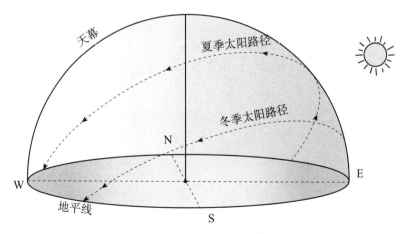

图 6.6　显示在（北半球）夏季和冬季一天中投影到天幕上的太阳运动路径

## 太阳能转化系统

地球—太阳间的相对角度:

纬度角($\phi$):用来表述地球表面上某个位置的地理坐标(北半球数值为正,南半球数值为负),与经度无关。

经度角($\lambda$):用来表述某地经线位置的地理坐标(本初子午线以东数值为正,本初子午线以西数值为负),与纬度无关。

太阳赤纬($\delta$):用来表述太阳与赤道相对位置的天球坐标,由于地球倾角随季节变化而不同,太阳赤纬也在变化,与地球上的任何位置都无关。

时角($\omega$):太阳所在时圈与地球子午线间的天球角距离。在太阳正午时,太阳时角为零度。

时间与角度换算关系:正午之前为 $-15°/hr$,正午之后为 $+15°/hr$(由经度角决定)。

纬度角($\phi$)在地理空间坐标上与经度角($\lambda$)无关,在利用太阳能的关系中,某个位置的纬度与一年中所处的时间点结合可以用来计算与余弦投影效应相关的信息。地球上存在着一些很有意思的纬度角,每一个都与每年出现的太阳现象有关。热带地区以纬度 $\phi = \pm 23.45°$ 为边界,且此区域内一年到头余弦投影效应微弱,而且有几天在中午的几个小时间太阳会一直位于头顶的正上方。从热带地区开始(纬度为 $\phi = \pm 23.45°$)至北极圈/南极圈(纬度 $\phi = \pm 66.56°$)这部分区域内,余弦投影效应会变得非常显著,我们会看到太阳强度随季节变化而剧烈波动。在纬度大于 $\phi = \pm 66.56°$ 的区域内,余弦投影效应达到极限,全年若干时间段内会出现长达 24 小时的极昼或极夜现象。[14][15]

北极圈:纬度为 $\phi = +66.56°$,从北极圈往北,太阳每年至少一次会连续 24 小时高于/低于地平线(夏至日或冬至日时)。

北回归线:纬度为 $\phi$ $+23.45°$,在六月夏至日(北半球为夏季)时地轴北端向太阳倾斜至最大角度。

---

⑭ 高纬度地区与赤道区域相比,其余弦投影效应更加明显,且考虑到地球曲面,光线通过地表会在更大区域内产生阴影。

⑮ 很有意思的是,在地球上(1/60° = 0.016°)沿子午线 1 分钟的角距离相当于一海里,相当于 1852m 物理距离。

赤道：纬度为 $\phi = 0°$，地球赤道在春分日、秋分日时与黄道间不存在倾角，而太阳在正午会位于头顶正上方。

南回归线：纬度为 $\phi = -23.45°$，在十二月冬至日时（南半球为夏季），地轴南端向太阳倾斜至最大角度。

南极圈：纬度为 $\phi = -66.56°$，从南极圈往南，太阳每年至少一次会连续 24 小时高于/低于地平线（夏至或冬至时）。

在计算太阳的关系时，经度（$\lambda$）可以表示昼夜循环进动（时间进度）的相关信息。随着每天内时间的推进，太阳沿弧线路径运动，逐渐偏离太阳正午，出现角度变化。我们可以用太阳时角（$\omega$）来表示这种偏离太阳正午的角度变化，每过 1 小时增加 15°。另外太阳时角还与太阳光束的经线进动有关。综上说明经度是与时间挂钩的。我们通常利用太阳时角来表示天球上太阳投影偏离太阳正午处的位移。太阳时角（$\omega$）为零度则表明太阳正运行至太阳正午处，正午前（早上）时角为正，正午后（下午）时角为负。观测时角的另一种方法是在给定时刻计算观测者/太阳能转换系统所处位置的本地子午线与太阳光束的子午线之间的角度差。[16]

$$\omega = \begin{cases} -0 \text{ 到} -180°, \text{ 正午前（早晨）} \\ +0 \text{ 到} +180°, \text{ 正午后（晚上）} \end{cases} \tag{6.3}$$

我们可以利用公式（6.4）通过时角将时间的表示方法由小时时间转换为角度时间。请注意，我们在这里采用每小时偏移太阳正午处的角度偏差来估测时间，以十进制方法计算。例如，11h 30 和 14h 30 分别表示为真太阳时 12h 00 前 -0.5h，或真太阳时 12h 00 后 +2.5h。[17]

$$\omega = \frac{360°}{24 \text{ h}} (t_{sol} - 12 \text{ h}) = \frac{15°}{h} (t_{sol} - 12 \text{ h}) \tag{6.4}$$

$$t_{sol} = \omega \left( \frac{1 \text{ h}}{15°} \right) + 12 \text{ h} \tag{6.5}$$

公式（6.5）表示以时角推导的真太阳时（$t_{sol}$），这通常与我们的时钟手表（或电话）（$t_{std}$ 或 $t_{sav}$）上显示的时间是不同的。真太阳时在一年中既随时间进动而变动（$\pm16$ min）也随所处经度不同而变化（$\pm60$min），虽然太阳能转换系统需要真太

---

[16]　定义太阳时角在太阳正午时为 $\omega = 0°$。时角为负表示早上，时角为正表示下午。

[17]　请记住，地球自转速度为每小时 15°，每分钟 0.25°。当将空间秒与时间秒相比时，有时我们会晕头转向，对不对？这就是我们为什么每次引用纬度/经度和角度时都采用十进制格式的原因。

**太阳能转化系统**

阳时，但社会需要另一种稳定的方法，来计算时间推移，划分不同的时区，偶尔也在一年中的特定时期使用夏令时间（相对于标准时间要延后60min）。我们在以后肯定会简要讨论一下如何将手表时间修正为太阳时间，但是此时只能假设我们已经将真太阳时应用到所有的情形中了。

---

　　球面三角形的研究可以追溯到公元100年的古希腊门纳劳斯，而对这门科学的真正理解开始于公元8—14世纪。为什么呢？当时从中东、北非和西班牙的伊斯兰哈里发出往麦加朝圣，困难重重，这就需要这样的学科来帮助人们对麦加进行定位。公元九世纪时，穆罕默德伊本（Mūsā al-Khwārizmī）创建了多项球面三角学原理（如我们所知的"代数"原型就是他用来解决二次方程式方法的"al-jabr"，而我们所称的"算法"就是源于他以拉丁语表示的名字，algoritmi），而后波斯数学家及天文学家 Abū al-Wafā' Būzjānī 在公元10世纪发现并求证出了正弦定理。

　　简介：虽然球面三角形的研究可以追溯到公元1世纪希腊数学家亚历山大的梅尼劳斯定律，但人们直到公元8—14世纪才开始重视学习这一学科。

**球面正弦定理**

$$\frac{\sin(\alpha)}{\sin(a)} = \frac{\sin(\beta)}{\sin(b)} = \frac{\sin(\gamma)}{\sin(c)} \tag{6.6}$$

　　关于这一题材的第一篇论述发表于公元1060年前后，是由 Al–Jayyani 所著的《如何求证球面未知弧线》，而后在13世纪时 Nasi（–）r al–Di（–）n al–Tūsi（–）正式将现代球面三角法奠定为一门数学学科。

**第一球面余弦定理**

$$\cos(c) = \cos(a)\cos(b) + \sin(a)\sin(b)\cos(\gamma) \tag{6.7}$$

**第二球面弦定理**

$$\cos(\alpha) = -\cos(\beta)\cos(\gamma) + \sin(\beta)\sin(\gamma)\cos(a) \tag{6.8}$$

　　他们的成果促进了一系列学科蓬勃发展，包括估测地球周长、导航，天文地图绘制、地面测绘，及日出/日落位置和时间的计算。

**维基百科收录于 2012 年 06 月 31 日。**

---

## 6.5　时间转换

　　回顾一下讲述气象学章节，泰勒冻结湍流假说阐述了某些类似积云的自然现象，其持续时间与发生地点存在一定联系。我们也可以用空间坐标来表述时间，但所用的空间坐标必须以角度表示。正如我们前面提到的，不同行星在天文学和气象学中

120

也可以通过球面角关系法或球面三角学发生一定联系。

　　我们一直在学习了解如何将源自于太阳的能量进行转换并将其用于工作中，但首先我们必须熟悉当地手表或电脑显示时间与真太阳时之间的差别，能够熟练的将其互相转换，以便可以随太阳路径的变化调整集热装置的采光口朝向。我们将手表显示时间称为标准时间（$t_{std}$，如美国东部标准时间 EST 或山区标准时间 MST）或日光节约时间（$t_{sav}$，如 EDT 或 MDT），使用时必须转换为真太阳时（$t_{sol}$）。此处介绍的方法可以解释为什么随时间变化，太阳相对地球表面某个地点的位置也是变化的。开发完成后，该方法公式也可以用于估测阴影产生的地点及存在时间。作为太阳能转换系统应用设计团队的一员，我们总是尽量在设计工作中采用真太阳时来计时。

　　可以将天球假想成一个巨大的气泡，它以地球上的观测者为中心与地球一起（同心同轴）旋转，即天球旋转周期与地球自转周期同步（见图6.7）。想象一下，古时候航海中通常需要航海星图，采用星辰来计算时间，这是因为天球相对于观测者的视运动是有规律可循的。如今，太阳的视运动（用来测量真太阳时）以大约每天1°的速度，逐渐滞后于星辰转动。我们通过进一步研究发现，这种滞后意味着星辰将会以每晚提前4分钟的速度升起。[18]

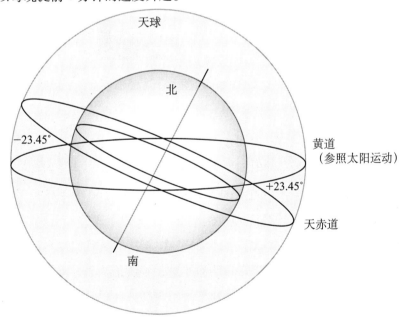

图6.7　天球示意图

表示出极轴（指向北极星）及黄道平面（太阳投射在天幕中的视年度路径）

---

　　[18]　此处恒星时间仅供参考。所有其他参考时间还包括标准时间，日光节约时间及真太阳时。

**太阳能转化系统**

　　一个太阳日有24小时长，[19] 且将观测点处太阳恰好位于天空中最高点的时刻定义为当地的太阳正午。可是我们一般采用恒星时来计算天球时间，恒星时是指地球自转一周的实际时间，可作为借鉴用来计算时间及估测星辰投影到天球上的视位置（特别是春分日时）。一个恒星日与一个太阳日时长有所不同，其实际值为23小时56分钟又4.1秒，即星辰"围绕"地球运行一周的时间。在地球绕其自转轴运行一周（即一个恒星日）的时间内，地球自转轴即沿其公转轨道向太阳倾斜1°。这意味着每经过一个恒星日，地球必须额外转动1°的角距离，即比前一恒星日多转动大约4分钟。因此，真太阳时是以太阳投射至天球上的视位置及视太阳时来计算的。

图6.8　法国大革命时采用十进制时钟

用户提供图片：Rama／Wikimedia Commons／Public Domain-Art August 2005

　　正如我们之前提及的一样，时间概念是与经度系统紧密结合在一起的，我们需要使用经度线或子午线作为早晚时间及东西方位的参考依据。由于时间和角度也是联系在一起的，所以我们也不可避免的采用六十进制（以60为基础）系统来描述地理位置。标准经线（即描述经度的主线）相邻间的角距离为15°，从本初子午线开始，汇集于英国格林尼治，重复一圈为360°或24小时。我们以本初子午线作为国际日期变更线，将本初子午线以东称为东半球，经线值为正，本初子午线以西称为西半球，经线值为负。地球以一定的速度进行自转，使得太阳光束射线每隔一小

---

　　[19] 为什么是24小时／1440分钟／或84600秒呢？这是因为在公元前第三千禧年间，古苏美尔人及古巴比伦人采用了一种以60为基础（即六十进制）的计数系统，而后埃及人沿用，并将一天划分为12小时（日出至日落为一天，不计算夜间时间）。法国人也研究开发出了一种时间单位度量标准（以100为基础），但该标准未能延续下来（见图6.8）。

时跨越一条标准子午线。也就是说，每经过一小时，地球即自转15°；太阳光束照射至地球表面的经度每偏移1°，时间即流逝4分钟。

采用平太阳时或标准时间来表述时间可不依赖于太阳位置或天球变化，且周期不变。如今，我们需要将主要世界时间量度统一于更具国际化的标准下（如世界各地几乎都采用 GMT 来计时），而国际标准时间（UTC，以本初子午线为标准进行量度）是一种基于平均太阳时的时间计量系统，其将每天午夜作为 0 小时，全天划分为 24 小时。其中"标准时间"是按照我们所在时区的标准经线来设定的[20][5]，也就是我们常用时钟手表上显示的时间，其运行标准是按照时间步长的时间间隔进行设定的，而非依照天幕中太阳的位置设定。但有时我们又需要参考日光节约时间、本地时区及地球旋转偏差产生的微小变化将手表时间修正为真太阳时。

## 日光节约时间校正[21]

我们依照地球绕的自转来确定时间标准。1884 年美国总统切斯特·艾伦·阿瑟（记得他吗？）在华盛顿特区主持国际子午线会议，以确定一条全球统一的零子午线，并将其作为每一天时间和空间上的起始点。当时总共有来自世界各地的 25 个国家参加了此会议。会后将那条由两极出发经过英国格林尼治市的经线确定为测量相对时间（及相对经度）的基础线（及起始线），此经线被称为本初子午线，作为格林尼治标准时间（GMT）的时间标准起点。当时，法国在求同存异的前提下投了弃权票，并在后续的几十年间将巴黎子午线作为他们自己的本初子午线。如今，我们将此条本初子午线作为"世界协调时间"（UTC）的时间标准起始点，机票、气象报告或网络时钟所示时间均为世界协调时间。

日光节约时间（DST）既涉及钟表时间，又需利用到太阳运动。根据这一概念，标准时间应参照世界协调时间（UTC）提前 1 小时，所以实际上日光节约时间只在每年日长较长的一段时间内才会启动（如需视觉参照图，见图 6.9）。

这是为什么呢？当时为了节约用于电力生产的燃油使用，欧洲地区（德国及奥地利）从 1916 年 4 月 30 日直到当年 10 月开始努力推行日光节约时制，随后美国在 1918 年 3 月通过标准时间法案，也是为了达到在战争期间节省燃油的目的，当然现

---

[20]　因为标准时间和真太阳时具有相同的首字母缩略词，所以我们也可以参考手表时间来计算真太阳时间。

[21]　计算值 $\lambda_{sd}$ 时，我们总是首先由时区上午侧（即东方）开始。按照惯例，本初子午线以西为西半球，经度值为负，本初子午线以东为东半球，经度值为正。

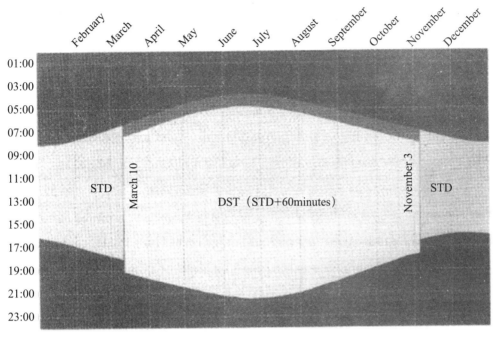

图 6.9　格林尼治标准时间（GMT）转换为日光节约时间的

图谱（由 Sualeh Fatehi 于 2007 年 6 月提供的原图改动制成）

在美国早已不采用这种能源利用政策了。在美国（自 2007 年开始），[6]日光节约时间（DST）也随之进行了变更（没有废除），改为每年三月份的第二个星期日（之前是四月份的第一个星期日）02：00 开始至当年十一月份的第二个星期日（之前是十月份的最后一个星期日）的 02：00 结束。但日光节约时间（DST）有时也被贬称为日光愚蠢时间，这是因为即使采用这种时制也几乎不怎么节约净能量或净财务成本，而人们还要违背太阳起落规律来工作，同时美国和澳大利亚的研究人员也已经证明日光节约时间（DST）增加的边际收益非常低。

## 经度时间校正（$t_\lambda$）

标准经线是划分时区的基准，时间由东向西开始逐渐递进。为了在一开始就能够参照真太阳时校正标准时间，我们首先必须知道观测者所在时区的标准经线的经度（$\lambda_{std}$）及观测者所在位置的经度（$\lambda_{loc}$）。相邻标准经线间隔 15°，从每个时区的东部或上午侧开始，每个时区的标准经线也是该时区标准时间与世界协调时间转换的基准，如美国东部标准时间为 EST = UTC − 5h，采用的就是本初子午线 5 小时后的标准经线的时间（$\lambda_{std}$ = − 75°）。回想一下，地球经向旋转 0.25°将花费 1 分钟时间。因此，若要将经向旋转转换为单位为分钟的时间度量，我们需要将其乘以系数

4。利用公式（6.9）所示的经向校正值（$\lambda_{corr}$）来计算时间，单位为分钟（仅供计算时间，不包括空间）。

$$t_\lambda = 4\frac{\min}{\circ}(\lambda_{std} - \lambda_{loc})[\min] \tag{6.9}$$

规定本初子午线以东（即东半球）的时区符号为正，本初子午线以西（即西半球）的时区符号为负。

比如，地图显示意大利罗马位置为本初子午线以东 12.5°（按照惯例，$\lambda_{loc}$ = +12.5°），而罗马时区的标准时间为 UTC +1 小时，因此罗马时区的标准经线为 $\lambda_{std}$ = +15°（而非本初子午线）。因为太阳的位置（及时间）是由东向西进动，所以从标准经线到罗马所处本地经线间的角距离为 +2.5°或为（4 分钟/1°）+10 分钟。换句话说，正午阳光通过本时区标准经线（UTC +1 小时）10 分钟后才通过罗马当地所处经线。费城州立学院位置为本初子午线以西 77.9°（$\lambda_{loc}$ = −77.9°），所在时区的标准时间为 UTC −5 小时，所属美国东部时区为 $\lambda_{std}$ = −75°。虽然极其类似罗马，但不同的是费城州立学院所在经线与其标准经线间由东向西角距离为 +2.9°或为（4 分钟/1°）+12 分钟。因为费城当地的经度恰好是 $\lambda_{loc}$ = −75° = $\lambda_{std}$，所以正午太阳通过费城 12 分钟后才通过费城州立学院所在经线。[22]

## 地球仪 8 字曲线时间校正（$E_T$）

若要保持手表时间与极轴倾角进动完全一致，没有摆动偏差，则手表的所有时间步长都须均匀一致，部件运转完善可靠，要达到这样的成果确实是一种挑战。在现实中，我们知道不管怎样钟表时间总会有摆动偏差产生，这是因为地球旋转时，其自身就存在着微量变化，所以我们才在日历中设置闰年闰月来校正这种变化，计量平太阳时才将一天平均划分为 24 小时。在英国格林尼治市沿着整条本初子午线，标准正午时刻（GMT/UTC +0 小时）往往与太阳直射头顶（太阳正午）的时刻不一致，而沿同一标准经线各地的标准时间也不同，互相偏差可高达 ±16 分钟。不同天数间日长偏差也超过 30 秒。[23]

---

[22] 请谨记，一个时区的时间跨度在一个小时之内，相邻两条标准经线间隔为 15°

[23] 由于地球旋转摆动，还会使阳光强度在更长时间跨度上产生变化，我们称之为米兰科维奇周期，一般用来解释很长时间范围内的气候变化。这是由塞尔维亚天文学家 Milutin Milankovitch（1879—1958）提出的。米兰科维奇周期持续时间几万年到几十万年不等，可用来解释历史上的一些冰川时期变化。

同样，远日点发生于北半球夏季时，此时虽然我们距离太阳最远，但我们还是感到很热。

基于物理现象的 8 字曲线和时差：

椭圆轨道：地球绕太阳公转轨道是一个偏圆形的椭圆，不是完美的圆形（称为偏心距）。这意味着地球在靠近太阳时的公转速度（称为近日点，2010 年 1 月 3 日）比远离太阳时（远日点，2010 年 7 月 6 日）的公转速度更快。注：此处近日点和远日点不与二至点及二分点重叠。

极化倾角：地球在旋转时其极轴是倾斜的，与垂线黄道（即地球绕太阳公转的轨道）平面之间的夹角为 23.45°。这也意味着，地球的赤道平面相对于黄道平面的倾斜夹角也是 23.45°（见图 6.7）。因为存在地球倾角，所以地处不同纬度的各地才会有日照变化，才会有四季变换。而地球倾角也使得全球各地会出现时间偏差（除了二分日和二至日时），这也称为倾角效应。

不规则旋动 & 摆动：地球以不均匀的速度旋转，并且其摆动偏差在多年间呈一定规律（见图 6.10 及图 6.11）。

图 6.10　8 字曲线

这张照片拍摄于全年各天的同一时刻同一地点，其中我们可以看到一条描绘了全年各天太阳位置变化的曲线。8 字曲线以一种非常漂亮的方式将太阳赤纬 $\delta$（沿曲线的长度）和时差 $E_t$（曲线的扩展度或宽度）呈现在一张图片中

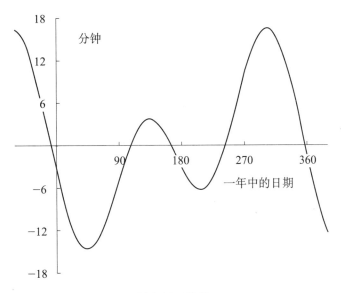

图 6.11  时差

虽然不像 Ayiomamitis 的 8 字曲线照片一样直观，但时差也属于一种图形描述。用户提供照片：

Drini/Wikimedia Commons/CC-BY-SA-3，GFDL August 2005

可使用时差（$E_t$）表来对一天中不同标准经线（设定为所在时区的时间起始点）之间的标准时间偏差进行校正。我们看一下图6.10 就会发现指定标准经线处的标准时间与真太阳时之间存在着残余偏差。该图摄影师用其手表计时，在每天早上的同一时刻对天空中的同一点进行拍摄，照片所示的太阳位置变化准确表明地球在一年间的规律摆动。虽然我们手表所示的时间步长均匀，但是太阳地球轨道的视运动及昼夜交替变化却是忽而加快忽而变慢，且有规律可循。故而我们将这种看起来像一个扭曲的 8 字形的轨迹变化称为 8 字曲线。

我们可以看到图 6.11 同样以图像的方式用一条线性时间线，展示了全年的时间变化。通过比较这两张图，我们可以将图 6.10 中所示的小环及大环一一对应至图6.11 中。而在将标准时间转换为真太阳时，我们的工作就是清除这些大环小环的影响，或者参照太阳赤纬（$\delta$）的变化将时间曲线转换成太阳每天运动的弧线轨迹。在将我们的钟表时间修正为真太阳时时，首先要确定所处时间的分钟数，再依照时差表从标准时间中减去或加上对应的时差。需要注意的是采用时差（$E_t$）校正时还必须与经向时间校正（$t_\lambda$）结合使用，从而实现整体时间校正（TC），即将值 $t_{std}$ 校正为值 $t_{sol}$。此外，我们必须确定在转换日光节约时间时是否需要额外后推 60 分钟，即将 $t_{sav}$ 校正为 $t_{sol}$。

时差（$E_t$）校正首先需要计算出对应于日期 $n$ 的简单系数 $B$（见公式 6.10）。[7]

太阳能转化系统

确定太阳赤纬（$\delta$）或等效日期（$n$）后，时差 $E_t$ 即可通过 8 字曲线在图中表示出来，公式（6.11）即表示以 B 为自变量计算时差 $E_t$（或 8 字曲线）的函数（参数单位为角度）。也可利用其他方法以系数 B 求出时差的近似解，但这些方法比较原始且不够精确。[8] 一年中不同时间的时差 $E_t$ 在几分钟内（校正值不超过 16 分钟）的范围内进行波动。另请参照表 6.2 计算出 $n$ 值（天数）。

表 6.2 依照此表格，根据给定的月份及日期 i 可以计算出任何天数 $n$。

| 月份 | 天数 |
|---|---|
| 一月 | $i$ |
| 二月 | $31 + i$ |
| 三月 | $59 + i$ |
| 四月 | $90 + i$ |
| 五月 | $120 + i$ |
| 六月 | $151 + i$ |
| 七月 | $181 + i$ |
| 八月 | $212 + i$ |
| 九月 | $243 + i$ |
| 十月 | $273 + i$ |
| 十一月 | $304 + i$ |
| 十二月 | $334 + i$ |

$$B = (n-1) \cdot \frac{360}{365} \cdot \frac{180}{\pi} \qquad (6.10)$$

$$E_t = 229.2\,(0.000075)$$
$$+ 229.2\,(0.001868\cos B - 0.032077\sin B)$$
$$- 229.2\,(0.014615\cos 2B + 0.04089\sin 2B) \qquad (6.11)$$

## 汇总各项时间校正

将各项时间校正综合起来，我们可以采用其中某种方法将本地手表时间（标准时间或日光节约时间，DST）校正为真太阳时，也可将依据太阳位置计算的真正时间校正为平太阳时。正如公式（6.12）所示，我们将经向校正和时差汇总一起称为时间修正系数（$TC$，以分钟计）。注意，有时 $t_\lambda$ 和/或 $E_t$ 的值可能为负。

$$TC = t_\lambda + E_t \quad [\min] \qquad (6.12)^{㉔}$$

---

㉔ 利用函数 $TC$ 将 $t_{std}$ 校正为 $t_{sol}$，此函数以本地标准时区的子午线（以经度表示为：$\lambda_{std}$），集热器或观测者所处经线（以经度表示为：$\lambda_{loc}$）及校正地球—太阳轨道上摆动偏差的时差（$E_t$）为变量。

当地球某些地方在一年中的某些时期使用日光节约时间时（夏令时制 DST "启动"，由三月开始至十一月结束），我们必须先将 $t_{sav}$ 减去 60 分钟校正成 $t_{std}$，然后再利用 $TC$ 将 $t_{std}$ 转换为 $t_{sol}$。[25]

$$\text{本地太阳时间}\ (t_{sol}) = \begin{cases} \text{标准时间} + TC & \text{STD} \\ \text{标准时间} + TC - 60\ \text{min} & \text{DST} \end{cases} \tag{6.13}$$

或

$$t_{sol} - t_{std} = 4\ (\lambda_{std} - \lambda_{loc})\ + E_t \tag{6.14}$$

DST

$$t_{sol} - t_{dst} = t_{sol} - t_{std} + 60\ \text{min} = 4\ (\lambda_{std} - \lambda_{loc})\ + E_t - 60\ \text{min} \tag{6.15}$$

注意！上述公式没有标明不同国家何时实行夏令时制 DST，但是美国时间在三月份至十一月份之间须额外添加 60 分钟。再次声明，此处所述的时间校正最小计时单位为分钟，而非小时。

这意味着，在所处经度变化时手表时间必须进行校正，同样随着一年中时间推进，地球旋转发生摆动偏移（参照 TC）时也必须对手表时间进行校正，而在实行日光节约时间（DST）的时间段内，必须将之前添加（因政策要求，而非实际物理变化）的 60 分钟清除掉。简单起见，我们在大多数的太阳能设计项目中都是依照真太阳时来开展工作。不过在某些场景下，我们作为一个设计团队也必须考虑标准时间与真太阳时之间的互相转换。在处理气象学时间序列的相关事情时，我们必须将时间数据从世界协调时间（UTC）（以小时计）进行转换后再标绘验算，例如这样测量就能够将"日出"时间准确的标为 11h00 而非 6h00（UTC – 5 小时）。有时虽然当地边际电价以标准时间体系标明，我们也可能会混合使用不同的时间体系，有时我们甚至可能需要仔细检查在定价时是否已应用夏令时制。[26]

# 6.6　时刻、小时和天

我们是如何测定照射到地球大气层的地外表面的辐照能量呢？如果我们需要对其能量规模进行估测，我们发现只需使平均地外辐照（AM0）即可，$G_{sc} = 1361\ \text{W/m}^2$。[9]

$$\bar{G}_{0,n} = G_{sc} = 1361\ \text{W/m}^2 \tag{6.16}$$

---

[25]　此时，$t_{sol}$、$t_{std}$ 和 $t_{sav}$ 的值都为正常的小时时间，而在对真太阳时和标准时间进行相互转换时需要稍作变更，添加或删去具体分钟数；具体答案可能还需要除以 60 以换算为等效的小时时间。

[26]　理工科学中有两种非常强大的工具：（1）了解待测物体的相对规模并（2）知道如何对其进行估测，其余剩下的都只是细化工作。

太阳能转化系统

如果要估测 AM0 水平上的太阳辐照度，我们可以通过估测垂直于法向辐射（太阳光束由太阳射出，也应垂直于太阳表面）的平面处汇集的光照强度来进行换算，我们称之为"AM0 水平法向全球辐照度"或 $G_{0,n}$。此时由于入射角为零度，所以可以等效为不存在余弦投影效应。公式（6.17）所示的余弦函数可根据地球绕太阳公转周期轨道而在 0 至 1 之间变化。

$$G_{0,n} = G_{sc} \left[ 1 + 0.033\cos\left(\frac{360n}{365}\right) \right] \tag{6.17}$$

该值夏季时在澳大利亚地区超过 $1416W/m^2$，而在加拿大地区则下降至接近 $1326W/m^2$。现在不禁要问为什么澳大利亚的夏天比加拿大的夏天更明亮呢（当然指的是外太空区域）？

假设存在某个水平面，其与地球表面指定地点的曲面恰好相切，如果我们再来估测该水平面处的 AM0 辐照度（$G_0$），[27][10] 我们就可以利用公式（8.1）。

$$G_0 = G_{sc} \left[ 1 + 0.033\cos\left(\frac{360n}{365}\right) \right] \cdot \left[ \sin\phi\sin\delta + \cos\phi\cos\delta\cos\omega \right] \tag{6.18}$$

通过分析，我们发现此公式实际上就是将公式（6.17）与公式（6.26）相乘。我们应当很快注意到，高度角的正弦值（$\sin\alpha_s$）相当于天顶角的余弦值（即 $\sin\alpha_s = \cos\theta_z$）。我们之前所做的分析表明高度角取决于地球与太阳之间的相对角度：$\phi$、$\delta$、$\omega$，反过来也是如此。[28]

采用每小时值和每日值来计算表述辐射照度（能量密度，单位为 $J/m^2$）。每小时辐照值使用系数 $I$，而每日辐照值使用系数 $H$。我们将在下面章节中学习如何将时间值转换为弧度（$1\,rad = \pi$）和角度。

如果需要计算每小时辐照值（单位也为 $J/m^2$），就需要事先知道两个相互独立时刻的时角（$\omega_1$ 和 $\omega_2$）。再次申明，对此处公式的分析表明此公式形式与公式（6.18）相同，仅经过些微变换。

$$I_0 = \frac{12 \cdot 3600}{\pi} \cdot G_{0,n} \cdot \left[ \frac{\pi}{180}\,(\omega_2 - \omega_1)\,\sin\phi\sin\delta + \cos\phi\cos\delta\,(\sin\omega_2 - \sin\omega_1) \right]$$

$$\tag{6.19}[29]$$

---

㉗ $G_0$ 中下标 0 是代表 AM0，$G$ 代表"全球"。

㉘ 注意：太阳高度角为 $\alpha_s$，计算 $\alpha_s$ 的关系式为：$\sin\alpha_s = (\sin\phi\sin\delta + \cos\phi\cos\delta\cos\omega)$，而且，$G_0 = G_{sc} \cdot \sin\alpha_s$。

㉙ 我们应该将 $I_0$（或 $H_0$）的结果换算为 $10^6\,J/MJ$，从而使数值变得更小更实用，单位：$MJ/m^2$（方便阅读查看）。

计算辐射照度时需要将其单位瓦特与时间（秒）相乘转换为焦耳（$s \cdot J/s = J$），且之前需要先将单个半球的每日辐照时间 12 小时转换为弧度（$1\,rad = \pi$）单位。

鉴于：$12\,\dfrac{h}{d} \cdot 3600\,\dfrac{s}{h} = 43200\,s/d$　　　　　　　　　　　　(6.20)

单位检验：$\dfrac{s}{d} \times \dfrac{d}{rad} \times \dfrac{J}{s} \times \dfrac{rad}{^\circ} \times {}^\circ = J$

## 6.7　计算日落时刻、日长及 $H_0$

例如，如果我想获得每日辐照值（单位为 $J/m^2$），我需要知道太阳由正午开始直至日落的弧度范围（然后再乘以 2，因为早间与晚间的太阳轨迹互为镜像）。由于发生于太阳正午之后，此时时角的值为正，同样日出角（$\omega_{sr}$）的符号为负。在几何学分析中，日落时角（假设整体空间中我们的视野不受任何山体遮挡）可以通过将高度角的正弦值设定为零，并求解此时的 $\cos\omega_{ss}$（即简化成正切函数）来计算得出。参照公式（6.26），我们设定太阳高度角 $\alpha_s$ 为零（即将 $\sin\alpha_s$ 同样设定为零）来求出时角，我们就得出了公式（6.23）。[30]

$$0 = \left[ \sin\phi\sin\delta + \cos\phi\cos\delta\omega \right]　　　　　　(6.21)$$

$$\cos\omega = \frac{-\sin\phi\sin\delta}{\cos\phi\cos\delta}　　　　　　(6.22)$$

通过变换三角关系进行简化，我们就可以得出最终的日落时角计算公式（6.23），此时 $\omega_{ss} = -\omega_{sr}$。

$$\omega_{ss} = \cos^{-1}\left( -\tan\phi\tan\delta \right)　　　　　　(6.23)$$

由于依照惯例，发生于太阳正午之前的时角为负值，发生于太阳正午之后为正值，所以计算日落区段的时角时只取半天时长的正值。故此，全天时长的时角（以角度表示）就等于半天时长时角的双倍，即为 $2 \times \omega_{ss}$。若要将单位为角度的时角转换为小时时间，我们需对公式（6.5）稍作修改来计算全天时长。[31]

$$\text{全天时长 } 2 \times \omega_{ss}\left( \frac{1\,h}{15^\circ} \right)　　　　　　(6.24)$$

---

[30]　$\tan(x)\,\dfrac{\sin(x)}{\cos(x)}$，我们可以使用公式 6.5 将时角转换为小时时间。

[31]　当太阳已降落至地平线以下而夜晚还未完全降临之时，傍晚的天空一片暗蓝，这期间的几个小时又如何呢？这是因为天空中阳光被完全散射（没有太阳光束形成）。虽然此时辐射照度对大部分太阳能转换系统来说都太低，但此时的景象却非常美丽。

**太阳能转化系统**

最后我们将全天时长插入公式（6.25）来得出单日地外表面（大气质量为0）的辐射照度，单位为 $MJ/m^2$。注意，此关系式中仍包含有系数 $2\times$，且该公式保持着高度角正弦的基本形式：$\sin\alpha_s = (\sin\phi \sin\delta + \cos\phi \cos\delta \cos\omega)$。

$$H_0 = \frac{12 \cdot 3600}{\pi} \cdot G_{0,n} \cdot 2\left[\frac{\pi}{180}(\omega_{ss})\sin\phi\sin\delta + \cos\phi\cos\delta(\sin\omega_{ss})\right] \quad (6.25)^{\text{③②}}$$

如何汇总计算每个月的平均辐照能量呢？通常方法是对一个月各天的日常辐照能量密度（单位 $MJ/m^2$）求和后再求出其均值 $\overline{H}_0$。除这种方法外，克莱因还通过只计算关键几天的辐照均值，开发出一种更简单的计算方式获得一个月每天的近似均值。[11]我们可以在表6.3中看到这些关键天数。通过检验此表，我们注意到日常能量密度平均值是变动的，随时间进动由冬至和夏至月份（即一月和七月）向六月和十二月逐渐降低。本质上而言，这种发生于二至点近处的变化就是太阳赤纬日常变化速度变缓及加速的时空表现。太阳赤纬的变化速率在二分点时最快，在二至点时最慢。③

**表6.3　辐照能量密度天数表，其中黏土值接近月平均值**

| 月份 | 计入平均能量的天数（AMO） | $n$ |
|---|---|---|
| 一月 | 17 | 17 |
| 二月 | 16 | 47 |
| 三月 | 16 | 75 |
| 四月 | 15 | 105 |
| 五月 | 15 | 135 |
| 六月 | 11 | 162 |
| 七月 | 17 | 198 |
| 八月 | 16 | 228 |
| 九月 | 15 | 258 |
| 十月 | 15 | 288 |
| 十一月 | 14 | 318 |
| 十二月 | 10 | 344 |

从另一个角度来看，我们小时候在外玩耍时总是会觉得夏季白天非常漫长（或者说冬季黑夜非常漫长），为什么呢？这正是因为太阳赤纬在二至点附近的时间段内的日常变化非常不明显。同样，随着秋天到来，地处北半球的学校开学时，我们感觉白天就像蒸发了一样，其实这也是因为太阳赤纬的变化速度加快了。我们可以

---

③② 将 $H_0$ 数值换算为 $10^6 J/MJ$，从而将结果单位转换为 $MJ/m^2$。

③ 入射角度为 $6°$ 时余弦值为 $0.995$。

通过图 6.12 直观地看到这种变化，我们从中选择了一段时期，在此期间太阳赤纬变化范围不超过 6°。二至点附近一共有多少天会保持太阳赤纬变化范围不超过六度呢？答案是超过 80 天，或者说大约两个半月！同时，在当年剩下的时间内每月太阳赤纬的变化速度为 $\Delta\delta = 6°$。正如 Kalogirou 及其他人指出的那样，我们可以利用太阳赤纬的这种振荡变化，研发一种简单的太阳能集热系统，同时一年两次随二至点和二分点调整我们集热器的倾角来提高太阳能转换系统的性能。[12] 现在再回顾一下，在二至点月份中各天的平均辐照能量与当月整体平均辐照能量偏差非常大，这是因为全年中辐照能量密度最大值就发生在这两个月份中，且二至点月份的最大值一般都发生于该月月底，其相邻月份的辐照强度变化曲线相对平缓（见表 6.4）。

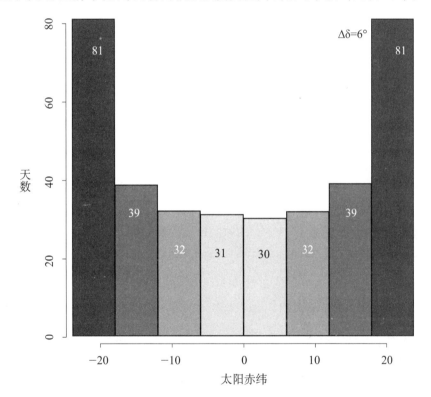

图 6.12　太阳赤纬变化 6°视窗范围内的天数直方图

表明二至点时冬季夜晚、夏季白天相对较长

表 6.4　测试中使用的各种角度回顾表

| 仅用于地平表面 | | |
|---|---|---|
| | $\phi$, $\lambda$ | 纬度、经度 |
| 地球—太阳间的相对角度 | $\omega$ | 时角 |
| | $\delta$ | 太阳赤纬 |

续表

| 仅用于地平表面 | | |
|---|---|---|
| 太阳—观测者相对角度 | $\alpha_s$ | 太阳高度角 |
| | $\gamma_s$ | 方位角 |
| | $\theta_z$ | 天顶角 |

## 6.8 太阳—观测者角度

我们可以将太阳能转换系统的采光口/接收器假想为观测者，然后采用角坐标来描述太阳相对于观察者的位置。正如之前在地球—太阳关系那节中介绍的一样，利用观测者在地球上的位置信息（包括纬度 $\phi$ 及经度 $\lambda$）及太阳相对于观测者的角坐标信息（包括太阳高度角 $\alpha_s$ 及太阳方位角 $\gamma_s$），将时间换算为太阳与观测者之间的角关系。随着时间进动，每过一天，太阳正午高度角都会发生相对变化，同时这表明太阳赤纬（$\delta$）[34] 也在变化。太阳赤纬的变化速度在二至点附近时最慢，而在接近二分点的时间段内逐渐加快。[35]

综上所述，我们知道可以用 $\phi$（纬度）和 $\lambda$（经度）来表述观测者在地球上的位置信息，度量时间时也需要利用太阳相对于观测者的位置，包括太阳高度角（$\alpha_s$）和太阳方位角（$\gamma_s$）坐标信息。随着时间进动，每过一天，太阳正午高度角都会发生相对变化，同时这表明太阳赤纬（$\delta$）也在变化。太阳赤纬的变化速度在二至点附近时最慢，而在接近二分点的时间段内逐渐加快。

我们必须计算出任何时间地球上任何地点的太阳高度角（$\alpha_s$）和太阳方位角（$\gamma_s$）（见图 6.13），而这可以通过纬度角（$\phi$，用来描述某一地点靠北/靠南的程度），太阳赤纬（$\delta$，依此可知某一地点在一年中所处日期）和时角（$\omega$，依此可以确定某一地点所处经度及当天的确切时间）相关知识来确定。

太阳高度角（$\alpha_s$）是指来自太阳的中心射线（光束辐射）与观察者所在水平面之间的夹角。如本章开始部分所述，太阳高度角本质上是掠射角，与天顶角互余，而天顶角本质上也是一种特殊入射角。回想一下，我们选择下标"S"只是用来表示映射在天幕上的太阳投影相对于观测者之间的仰角，而这对估测其他物体投射至天幕的高度角非常重要，这些物体包括建筑物、悬突、翼墙及太阳能接收器阵列等。

---

[34] 请谨记，太阳赤纬取决于一年中所处的时间点，但是与地球上的位置无关！

[35] $\gamma \neq \gamma_s$：与太阳方位角不同。

$\theta \neq \theta_z$：$\theta$ 与天顶角不一样。

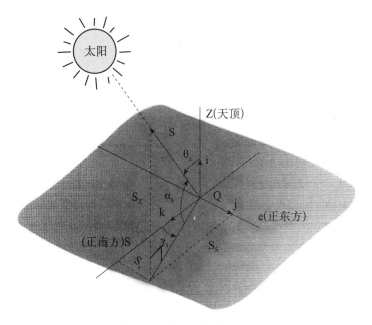

图 6.13　图中表示第一协定

其中向量 S 由地球表面（即集热器所在水平位置 Q）指向太阳，零度基准线由赤道开始，旋转 180°再指向赤道
（±180°），其向量形式为 S = $S_z$i + $S_e$j + $S_s$k。注意，还有第二协定，其中 $\gamma_s$ 的零度基准线为正北方，
顺时针旋转 360°

$$\sin\alpha_s = \left[\sin\phi\sin\delta + \cos\phi\cos\delta\cos\omega\right] \qquad (6.26)$$

我们可以将公式（6.26）分解成几部分，注意该公式是如何转换为一般形式
的：$\sin(\phi)\sin(\delta) + \cos(\phi)\cos(\delta)\cos(\omega)$。我们可以通过这种转换模式利
用此基本公式来计算地外辐射度（$G_0$）和时/日辐射量（$I_0$、$H_0$），以及利用其中一
些标识来回顾地球—太阳各相对角度（$\phi$、$\delta$、$\omega$）在计算中所起到的作用。[36]

首先，太阳高度角的正弦值与纬度角（$\phi$）是成比例的。当我们处于太阳光照
射中时，纬度角也能代表地球表面上的观测者所处的余弦投影效应强度。尤其是在
二分点时，地球相对于太阳之间不存在明显倾角。当处于某一极端纬度（远离赤道
而靠近两极）时，余弦投影效应相对较高，入射光子会散布在某个非常大的区域
内；而当纬度接近零靠近赤道时，由于余弦投影效应较小，相同数量的入射光子会
更集中于某个较小的区域内。正如公式（6.26）所示，给定地球表面上的某个地点
时，不管该地点位于赤道以北还是以南，我们都可以利用纬度角的正弦和余弦来表
示二分日内太阳正午时刻的太阳高度角。

---

[36]　回顾一下我们关于余弦效应激光实验的讨论。

**太阳能转化系统**

其次，太阳高度角的正弦值与太阳赤纬（δ）成比例。在给定的半个地球公转轨道内，太阳赤纬作为参考用来计算地球偏离二分点时在一年中的具体日期。[13] 既高且正的太阳赤纬角度（接近 +23.45°）表示北半球处于夏至，地球自转轴北极端倾斜且指向太阳。如果某个观测者处于一个较高纬度，那么该观测者将得到额外增加的太阳能量。当然，在北半球处于夏至期间，南半球太阳辐射强度恰好是最小的。公式（6.26）中，太阳赤纬角度的正弦及余弦表明随着太阳运行偏离二分点而指向北至点或南至点，太阳正午时的太阳高度角也随之增加或减少。

利用纬度和太阳赤纬参数我们只能依照公式（6.26）计算出在太阳正午时刻太阳高度角的正弦值（$\sin\alpha_s$），但有时我们还想要能够表明在太阳正午以外的时刻太阳位于天幕中的高度，此时依照公式（6.26）我们还需用时角（ω）执行进一步计算。由于角度为零度时余弦值等于 1，所以我们定义太阳正午时刻的时角为零度。如果我们只希望绘制或计算赤道以北或以南某个给定位置（即纬度 φ）和一年所处具体日期（即为太阳赤纬 δ）的太阳正午时刻的太阳高度角，我们就可以通过将时角的余弦值设定为 1（ω = 0°）对公式（6.26）进行简化。我们知道，只有在二分日时太阳才会恰好由地球时角 ω = −90°处升起，在其他日期内日出（即太阳高度角等于零）会发生在任何时间（及相应时角处）（如后面公式 6.23 所示），所以夏季时（白天超过 12 小时）日落时角（$\omega_{ss}$）大于90°，冬季时（白天短于 12 小时）日落时角小于90°。

天顶角（$\theta_z$）在几何学上与太阳高度角互为余角：$\sin(\theta_z) = \cos(\pi/2 - \theta_z) = \cos\alpha_s$，可以通过公式（6.26）中相同函数的反余弦看出。请注意，此处所用的角 θ 是指太阳射线与界面法线投影间的角度偏差，我们通常将此概念称为入射角。因此，实际上天顶角就表示太阳光照射到水平表面上的入射角。

$$\theta_z = \cos^{-1}\left[\sin\phi\sin\delta + \cos\phi\cos\delta\cos\omega\right] \tag{6.27}$$

太阳方位角（$\gamma_s$）表示沿水平面测量的旋转角。太阳方位角的几何基准线（即零度角的参考点）的选择需要采用另一个稍微不同的公式，用来在线或依照实际地点计算太阳路径变化及所产生的阴影。上述两个协定也经常用于太阳计算，其中第一协定是指赤道方向（在北半球朝向南方，在南半球朝向北方）与太阳中心光束映射在子午线上的投影（即太阳子午线）之间的夹角，该角度由赤道指向坐标轴从 0°

---

㉗　由于太阳赤纬从 6 月 21 日至 12 月 21 日的变化序列就是其从 12 月 21 日到 6 月 21 日变化的镜像，二者完全一致，所以我们在此只选用了半个地球公转轨道进行分析。

至±180°之间变化，在此基础上位于东方时（即正午之前）值为负，位于西方时（即正午之后）值为正。此方位角协定与时角（以太阳正午为中心）一样具有相同的方向性及标志，从而使其更容易学习并应用于实践中。第一协定由 M. Iqbal 最先研究归纳，并已成为一种广泛应用的标准。[14] 我们在公式（6.28）及随后的关系式中也会用到，另外很多先进的太阳能设计工具也会用到该协定，如 TRNSYS（UW-Madison：暂态能量模拟软件）、PVSyst，以及 SAM（NREL：系统顾问模型）。[38][39]

---

太阳—观测者相对角度

太阳高度角 $\alpha_s$：也称为仰角，用来测量指向太阳的法线矢量与水平平面之间的夹角，也可以认为是太阳临界点（$s$）与水平平面之间的对顶角，下标为"$s$"。

太阳方位角 $\gamma_s$：是指太阳在天幕中运动时，映射至水平平面上的投影转动（及方位转动）。因此，可以将太阳方位角看作是太阳临界点（$s$）与原点在 0°时之间的方位角。

第一协定：（与时角和经度一起更容易学习）径直指向赤道时，$\gamma_s = 0°$（真正的太阳参考平面），这意味着正东方 = $-90°$（太阳正午之前），且正西方 = $+90°$（太阳正午之后）。

第二协定：（气象学家经常使用）指向正北方为 0°，而正东方 = $+90°$，正南方 = $+180°$，正西方 = $+270°$。该协定在计算太阳方位时不一定经常使用，但却常用于其他多个领域及软件工具中，而且在太阳能研究中该协定也已被确定为一种标准。

天顶角 $\theta_z$，指水平平面法线（即指向天幕天顶的矢量）与太阳中心束投影之间的角度。

---

$$\gamma_s = sign\ (\omega)\ \left|\cos^{-1}\frac{\cos\theta_z\sin\phi - \sin\delta}{\sin\theta_z\cos\phi}\right| \tag{6.28}$$

其中特别定义函数"sign（$\omega$）"会出现正负两种情况（意为其中有两种情况可供选择）。

---

㊳　太阳—观测者相对角度：

太阳高度角（$\alpha_s$）

太阳方位角（$\gamma_s$）

太阳天顶角（$\theta_z$）

㊴　回想下，某一平面的法线垂直该平面。

**太阳能转化系统**

$$\gamma_s \begin{cases} +\cos^{-1}\dfrac{\cos\theta_z\sin\phi - \sin\delta}{\sin\theta_z\cos\phi} & \text{if } \omega > 0 \\[2mm] -\cos^{-1}\dfrac{\cos\theta_z\sin\phi - \sin\delta}{\sin\theta_z\cos\phi} & \text{if } \omega < 0 \end{cases} \tag{6.29}$$

部分教材及相关软件也采用了气象学和天文学中的方位角协定，[15]在水平平面上以正北方为0°坐标轴沿顺时针方向进行测量。我们将此命名为第二协定，且此协定采用360°制以太阳中心光束与经线投影间的夹角为基础测定太阳方位角。第二协定与第一协定一样有效，同为计算太阳角度的公认标准，但其中也略有差异。采用第二协定的常用模拟与教育工具一般以正北方为起始零度，这些工具包括俄勒冈大学太阳路径计算工具，基本PV模拟工具PVWATTS及PVEducation.org网站上的互动软件。[16]我们再次回归到第一协定，开始讨论如何采用第·和第二协定进行太阳轨迹图标绘制和阴影分析。

---

6.9 集热器—太阳角度：

倾角（$\beta$）：也称为倾斜角，用来测量采光口平面与水平面之间的夹角。$\beta = 90°$表示集热器垂直水平面（像墙一样竖立），而$\beta = 0°$表示集热器水平放置（像桌子一样平躺），其法线竖直指向天幕中的天顶轴。若$\beta < 90°$，则表示采光口光圈面朝下，中度倾斜。

集热器的方位角（$\gamma$）：该角度由东向西旋转，若指定采光口的倾角，则该采光口的方位角也即确定。该角度也是一种形式的方位角，随集热器偏离正南/正北（相对于赤道来说）的角度而变化（虽然固定于所在地点，但可以及时跟踪太阳方位角的变化）。当然，若集热器倾角$\beta = 90°$，集热器方位角就没有意义了。

入射角（$\theta$）：我们之前在多种情形下提到过入射角。入射角非常重要但也非常复杂，所以我们必须将其搞清楚，避免搞混。入射角用来测量采光口法线方向（一般情况下，法线是指垂直于集热器平面，而非垂直于水平平面的一个矢量）与投影至集热器表面的太阳中心光束之间的夹角。从某种意义上来说，入射角是一种特殊情况下的天顶角，其中天顶是指采光口法线方向映射至天幕中的投影。

---

## 6.9 集热器—太阳角度

最后，我们需要介绍集热器倾斜时的各种相对角度。[40] 通常情况下，某个集热

---

⑩ 集热器固定位置时，其朝向在太阳能转换系统设计中不作为敏感参数使用。通过调整集热器使其与所在境相适应，可以节省花费在支撑结构和工程成本上的资金。

138

器面向天空摆放时，总会附带众多角度关系（见图6.14），而在太阳能转换系统中采光口朝向的各种角度一般与那些用来表述太阳观测者之间的坐标关系很相似。如集热器的倾角，表面方位角（通常情况只称为方位角），及入射角用来表述方向时都非常关键，我们需要牢记。

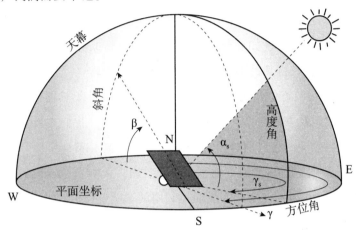

图6.14　利用斜角（$\beta$）和方位角（$\gamma$）表示太阳能转换系统的相对几何角坐标

通常状况下，以太阳高度角（$\alpha_s$）坐标和太阳方位角（$\gamma_s$）坐标证明 $\gamma_s \neq \gamma$

这真的很重要！可以参照下面的公式（6.30）来计算最常遇到情况下的入射角（$\theta$）。

$$\cos\theta = \sin\phi\sin\delta\cos\beta - \cos\phi\sin\delta\sin\beta\cos\gamma$$
$$+ \cos\phi\cos\delta\cos\beta\cos\omega + \sin\phi\cos\delta\sin\beta\cos\gamma\cos\omega$$
$$+ \cos\delta\sin\beta\sin\omega\sin\gamma \tag{6.30}$$

另外还有几种特殊情形也同样重要。在这些特殊情形下，可以将入射角计算公式简化为下列方式：

1. 当 $\beta = 0°$ 且 $\theta = \theta_z$ 时，公式（6.30）可简化为公式（6.27），在这种情形下集热器表面处于水平平面。

2. 当 $\beta = 90°$ 时，则公式（6.30）所有带有 $\cos\beta$ 的项都等于零，而 $\sin\beta = 1$，且公式（6.30）可简化为以下情形：集热器表面竖直放置，好像挡住阳光的墙壁一样，或者也可以看成建筑物的一侧墙面。

$$\cos\theta = -\cos\phi\sin\delta\cos\gamma + \sin\phi\cos\delta\cos\gamma\cos\omega$$
$$+ \cos\delta\sin\omega\sin\gamma \tag{6.31}$$

3. 当 $\gamma = 0°$（即朝向正南方）且倾角任意时：公式（6.30）可简化为：

$$\cos\theta = \sin(\phi - \beta)\sin\delta + \cos(\phi - \beta)\cos\delta\cos\omega \tag{6.32}$$

4. 当 $\gamma = 180°$（即朝向正北方）且倾角任意时：公式（6.30）可简化为：

$$\cos\theta = \sin(\phi + \beta)\sin\delta + \cos(\phi + \beta)\cos\delta\cos\omega \tag{6.33}$$

## 6.10　关于最佳倾角的意见

针对以太阳能设计为目标正在开发的工具，我们可以调整我们的系统设计完成以下要求：

1. 在太阳能转换最佳时间内，将入射角（$\theta$）最小化。

2. 在每年的关键节点（如夏至和冬至），尽量提高掠射角，减小余弦投影效应。

3. 去除阴影效应或将其最小化。

假设集热器倾角及方位角固定不可改变，我们在设计集热器系统时必须选择一个最佳的倾角（$\beta$）及方位角（$\gamma$）。为达成这样的目的，我们需要完成此列表中的任务 2。余弦投影效应产生自地球自转轴与其公转轨道（黄道平面）之间存在的相对倾斜，继而导致随着远离赤道，纬度（$\phi$）增加，太阳光照辐射的季节性投影也变得更强。如图 6.15 所示，实验人员通过利用动态能量模拟工具来研究集热器的最佳平均年度朝向。[17]

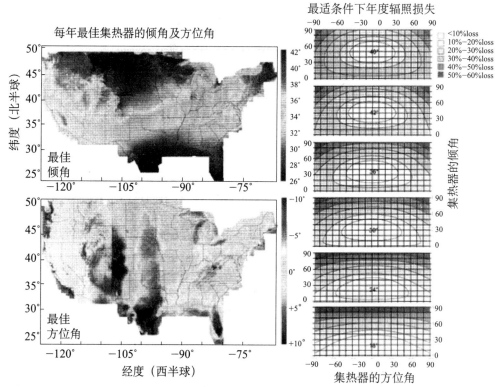

图 6.15　每年美国各地集热器最佳朝向的地图显示（Lave & Kleissl，2011）

各地集热器在最佳条件下倾角每增加 6°，太阳能转换率的变化速度（依照年度辐照损失测定）

（Christensen & Barker，2001）

然而，我们必须注意的是，这些最优条件在太阳能转换系统设计中一般不作为敏感参数使用，而且所在地点越接近赤道其敏感性越低。图 6.15 中也显示了由于偏离最佳倾角及方位角造成的相对年度辐照损失，测量时每次增加六度来评估"最佳"倾角。[18] 我们观察到在许多情形下，即使倾角及方位角发生了显著变化，年度总太阳能利用率的损失也不超过 10%—15%。因此，我们建议设计师在综合设计过程的初始阶段可以考虑多种可能的集热器朝向问题，而且这样做既可以综合平衡集热器的年度太阳能转换效率，又可以通过简化集热器结构安装要求来降低成本。

## 6.11 机器猴的认知：球面推导！

我们需要仔细看一下图 6.13。首先定义一个矢量 S，它从地球表面观测者所在地点 Q 指向太阳。[41][19] 其中初始公式利用天顶（指向水平平面的法线方向），正东方及正南方（或正北方）的线性坐标将观测者/集热器和太阳联系在一起。具体请参见公式（6.34）及后续 $\alpha_s$、$\theta_z$ 与 $\gamma_s$ 的三角关系（见图 6.14）

$$S = S_z i + S_e j + S_s k \qquad (6.34)$$

公式中，$i$、$j$ 与 $k$ 分别是沿 $z$（天顶）、$s$（正南）和 $e$（正东）坐标轴的单位向量。其中矢量 S 在 $z$、$e$、$s$ 轴上的方向余弦分别是 $S_z$、$S_e$ 和 $S_s$。上述各项也可以通过太阳高度角和方位角表示为：

$$S_z = \sin\alpha_s$$
$$S_e = \cos\alpha_s \sin\gamma_s$$
$$S_s = \cos\alpha_s \cos\gamma_s \qquad (6.35)$$

现在我们需要稍微多一点的时间来理解图 6.16。在图中我们定义了第二个矢量 $S'$，它从地心指向太阳，而公式（6.36）通过 $m$（指向观测者/集热器所在区域子午线的经向轴）、$e$（正东）与 $p$（指向北极星的极轴）的线性坐标将地球与太阳联系在一起。[20]

$$S' = S'_m i + S'_e j + S'_p k \qquad (6.36)$$
$$S'_m = \cos\delta\cos\omega$$
$$S'_e = \cos\delta\sin\omega$$
$$S'_p = \sin\delta \qquad (6.37)$$

将各种角度系统归纳到一起：通过忽略沿地球半径方向 QC 的些许差别，以正

---

㊶ 虽然他看起来不像 20 世纪 70 年代的 Jack Klugman，但我们还是叫他 Quincy。

太阳能转化系统

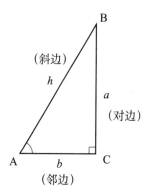

图 6.16　三角关系提示，是时候再次刺激下你的大脑灰细胞：

$$\sin A = a/h$$

$$\cos A = b/h$$

$$\cos B = a/h$$

$$\Rightarrow \sin(\theta_z) \equiv \cos(\pi/2 - \theta_z) = \cos(90° - \theta_z) = \cos(\alpha_s)$$

$$\therefore \quad \sin\alpha_s = \cos\theta_z$$

东方坐标轴（$e$）为标准转动纬度（$\phi$）可以将上述两套坐标系统联系到一起。方向向量 $S$ 与 $S'$ 之间的差异，及二者之间的转动关系都可以通过公式（6.38）以矩阵的形式表现出来。[42]

$$\begin{vmatrix} S_z \\ S_e \\ S_s \end{vmatrix} = \begin{vmatrix} \cos\phi & 0 & \sin\phi \\ 0 & 1 & 0 \\ -\sin\phi & 0 & \cos\phi \end{vmatrix} \cdot \begin{vmatrix} S'_m \\ S'_e \\ S'_p \end{vmatrix} \qquad (6.38)$$

将上述矩阵变换为：

$$S_z = S'_m\cos\phi + S'_p\sin\phi$$

$$S_e = S'_e$$

$$S_s = S'_p\cos\phi - S'_m\sin\phi \qquad (6.39)$$

展开为：

$$S_z = \cos\phi\cos\delta\cos\omega + \sin\phi\sin\delta$$

$$S_e = \cos\delta\sin\omega$$

$$S_s = \cos\phi\sin\delta - \sin\phi\cos\delta\cos\omega \qquad (6.40)$$

--------

[42]　地球的半径约为 6378 公里，而地球与太阳间的平均距离约 1 亿 5000 万公里。实际转换就是把一个物体从地球中心移动至地球表面，其中产生的差别仅是地球太阳距离的 0.004%。因此，我们认为由于地球半径与地球太阳距离在规模上的绝对差距，可以忽略不计这种转换。

现在你会发现公式（6.40）两边的各项坐标中包含 $[S_z、S_e、S_s、S'_m、S'_p、S'_e]$，将公式（6.35）与公式（6.37）代入公式（6.40），我们将得到如下结果：

$$\sin\alpha_s = \sin\phi\sin\delta + \cos\phi\cos\delta\cos\omega \qquad (6.41)$$

$$\cos\alpha_s\sin\gamma_s = -\cos\delta\sin\omega$$

$$\cos\alpha_s\cos\gamma_s = \cos\phi\sin\delta - \sin\phi\cos\delta\cos\omega \qquad (6.42)$$

而且 $\alpha_s$ 的余角是 $\theta_z$，$\alpha_s$ 的正弦是 $\theta_z$ 的余弦，所以公式（13.7）也可以表示为公式（6.27）：

$$\cos\theta_z = \sin\phi\sin\delta + \cos\phi\cos\delta\cos\omega \qquad (6.43)$$

现在我们几乎就可获得最终结果！公式（13.7）可以转化为第一个可用公式来计算高度角（$\alpha_s$，以角度表示）：

$$\alpha_s = \sin^{-1}\left[\sin\phi\sin\delta + \cos\phi\cos\delta\cos\omega\right] \qquad (6.44)$$

我们即将获得最终结果！通过对书中球面三角学和天文学公式的艰难推导，我们最终将公式（6.42）转化为第二个可用公式（公式 6.45）来计算太阳方位角（$\gamma_s$，以角度表示），但是本文不会详述其中的推导过程。

$$\gamma_s = sign\ (\omega)\ \left|\cos^{-1}\frac{\cos\theta_z\sin\phi - \sin\delta}{\sin\theta_z\cos\phi}\right| \qquad (6.45)$$

注意：其中特别定义函数 "$sign\ (\omega)$" 会出现正负两种情形（意为其中会有两种情况可供选择）。

$$\gamma_s = \begin{cases} \cos^{-1}\dfrac{\cos\theta_z\sin\phi - \sin\delta}{\sin\theta_z\cos\phi} & \text{if}\omega > 0 \\ -\cos^{-1}\dfrac{\cos\theta_z\sin\phi - \sin\delta}{\sin\theta_z\cos\phi} & \text{if}\omega < 0 \end{cases}$$

祝贺你！

最终机器猴会授予你一个闪闪发光的香蕉，庆祝你完成了公式推导。[43]

## 6.12 问题

（1）正确写出下列术语各自的定义，符号及其相关协定：

- 入射角；
- 太阳方位角；
- 集热器方位角；

---

[43] 放松下大脑：去吃点美味的点心放松下吧。

- 太阳高度角；

- 天顶角；

- 太阳赤纬；

- 时角。

（2）计算出春分秋分、夏至冬至时的太阳赤纬（$\delta$），另外估测每个事件的计算结果与已确定的太阳赤纬之间的误差。

（3）计算出巴黎区域（纬度 $\phi$ 为 49°N 且经度 $\lambda$ 为 2°E）在春分秋分和夏至冬至这四天的日出日落时间（以标准时间计）。在计算时不要使用日光节约时间。

（4）计算出巴黎区域（纬度 $\phi$ 为 49°N 且经度 $\lambda$ 为 2°E）在春分秋分和夏至冬至这四天的白昼时长，在计算时不要使用日光节约时间。

（5）假设采用日光节约时间（DST），确定美国北达科他州法戈市在 8 月 13 日，当地时间为 14 时 00 分（手表时间）的太阳高度角及太阳方位角。

（6）计算出希腊雅典在 6 月 9 日，真太阳时为 10 时 30 分的三项结果：（a）太阳天顶角与太阳方位角，（b）日出与日落时刻，及（c）白昼长度。

（7）重复计算 3 月 15 日和 9 月 15 日分别在 10 时 00 分和 14 时 30 分的真太阳时。计算出纽约州纽约市布鲁克林区的下列两项结果：（a）指定时刻的太阳方位角（$\gamma_s$）与太阳高度角（$\alpha_s$），及（b）日出和日落时刻。

（8）科罗拉多州丹佛市在山地标准时间（MST）为 6 月 9 日 10 时 30 分的真太阳时是多少呢？

（9）计算出夕法尼亚州费城市在当地夏令时（DST）时间为 5 月 13 日 15 时 0 分的真太阳时。

（10）计算出伊利诺伊州芝加哥市在当地夏令时（DST）时间为 5 月 13 日 15 时 00 分的真太阳时。

（11）计算出法国巴黎在当地时间（标准时间）为 2 月 23 日上午 11 时的真太阳时，然后再计算出相应时角。

（12）在宾夕法尼亚州匹兹堡市有一个平板集热器，与水平方向间的倾角为 34°，方位角为正南偏西 5°。计算出在 3 月 15 日和 9 月 15 日真太阳时为上午 10：30 和下午 2：30 时太阳光束照射到集热器上的入射角（$\theta$）。

# 6.13　推荐拓展读物

- 《日光照射导论》[21]

- 《神圣的数学：被遗忘的球面三角学艺术》[22]
- 《克里斯托：球面三角学》[23]
- 《来自太阳的能量》[24]
- 《热工过程中的太阳能工程》[25]
- 《太阳能工程：过程与系统》[26]

# 参考文献

[1] Chrstian U. Becker. *Sustainability Ethics and Sustainability Research.* Dordrecht: Springer, 2012.

[2] M. Lave and J. Kleissl. Optimum fixed orientations and benefits of tracking for capturing solar radiation in the continental united states. *Renewable Energy*, 36:1145–1152, 2011. and T. Huld, R. Müller, and A. Gambardella. A new solar radiation database for estimating PV performance in Europe and Africa. *Solar Energy*, 86(6): 1803–1815, 2012.

[3] Three coordinate systems!

[4] Kryss Katsiavriades and Talaat Qureshi. The krysstal website: Spherical trigonometry, 2009. URL http://www.krysstal.com/ sphertrig.html.

[5] Because both standard time and solar time have the same acronym, we can also refer to "watch time" with solar time.

[6] Energy Policy Act of 2005, Pub. L. no. 109-58, 119 Stat 594 (2005).

[7] John A. Duffie and William A. Beckman. *Solar Engineering of Thermal Processes.* John Wiley & Sons, Inc., 3rd edition, 2006.

[8] Ari Rabl. *Active Solar Collectors and Their Applications.* Oxford University Press, 1985.

[9] Actually, the average annual Solar intensity will oscillate in accord with an 11-year cycle of sunspots. Given a large number of sunspots, the solar constant will be higher ($\sim$1362 W/m$^2$) while the value will drop to $\sim$1360 W/m$^2$ when there are not many sunspots (changes about 0.01%). You can see NASA's Solar Radiation Climate Research Area from February 13, 2013.

[10] AM0 is why we have the zero in the subscript, and *G* is for "Global."

[11] S.A. Klein. Calculation of monthly average insolation on tilted surfaces. *Solar Energy*, 19: 325–329, 1977.

[12] Soteris A. Kalogirou. *Solar Energy Engineering: Processes and Systems.* Academic Press, 2011.

[13] Because the sequence of the change in declination from June 21 to December 21 is a mirror of the change in declination from December 21 to June 21, we are only referring to a half orbit.

[14] Muhammad Iqbal. *An Introduction to Solar Radiation.* Academic Press, 1983.

[15] William B. Stine and Michael Geyer. *Power From The Sun.* William B. Stine and Michael Geyer, 2001. Retrieved January 17, 2009, from http://www. powerfromthesun.net/book. htm.

[16] Christiana Honsberg and Stuart Bowden. Pvcdrom, 2009. URL http://www. pveducation.org/pvcdrom. Site information collected on January 27, 2009.

[17] M. Lave and J. Kleissl. Optimum fixed orientations and benefits of tracking for capturing solar radiation in the continental united states. *Renewable Energy*, 36: 1145–1152, 2011.

[18] Craig B. Chistensen and Greg M. Barker. Effects of tilt and azimuth on annual incident solar radiation for United States locations. In *Proceedings of Solar Forum 2001: Solar Energy: The Power to Choose*, April 21–25 2001.

[19] Let's call him Quincy, though he doesn't look much like Jack Klugman from the 1970s…

[20] William B. Stine and Michael Geyer. Power from the Sun. William B. Stine and Michael Geyer, 2001. Retrieved January 17, 2009, from http://www. powerfromthesun.net/book. htm.

[21] Muhammad Iqbal. *An Introduction to Solar Radiation.* Academic Press, 1983.

[22] G. Van Brummelen. *Heavenly Mathematics: The Forgotten Art of Spherical Trigonometry.* Princeton University Press, 2013.

[23] Kryss Katsiavriades and Talaat Qureshi. The krysstal website: Spherical trigonometry, 2009. URL http://www.krysstal.com/ sphertrig.html.

[24] William B. Stine and Michael Geyer. Power From The Sun. William B. Stine and Michael Geyer, 2001. Retrieved January 17, 2009.

[25] John A. Duffie and William A. Beckman. *Solar Engineering of Thermal Processes*. John Wiley & Sons, Inc., 3rd edition, 2006.

[26] Soteris A. Kalogirou. *Solar Energy Engineering:Processes and Systems*. Academic Press, 2011.

# 第七章　角度在（日照）阴影和跟踪中的应用

我们可以将在前一章学到的角度知识组合起来并应用到现实世界的动态系统中。此外，我们已经就在绘图工具、地理信息系统（GIS）以及全球定位系统（比如卫星和个人手机）中应用角度时空关系做了阐述。交角关系在太阳能转换系统中的两个关键动态应用是对全年以及每天中的每小时进行阴影估算和辅助太阳动态跟踪系统的设计和控制。

## 7.1　阴影估算

我们从对太阳能的学习中得知，通常在一年的关键时期内，太阳射入或有效太阳能获得量对太阳能转换系统十分关键。但与之相反的是，一些太阳能转换系统需要利用恰当的造影措施作为调节太阳光损益的控制手段，比如对室内亮度和光热量的调节需要。这说明无论是作为一种控制机制还是一种阻挡方式，造影都是十分重要的。虽然文末保留了对造影的叙述，但本章是对时空关系的最详细阐释。造影分析对有效的太阳能转换系统设计十分关键。

当一天中所有地点辐射漫射量（$G_d$）很高（并可加热物体）时，我们可以大体计算出直接光量（$G_b$）用于场地评估和设计。辐射直射光可被视为太阳光照（$G_{b,n}$）与阴影临界点之间的替代矢量，其位于太阳和接收器或光圈的光线接收面之间。如前文所示，我们可以在全年时期内通过太阳轨迹对该矢量进行标绘。但阻挡产生的阴影，也可以通过太阳轨迹重叠极投影或正射投影并依据高度角和方位角进行标绘。

我们将介绍一个建筑物遮挡另一个建筑物太阳光照窗口的案例，并回顾在平面投影上标绘球面数据的应用。

## 7.2　球面数据的投影

当前，我们的工作对象大多是平面性的（如荧光屏、纸张、地图、表单、披萨盒等），也有几个方法通过投影数据到二维媒介上，将我们在天幕穹顶观察到的正在发生的情况形象地转换到平面上。我们可以对周围事物拍摄全景照片，或者使用表面反

**太阳能转化系统**

光鱼眼相机，用其凸形反射面对天空和地平线拥捉拍照。前者是将天空—地平线这一半球数据转换到一个正射投影中，这与我们在很多全球平面地图投影中的应用相同。后者是将天空—地平线这一半球数据极切投影到极坐标图中。下文将对如何使用计算法或图解法在给定的太阳能收集点确定太阳照射或太阳阴影的时段进行说明。

相对于一个在特定纬度和时间点（见图 7.1）进行观测的地球人来说，太阳轨迹是太阳（一日间）穿过天空的弧线。有许多网络工具可协助在正射投影或极切投影（如太阳轨迹图）中标绘太阳轨迹，还可以通过本文使用的 Scilab 代码或者俄勒冈大学太阳辐射检测实验室提供的工具（http：//solardat. uoregon. edu/SunChartProgram. php）。但是，太阳轨迹仅仅是标绘在投影图上的一层信息，太阳极坐标系统包括由自地平面向上的高度角的高度值（$\alpha$，无下标）和沿地平面旋转的方位角的角度值（$\gamma$，无下标）。无下标的坐标值指代一个通用点。按照惯例，有下标的坐标值指代从观察者或者光照接收方的原点起相对于目标临界点的角度。因此，提到太阳位置时，我们使用 $\alpha_s$、$\gamma_s$。

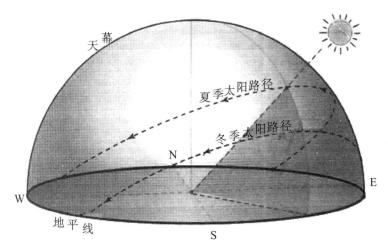

图 7.1　使用太阳高度角（$\alpha_s$）和方位角（$\gamma_s$）的角坐标将（北半球）

冬季和夏季一天中的太阳轨迹投影到天幕

我们可以标绘：

- 一年中任意一天的太阳轨迹
- 太阳—阳光接收点之间的遮挡物体的位置

需要注意的是，正射投影绘图的上方往往会发生图像失真情况。因为在正射投影中，我们对天空顶部横向和纵向部分的拉伸最为严重。与之对应的是，临近地平面的垂线不会有大的失真情况。在图 7.2 中，我们使用了辐测的太阳绘图工具制作了宾夕法尼亚州州立学院半年内的正射投影（笛卡尔坐标）（$\phi = +41°$，$\lambda = -78°$）。该绘图使用了方位标准 II，这是一个气象学标准。我们看到，太阳每天从东边（左侧）升起，西边（右侧）落下，如同我们向南方面对着一个巨大的曲线图。此外，我们还可以看到，最大的弧线位于图标顶部，有 6 月 21 日、夏至日的标识。最小的弧线位于图标底部，有 12 月 21 日、冬至日的标识。

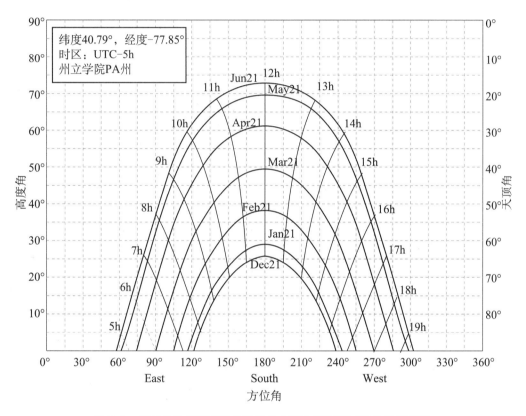

图 7.2　采用方位角和高度角坐标的太阳轨迹穿越天幕的正射投影，

北向为零基方位角，角度值为顺时针 0° 至 360°

该图采用俄勒冈大学太阳辐射检测实验室（http：//solardat. uoregon. edu/ SunChartProgram. php）软件制作

我们为近赤道点标绘太阳轨迹时，正射投影中在天幕顶端的严重失真变得十分明显，因为临近春秋分时太阳高度角接近 90°。这一严重失真会对大多数人尤其是用户带来看图挑战。出于这一原因，极切投影可能是对近赤道带阴影作用进行阐释的一个更好的途径。

继续使用相同的地点（宾夕法尼亚州州立大学）和相同的时间段（同一个半年时段）的数据，我们可以对极切投影一探究竟，并找出它与正射投影之间的不同

## 太阳能转化系统

（图 7.3）。我们可以看出，太阳轨迹仍按照东方（左侧）升起、西方（右侧）落下标绘，每月有其对应弧线。但是，在该图中，12 月 21 日的弧线标在了图中上端，同时 6 月 21 日的弧线标在了图中下端。这是因为，如同我们躺在地上，头朝南，举着巨大曲线图垂直向天空，就引起了这些变化。现在，极切投影中失真往往会发生在图的周边。这是因为我们现在对天幕中地平线的横向和纵向部分进行拉伸，而非对天幕顶端进行拉伸。在该图中，"垂线"相当于商业建筑的侧边，为图中半径走向。"水平线"相当于建筑物屋檐线，为高度角圆弧走向。

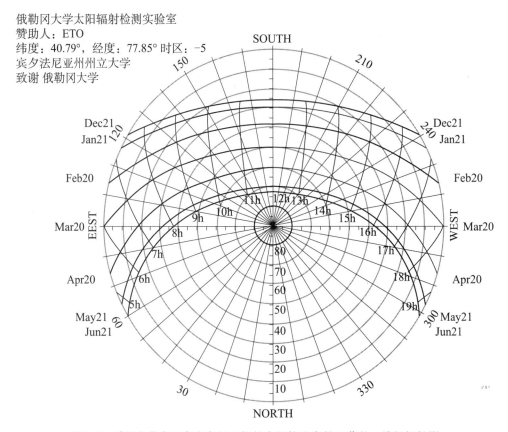

俄勒冈大学太阳辐射检测实验室
赞助人：ETO
纬度：40.79°，经度：77.85° 时区：−5
宾夕法尼亚州州立大学
致谢 俄勒冈大学

图 7.3　采用方位角和高度角极坐标的太阳轨迹穿越天幕的二维极切投影

该图同样采用俄勒冈大学太阳辐射检测实验室（http：// solardat. Tioregon. edu/ SunChartPrograrn. php）软件制作

通过 Trimble *SketchUp*（一个开放的免费软件）或欧特克软件 *Ecotect*（一个建筑及建筑工程付费软件），我们就可以模拟三维建模工具进行阴影和阳光分布评估。此外，我们还可以使用 Trimble *SketchUp* 的扩展软件 GIS 进行三维分析。在 ESRI 的 ArcGIS 软件套件中，有一个名为空间分析器的工具内嵌各种几何工具，可以进行阴影分析。此外，还有一些为 ArcGIS 开发的附加软件，可用于评估城市地区的太阳辐射。免费软件

GIS 的变体叫作 GRASS，研究人员在 PVGIS 的基础上开发出了扩展软件 *r. sun*。PVGIS 对欧洲和非洲国家在国土范围内进行太阳能量的大规模估算十分有用。

## 7.3　阴影估算：临界点和绘图

要使用太阳能转换系统，我们就需要预测全年是否会出现大规模的遮光情况。本文将介绍一种使用二维投影估算遮光的方法。首先，我们设想一个单点，比如窗户的中心，或是你在屋顶上安装光伏板的安装点。这个点可能会在冬季受到临近高大建筑的遮挡。如果临近建筑造成了遮挡，一天中会有几个小时处于遮挡状态？遮挡是发生在太阳强度微乎其微的清晨还是在主要发电期间的正午？

我们从制作情景略图的横截面（面对目标表面）和平面视图（地图视图）开始。对于那些熟悉制图工具的人来说，使用 SketchUp 和室内三维设计就能完成这一估算。不过，我们现在用更简单的工具完成估算。这一过程的目标是对全年时间内阴影出现在目标点上的时间段进行绘图。需要注意的一点是：建筑表面或光伏板上的阴影看起来像是直线或者线性形状。我们不是绘制阴影的形状，而是绘制那些阴影呈现为非矩形的时段。正射投影和极切投影会扭曲直线，这是学习者在开始阶段常犯的错误（尤其是在正射投影中）。

我们的任务包括：

1. 通过原点与造影点的临界坐标计算交角；
2. 根据所有点对应的 $\gamma$、$\alpha$ 坐标值制表；
3. 利用给定的投影方法在太阳位图中绘制 $\gamma$、$\alpha$ 坐标；
4. 在准确的遮光区造影；
5. 解释阳光接收点一天中遮光小时数值和一年中遮光月数；
6. 将遮光数值输入投影设计的模拟软件（比如 NREL 的系统咨询模型）。

目标原点可以是众多关键原点中的一个。比如，要安装的光伏设备的一角。从这一原点向外延伸，我们可以找到许多可能会受到远处建筑遮挡的关键点。原点最好选取建筑物的高、低角点和屋檐的中心点（假定建筑物是简单的方体）。接下来，我们就要计算关键原点到关键遮光点的方位角（$\gamma$）和高度角（$\alpha$）。计算完成后，就可以制作出 $\gamma$、$\alpha$ 坐标的列表，类似于笛卡尔系统中的 $x$ 和 $y$ 坐标。接下来，我们在一种投影中为太阳轨迹绘图并在遮光区造影。通过对阴影框的分析，我们就能确定一年的哪些月份会出现遮光，一天中有多少小时会在关键目标原点上形成遮光。

## 7.4　侧壁法

想要理解三角测量计算、绘制角图和正射投影或极切投影中的造影作用，我们

## 太阳能转化系统

可以通过实验三种常用的方法实现。第一个就是侧壁法，它可以让表面的造影既可以遮挡清晨（东方）的阳光又可以遮挡傍晚（西方）的阳光。图7.4展示了一个简易模型。在模型中，关键原点设定在一面朝向西南的竖墙上。如前文所述，将该投影图拆分为两个简图会有助于理解：一个拆分为横截面视图（正对墙面和 X 点），一个拆分为水平视图（顶视图或地图视图），并分别标识相关点和交角（一些点会有重叠）。有一个交角坐标对不会落在横截面视图或水平视图中的任意一个平面上。如图7.4所示，这一坐标对是（$\gamma_{X-B}$，$\alpha_{X-B}$），它对角延伸出了投影体。如果图中包含所有交角，那么 $\alpha_{A-B}$ 是唯一一个需要通过几何学计算的角。通过目测分析，30° < $\alpha_{X-B}$ < $\alpha_{X-C}$ = 45°，这说明高度角的值应该在30°到45°之间。我们利用反切线关系"外角大于任一不相邻内角"计算出高度角为35.3°。[①]

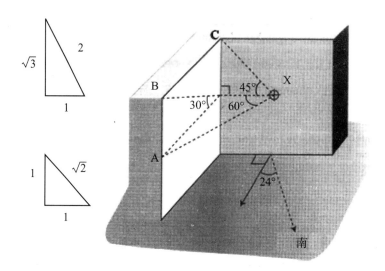

图7.4　在面向西南方向的墙面西侧设置侧壁的简单投影

关键原点为 $X$，关键遮光点为 $A$、$B$、$C$。我们不考虑低于 $X$ 点的（其他关键）原点，

因为相对于太阳光线，这些点位于地平面以下

$$\alpha_{X-B} = \tan^{-1}\left(\frac{\sqrt{1}}{\sqrt{2}}\right) = 35.3 \tag{7.1}$$

其他点的方位角可以通过如下方式求得：关键原点所在的垂直墙面整体方位角以南向为标准，$\gamma = +24°$。因此，建筑物正对傍晚阳光，所以我们在点 $X$—$B$ 测得方位角的基础上加上24°即可，根据图7.4，其补角是60°，所以它是30°。

---

① 如果侧壁位于原点东侧，阴影区将向下、向东延伸。

$$\gamma_{X-B} = 30° + 24° = 54° \tag{7.2}$$

最后，剩下的 $\gamma_{X-C}$ 方位坐标也可以用同样的方法求得：在已经测得的方位角 90°基础上，加上正旋转角度 24°。

$$\gamma_{X-C} = 90° + 24° = 114° \tag{7.3}$$

表 7.1 是不同坐标对的 $\gamma$、$\alpha$ 角度结果值，我们在正射投影或极切投影中将其对应标绘出来并分别涂黑造影。可以看出，受近天顶点数据扭曲失真影响，$X—B$ 和 $X—C$ 之间的联结在正射投影中呈现为（凸出的）平滑弧线。由于原点墙将遮挡所有方位角大于 90°的太阳光，所以该弧线进一步向 $X—C$ 两点连线外延伸。各点间的阴影区向下、向西延伸。（见图 7.5）

表 7.1　示例侧壁上的相关点间的高度角和方位角汇总表

| 相关点 | $\gamma_{orig,shad}$（°） | $\alpha_{orig,shad}$（°） |
|---|---|---|
| $X$、$A$ | 54 | 0 |
| $X$、$B$ | 54 | 35.3 |
| $X$、$C$ | 114 | 45 |

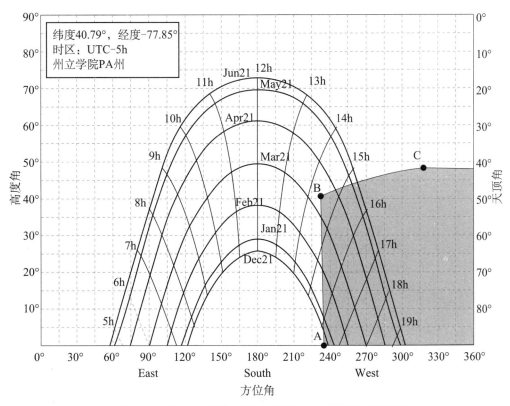

图 7.5　A、B、C 三点构成遮光区的空中太阳轨迹正射投影

该图截取自俄勒冈大学太阳辐射检测实验室软件（http：//solardat，uoregon．edu/SunChartProgram．php）

通过对每月太阳轨迹弧线的重叠区进行分析，我们就能了解 X 点在晴天中光照被遮蔽和对应接受阳光照射的总时数。

## 7.5 顶棚法

第二种方法是上方遮挡法，使用类似于顶棚或者天花板的物体在建筑物垂直墙体上方伸展进行遮挡。在图 7.6 中，我们再次呈现一个简易模型。该模型中关键原点位于一个垂直并具有不同西南方位角的墙体的中心，A—E 是关键遮光点，其中 D、E 两点与原点在同一平面上。

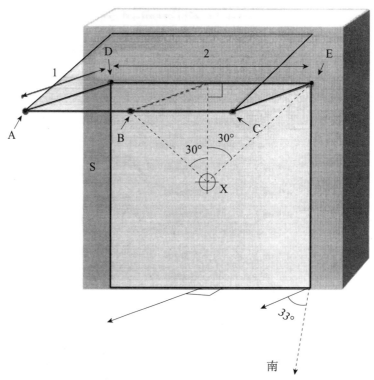

图 7.6 一个在东南方向墙体上方顶棚的投影

关键原点为 X，可能的关键遮光点分别为 A、B、C、D、E

从图 7.6 中可以看出，两组角坐标对 $\gamma_{X-A}$、$\alpha_{X-A}$ 和 $\gamma_{X-C}$、$\alpha_{X-C}$ 不能直接在横截面或平面图的平面上呈现出来，因为他们分别向西南和东南方向穿出投影体。假定图中 $\alpha_{X-A}$ 和 $\alpha_{X-C}$ 两角相等，且可以通过三角函数求得。通过目测分析可知：$\alpha_{X-B} = \alpha_{X-D} = \alpha_{X-E} = 60°$，对应余角（自地平线算起的高度角）等于 30°，且 $\alpha_{X-C} < \alpha_{X-E} = 60°$。我们可知角 $\alpha_{X-C}$ 必定小于 60°，并利用余切函数"临边与对边之比"求得该高度角为 50.8°。

$$\alpha_{X-A} = \alpha_{X-C} = \tan^{-1}\left(\frac{\sqrt{3}}{\sqrt{2}}\right) = 50.8° \qquad (7.4)$$

与这些高度角不同的是，不同相关点的方位角互不相同。我们可以在关键原点所在的垂直墙体具有南偏西 +33° 方位角的基础上，相应增加或减少测得的 X – A 和 A – C 两点间角度值，即 45°，来求得。见图 7.4。

$$\gamma_{X-A} = +45° + 33° = 78° \qquad (7.5)$$

$$\lambda_{X-C} = -45° + 33° = -12° \qquad (7.6)$$

表 7.2 是不同坐标对的 $\gamma$，$\alpha$ 角度结果值，我们在图 7.7 中一个正射投影中将其对应标绘出来。图中，三段弧线通过相关点联结并形成一个"蝙蝠标志"（蝙蝠的翅膀）。因为遮蔽主要出现在太阳当空之时，所以阴影区向上延伸。

**表 7.2　示例顶棚相关点间的高度角和方位角汇总表**

| 相关点 | $\gamma_{orig,shad}$ (°) | $\alpha_{orig,shad}$ (°) |
|---|---|---|
| $X$、$A$ | 78 | 50.8 |
| $X$、$B$ | 33 | 60 |
| $X$、$C$ | −12 | 50.8 |
| $X$、$D$ | 123 | 60 |
| $X$、$E$ | −57 | 60 |

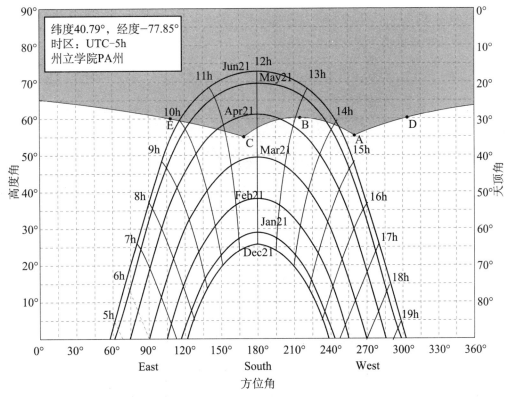

图 7.7　$A$、$B$、$C$、$D$、$E$ 五点构成顶棚遮光区的空中太阳轨迹正射投影

该图截取自俄勒冈大学太阳辐射检测实验室软件（http://solardat.uoregon.edu/SunChartProgram.php）

## 7.6　阵列法

　　最后一种方法是通过在水平面上设置一个物体遮挡另一个物体，实现遮光。该情形可以是一棵树对太阳能热水器板的遮光，也可以是城市建筑对相邻建筑形成的遮光。另外，在应用规模的光伏设备或聚焦太阳能发电（CSP）中，我们需要研究一下将接收器间距布置为多少才能降低全年遮光造成的损失。（见图7.7）

　　我们假定在美国宾夕法尼亚州外布置了一个南偏东若干角度的固定轴光伏模块阵列。单个光伏模块宽 1 米、长 1.25 米。如图 7.8 所示，我们就能得到一个 2.5 米长、8 米宽（见表 7.3）的双模块组阵列。相关关键点都已设定好，光伏板间距 d 为 3 米。根据太阳高度、方位表，我们就能发现这个安装在美国宾夕法尼亚州的阵列的季节遮光变化及相应的能量损失。如果我们把它们以 $\beta = 35°$ 的固定倾角安装在水平地面上且要求不能在任何一个模块上产生遮光，我们又该如何布置呢？这个问题在我们面对空间不足的情况时尤为重要。因为我们要在限定空间内尽可能多地布置，同时又要考虑最大程度降低遮光情况发生的概率。光伏模块需要像电池一样首尾串联起来并产生模组的总电量，因此，发生在任何一块边角"哑"板（没有反向二极管或微电芯片）上的遮光都会降低整个模组的电量。因此，光伏发电系统会去掉边角电板来避免遮光造成的电力损失。

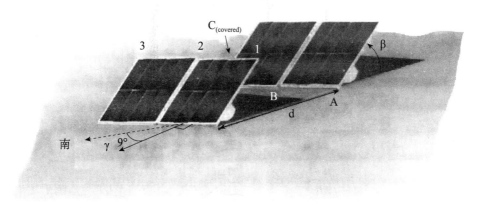

图 7.8　以南偏为西 9°、未知间距 d 布置的简易阵列

关键原点为位于后方板基部诸点，潜在关键遮光点前方板上部诸点

表 7.3　图 7.8 中各点构成的高度角和方位角

| 相关点 | $\gamma_{orig,shad}$ （°） | $\alpha_{orig,shad}$ （°） |
|---|---|---|
| 1. A | −9 | 56 |
| 2. A | 67.5 | 19 |

| 相关点 | $\gamma_{orig,shad}$（°） | $\alpha_{orig,shad}$（°） |
|---|---|---|
| *3. A* | 74 | 10 |
| *1. B* | −85.5 | 19 |
| *2. B* | −9 | 56 |
| *3. B* | 67.5 | 19 |
| *1. C* | −92 | 10 |
| *2. C* | −85.5 | 19 |
| *3. C* | −9 | 56 |

间距 d 设定为 3 米，两个光伏模板构成的单体总长 2.5 米，8 个单体模块宽，即 8 米。阵列倾角和方位角都已在图 7.8 中标注

遮光部分结束语：太阳能系统设计专家的高明之处在于他可以根据人们需要的遮光效果进行相关标准的设计。可是，与建筑师或造景建筑师们（考虑建筑物相互间遮光的角度）不同的是，人们有时候恰恰需要有阳光遮蔽的清爽微气候。在用不到空调等电器时，到树下乘凉，或是在露台上搭顶棚都是我们在炎炎夏日取得一丝清凉的可取之法。我们要做的是在关联的系统中确定（一种权衡后的）模式，集合团队所长提高太阳能利用率，为客户创造舒适的环境。

## 7.7　追踪系统

我们希望能够设计出既能避免遮光问题又可以追踪太阳轨迹的系统涌现出来。要实现这一目标，基本有两种方法。第一种是使用带有反馈回路的传感器引导阳光接受面或光圈始终对准空中最亮的区域。有时候，空中最亮的区域会是太阳所在的位置。但有时候乌云也会形成干扰，通过透镜效应在短时间内形成一块比太阳更亮的区域。

传统的（使用计算机）追踪太阳的方法是生成一个可以将指向太阳的向量模（发出 $G_{b,n}$ 辐射）与指向接受面的向量模之间的入射角（$\theta$）降到最低的算法。但是，我们也能看到，各种不同的追踪系统都有不足，这些不足往往会导致接收器阵列中出现遮光问题。首先，我们来回顾一下最常见的入射角 $\theta$ 的等式（7.7）（无下标，指代接收器相对太阳的任意方向）：

$$\cos\theta = \sin\phi\sin\delta\cos\beta - \cos\phi\sin\delta\sin\beta\cos\gamma$$
$$+ \cos\phi\cos\delta\cos\omega\cos\beta + \sin\phi\cos\delta\sin\beta\cos\gamma\cos\omega$$
$$+ \cos\delta\sin\omega\sin\beta\sin\gamma \tag{7.7}$$

## 太阳能转化系统

我们可以找到许多通过相关条件将 $\theta$ 最小化的方案。下文列出了已在诸多文献中有过详细介绍的几种方案，我们将对其算法和优缺点进行梳理。[1]其中的关键点是聚焦的作用。如果接收系统仅受限于弱聚焦问题，那么精准追踪就是其弱项。我们对设计系统承纳光线聚焦的要求越高，我们就需要越多地关注追踪系统的限制及其弱点。

南北向固定方位角、周期倾角调整方案：作为第一种方案，我们假定仅在每天正午时对其分析，随后该系统通过曲柄上下运动调整倾角（$\beta$），满足最小入射角的条件（正午时 $\theta = 0$）。等式（13.16）因此简化为

$$\cos\theta = \sin^2(\delta) + \cos^2(\delta)\cos(\omega) \qquad (7.8)$$

这时，表面倾角将调整为：

$$\beta = |\phi - \delta| \qquad (7.9)$$

但是，我们每天都要进行系统调整吗？可以看出，我们可以接受倾角有若干度偏离但仍保持入射角近似于零的情况。事实上，我们能接受偏离真实倾角 8° 的情况，此时 $\cos(8°) = 0.99 \approx 1$。这就意味着：只需要进行周期倾角的季节性调整或者半年性调整即可。通过对比发现，南北向布置的太阳能模块阵列不是个好系统。回顾前文遮光分析部分，电池板间最佳距离是根据固定倾角确定的，所以该方案布置可能出现季节性遮光问题，尤其是在太阳高度较低的冬季月份。

南北向轴线倾角、东西向追踪方案：这是诸多单轴连续追踪方法中的第一种。在该方案中，模组安装在以固定方位角指向赤道的梁体或轨道上，轨道（非模组）倾角接近于地方纬度的最优角，但通常会根据地区气候效应减少几度。②[2][3]模组沿着带倾角的轨道轴自东向西追踪太阳轨迹，其目的是通过设置 $\cos\theta \approx \cos\delta$（在极向倾角方案中，$\cos\theta = \cos\delta$）使相对角最小。

该方案中，接收器的倾角和方位角与双轴追踪系统一样，全天都处于变化中，接收器 $\beta$ 角迅速变小，相对应的 $\gamma$ 角也迅速变小。[4]

$$\beta = \tan^{-1}\left(\frac{\tan\phi}{\cos\gamma}\right) \qquad (7.10)$$

可变的接收器方位角根据情况有不同的算法：

$$\gamma = \tan^{-1}\left(\frac{\sin\theta_z \sin\gamma_s}{\cos\theta' \sin\phi}\right) + 180 \cdot C_1 C_2 \qquad (7.11)$$

---

② 比如，在宾夕法尼亚州立学院 $\phi = 41°$，但是年度最佳倾角 $\beta \sim 33°$

需要注意的是，分母中的角（$\theta'$）与我们在前文见到的不同，当：

$$\cos\theta' = \cos\theta_z\cos\phi + \sin\theta_z\sin\phi\sin\gamma_s \tag{7.12}$$

且

$$C_1 = \begin{cases} 0 \text{ if } \tan^{-1}\left(\dfrac{\sin\theta_z\sin\gamma_s}{\cos\theta'\sin\phi}\right)\gamma \geq 0 \\ +1 \text{ otherwise} \end{cases}$$

且

$$C_2 = \begin{cases} +1 \text{ if } \gamma_s \geq 0 \\ -1 \text{ if } \gamma_s < 0 \end{cases}$$

这一方案的意义在于我们为接收器创造出了一个变化的伪双轴，每个模块的倾角和方位角全天都在变化。该系统在春秋分时性能达到最佳，但是冬夏至日余弦投影效果最强。严格来讲，春秋分日的性能比夏至日略微好一些。欧洲的研究人员发现，相对于平板光伏阵列，该配置可以潜在提高 12%—50% 的年发电量。[5] 但是，该配置同样需要处理遮光问题，因此安装在轨道上的模块组往往会去掉边角电板以降低遮光损失。[6]

垂直轴向、以固定最优角方位追踪方案：已证明该方案较平面光伏阵列可潜在提高 11%—55% 的年发电量，性能与倾斜追踪法近似。[7] 该方案是将模块以固定的全年最优倾角（假定纬度和地区气候条件下，$\beta = \beta_{opt}$）安装在垂梁上。模块在中心垂梁上沿方位面以顺时针方向自日升至日落进行追踪（$\gamma = \gamma_s$）。通过将接收器方位角和太阳方位角调整一致即可实现入射角的最小化。

$$\cos\theta = \cos\theta_z\cos\beta + \sin\theta_z\sin\beta \tag{7.13}$$

南北水平轴向、东西方向追踪方案：该方案中，我们将带有倾角的南北轴向调整为水平状态，并在水平梁上安装东西方向追踪阵列。该配置在其全天功率分布图有独特的"峰值"。

$$\cos\theta = \sqrt{\sin^2\alpha_s + \cos^2\delta\sin^2\omega} \tag{7.14}$$

表面倾角全天可调，并可通过以下方法计算：

$$\beta = \tan^{-1}\left(\tan\theta_z \mid \cos(\gamma - \gamma_s) \mid\right) \tag{7.15}$$

接收器方位角分别可达到午前 −90° 和午后 +90°。

该配置方案的优势在于需要面对的遮光问题较小，而且遮光只会在一天的早晚时段。存在的一个较小问题是相比带倾角的南北轴向配置，该配置功率分布图显得更为紧凑。

东西水平轴向、南北追踪方案:最后的这个方案不太常见,旋转的水平轴向追踪梁按东西方向布置,而非南北方向。根据一年中时间和地点的不同,我们让阵列按照北—南—北或南—北—南的顺序"转动"。[8]和前文所述单轴水平梁追踪系统一样,遮光时间不长。

$$\cos\theta = \sqrt{1 - \cos^2\delta\sin^2\omega} \qquad (7.16)$$

同样,表面倾角全天可调,并可通过以下方法计算:

$$\beta = \tan^{-1}\left(\tan\theta_z \mid \cos\left(\gamma\right)\mid\right) \qquad (7.17)$$

视太阳位于南北半球的不同,接收器阵列方位角可正对南方,也可正对北方。我们也可将追踪系统设为静止状态,同时将其向赤道方向移动并向回归线方向回移;太阳升起时使其向东,落下时使其向西。

该方案产生的结果非常有趣,即全天功率分布曲线是平的(没有峰值),这一平行曲线对需要全天等热量发电的太阳能热应用非常有用。[9]但是,在冬至日月份,受余弦投影作用对其他水平阵列的强烈影响,日发电量会显著降低。

因此,在太阳能转换系统的追踪决策中,我们要对诸多问题进行权衡。有的方案会将追踪系统从客户选项中自动过滤掉。作者了解到的旋转站也仅有三个:一个靠近匹兹堡、一个在圣地亚哥、最后一个在德国弗莱堡外的瓦帮。建设追踪站真的是太难了!有时候,设计中你会受场地限制,有时候你会琢磨利用山体的自然坡度助力系统设计。这些问题在实用规模的发电或使用追踪聚焦加热流体发电或加热水/空气用于工业流程加热等整体设计的过程十分必要。祝你的系统设计一切顺利!

## 7.8  问题

(1)针对假定位于北卡罗来纳州罗利某东南向高楼对一楼窗户造成的遮光绘制正射投影,参考图7.9(问题摘自 Kalogirou)。[10]

(2)(使用相同关键点)就同一情景绘制极切投影。提示:以上两题都可使用俄勒冈大学太阳辐射检测实验室软件模板绘制(http://solardat. uoregon. edu/Sun-ChartProgram. php)

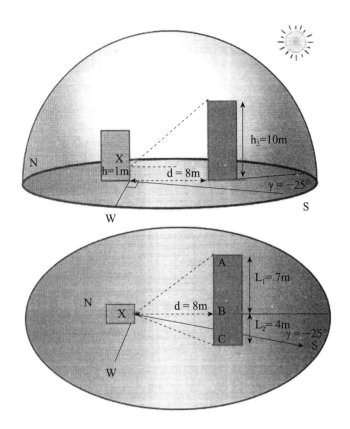

图 7.9 某建筑物南墙 $X$ 点东南方高大建筑遮光示意图

关键原点为 $X$，潜在关键遮光点为 $A$、$B$、$C$

# 7.9 建议参考读物

- 《倾角和方位角对美国各地年度入射太阳辐射的影响》[11]

- 《美国大陆追踪捕捉太阳辐射最佳固定方向和益处》[12]

- 《一个用于欧洲和非洲地区光伏性能估算的太阳辐射数据库》[13]

- 《热力流程的太阳能工程》[14]

- 《太阳能工程、流程及系统》[15]

# 参考文献

[1] John A. Duffie and William A. Beckman. *Solar Engineering of Thermal Processes*. John Wiley & Sons, Inc., 3rd edition, 2006.

[2] For example, in State College, PA the $\phi = 41°$, but the optimal tilt for the year is $\beta \sim 33°$.

[3] Craig B. Chistensen and Greg M. Barker. Effects of tilt and azimuth on annual incident solar radiation for United States locations. In *Proceedings of Solar Forum 2001: Solar Energy: The Power to Choose*, April 21–25 2001; M. Lave and J. Kleissl. Optimum fixed orientations and benefits of tracking for capturing solar radiation in the continental united states. *Renewable Energy*, 36:1145–1152, 2011; and T. Huld, R. Müller, and A. Gambardella. A new solar radiation database for estimating PV performance in Europe and Africa. *Solar Energy*, 86(6):1803–1815, 2012.

[4] John A. Duffie and William A. Beckman. *Solar Engineering of Thermal Processes*. John Wiley & Sons, Inc., 3rd edition, 2006.

[5] T. Huld, M. Šúri, T. Cebecauer, and E. D. Dunlop. Comparison of electricity yield from fixed and sun-tracking PV systems in Europe, 2008. URL http://re.jrc.ec.europa.eu/pvgis/.

[6] Soteris A. Kalogirou. *Solar Energy Engineering: Processes and Systems*. Academic Press, 2011.

[7] T. Huld, M. Šúri, T. Cebecauer, and E. D. Dunlop. Comparison of electricity yield from fixed and sun-tracking pv systems in europe, 2008. URL http://re.jrc.ec.europa.eu/pvgis/.

[8] John A. Duffie and William A. Beckman. *Solar Engineering of Thermal Processes*. John Wiley & Sons, Inc., 3rd edition, 2006; Soteris A. Kalogirou. *Solar Energy Engineering: Processes and Systems*. Academic Press, 2011.

[9] Soteris A. Kalogirou. *Solar Energy Engineering: Processes and Systems*. Academic Press, 2011.

[10] Soteris A. Kalogirou. *Solar Energy Engineering: Processes and Systems*. Academic Press, 2011.

[11] Craig B. Chistensen and Greg M. Barker. Effects of tilt and azimuth on annual incident solar radiation for United States locations. In *Proceedings of Solar Forum 2001: Solar Energy: The Power to Choose*, April 21–25 2001.

[12] M. Lave and J. Kleissl. Optimum fixed orientations and benefits of tracking for capturing solar radiation in the continental United States. *Renewable Energy*, 36:1145–1152, 2011.

[13] T. Huld, R. Müller, and A. Gambardella. A new solar radiation database for estimating PV performance in Europe and Africa. *Solar Energy*, 86(6):1803–1815, 2012.

[14] John A. Duffie and William A. Beckman. *Solar Engineering of Thermal Processes*. John Wiley & Sons, Inc., 3rd edition, 2006.

[15] Soteris A. Kalogirou. *Solar Energy Engineering: Processes and Systems*. Academic Press, 2011.

# 第八章 太阳能资源的估算和测量

　　　如何优化太阳能工程中收集器的方向？答案是根据不同季节，如供暖的能
源需求变化，充分考虑季节对能源需求的影响。可产生最大太阳能输出的方位，
可能与产生最大入射能的方位截然不同。

　　　　　　　　——*John Duffie* 和*William Beckman*，《热处理太阳能工程》（*2006*）

　　无论身处室内还是室外，人类与环境都息息相关。人类作为自然环境的一部分，
在能量和质量的系统间流动和转换中也发挥着重要作用。[1][1] 如果我们想了解环境中
出现的模式，特别是地球、收集器、天空和太阳之间的相互作用关系，我们应进行
环境测量和记录，通常称为经验观察。值得注意的是，作为地球天空太阳系统中的
一部分，太阳能转换系统测量参数在较大范围内进行了耦合。一个系统中的耦合参
数意味着我们居住的环境无法轻易地与地球分离。通过测量一个自然浮现的系统属
性（如辐射的能量通量），可对系统中的其他属性（如温度、风速和雨）提供额外
信息。

　　由于环境耦合参数的影响，我们可以通过测量辐照度（$W/m^2$）、温度（℃）、
湿度或露点（$T_{dp}$，℃）以及环境压力（mbar）等现象，估算我们所处的更大系统中
的其他变化因素。为了使用从环境中测量的参数估算确定性欠佳的耦合参数时，我
们开发了一套经验模型。[2][3]

　　举一个我们熟悉的环境测量案例，如何衡量某天为热天。又回到了我们熟悉的
领域——温度。温度是原子运动振动、扭曲或上下活动产生的物质（气体、液体和
固体）突变性质。温度可以看作是热缀合物（与热容量相关）的汇总，或者热能在
气体和固体中分布情况的描述（能量分布的详细讨论见附录）。

---

① 核心理念：自然不是"外部"，丢弃东西并不意味着它会"消失"。人类是环境的一部分。

② 如 Kelvin 勋爵所说，"无测量，乏改进"。

③ 明白了吗？测量环境中的一些可行参数，并在模型中预估该参数与其他参数的耦合行为。

在固体材料中，热能的两种主要类型包括：展示其平均晶格位置的原子振动能（包括有机聚合物），以及传导电子的动能（在金属中）。半导体的一小部分动能来自于电子贡献（如传导电子）。固相可以吸收能量，随着温度的上升，其内部的能量也随之增加。气体中的热能主要是动能（在空间里上下跳动）。通过研究这些细节能够发现，社会已经将温度视为有用的能源方式，并在日常生活中进行了应用。温度与辐射一样，都是以具有挑战性和趣味性的科学为基础。

我们如何测算某天为热天呢？简单的方法是将温度计④[2] 放置在室外，测量空气当中的热值。如果还需测量露点⑤,[3] 我们可以估计出在当地气候条件下人们外出的舒适程度，或者下雨的可能性。

为什么要测量能量呢？通过测量能量，我们可以揭示环境背后的潜在模式。从我们希望的角度提出模式，通过不断的学习改进，利用日益详细和完整的手段揭示我们所处的环境，提高人们的社会认知。我们希望使用模型了解环境模式，因此，从设计过程开始入手。

# 8.1 光的测量

太阳能转换系统中的设计和运行，为什么需要测量光照条件（如辐照度，W/$m^2$）？如果将光视作如热能一样的能源，通过测量整个社会中的热能，能更好地了解我们所采用的技术。太阳能评估以自然界中的气象学和气候学为基础。因此，通过对气象信息的分析和处理，我们可以组建更强的设计团队，在不同的季节条件，为太阳能资源中的差异性和不确定因素提供更多参考措施和预估数值。

在前面的章节中，我们介绍了辐射能表面间的相互作用和转换关系、天空和阳光的相互作用的复杂程度，并重点阐述了空间和时间的三角函数关系。我们试图利用这些角度关系来实现太阳能设计的目标。⑥ 在此过程中，我们简化了来自太阳的光线模式，将其作为一个单一光束（垂直于太阳表面）的单色光。太阳能资源具有广谱性和动态性的特点，以非线性的方式分散在众多表面。太阳能资源对位置具有依赖性（这是我们在当地环境中，最大限度地为客户利用太阳能资源的原因）。那

---

④　温度计可以由液体组成，随着热能的增加，液体容量不断增加，或者随着双金属电阻等其他属性变化而变化。

⑤　露点指空气在水汽含量和气压都不改变的条件下，冷却到饱和时的温度。

⑥　太阳能设计的目标：在当地环境中，最大限度地使客户利用太阳能资源。

么，该如何建立一套完整的理念，优化太阳能设计中的资源测量呢？

我们知道，有几个参数有助于光的特性形成，如波段（光谱）和成分（定向性）。打个比方，因为光子以动态流形式转换为能量，我们可以将光视为一个泵，而不是燃料。换言之，通过测量太阳能来估算出更好的太阳能泵的安装方式。除此之外，还可以用其他方式打比方。下表描述或量化了光的特性关键参数，以及其与"泵"相关的核心要点：

---

a. 强度：设定时间内"泵"的大小？（晚上没有补充存储，不能"抽送"）

b. 波段：设定时间内"泵"的颜色？太阳能资源对白天紫外/可见光/红外（短波）的变化具有一定作用。

c. 成分：现在抽送的是什么方向？太阳能资源可以分为光束、漫反射，以及相当于倾斜收集器的地面反射（最简单水平）。

d. 间歇性：泵将在何时何地停止？间歇性意味着项目设计中需进行更多的风险评估。

e. 网络分配：如果想做出超级泵，需选择何种规模组件？太阳能资源跨区域分布，本身是一种可以在组件中分散获取的资源。

f. 气候变化机制，泵在秋季和在夏季是否有区分？气候变化机制（时间—空间）对太阳能资源的组件和波段有一定的作用。

---

现在让我们思考如何评价晴天或者阴天的质量。该如何评估阳光明媚时天空漂浮的云朵，或者城市环境里的烟雾？答案是测量。为了估算光的特性，我们需要采取措施来测量光。

在关于角度关系的描述中，我们介绍了从天空穹顶到地面之间光线的几个概念。回顾一下，来自太阳光的中心光束投射到收集器的接收面，被称为光束直接辐照（$G_b$）。而在短波频带，直射光以外的光源被称为漫反射（$G_d$）。[7][4]直射和漫反射强度取决于分子和粒子对光的散射（最后一章讨论纬度和季节除外）。光的反射和折射、传送及吸收中包含的大气物理学可被视为一个新兴的系统，可以作为光的组成予以扩充。

穹顶上部水平面：我们已经研究，功和能量密度在秒、时、天的三个不同计算

---

⑦ 将收集器对准太阳时，我们可以将太阳直射辐射（DNI, $G_{b,n}$），或者与太阳表面垂直的光束/矢量与太阳表面进行匹配。当收集器表面定位发生变化时，太阳直射辐射不等于光束辐照度（$G_{b,n} \neq G_b$）。

## 太阳能转化系统

方程式（8.1）、（8.2）和（8.3）得出了三种基本计算方法。三个方程式分别代表地球大气边缘的水平面辐照度或辐射度，是依据一定的纬度和季节（赤纬和时角）与天顶角的余弦成正比的几何关系计算。[8]

## AM0 辐照度（$W/m^2$）

$$G_0 = G_{SC}\left[1 + 0.033\cos\left(\frac{360n}{365}\right)\right] \cdot (\sin\phi\sin\delta + \cos\phi\cos\delta\cos\omega) \qquad (8.1)$$

**每小时 AM0 辐照度**（$MJ/m^2$）：

$$I_0 = \frac{12 \cdot 3600}{\pi} \cdot G_{0,n} \cdot \left[\frac{\pi}{180}\ (\omega_2 - \omega_1)\ \sin\phi\sin\delta + \cos\phi\cos\delta\ (\sin\omega_2 - \sin\omega_1)\right]$$

$$(8.2)$$

**每天 AM0 辐照度**（$MJ/m^2$）：

$$H_0 = \frac{12 \cdot 3600}{\pi} \cdot G_{0,n} \cdot 2\left[\frac{\pi}{180}\ (\omega_{ss})\ \sin\phi\sin\delta + \cos\phi\cos\delta\ (\sin\omega_{ss})\right] \qquad (8.3)$$

$I_0$ 和 $H_0$ 的答案除以 $10^6 J/MJ$，从而转换为 $J/M^2$ 到 $MJ/m^2$ 的单位，以便于阅读和检查。

　　天空下的水平面和倾斜面：如何评估大气层底下的地球表面呢？实际上与天空、云朵、雨点甚至烟雾相接的地球表面？此外，作为设计团队，我们该如何理解倾斜面的太阳能资源入射，以及太阳能收集器具备非水平面的定位系统？

　　我的回答是，改变世界的是这些能测量太阳能资源的现代团队。测量水平面、倾斜面或跟踪面上的辐照度，可以结合波段和组件来测量辐照度，或者在各波长中的频谱信号、解耦光束和漫反射组件中测量辐照度。如果想知道在发动机中一种新燃料的运行情况，在燃烧前和燃烧后分别研究其化学特性是很有必要的。当然，我们不可能在光照下单纯用眼睛来观察生物燃料，就能断定其是否容易燃烧。我们需要用现代科技来衡量资源的特性，使研究团队在当地环境中，为客户提供最佳的能量转换过程。再次引述 Kelvin 男爵（William Thomson，19 世纪第一个 Baron Kelvin）的名言："无测量，乏改进。"

　　请记住：不要相信用眼睛能准确测量太阳能。在以下章节，我们将陆续探讨，用视觉感受来评估太阳能资源的有用性。思考一下，为何在有些东西上面，眼睛观察更好，但是在一年当中评估太阳能资源时，用肉眼观察却会变得可怕呢？

---

[8]　计算出的数值，不是测量数值，但有助于了解特定区域一年内的太阳能强度动态。

## 测量术语

- 波段：描述光的波长组的术语（例如红外波段、紫外波段和长波波段）。

- 组成：光的物理取向和散射组（例如，漫反射组分、光束组分）。

- 短波辐射：包括紫外/可见光/红外波段辐射。太阳短波辐射界限通常为从 290 到 2500 纳米（短波波段）之间。

- 长波辐射：过去被称为热辐射，或因其能发出 300K 之间的"光"，被称为从地球发射的辐射。事实上，这个波段都是由太阳发射形成的。长波辐射的强度比短波辐射显著降低。

- 光圈：作为收集器，测定装置可以作为一个光圈。通常情况下，一个收集器可以任意角度指向天空（但当链接到反射装置时也不一定）。

- 日射强度计：用来收集总短波辐射（光束 + 漫反射）的仪器。日射强度计几乎都是水平方向。

- 太阳热量计：只用于测量短波辐射直接/光束组成的仪器。太阳热量计具有两轴跟踪系统。日射强度计通常通过太阳热量计校准。

- 日照时数：$G_{b,n}$，超过 120W/ m² 的周期。

## 8.2　气象年：数据的收集

有时，我们仅凭借预测某地区条件得到有限或概括的气象资讯，从而进行项目设计。全球许多地方都有太阳活动的历史记录，太阳能科学家和工程师们可由此梳理出小时太阳辐射活动（及其他气象数据），用于对太阳能热水器和其他家用太阳能系统的长期性能模拟。这些系统的开发源自 NSRDB（全国太阳辐射资料库）的数据，其数据涵盖 1961 年至 1990 年和 1991 年至 2005 年两个时段。在 20 世纪 70 年代，典型气象年（TMY）得到开发后，就作为一种长期系统设计及估算的设计工具应用于美国及周边地区。[9]

典型气象年数据并不是截至目前的年数据集，而是通过对某特定地区几十年来平均气象条件估值评估后，基于长期平均数据并将对应日期拼接起来的综合数据。在众多的 TRNSYS、Energy + 和 SAM（系统简易模型）等计算机模拟程序中，最常用的两个数据库是 TMY₂ 和 TMY₃。前者数据覆盖期为 1961 年至 1990 年，后者覆盖

---

⑨　见 NREL GIS 连接中的动态资源地图。

1991 年至 2010 年间超过 1400 个观测站的数据。[10][5] 正因后者数据的及时性和准确性，NREL 推荐其取代 TMY$_2$。

尽管典型气象年数据非常有用，但在使用中需要注意[6]：该数据只是在评估地区气候对太阳能系统长期性能表现影响的一阶模拟的合理估算值，并不代表地区极端天气事件或数据正态分布的异常值。例如宾夕法尼亚州威廉波特市六月或一月的平均气象数据。根据长尾理论，极端天气事件是低概率现象，但会对太阳能量使用和系统成本产生巨大冲击。（例如热风暴、飓风、龙卷风等保险公司会关注的事件）

典型气象年数据不适用于要求小时数组失准率低于 10% 的设计项目。Wilcox 及其合作者将区域划分为 Ⅰ 、Ⅱ 、Ⅲ 类，并将 TMY$_3$ 模拟数据失准率进行划分，将 8%—25% 区间定义为较优数据，高于 25% 的定义为次优数据。[7] 他们发现，即使（在大范围内）数据均方根（RMS）误差很大，偏移误差值仍较小（既不偏高也不偏低）。典型气象年数据也不太适用于要求以分钟计取数据或将（太阳）追踪和聚焦作为关键因素的系统设计项目。我们推荐阅读"国家太阳辐射数据库 1991—2010 最新版：使用手册"以便进一步了解。

## 8.3  人类视觉：对数检测和线性检测对比

我们从人眼这一太阳检测系统开始。视觉感知是一种非常规系统。人类的视力已经进化为在黑暗环境中寻求风险最低的有益性，例如，在夜晚的森林里避开狮子。人类的视觉系统也适应于强光环境，即不戴太阳镜也能维持信息流的流畅。[11]

但是，人类的视觉系统也存在明显的不足。其视觉与认知系统的关联使得人类可以通过推断将细小的符号转化为有用信息，或将宏大的信号转化为可理解的信息。视觉的目标在于我们周边世界中的信息，而非向我们传输信息的光线量（对这些光线，我们认为是能量）。

眼睛中有两类基本的大型分子群，我们分别称其为视杆细胞和视锥细胞。两类细胞都位于视网膜上，并已分别进化为适应于日照环境（视锥细胞）和暗光环境（视杆细胞）。视杆细胞可以接收能量低、光波长度大的光子，视锥细胞（实际为多类锥细胞）可以接收不同的分散光（波长）带，我们将此解读为对颜色的辨识。

两种系统中的最大接收光谱带非常有限，这其中不包括约占太阳辐射 50% 的紫

---

⑩  NSRDB 连接：国家太阳辐射数据库。

⑪  人类眼睛提供稠密信息以降低环境中的风险。

外及红外短波带。这一构造导致人类的眼睛检测不到大部分的太阳光波，人眼只能局限于接收可见光。此外，神经末梢的感光因子都是非线性的，而人眼主要搜寻线性响应的可转化信息，这使得视杆细胞和视锥细胞系统成为将视力作为太阳光线测量量化工具这一过程的一个短板。

见图 8.1，人类的杆细胞和锥细胞分布于眼睛后部，但是两种细胞系统分布于不同位置。可以看到，视杆细胞分布于除视网膜中央凹以外的大部分区域。而视锥细胞进化为主要分布于视网膜中央凹处，这也是眼睛透镜系统的焦点所在。

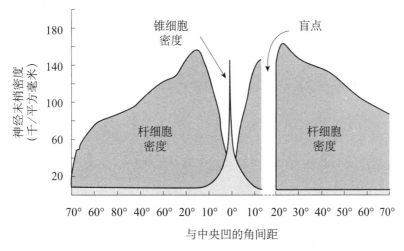

图 8.1　眼睛神经末梢分布原理图

图片取自 Osertberg，G "人眼视网膜杆细胞和锥细胞层次态势"，

《眼科学报》，（增补版），Vol. 6，1—103，1935

眼睛中的透镜系统可以让我们便捷地考虑聚焦太阳能系统以及透镜的局限。透镜能且仅能收集并引导其对准方向的光线至焦点上，这（对大多数太阳能系统来说）暗示我们需要一个聚焦系统跟踪阳光，以实现更佳系统性能。[12]

聚焦的特征意味着锥细胞系统将主要检测眼睛正对的方向的光线。这也意味着让我们享受丰富的高清视觉体验的色彩检测系统在感受空中或眼睛不正对的陆地区域中的漫射及散射光线方面相对较弱。这再一次证明视力作为太阳光线测量量化工具的不足。

再回来讨论视杆细胞系统。我们看到视杆细胞分布在除焦点（及盲点）区之外的所有区域，这就意味着视杆细胞可以接收从各个方向射入眼睛的漫射光线。因为是非色彩感知性的，视杆细胞只能检测到短波光中波长较大的部分，例如星光、暗

---

[12]　我们将在下一部分再次介绍透镜及 Campbell-Stokes 日照计。

夜中或日出前后的光。一个天文学家说："如果你正在夜里看星星、骑自行车或跑步，让眼睛散焦便能够检测到外围的光线，就能看得更清楚。"

人眼中的视杆细胞不属于聚焦系统，在牺牲颜色辨识的情况下可以更好地检测到漫射光。但事实是，视杆细胞仅在弱光照条件下向大脑传递有用信号。这又一次证明视力作为太阳光线测量量化工具的不足。

如果将眼睛的检测范围扩展到可见光段以外，我们可以找到控制光线接收的宏观的反馈衡量（机制）。人眼的目标在于向大脑传递最佳信息，而非能量，虹膜恰恰在于帮助实现该目标。虹膜是眼睛的一个反馈系统，当光线昏暗时将瞳孔调大，当光线强烈时将瞳孔缩小。无论视杆细胞和视锥细胞正在进行何种作业，虹膜都会自适应地将最多的视觉信号传递给大脑。但是，在太阳能测量系统的理想状态下，我们不希望出现一个自适应虹膜系统，因其又对检测一天中变化的线性辐射这一目标造成了影响。[13]

考虑面部系统时，应将眼睑和眉毛考虑在内，它们阻挡或遮蔽大部分射入眼睛的光线。通过观察人类行为（人也是视觉系统的一部分，对吧?），可以看到很少有人会"抬头"看天来感受光，恰恰相反，人们倾向于看地平线。这说明人类的眼睛不是被训练得垂直向上看信号最强的地方，而是沿着水平面看。而太阳光线探测器通常水平布置，指向接收全部光线的空中。最后，结论就是人眼不能量化传递一天中光照量和光照变化。

上文只是对太阳能系统设计团队的提醒：眼睛提供的信息可用于让我们避免极端光照条件下的困境，或从高分辨成像设备中形成简易多样的数据流。我们固然需要这些信息，但是它们却无助于太阳能的定量评估。我们真正需要的是精确测量太阳辐射通量的紫外或热电堆等线性检测工具，有了这些，我们就可能设计出对社会有用的系统。

## 8.4 总测量：日照时数

我们可以从广义视觉的角度来定义阳光，该广义视觉的概念不仅仅局限于人类的视力范畴。世界气象组织明确指出，日照时数指的是法向直射辐照强度（DNI，$G_{b,n}$）超过 120 W/m² 的时间长度。[14]

---

[13] 人眼适应于向大脑传递高质量信息，而非最强太阳能。

[14] 不是真的吧，阳光也需要定义！

日照这个词与太阳圆面发出的光经过大气漫反射之后呈现在我们面前的亮度有关，或者与发光体后面阴影有关，人眼可以更好地观察到。就其本身而言，这个词更多地是指视辐射，而不是指可见光之外其他波长光的能量辐射，尽管这两个方面是不可分割的。实际上，第一种定义其实是由相对简单的坎贝尔-司托克斯日照计直接建立的，坎贝尔—司托克斯日照计通过观察经特殊透镜聚集的太阳能法向辐射能否灼伤一种特制的黑色纸卡片来发现日照。这种日照计早在 1880 年即被气象站引入，至今仍然有不少气象站在使用。

——WMO（2008）[8]

根据世界气象组织工作报告，日照是指通过一面大的透镜（坎贝尔—司托克斯日照计）聚集后可以导致纸张热灼伤的辐照能力。因为阈值与设备中的物理元件相关，这种测量根据实际操作来定义。如图 8.2 所示，透镜是一个巨大的玻璃球体，[15][9] 可以聚集一天中任何时候的法向辐照。这种透镜的物理性质决定了它只能聚集法向辐照（DNI），因此，通过它可以简单而有效地测得一天中法向辐照超过阈值的日照时数。

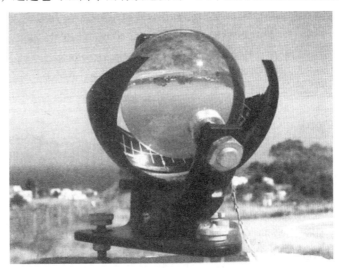

图 8.2　这是一个经典的坎贝尔-司托克斯日照计

图片来自：Vfarboleya/维基共享资源/CC-BY-SA 3.0 协议提供，2005 年 8 月，2006 年 2 月

## 8.5　日射强度计：总辐照度测量

日射强度计是一种太阳能传感器，传感器意味着其可以收集日光辐照信号并将

---

⑮　……其对光的局限与人眼视锥细胞相同。

## 太阳能转化系统

光辐照信号转换为电子信息信号（见图8.3）。太阳入射光辐射使日射强度计做出电压响应。假设日射强度计使用热电堆（热电传感器）为传感元件，热电堆是所有波长光线的有效"积分器"。不过在玻璃封闭体中，即使是热电堆传感器，也只能响应短波光线。基于光电二极管原理的日射强度计仅用于短波总辐射测量。如果我们希望测量太阳法向辐照度（DNI），应选用以热电堆为传感元件的日射强度计。[16]

为获取精确的数据，研究人员习惯将日射强度计按水平方位安装，测得结果称为总水平辐照度（GHI）。然而，总水平辐照度只包含从天空照射下来的光线，不包括地面反射的光线（与天体或地面反射成正比）。不过，大多数集热器都不是水平的，因此在不知道真实地面反射情况时，需要将水平辐照度转换成斜面辐照度。我们刚提到过的日射强度计可以有效整合一个光带中所有的光线，因此，除了水平辐照测量之外，现在的行业人员开始在太阳能平板矩阵（POA）上安装日射强度计，进行斜面辐照测量。安装在平板矩阵上的日射强度计还可整合天体和地面总反射的变化。日射强度计在太阳板上的安装也有它的不利之处，那就是除了常规误差和余弦投影射误差之外，日射强度计的安装在热力学损失计算中又引入了新的误差。[17]

> 热电堆，顾名思义，是一个热电偶"堆"。热电堆是暴露在温差环境下时，会发出电信号的一系列双金属结。

用于科研目的的日射强度计配有一张不透明薄膜，用于收集热能。热能随后向热电堆传导。不过我们应该注意到，金属（通常）对光的反射性能很好，而其光吸收性就很差。如何将响应温度差的材料用于太阳光辐射测量呢？关键是吸收器材料：帕森黑是一种对短波到长波（~300—50000 nm）光线的反射率都极低的漆，是一种有效的黑体。如果用玻璃（选择面）来覆盖帕森黑，透过玻璃照射到黑体上的太阳光波长一般在300—2800 nm。该系统组合形成了一个短波光线总日射强度计。试想一下，如果我们发明一个热电堆，用黑吸收器做薄覆盖层，将玻璃替换为长波透明材料（许多有机聚合物/塑料属于此类材料），从而得到一个长波光线的总日射强度计。

价格相对便宜的日射强度计通常采用光电二极管传感器。请记住：所有光电二极管的本质都是光伏元件。日射强度计使用的光电二极管是直接将短波光辐射转化

---

[16] 俄勒冈大学太阳辐射检测实验室软件有非常好的仪表文字描述和照片资料，可以进行查阅。

[17] 太阳板日射强度计可测量总斜面辐照度，并可在不添加任何组件的条件下，合并处理反射光辐照。

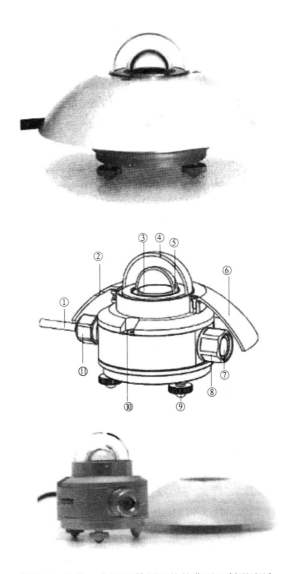

图 8.3　这是一个用于科研目的的典型日射强度计

具体组件包括：1. 信号电缆，2. 辐射屏安装口，3. 热电堆传感器（黑体），4. 玻璃穹顶（选择性表面），
5. 玻璃穹顶（选择性表面），6. 辐射屏（白色漫反射器），7. 湿度指示器，8. 干燥剂（除湿），9. 调平脚，
10. 水平仪（气泡式），11. 电缆紧固螺母。
引自 Hukseflux 手动热感式传感器 SR11 手册

成电信号（不需要经过热转化步骤）的半导体薄膜，其中硅光电二极管的临界波长
小于 1100 nm，其综合动力响应能力与帕森黑覆盖的热电堆传感器相当。不过，在
日出和日落时段，由于存在余弦响应误差，光电二极管薄膜的性能有所下降（相对
于热电堆传感器而言）。早晨和黄昏的时候，偏低的太阳高度角（$\alpha_s$）产生的太阳

光入射角较小，照射到传感器上的部分入射辐射被反射出去，且来自水平面的反射光产生的传感器读数比正常值偏低。对此，可以安装一些补充件进行些校正，如加置一个黑色圆筒形套和一个小型白色塑料扩散盖（小入射角时，光线的反射率很小，可将余弦误差降至最低值）。日射强度计可通过零件组装制得，不过，主要太阳能安装专业监控要求对仪器进行校准，为校正数据的收集提供支持。[18]

机器猴警告：后续内容含有大量的关系式和公式，是将太阳能测量用于太阳能转化模拟软件的有效工具。工程运用的相关人员应继续学习这部分知识，而只需要概括地了解设计技术的学习者，如果时间不允许，可以到此为止。

## 8.6 散射和直射法向测量

本文将继续介绍两种用于获取辐照度数据的典型仪器。第一种叫作旋转遮光带日射表（RSP），可用于测量总水平辐照（GHI）和散射水平辐照（DHI），并计算径向辐照（$G_b$）和法向直射辐照（DNI）。第二种叫作日温计，可用于测量法向直射辐照 DNI（$G_b$），并计算径向辐照（$G_b$）值。[19]

旋转遮光带日射表（RSP）是一种改进型日射强度计。首先，旋转遮光带日射表可以测量总水平辐照度；然后，通过一个旋转遮光带有意识地将日光中最亮的光锥体阻挡在外，从而进一步测量（仅需几秒钟）散射水平辐照度。如公式（8.4）所示，天幕各组件之间的关系对水平集热表面的影响是微不足道的。[20]

$$G_b = G - G_d \tag{8.4}$$

然而，对于一个水平表面的法向辐照，如何计算其*法向直射辐照*DNI值呢？通过再次观察图8.4我们可以发现，水平表面存在一个简单几何关系（见公式8.5）。通过公式8.4获得的径向辐照 $G_b$ 的估算值，可以根据公式8.6计算*法向直射辐照*DNI值（$G_{b,n}$）。因为时间是以超过瞬时速度的方式在变化（一分钟→一小时→一天），真实的太阳能信号在一天之中始终处于变化状态，会导致仪器误差的产生。因此，得到的法向辐照值仅是一个近似值。

---

[18] 余弦响应误差因余弦投影效应产生。

[19] 请访问俄勒冈大学太阳辐射检测实验室软件，了解实际仪表详细信息。

[20] 旋转遮光带日射表（RSP）可测量总水平辐照（GHI）和散射水平辐照（DHI），并计算法向直射辐照（DNI）和径向辐照（$G_b$）。

$$G_b = G_{b,n} \cdot \cos\theta_z \qquad (8.5)$$

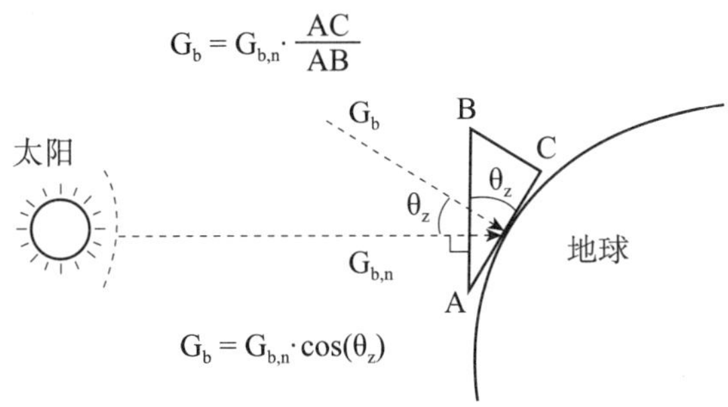

$$G_b = G_{b,n} \cdot \frac{AC}{AB}$$

$$G_b = G_{b,n} \cdot \cos(\theta_z)$$

图 8.4　从法向直射辐照（DNI）到径向辐照（$G_b$）点积阴影的几何关系分析

$$G_{b,n} = DNI = \frac{G_b}{\cos\theta_z} \qquad (8.6)$$

第二种日射强度计是日温计，是一种安装在双轴跟踪系统上的管状仪表。在日温计中，长管内部涂成黑色，并带有隔板以减少对大入射角（通常 $\theta < 3°$）光线的吸收，在长管底部安装有热电堆。逐光日温计可以测量法向直射辐照 DNI 值（$G_{b,n}$）（以及一些来自太阳周边的辐照）。根据公式 8.5，可以通过这个法向直射辐照（DNI）值计算得到径向辐照（$G_b$）值。[21]

## 8.7　辐照度的卫星测量

地面辐照测量可以通过卫星成像遥感技术进行补充和拓展。随着卫星成像技术的发展，现在我们甚至可以通过访问谷歌地球和微软必应地图这种娱乐入口进行遥感成像。从 20 世纪 60 年代开始，出现了为气象模式获取低分辨率图像或为军事间谍卫星获取高分辨率图像的遥感宇宙飞船。自此，卫星成像技术的运用范围不断拓展，用于记录天气变化，以周期图片（每小时或每 15 分钟）的形式记录气候模式，以及记录持续的频谱数据流。[10]图像序列由位于赤道上方的气象卫星拍摄收集（绕地球的周期与地球自转同步，每天都处于地球上方同一个位置的卫星）。随着时间推移和不同气象情况的横向变化，会导致测量图像的变化，因此再次使用泰勒假设。假设从这些图像的变化中可以看出其后的变化趋势，因而可以用于气象预测。同时存在与太阳同步的地心轨道，但与地球同步轨道不同的是，太阳同步轨道是指在同样的局部平均太阳时间点上，卫星在固定纬度（$\phi$）位置上升和下降，从而确保全

---

㉑　日温计可测量法向直射辐照（DNI），并计算径向辐照（$G_b$ 或 $G_{b,t}$）。

年传递光照情况的一致性的轨道。[11]

美国的同步气象卫星名叫 GOES（分为东 GOES 和西 GOES），由受美国内政部管辖的国家海洋和气象局（NOAA）控制。欧洲和非洲的气象卫星叫作 Meteosat，由政府间组织欧洲气象卫星组织（EUMETSAT）控制。日本的同步气象卫星（GMA）由日本气象厅（JMA）管理控制。俄罗斯气象卫星由 Roskomgidromet 管理，印度的则由印度太空研究组织（ISRO）控制管理。中国的气象卫星由中国气象局（CMA）管理运营。这些卫星轨道位于地面上方 200—800 km 处，其纬度控制精确，可获取高分辨率的遥感图像。

太空遥感技术面临很多挑战，而遥感数据对于太阳能设计具有重大意义。卫星可以测量来自水平面特定波段的光能传递，如测量短波（或可视）波段在地球表面和空气中物质的反射光辐照度。另外，地球外辐照度和反射辐照度之间的差值就是地面辐照度的近似值。在长波（或红外）波段，可测量地面和空气中物质发射光的总辐照度。[12]

通过上文，我们了解了卫星测量的水平方向特性，而斜面辐照的卫星测量仍有很多问题有待了解。

除了购买的气象数据集中以组分为基础的数据集外，设计团队应了解，主要卫星数据和历史地面测量数据均为总水平辐照度或散射水平辐照度测量数据（然后整合到数据记录器显示的辐照度数据中）。在所有需要安装太阳能转换系统的地方都部署一个完整的表面辐照气象站，会产生高昂的成本，从经济角度来讲具有不可行性。不过，数十年来的历史观察数据和太阳能科学家、工程师得出的经验关系式为我们提供了月度、每日和每小时的平均日辐照度数据获取办法。我们需要的主要工具有两个：每小时或每日的地外辐照度（大气质量为零的辐射（AM0）），和从水平安装的日射强度计上读取的总能量密度（辐照度：MJ/m2）。在上一章节中介绍了相关内容。另外，还可以发现，从大气质量为零的辐射测量值中还可以获取光成分之外的更多信息，比如可以得出在某个月内光线条件清晰或阴天/多云的天数。

## 8.8　光成分经验关系式

参考前文关于日射强度计的讨论，以及图 8.5，可以发现即使是在最好的条件

---

② 光热传递：$J = \rho G + \varepsilon E_b$。

下，也无法仅使用一个仪器就测量出每一个光（反射或非反射的）成分，从而估算每个成分对所测光孔处入射光整体入射辐照的贡献。根据 Bird 和 Gueymard 的 SMARTS[13]模型，我们已经知道如何在晴空模式下，计算水平面入射光成分。受测量仪器费用的限制，科学家和系统设计团队在过去的 50 多年间，开发出了依据从指向天空的水平面收集的信息估算任意方向多表面辐照度的方法。

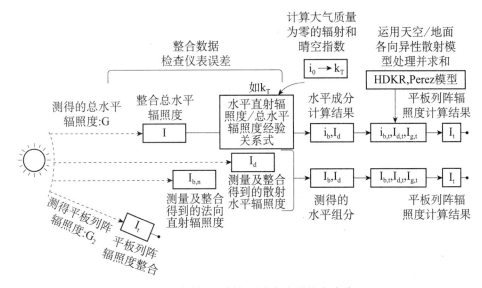

图 8.5　直射和反射辐照度各向异性光成分

这些方法均称为经验关系式。在估计水平面直射辐照度时，我们已经介绍了第一个经验关系式。

集热器的倾斜和方位角（$\gamma$，$\beta$）可以使地球倾斜产生的余弦投影效应降至最低，因此，在太阳能转换系统设计中，斜面集热器比平面集热器的作用更加重要。[23]在图 8.6 中，将天空和地面作为预先发射（直接）和反射（天空反射和地面反射）光线来源，进行了图解法表示。公式 8.7 显示了三个主要方向的短波光源成分的贡献。现在，如果没有用平板列阵日射强度计进行整合，则必须对直射（$G_{b,t}$）、天空散射（$G_{d,t}$）和地面散射（$G_{g,t}$）光在斜面集热器上的入射光根据经验关系式和各向同性或各向异性光源成分模型进行估计。

倾斜平板列阵 = 光束 + 散射，天空 + 散射，地面

$$G_t = G_{b,t} + G_{d,t} + G_{g,t} \tag{8.7}$$

---

㉓　相比于水平集热器，斜面的 $G_{g,t}$ 值有所增大。

太阳能转化系统

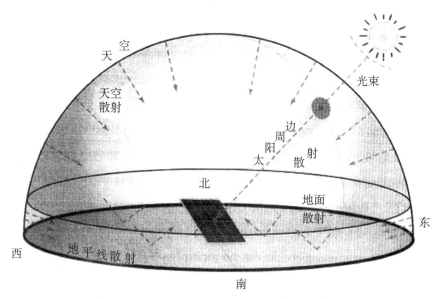

图 8.6　每小时数据集光处理流程图，从测量到平板列阵总辐照度

波束对斜面的直射成分贡献（$G_{b,t}$）可以用公式 8.8 进行求解。如果已知水平面上的光束辐照度，可以运用斜面的光束辐照度相对于水平面的光束辐照度的简单几何比：光束辐照度倾斜因子 $R_b$ 直接求解水平面光束辐照。注意，在公式 8.9 中，公式取消了法向直射辐照（$G_{b,n}$）部分，仅留下了倾斜因子与余弦比的比例公式，具体见公式 8.11。[24]

$$G_{b,t} = G_{b,n} \cdot \cos\theta \tag{8.8}$$

$$R_b = \frac{G_{b,t}}{G_b} = \frac{\cos\theta}{\cos\theta_z} \tag{8.9}$$

因此，公式 8.8 可以改写为：

$$G_{b,t} = G_b \cdot R_b \tag{8.10}$$

## 各向同性散射天空模型

20 世纪 60 年代，科学家开发出了各向同性天空模型，用于估计天空散射到倾斜表面[25]的辐照度，并进一步对来自地面的反射光线进行预测。[26]

---

[24]　注意：斜面直射辐照度 $G_{b,t}$ 值与入射角 $\theta$ 余弦成正比，而不是与天顶角余弦成正比。

[25]　表面：光孔

[26]　$\rho_g$：地面集体反射率。用辐照度值 $G$ 减去一个 0—1 之间的数字可得。

$$G_t = G_{b,t} + G_{d,t} + G_{g,t}$$

$$G_{tilted} = G_b \frac{\cos\theta}{\cos\theta_z} + G_d (F_{surface-sky}) + G\rho_g (F_{surface-ground}) \tag{8.11}$$

式中，

$$F_{surface-sky} = \frac{1 + \cos\beta}{2} \tag{8.12}$$

$$F_{surface-ground} = \frac{1 - \cos\beta}{2} \tag{8.13}$$

$$G_{d,t} = G_d \cdot (\frac{1 + \cos\beta}{2}) \tag{8.14}$$

其中，与集热器倾斜度成正比的分数称为各向同性天空模型的散射天空辐照度倾斜因子。[27]

$$G_{g,t} = \rho_g (G_b + G_d) \cdot (\frac{1 - \cos\beta}{2}) \tag{8.15}$$

其中，地面反射称为星体反照率（是一个零到一之间的小数），在各向同性天空模型中，将其乘以总水平辐照度（GHI，不是 $G_t$）和地面扩散辐照度倾斜因子。几乎从未对星体反照率进行过实际的测量[14]，一般以近似值代替。夏天一般将星体反照率 $\rho_g$ 近似为 0.3，冬季则将 $\rho_g$ 近似为 0.7。

所有三个成分的分析都假定一天中水平辐照度条件中含有有用的信息。在最初的各向同性模型出现后的 50 年里，由 Hay、Davies、Klucher 引入，后来经 Reindl 优化的各向异性天空模型，对 *HDKR* 模型进行了精简。[15]纽约州立大学阿尔巴尼分校的 Richard Perez 开发出了各向异性天空斜面辐照度的预测方法。Perez 模型作为 TRNSYS、Energy + 和 SAM 等现代模拟软件的标准模型，并在美国被广泛用于各种地理特征的太阳能资源潜力预测。

## Perez 各向异性模型

该模型是一个各向异性散射模型，考虑了散射光子成分的真实观察结果。Perez 模型[16]在各向同性模型基础上加入了太阳周边的反射光成分和水平散射成分。

$$G_{d,t} = G_{iso} + G_{cir} + G_{hor} + diffuse, ground \tag{8.16}$$

注意，这里没有提到直射光成分，因为它并没有改变最初的关系。同时，将地

---

[27]　存储设备：向上倾斜有利于太阳能存储。存储设备：向下倾斜不利于太阳能存储。
　　　Boo，不满足的经验主义者。

太阳能转化系统

面反射也直接纳入到了公式中。

$$G_{d,t} = \left[ G_d(1 - F_1) \cdot \frac{1 + \cos\beta}{2} \right]$$

$$+ \left[ G_d(F_1) \cdot \frac{\cos\theta}{\cos\theta_z} \right] + \left[ G_d(F_2) \cdot \sin\beta \right]$$

$$+ \left[ G_d\rho \cdot \frac{1 - \cos\beta}{2} \right] \tag{8.17}$$

本书不再对该模型中的波形因数（F）进行深入探讨。针对本模型的深入讨论，可以查阅早期的一些太阳能论著[17]。我们发现 $F_{surface-sky}$ 与 $F_1$（太阳周边辐照）成比例降低关系，而 $F_2$ 可以增加或者减少水平辐照的贡献。

## 晴朗指数和气候格局

研究者最常采用的测量方法是总水平辐照度测量，可以通过地面监测站测量或者通过卫星测量。如图 8.5 所示，通过整合一个时间段内的总水平辐照数据样本，可以获取一定水平面的总辐照信息。我们可以计算并对比两种假设情况下的辐照数据：（1）空间地外太阳辐照度（AM0），（2）天空下地内太阳能辐照度，不包括天空有云漂浮的情况（晴空状况）。早先我们已经讨论过"没有大气"（无限透明）情况下的辐照度计算和晴空时的辐照度计算。

因此，太阳能技术领域经常使用的经验关系式采用了各种散射天空晴空指数作为参数。晴朗指数是测得某一地点辐照度与所在地地外辐照度（AM0）计算结果相比所得比值。其值可以是某一天内的估计值 $K_T$，或者在一天当中指定某一个小时的特定值 $k_T$。[28]

研究者们探讨了晴空指数（$K_c$ 和 $k_c$），将指数的分母用研究时段内的晴空辐照度（$H_c$）代替。Ianetz 和 Kudish 证实，对于以色列数据集，这两个指数具有高度相关性（月数据分析中的线性回归结果显示，相关性 $R^2 > 0.99$）。晴朗指数（$K_T$）的幅度包括有云天空中的天空透明度指标。而晴空指数将公式中的晴空大气去除，因而忽视了气团的日夜循环。余数（$1 - K_c$）不能显示阴云的效果。在这种情况下，可以使用（$1 - K_c$）作为度量衡，显示一天中天气阴沉程度的指标。[18]

我们已经演示了如何使用各向异性光线扩散模型依据水平面辐照信息进一步推

---

㉘ 注意：以天为时间单位时使用大写字母"K"，而以小时为时间单位时，使用小写字母"k"。这里使用的下标"T"具有时间意义，表示总辐照度。

算斜面辐照度数据。因此，在设计初期，关于水平辐照度参数获取方法的知识非常重要。根据相关经验关系式，仅需要测量总水平辐照度，即可估算入射到水平面的光线成分。科学家在过去的 50 年时间里针对晴朗指数进行了大量的研究。

根据其时空规模，可以将与光相关的气象分为：较大范围内发生的大规模天气，在小范围内存在的微观气象，介于两者之间的日常天气情况。我们一直在强调，时间和空间因子与太阳能源具有紧密的关联性！具有一定规模的大范围气象（也叫作宏观气象）指涉及空间范围在 1000 公里，持续时间在 30—90 天的气象情况。类似的时间周期还有哪些呢?[29][19] 对于区域空间规模（ $>1,000km$ ），我们应寻求以月度为时间尺度的晴朗指数。太阳能产业使用月度日均测量值（ $\overline{H}$ ，一个月中的日能量测量均值）来评估这种规模的气象条件，中纬度地区的季节区分见表 8.1，其中区域的热学表现比二至点滞后 20—25 天。因而，巴拿马和威斯康星州的冬季气象"指纹"符合一月，而不是十二月的气象指纹特征。

表 8.1　每月第一天（$n_1$）的数据

| 月份 | 平均能量日（AM0） | 平均能量日（n） | 第一天（n1） | 第一个小时 | 最后一个小时 |
|---|---|---|---|---|---|
| 十二月 | 10 | 344 | 335 | 8016 | 8760 |
| 一月 | 17 | 17 | 1 | 0 | 744 |
| 二月 | 16 | 47 | 32 | 744 | 1416 |
| 三月 | 16 | 75 | 60 | 1416 | 2160 |
| 四月 | 15 | 105 | 91 | 2160 | 2880 |
| 五月 | 15 | 135 | 121 | 2880 | 3624 |
| 六月 | 11 | 162 | 152 | 3624 | 4344 |
| 七月 | 17 | 198 | 182 | 4344 | 5088 |
| 八月 | 16 | 228 | 213 | 5088 | 5832 |
| 九月 | 15 | 258 | 244 | 5832 | 6552 |
| 十月 | 15 | 288 | 274 | 6552 | 7296 |
| 十一月 | 14 | 318 | 305 | 7296 | 8016 |

数据按北半球、中纬度指纹区分为：冬季（十二月到二月）、春季、夏季和秋季（九月到十一月），最后列明了该月达到日平均辐照度的推荐天数

将整个月中每日测得的辐照度值加和之后除以天数，既可得到月度日辐照度测量平均值（ $\overline{H}$ ，单位为 MJ/m² ）。在太阳能几何学的章节中介绍了月度地外日均辐照度的统计值 $\overline{H}_0$ 。除了从月度辐照度水平获取日均辐照度外，Klein 推荐了一个更

---

㉙　答案：月份与季节。

## 太阳能转化系统

为简单的方法，可通过关键日的辐照度对月度日均辐照度进行粗略估算。[20] 因此，在给定月份的日均地外辐照度（$\overline{H_0}$，单位为 $MJ/m^2$）计算可以根据表8.1中的月关键日（平均能量日）的日辐照度值进行估算。[30]

$$\overline{H} = -\frac{1}{n_2 - n_1}\sum_{i=n_1}^{n_2} H_i \tag{8.18}$$

每日晴朗指数的获取办法和日均辐照度的获取方法一样，但只整合了研究日的单日辐照度的情况除外。不过，日晴朗指数肯定落在月度晴朗指数数据集分布范围内，根据这个数据集可以求取每月晴朗指数均值。[31]

$$K_T = \frac{H}{H_0} \tag{8.19}$$

研究发现，不同地区的月度辐照度数据分布具有不同的指纹特征（如热带地区的关联方式与地处温带的美国大有不同，印度与非洲地区也大相径庭）。各个国家和地区的研究人员各不相同，其中，Hawas 和 Muneer 主要开展印度地区的研究，Lloyd 则主要针对英国等等。[21] 从太阳能辐照水平和日照模式来讲，不同地区的月度数据分布情况也不尽相同（第三章，英文原版第123页）。

例如，印度某些地区的一个月当中，$\overline{K_T} = 0.7$，$K_T \leqslant 0.73$ 的时间占70%，$K_T \leqslant 0.68$ 的时间占20%。而美国的同类光照条件的时间分布百分比分别为56% 和30%。从上述数据可以明显看出，印度地区的光照分布要比美国均匀，这意味着印度子区的日晴朗指数（$K_T$）的分布范围比较窄。

——T. Muneer（2004）

从气象学角度来讲，时空区内的某些共同气候特征称为气候格局。我们之前已经介绍过，每一个不同气候格局在一年中应作为不同的地理区域处理。研究区域的每日晴朗指数和昼夜晴朗指数均与其所在气候格局紧密关联。对于太阳能设计来说，天空和光线的交互作用特点根据气候区和空气温度条件的变化而变化。处于中纬度的地理区域（包括北半球和南半球），其气候一般倾向于四种（如不同的季节区分）。对于受季风影响地区或者沿海和热带地区，可能有两种或三种气候格局。我们知道，晴朗指数及它们对应的斜面天空反射模型实际上是表征气候格局的气象性

---

[30] 在实践中，不经常使用日均能量（$\overline{H}$）测量值，因为在全球的大部分地区，都可以提供现成的小时数据、年度平均辐照度或者平均晴朗指数。

[31] $K_T \to 0.751—1$：表示天空晴朗；$K_T \to 0$：表示天空有云层遮挡。不过，这种测量综合了光散射和光吸收。

质的重要参数和经验式。事实上，根据过去几十年来工程师收集的数据确认了的气象学气候区的概念。不同的气候区具有不同的宏观气候特征，其产生的光线辐照度数据分布也不同。[32]

现在回顾一下天空相关章节中的概念。20 世纪，英国科学家 Geoffrey I. Taylor（1886—1975）的涉猎领域非常广泛，其中包括数学和物理学，研究领域包括流体力学。[33] 根据 Taylor 提出的泰勒假设，我们假设一个气象时间涉及的面积内，日射强度计辐照度测量值的变化是由天空和云层情况的横向变化导致。泰勒假设认为在一个固定地点的一个连续的时间段内的辐照度观测可以作为相应云层模型低速（平流）通过天空的一种体现。[22]这再一次表明时间和空间规模是相关联的，通常情况下，平流风速的数量级要远大于研究气象学的时间规模。

最后，我们将讨论重点转移到宏观气象学现象的数据。只能获取水平辐照度测量结果时，我们大量使用了小时晴朗指数来估计天空散射光线入射到斜面上的光线百分比。如公式 8.20 所示，指数形式与前两个指数相同，都是每小时测量辐照数据与计算所得地外辐照数据相比的比值。

$$K_T = \frac{I}{I_0} \qquad (8.20)$$

## 散射分数

通过经验关系式，将月度平均日散射分数（月均散射值与月均总辐照值的比值）作为一个平均日晴朗指数（$\overline{K_T}$）的函数。如公式 8.21 所示，对于中纬度气候区（如曼彻斯特或者英国）和沙漠，以及具有高浊度（大量粒子散射，气溶胶）的热带气候

---

[32]　● $K_T = \dfrac{I}{I_0}$：每小时晴朗指数，与地外太阳能的小时能量密度成反比；

● $K_T = \dfrac{H}{H_0}$：晴朗指数；

● $K_T = \dfrac{H}{H_0}$：每小时晴朗指数；

● $\overline{K_T} = \dfrac{\overline{H}}{\overline{H_0}}$：月度日平均晴朗指数。

[33]　泰勒假设：在某时间段内，发生在一个固定地点的一系列变化。比如，你看到暴风雨经过你家院子，这是在固定地点上发生的固定空间格局的通过过程；又比如乌云从你家屋子上空飘到邻居家屋子上空，再飘到下一栋屋子的上空。

太阳能转化系统

区（如印度）的关联式不同。通常，散射分数数值为 $0.3 < \bar{K}_T < 0.7$③[23]。

$$\frac{\overline{DHI}_{d,midlat}}{\overline{GHI}_{d,midlat}} = \frac{\bar{H}_d}{\bar{H}} = f(\bar{K}_T) = 1.00 - 1.13 \cdot \bar{K}_T \qquad (8.21)$$

（Page，1977）

$$\frac{\overline{DHI}_{d,trop}}{\overline{GHI}_{d,trop}} = \frac{\bar{H}_d}{\bar{H}} = f(\bar{K}_T) = 1.35 - 1.61 \cdot \bar{K}_T \qquad (8.22)$$

（Hawas & Muneer，1984）

因此，$K_T$ 的数值不是全球通用的，而是具有地域性，需根据经验获得。对于给定的主流空气质量，$K_T$ 分布可以体现区域的气象情况。本文将提供一些 Muneer 常用的经验关系式，曾经在加拿大、印度、美国和英国应用。[24]

$$\frac{H_d}{H} = f(K_T) = \begin{cases} 0.98, & \text{如果 } K_T < 0.2 \\ 0.962 + 0.779\,K_T - 4.375\,K_T^2 + 2.716\,K_T^3, & \text{如果 } K_T \geqslant 0.2 \end{cases}$$
$$(8.23)$$

Muneer 推荐了时间关联式，替代优选回归：⑤

$$\frac{I_d}{I} = f(K_T) = 1.006 - 0.3170\,k_T + 3.124\,k_T^2 - 12.7616\,k_T^3 + 9.7166\,k_T^4$$
$$(8.24)$$

通过简单的数学运算，我们可以反推得到两个水平辐照度数据：

$$I_d = I \cdot \frac{I_d}{I} \qquad (8.25)$$

$$I_b = I - I_d \qquad (8.26)$$

获得水平辐照数据后，则可以使用线性回归方法计算光束倾斜因子（$R_b$）⑥[25]以及使用各向异性散射辐照模型计算斜面辐照度。对于斜面的小时辐照度估算，通常采用时间中点进行计算（比如，使用上午 10：30 来计算上午 10 点到 11 点之间的辐照度）。

---

③ 记住：分数不是百分比，在累计分布中，它是一个数值在零到一之间的界值。

⑤ 回顾图 8.5，从中可以发现，使用小时经验式确定的直接水平辐照度（DHI）与根据总水平辐照度（GHI）估算的 $G_t$ 值具有良好匹配性。

⑥ $R_b = \dfrac{\cos\theta}{\cos\theta_z}$。

通过晴朗指数（$\overline{K_T}$、$K_T$和$k_T$），我们在总水平辐照度（GHI）和直射水平辐照度（DHI）之间建立了关联式。我们也曾指出，晴空指数（$\overline{Kc}$、$K_c$和$k_c$）对于目标研究区域或地区的经验研究具有类似的作用。尽管精确率较低，使用经验数据关联性估算出的水平面辐照成分可用于某一个地区能源潜力的快速估算，以及相应的天空散光线成分。这种快速评估仅需要根据每小时或者日均地外辐照度（大气质量为0，或AMO）公式和水平安装的日射强度计提供的系列辐照度（J/m²）数据集即可完成。

除了每小时的光照数据集之外，月度平均日辐照强度对于太阳能转换系统设计也非常重要。月度每日平均光照数据是一个统计值，表示从各种辐照强度测量频次方面表示的光线质量。斜面光束辐照（$\overline{H_{b,t}}$）的量级相关信息对于快速估算某一个地区/地点的聚光型太阳能转换系统的能源潜力非常有用，平板列阵中辐照度（$\overline{H_t}$）的量级是估计系统规模的重要信息。除了统计值之外，$\overline{H_t}$值的变异有助于确定系统规模。一个较小的变异意味着最终确定的系统作为一体化系统，其规模偏小，利用率低或规模过大的系统运行的时间较少。

## 8.9 不适用经验关系式

详细讨论了经验关系式在系统长期性能估计中的运用后，我们也应评估一下哪些情况下不适用经验关系式，或者不能满足太阳能设计团队的需求。设计方案的确定需要综合多方面的物理因素，这一点给设计方案带来了不确定性。

首先，我们必须了解，在太阳能利用的传统上，经验关系式没有在适用范围内进行广泛的数据传播，[37] 因此，设计者们对于关联式的实际置信区间所知甚少，甚至对此完全没有任何认知。数据的分布很可能是非高斯分布，因此置信区间的估算需要交互数据分析，而不是平均偏差和标准偏差分析。

我们知道，经验关系式在下列方面存在一些不足：较小时间步（不足一小时）估算，具有空间多样性的跨区域估算，以及非水平（特别是垂直）面估计。

对于均方根误差在$50W/m^2$数量级的垂直面，将水平面的辐照度测量值转化或转换成垂直面辐照度，即使是在最好的模式中，也会引入误差。当表面面积较小，

---

[37] 高斯分布（又称正态分布）是一种连续概率分布，呈钟罩型对称分布，其主要参数为均数（μ）和标准偏差（σ）。

## 太阳能转化系统

而辐照度值较大时，比如在住宅用太阳能热水器或光伏设备安装过程中，此类误差在系统设计和项目成本方面不会产生显著影响。然而，如果表面积较大，如在建筑系统中（比如，通过一面建筑墙体吸收太阳能），以及位于中纬度存在一定程度的阴云度的大部分地区，使用这些经验关系式进行光学处理时应特别谨慎。[38]

在下一章中，我们会注意到，把一个建筑看成太阳能转换系统模型集，其外部边界的辐照情况并不是以现行做法进行测量的。然而，主要的能量交换发生在正表面或者周围表面（55%—80%）。[26]关于晴朗指数的经验关系式作为代替，用于估算每小时或者每日水平面的太阳能辐照增益，然后采用各向异性天空模型计算式来估算建筑垂直面上可能的辐照度水平。

与遥远的气象站相比，本地安装的日射强度计的能量流信号有什么价值呢？泰勒假设声明，某一固定地点在一个时间段内（欧拉坐标系）的事件变化与该地区现象的发生（拉格朗日坐标系）途径相关。[27]因而，根据泰勒假设，在一定的风速和风向条件下，与远端气象站之间的距离会影响积云等可能增加光线散射的气象事件的时间膨胀。如果幸运的话，可以在建筑物位置测得总水平辐照度（GHI），或者可以根据虚拟气象站获取，如此一来，就可以减少泰勒假设中的时空膨胀。在建筑系统中，通常不测量总水平辐照度（GHI）。我们一般使用典型气象年的数据用作长期能源模型设计（运营期为30—50年）。

当今对于建筑物能源效率的要求很高，需要时间步小于小时的建筑性能模型，此类模型具有能量控制和管理系统，而该系统要求除内部（房间）空气温度外的许多其他信息。太阳能转换系统设计中的一体化辐照度传感器系统可以提升集热器性能，改善建筑内部环境，并减少能量需求。

---

符号列表：[39]

$G_{sc}$ 是地外年均太阳常数：1361 W/m²。

$G_o$ 是水平面地外辐照度，单位为 W/m²。

$G = G_b + G_d$，单位为 W/m²。

---

[38]　在过去的50—80年里，住户基本不会考虑建筑的能量消耗问题，更多关注的是太阳能光伏系统等供能系统的测量。那么，未来将太阳能光伏整合到建筑环境中将意味着什么呢？可以进行更精确的测量。

[39]　从各个方向入射到接收面的辐射通量称为辐射照度（单位为 W/m²）。如果辐射通量由发射源的单位立体角或者散射表面发射，则称为辐射照度（单位为 W/m² sr）或辐射出射度（单位为 W/m²）。

$I = \int_{t_0}^{1hr} Gdt$：水平面一小时内收集的总辐照度，单位为 $MJ/m^2$。

$k_T = \dfrac{I}{I_0}$：每小时晴朗指数，分母为大气质量为零的辐射（AM0）。

$k_C = \dfrac{I}{I_C}$：每小时晴空指数，分母为晴空模型。

$H = \int_{t_0}^{24hr} Gdt$：水平面一天的总辐照度，数量级约为 $10—15MJ/m^2$。

$\overline{H} = \dfrac{1}{n_2 - n_1} \sum_{i=n_1}^{n_2} H_i$：水平面的月度总辐照度，除以这个月的天数，即得到该月每日平均辐照度。

## 8.10 机器猴的认知：网络太阳能资源评估

从太阳能发电站网络（比如某一地区的光伏电网）的角度来看，位于不同地点的多个用电设备之间可能存在连贯相互作用，这种相互作用可以是以一种具有建设性的方式（放大电流高峰和低谷的间歇性）进行，或者以一种不连贯的方式（消除供电间隙，在设定时间段内提供平稳功率信号）进行。我们可以假设电网中电子的移动速度比云层在该区域上方的移动速度要快得多，因此，可以使用泰勒假设来评估太阳能对电网的影响。从统计学的角度看，电网覆盖区域内的站点数量 N 可以降低 $1/\sqrt{N}$ 的一个函数值，即净功率差异。近期科学家对净功率差异的减少程度进行了调查和评估，发现其与站点之间的距离相关。在微观气候效应范围内，位置差异导致的降幅较大，其中微观气候效应是指持续时间在一个小时之内的气象学现象。[28] 图8.7展示了太阳能活动变量（称为功率谱密度）和活动发生时间（以天为单位）的曲线图。

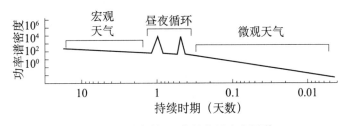

图 8.7 不同时间尺度的能量密度图谱

在任何一个地点，太阳能资源涵盖周围地区季节性（或天气性）指纹相关的统计方差预期值。如果我们计划收集某一单个地点三年或者更长时间内的日射强度计总水平辐照数据，需要对大量的数据集进行分析处理。对于生活在北美中纬度地区的客户，我们可以将这三年的数据根据季节分成四类（四个"指纹"）。处理后的数据可以用于进一步计算数据的能量光谱密度（是一种傅里叶数学变换，横坐标轴为数据，纵坐标为周期长度和频率）。因为数据是独立事件的傅里叶变换，我们可以根据需要的时间间隔进行数据整合，得到6—12 h事件或2—4 天事件的预期变量，仅需要进行数据整合即可！这是一种不确定性分析，若需要进行经济和技术方面的分析，我们还需要进行大量的研究工作。

如果计划对存在一定物理距离的网络站点的同相谱（互谱密度，CSD）进行计算，从中可以发现关于协方差的重要信息（如图 8.8 所示）。[29]同样，对目标时间间隔内的同相谱的整合可以得到协方差预期值。[30]

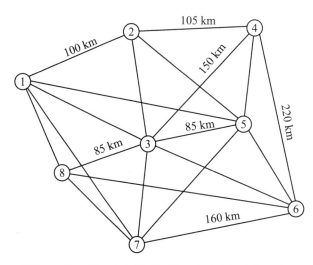

图 8.8　位于同一个电网区间的四个地点组成的网络图

估算得到的方差和协方差是特定期限内辐照度数据分布的预期值。估算所得方差的正平方根就是标准偏差。根据泰勒假设理论，时间范围与不同地点之间的物理距离在数据处理时是相当的。因此，我们进行市场、政策规划或者制定太阳能转换系统的设计决策时，可以使用时间长度/期限或距离作为区分因素。可以访问美国国家标准和技术研究所（NIST）了解不确定性的更多讨论信息。

关于方差和不确定性估算的所有讨论都没有涉及不同时间尺度太阳能的概率分布函数。理想晴空模式下的太阳能数据分布是指什么呢？研究者指出，自然界的这种数据不呈现高斯分布状态（又叫正态分布）。我们之所以探讨概率分布，是因为其可以针对个别地点或者网络站点，为我们提供除统计分析系列观察结果之外的另外一种不确定性的估算方法。除此之外，我们还可发现，接近预期值的可能结果的离差不仅描述了当时状况的不确定性，同时也为客户和利益相关方提供了目标时间段的风险度量。开发商、投资者和系统运行人员都非常关注风险情况。

**机器猴奖励你一根闪光的香蕉，庆祝你掌握了知识重点**

## 8.11　问题

（1）简要描述，根据水平日射强度计测量数据和小时晴朗指数如何计算每小时的斜面辐照成分。

（2）1 月 8 日 11：00—12：00 时，在柯林斯堡（$\phi = 40°$）测得的每小时水平面太阳辐照度为 402 kJ/$m^2$。该时间段的 $K_T$ 值是多少呢？根据 $K_T$ 值，估算该时段的太阳辐照的扩散分数。

（3）柯林斯堡（$\phi = 40°$），1 月 8 号，每日水平面太阳辐照度为 4480 kJ/$m^2$。这一天的 $K_T$ 值是多少？根据 $K_T$ 值，估算这一天太阳辐照的扩散分数。

（4）针对加利福尼亚州的圣地亚哥、威斯康星州的麦迪逊，以及宾夕法尼亚州的费城安装的集热器，使用系统模拟软件（SAM）获取的 TMY 数据或者其他类似 TMY 数据库，计算每月平均日辐照度（$\overline{H}$），并绘制相应图。注意：这个数据不是大气质量为零的辐射（AM0）时的数据。

（5）根据上一问题中的 $\overline{H}$ 值，计算并绘制每月平均日晴朗指数 $\overline{K_T}$（使用表 8.1）。现在，基于你所获取的这些数据，用四到五句话描述这三个地方有哪些异同。

（6）2 月 23 日 10：00—11：00，明尼苏达州的明尼阿波利斯市测得的每小时辐照度为 1.57 MJ/$m^2$。根据这个测量值和计算所得的 $I_0$ 值，估算南向（$\gamma = 0$）斜度 $\beta$ 等于 55°（在年度最佳角度 40°基础上增加 15°）的表面的总辐照度。[31]需要瞬时值时，选择时间中点（10 点半）进行运算。需要使用构建模型估算对光束、散射和地面反射辐射产生的影响。请使用 Liu 和 Jordan 的各向同性模型处理本问题。

（7）在 2 月 23 日相同条件下，使用 HDKR 模型求解明尼阿波利斯市的问题。

## 8.12　推荐拓展读物

- 《太阳辐照数据集统计分析——P50、P90 和 P99 评估要求和特征》[32]
- 《太阳辐射和日光模型》[33]

- 《REST2：晴空辐照度、照度、光合作用有效光辐射的太阳辐射模型—基准数据集校验》[34]
- 《阳光的大气辐射传输简单模型，第二版（SMARTS2）：算法描述和性能估计》[35]
- 《城市规模化太阳能》[36]
- 《国家太阳能辐照数据库（1991—2010 更新版）：用户手册》[37]

# 参考文献

[1] Annie Leonard. *The Story of Stuff: How Our Obsession with Stuff is Trashing the Planet, Our Communities, and our Health—and a Vision for Change*. Simon and Schuster, 2010.

[2] Thermometers can be formed from liquids that change volume with increases in thermal energy, or by changes in other properties including bimetallic electrical resistance.

[3] The *dew point* is the temperature at which a given parcel of air will become saturated with water vapor if cooled at constant pressure and water content.

[4] If we point our collection surface toward the Sun, we align with the **Direct Normal Irradiance** (DNI, $G_{n,n}$), or the beam/vector that emerges *normal* (perpendicular) to the surface of the Sun. DNI is *not equivalent* to **beam irradiance** ($G_{b,n} \neq G_b$) when our collection surface is oriented otherwise.

[5] NSRDB link: the National Solar Radiation DataBase.

[6] F. Vignola, AMcMahan, and C. Grover. *Solar Resource Assessment and Forecasting*, chapter "Statistical analysis of a solar radiation data set—characteristics and requirements for a P50, P90, and P99 evaluation." Elsevier, 2013.

[7] Stephen Wilcox. National solar radiation database 1991–2010 update: User's manual. Technical Report NREL/TP-5500–54824, National Renewble Energy Laboratory, Golden, CO, USA, August 2012. Contract No. DE-AC36–08GO28308.

[8] *Guide to Meteorological Instruments and Methods of Observation*, Chapter 7–8. World Meteorological Organization, 7th edition, 2008.

[9] …and sharing the same limitations of the cones in the eye.

[10] Théo Pirard. *Solar Energy at Urban Scale*, Chapter 1: The Odyssey of Remote Sensing from Space: Half a Century of Satellites for Earth Observations, pages 1–12. ISTE Ltd. and John Wiley & Sons, 2012.

[11] Théo Pirard. *Solar Energy at Urban Scale*, Chapter 1: The Odyssey of Remote Sensing from Space: Half a Century of Satellites for Earth Observations, pages 1–12. ISTE Ltd. and John Wiley & Sons, 2012.

[12] Jesùs Polo, Luis F. Zarzalejo, and Lourdes Ramírez. *Modeling Solar Radiation at the Earth's Surface: Recent Advances*, Chapter 18: Solar Radiation Derived from Satellite Images, pages 449–461. Springer, 2008.

[13] R. E. Bird and R. L. Hulstrom. Simplified clear sky model for direct and diffuse insolation on horizontal surfaces. Technical Report SERI/TR-642–761, Solar Energy Research Institute, Golden, CO, USA, 1981. URL http://rredc.nrel.gov/solar/models/clearsky/.

[14] Boo. Dissatisfied experimentalist.

[15] John A. Duffie and William A. Beckman. *Solar Engineering of Thermal Processes*. John Wiley & Sons, Inc., 3rd edition, 2006.

[16] Richard Perez is a Research Professor in the Atmospheric Sciences Research Center in SUNY-Albany. He has a great web site at http://www.asrc.cestm.albany.edu/perez/.

[17] R. Perez, R. Stewart, R. Arbogast, R. Seals, and J. Scott. An anisotropic hourly diffuse radiation model for sloping surfaces: Description, performance validation, site dependency evaluation. *Solar Energy*, 36(6): 481–497, 1986. Perez, Ineichen, and Seals. Modeling daylight availability and irradiance components from direct and global irradiance [17]. *Solar Energy* J, 44(5): 271–289, 1990.

[18] Amiran Ianetz and Avraham Kudish. *Modeling Solar Radiation at the Earth's Surface: Recent Advances*, Chapter 4: A Method for Determining the Solar Global Irradiation on a Clear Day, pages 93–113. Springer, 2008.

[19] Answer: **Months** and **Seasons**.

[20] S. A. Klein. Calculation of monthly average insolation on tilted surfaces. *Solar Energy*, 19: 325–329, 1977.

[21] M. Hawas and T. Muneer. Generalized monthly $K_t$-curves for India. *Energy Conv. Mgmt.*, 24: 185, 1985; P. B. Lloyd. A study of some empirical relations described by Liu and Jordan. Report 333, Solar Energy Unit, University College, Cardiff, July 1982; T. Muneer. *Solar Radiation and Daylight Models*. Elsevier Butterworth-Heinemann, Jordan Hill, Oxford, 2nd edition, 2004; and Joaquin Tovar-Pescador. *Modeling Solar Radiation at the Earth's Surface: Recent Advances*, Chapter 3: Modelling the Statistical Properties of Solar Radiation and Proposal of a Technique Based on Boltzmann Statistics, pages 55–91. Springer, 2008.

[22] G. I. Taylor. The spectrum of turbulence. *Proc Roy Soc Lond*, 164: 476–490, 1938.

[23] T. Muneer. *Solar Radiation and Daylight Models*. Elsevier Butterworth-Heinemann, Jordan Hill, Oxford, 2nd edition, 2004.

[24] T. Muneer. *Solar Radiation and Daylight Models*. Elsevier Butterworth-Heinemann, Jordan Hill, Oxford, 2nd edition, 2004.

[25] $R_b = \frac{\cos\theta}{\cos\theta_z}$.

[26] US DoE Office of Building Technology, State and Community Programs: BTS Core Databook (November 30, 2001).

[27] G. I. Taylor. The spectrum of turbulence. *Proc Roy Soc Lond*, 164: 476–490, 1938.

[28] T. Hoff and R. Perez. *Sola Resource Assessment and Forecasting*, chapter "Solar Resource Variability." Elsevier, 2013; M. Lave, J. Stein, and J. Kleissl. *Solar Resource Assessment and Forecasting*, chapter "Quantifying and Simulating Solar Power Plant Variability Using Irradiance Data." Elsevier, 2013.

[29] Matthew Lave and Jan Kleissl. Solar variability of four site across the state of Colorado. *Renewable Energy*, 35: 2867–2873, 2010.

[30] J. Rayl, G. S. Young, and J.R. S. Brownson. Irradiance co-spectrum analysis: Tools for decision support and technological planning. *Solar Energy*, 2013. doi:10.1016/j.solener.2013.02.029.

[31] M. Lave and J. Kleissl. Optimum fixed orientations and benefits of tracking for capturing solar radiation in the continental United States. *Renewable Energy*, 36: 1145–1152, 2011.

[32] F. Vignola, A McMahan, and C. Grover. *Solar Resource Assessment and Forecasting*, chapter "Statistical analysis of a solar radiation dataset—characteristics and requirements for a P50, P90, and P99 evaluation." Elsevier, 2013.

[33] T. Muneer. *Solar Radiation and Daylight Models*. Elsevier Butterworth-Heinemann, Jordan Hill, Oxford, 2nd edition, 2004.

[34] Christian A. Gueymard. REST2: High-performance solar radiation model for cloudless—sky irradiance, illuminance, and photosynthetically active radiation—validation with a benchmark dataset. *Solar Energy*, 82: 272–285, 2008.

[35] Christian Gueymard. Simple Model of the Atmospheric Radiative Transfer of Sunshine, version 2 (SMARTS2): Algorithms description and performance assessment. Report FSEC-PF-270-95, Florida Solar Energy Center, Cocoa, FL, USA, December 1995.

[36] Bella Espinar and Philippe Blanc. *Solar Energy at Urban Scale*, Chapter 4: Satellite Images Applied to Surface Solar Radiation Estimation, pages 57–98. ISTE Ltd. and John Wiley & Sons, 2012; Théo Pirard. *Solar Energy at Urban Scale*, Chapter 1: The Odyssey of Remote Sensing from Space: Half a Century of Satellites for Earth Observations, pages 1–12. ISTE Ltd. and John Wiley & Sons, 2012.

[37] Stephen Wilcox. National solar radiation database 1991–2010 update: User's manual. Technical Report NREL/TP-5500–54824, National Renewable Energy Laboratory, Golden, CO, USA, August 2012. Contract No. DE-AC36–08GO28308.

# 第九章　太阳能经济

> 有些人认为用户可以通过煤炭/石油或核能，以低于太阳能、风能或生物质能的成本获得供暖、工作或动能。这个观点的结论是，这个事实本身将可再生能源置于国家能源预算中的一个次要地位。如果能源价格是在一个完全竞争性市场中定价的，这个观点是成立的。但是事实并非如此。联邦政府承担的各种能源资源的能源生产成本一直都不均匀。
>
> ——美国能源部报告，巴特尔西北太平洋国家实验室（1981年）[1]

太阳能技术经济学提出了几个关于我们为什么要决定更多地利用太阳能的因素。①[2]通过学习，我们的直觉告诉我们，能源介于产品和社会需求项目之间，必须通过重要的机制，按货物交换成本来提供。有趣的是我们的太阳能原"产品"是光子，我们首先用技术和熟练的工作探索能源，然后再设计和部署各项技术，将可用光子转换成社会有兴趣购买的各种商品。事实上，作为下一代创业型太阳能设计师，我们的创新任务是加强和扩建可持续能源开发的商业模型以及环境技术部署。新兴能源勘探商业模式的一套工具就是通过市场来实现的，我们将在本章中进行讨论。我们已经发现，太阳能资源的知识对于太阳能转换系统设计过程来说至关重要并且能够为太阳能转换系统设计过程提供帮助。为了逐渐（或渐进性）增加太阳能的利用，我们必须首先开发各种技术，了解和衡量太阳辐照度的可变现象行为以及选址的重要性（时间和空间相结合）。但是，到目前为止，我们尚未弄清客户作为决策者的作用，以及推动客户和利益相关者做出决策的财务驱动因素或约束条件。②

如文中开头所述，太阳能转换系统需要有一个综合设计过程。综合设计要求所

---

① 我们在整个生命期间都要使用太阳能。但是，在太阳能设计中，我们将向客户提供有说服力的观点，从而可能增加他们对太阳能的边际需求，同时降低他们对燃料的需求。

② 您认为您所在地区的太阳能资源匮乏并不意味着太阳能无法在该地区成为一项成功的技术，太阳能资源无处不在，我们一直在使用，不管我们是否决定利用太阳能。

有当事人从一开始就坐在一起协商，达成项目目标的统一。设计团队必须坚持合作，使项目变得成熟起来。在项目设计的发现阶段，综合团队向利益相关者介绍并让他们遵循四个 E 概念：Everybody、Engaging、Everything、Early（每个人从初期开始参与每一件事情）。[3] 太阳能设计团队将用自己对经济学和社会行为以及技术系统行为和气象/气候现象的知识，为太阳能转换系统找到有说服力的观点，从而能够被特定地区的客户接受。③ 同样，客户需在设计项目中做出最终决定，不管是否合理。要求客户从初期开始参与的一个目的是为了提供信息和教育，有助于实现更强大的可接受的设计概念，并就采用太阳能转换系统面临的障碍达成共识。根据客户的认知和需求进行设计会面临一定的障碍，而其他财务和政策约束可能是采用新太阳能转换系统所面临的更严重的障碍。

　　我们要再次强调的是，太阳能设计与周围环境（生态系统服务、气象）以及客户的社会约束相关联。④ 可持续能源中的动态环境—社会关系使方案都是针对具体案例。一个地区/客户关系的系统解决方案不一定适用于其他地区的另一个客户。但是，一个好的观点总能说服客户或利益相关者尽可能地利用太阳能，并确保您的团队有一个道德基础牢固的良好商业计划。

　　那么，究竟是什么原因让太阳能市场出现在社会上，为什么在过去一百年中出现了太阳能市场和太阳能创业企业，仅仅是为了在未来解散吗？我们知道，随着地球人口的增加，能源需求逐渐增加。每个人的最低基本需求都是由能源来满足的。过去的能源需求将随着社会的工业化而呈现增加的趋势。⑤ 最后，地球上不断增长的需求（变化速度和实物分布）并不是均匀分布的。亚洲、南美洲和非洲都有正在崛起的经济大国，这些国家到目前为止的人均能源转换非常少。另外，人类导致的气候变化的科学证据可能导致出台约束化石燃料燃烧的政策。

　　有两种主要能源形式是所有社会都需要的，这些能源形式⑥通常以商品的形式

---

　　③　太阳总是会升起。太阳能是能源项目中最保守的投资之一。它可能需要较长的投资期，但是在当今社会，太阳能（几乎）总会带来回报。

　　④　太阳能设计的目的：
- 使太阳能利用率最大化；
- 为了客户的利益；
- 在指定地区。

　　⑤　从国家层面来看，美国等国家的能源需求可能看起来比较稳定或需求量呈现降低趋势，但是这在很大程度上是由于将我们的制造行业和能源需求外包给了其他国家。

　　⑥　能源形式：辐射、热、电、化学、机械等。参见美国环境部信息网站：Energy Explained。

## 太阳能转化系统

买卖。在全球范围内，我们发现热量和电力等能源的需求较大，[7][4] 这是两种基本能源形式。光，作为电磁辐射（或辐射能），是另一种能源形式。光可以转换成化学能（生物燃料，以及经过漫长岁月，在压力作用下转换成的化石燃料），并且可见光带对社会非常有用。本文主要是探索如何将光转换成有用的电能和热量。

让我们再来思考如何"收集"光并将其用于社会和环境。可以通过太阳能转换装置获得光子。光子是转瞬即逝的，无法像燃料一样收集到储罐中，而是需要通过适当的技术从一种形式转换成另一种形式。这就是我们在上文章节中用模拟光子作为泵的工作电流的原因。光子一旦被吸收就会丢失，转换成对人类、植物……生活有用的新的能源形式。由此带来了几个问题，即当现实中对电力、热量、光或甚至食品所需的燃料的替代品有需求时，我们如何估计指定地区的太阳能资源的有效规模以及客户以经济可行的方式获取该资源的能力。

> 光的价值取决于：
> - 对光作为商品或服务的需求，
> - 替代方案的成本。

考虑到我们的社会正在逐步城镇化——如图 9.1 所示。仅仅美国就有 10—11 个新兴城市发展的大都市圈，这些地区具有巨大的太阳能技术发展潜力，从而可能缓解能源和燃料基础设施的能源需求。同时，由于使用者相互之间距离较近，而且大部分城市太阳能策略的局部视觉和环境影响较小，因此采用的策略有可能在大都市圈得到快速发展。但是，社会城镇化还能使人们更好地认知太阳能。城市中的大部分人都使用太阳能，但是却不了解太阳能的价值。[8] 人们在室内待的时间越长，对气候和白昼长度的了解越少。然而，如果将经济标准和社会科学与太阳能科学和工程放在一起，太阳能设计团队的胜算会大大增加。从图 9.1 的大都市圈地图我们可以看出人们能够大规模使用太阳能的地区，甚至能够为太阳能电力制定一个分散化的智能电网策略。设计团队将负责让您的客户了解太阳能，以及传达利用太阳能资源的许多方案。

---

⑦ "热量"和"电力"在不同行业中具有不同的专业含义。电力是指电能（与能源使用率相反），热量是指热能（与能源转换相反）。因此，在能源行业，我们会听到能源转换系统热电联产（CHP）的说法，这是一种在一个系统中提供两种有用的能源形式的系统。

⑧ 想一想农业及其与太阳的关系。因为农民的大部分工作都依赖于太阳能，而不是可以用来玩水上摩托的晚上时间，因此农民不喜欢夏令时。

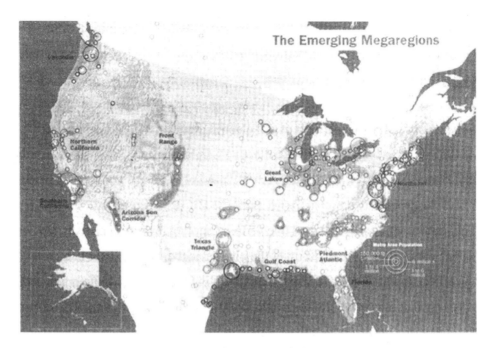

图 9.1 美国的新兴大都市圈

该地图由区域规划协会创建，描述了 11 个发展成为大都市圈的大都市区

图片来自区域规划协会美国 2050 区域发展新战略

## 9.1 流量和储藏量

从系统动态角度来看，我们的太阳—地球—月亮系统这个大存储器中有质量和能量储藏量以及质量和能量流。从财务的角度来看，同样存在资金储藏量和资金流。储藏量是过去"填补"储罐的流量积累形成的质量或能量储备。储藏量可以随着时间的推移发生变化，因此视为变量。流量是交换率，可以通过流出减少储藏量，或通过流入积累储藏量，或流量在通过时可以被转换。

来自太阳的光子是辐射能流量，我们可以将其转换成其他能量形式。已经通过光合作用将光子转换成生物质，从而形成食物的生物质储藏量。从 3 亿年前的阳光流转换成煤炭的沼泽黏性物也是化学能的储藏量。从地壳内的矿石中发现的铟或碲（PV 的临界矿物）⑨ 或铜等元素也是储藏量，是在数亿年到数十亿年的板块构造和

---

⑨ 临界矿物（以及从矿物获取的元素）在特定技术或行业中发挥着必不可少的功能，存在着供应链中断的风险。几乎没有替代品可替代其功能，因此如果供应链中断，这种元素将给行业带来较高的风险。技术、地理或社会约束提高了供应链中断的可能性。

岩浆流入（缓慢的流量）中形成的。矿石储藏量随着侵蚀和采矿等流出而减少。

在能源比较中，可再生资源的储藏量丰富，但是流量有限，而地质燃料、储藏量等不可再生资源量有限但是流量丰富。因此，首先可以将储量认为是更大的储藏量中一种可以通过经济的方式获取的储藏量——地壳中存在物理限制的存储器。[5]

为了从价值、储量以及光需求价格弹性方面对光进行研究，我们提出了一个假设。假设存在历时非常长久并且储藏量非常大的太阳能流量（辐照度）（例如，太阳核聚变，该辐照度将保持数十亿年），可以用矿物商品的储藏量——流量语言对光进行评估。

# 9.2  光的价值、储量和灵活性

太阳发出的光转换成有用形式时，就变成了一种商品：可以作为一种商品或服务出售，以满足个人和社会的需求。跟其他商品一样，光的价值随着光技术（作为商品或服务）的需求以及替代品的成本变化而发生变化。没有转换的光子的价值是一个变量。用于将光子转换成有用形式的技术也是一种具有可变值的商品。

太阳能转换系统可获得的光的"数量"也是一个变量，但是该变量不仅仅取决于特定地区的年度照射时间，还取决于将光子转换成对用户有用的能源形式的技术的经济可行性。数量估算机制可以借鉴矿产经济学。矿产经济学是研究传统资源开采业务和经济，以及将这些资源作为商品加以利用的领域。矿产经济学的研究表明，可以采用与金属矿石⑩（即闪锌矿的锌）或煤炭等地质燃料相似的方式对光进行估价。地下的矿产储量（从厚度和深度来看）可以随着需求的变化、降低生产成本的技术的发展以及政府提供的激励措施，而增加和缩减。⑪[6]同时，来自太阳的可用光储量已经随着压力的变化，在历史上出现了多次扩张和收缩。因此，我们将光的量化纳入到了储量概念中。

储量数据属于动态数据。储量可能随着矿石的开采和/或萃取可行性的降低而减少，或者随着新发现矿床（已知或最近发现的）的开发而增加，或随着当前正在开采矿床的全面开发，新技术或经济变量提高了矿场的经济可行性而继续增加。储量可以视为采矿公司以经济方式开采或提取矿物商品的运营库存。因此，该库存量级

---

⑩  矿石是由矿物质组成的未经提炼的岩石，包含一种有价值的粗金属（在本案例中是锌），但是必须经过加工才能获得该金属。

⑪  储量是 USGS 中的一个专有名词，参见下文清单。

必然会受到许多因素的限制，比如钻井成本、税费、开采矿物商品的价格及其需求。储量需根据业务需求点以及经济矿石品级和吨位的地质限制条件进行开发。[7]

> 太阳能储量将随着以下因素增加或收缩：
> - 避免燃料成本的需求（增加太阳能需求）。
> - 降低材料成本和安装成本的技术发展。
> - 政府提供激励措施，量化外部效应。

我们在下文还改编了美国地质调查局的术语，为太阳能经济商品推荐了一个新的运营术语。假设可以用与矿物商品相似的方式对光资源进行估价，我们用既定方法估计太阳能资源的可行性，尤其是在有待开发地区的可行性。在矿物商品领域，美国地质调查局已经提供了可识别资源、储量和基础储量的标准概念。在图9.2中，我们借鉴了USGS矿物商品汇总表，并希望说明现有矿物商品群体和太阳能资源之间的潜在纽带。⑫

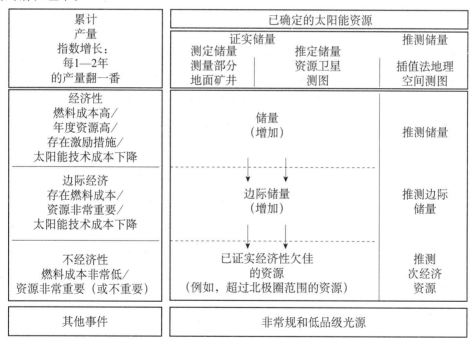

图 9.2　太阳能资源的假设经济评估分类

在 USGS 制定的矿产储量和资源标准基础上改编得出。

---

⑫　太阳能资源分类术语改编自美国地质调查局第 831 号出版物，《1980 年矿物资源/储量分类原则》。

## 太阳能转化系统

资源：地球中或地球表面天然存在的矿物或能源，其形式、浓度和数量在当前具备经济收集和/或转换的可行性或潜在可行性。

已探明资源：通过具体的气象证据已知位置、品级、质量和数量的资源，或者已进行估计的资源。已探明太阳能资源包括经济、边际经济和次经济因素。为了区分气象可信度，经济部分还可以进一步划分为测定储量、推定储量源和推测储量。

- 证实储量：用于描述确定资源和推定储量之和。

- 测定资源：通过日射强度计和太阳热量计的测量计算出的数量，品级和质量通过时间和空间上的详细辐照度采样收集的数据进行计算。测量集合中包含的地点位置距离非常近，并且气象特征明确，因此资源内容的变化、不确定性和风险非常明确。

- 推定储量：计算数量、品级和质量使用的数据与测定资源所用的信息类似，例如卫星测量。但是，检验、采样和测量位置距离较远，或时间间隔不足。虽然，确信度低于已测定资源，但是信息足以用于假设各观察点之间的连续性。

- 推测储量：通过假设测定资源或推定资源以外的区域连续性获得的具有气象证据的估计值。典型工具包括 GIS 软件和地理空间统计分析。推测资源可能得到抽样或实际测量结果的支持，但也可能相反。

基础储量：已探明资源中满足与当前采用的太阳能转换技术惯例相关的最低物理标准的部分，包括用于光伏太阳能、聚焦式太阳能发电和低品级太阳热能的技术。基础储量包括用于估计储量的原位已证明资源（测定资源加上推定资源）。

储量：测定时可以通过经济方式转换的基础储量的主要部分。

边际储量：测定时，可进行经济生产的边界基础储量部分。

经济性：表示投资假设条件下的利润收取或转换，盈利能力已进行分析证明，或假设为可靠并具有合理确定性。

次经济资源：不满足储量和边际储量经济标准的已探明资源部分。

累计产量：过去转换的太阳能不属于资源的一部分，已转换的资源转移到累计产量。

与矿物商品或其他传统能源商品相比，在经济可行时，可获取易于获取的太阳能储量；在避免燃料成本的压力、材料成本和安装成本的技术进步以及政府激励措施（或没有激励措施）刺激着太阳能利用的增加或收缩。那么，燃料和太阳能等商品如何与经济相关联？

在经济学中，需求的产品数量如何随着该产品的价格增加而变化（在市场上）

的实测响应，称为需求价格弹性。[8] 如果价格（P）的小幅变化（例如下降）提升人们的产品需求（Q），需求被视为具有弹性。如果价格（P）的大幅变化（例如下降）不会提升人们的产品需求（Q），需求被视为不具有弹性。太阳能电力的需求弹性取决于一些普通规则，我们计划将我们的案例纳入某个客户或利益相关方的太阳能方案中。

---

需求弹性：需求存在以下情况：[13]

- 如果小 $\Delta P \to$ 大 $\Delta Q$，则具有弹性。

- 如果大 $\Delta P \to$ 小 $\Delta Q$，则没有弹性。

---

近似替代品的可用性：首先，人们可以为评估太阳能转换系统评估近似替代品的可用性。如果所需的有用能源形式或技术存在许多可用的近似替代品，客户/利益相关方更容易在不同商品之间切换，以获得相同的期望特征，则需求将具有弹性。[14][9] 例如，电灯的可见光可以用灯管或窗户照明来替代。来自电网的一部分电力（通常来自煤炭或核燃料）可以用光伏系统的电力替代（电力是电力的直接替代品，因此在可用时更具弹性）。相比较而言，来自太阳能的生物燃料可以被视为汽油（美国的主要运输燃料）的近似替代品，但无法立即在您所在地区安装加油站。

此外，美国的电力生产成本通常较低，人们通常会选择电灯（例如，白炽灯泡），而不是自然采光方案。如上一幅插图所示，如果没有可用的电力替代品，日光照明也是一种可选方案。相比较而言，电力（也就是您从未真正考虑过的能源形式）是一种没有近似替代品的高品质电源，并且电力（如可用）的需求弹性不如可视光的需求弹性大。电力价格可能发生很大的变化，但是用户并不知道他们还有很多可用的替代方案。注意最后一个注释，"如可用"。需求弹性适用于可以购买和销售商品和服务的市场。因此，弹性还取决于市场边界的定义方式。此外，电力是一个大类（例如整个能源形式），并且没有好的替代品（注意，我们并不是要区分获取电力的方式），因此电力不具有弹性。[15] 但是，光伏电力是一个非常小的类别，并且由于存在其他可用的转换资源，以及这些转换资源可以有效地替代光伏组件（例

---

[13] 什么？没有鸡蛋和黄油，也没有肉和土豆。

[14] 随着技术的变化，能源系统替代品的可用性通常基于获取方式的缺乏，而不是分散化替代电力的绝对可用性。

[15] 如果电价从 $60.00/MWh 变为 $100.00/MWh，电力需求仍然保持在高位，因为在短期内，房主没有可以使用的替代品。

## 太阳能转化系统

如电池、燃料电池，或燃煤发电厂、核电厂、水电厂、风电厂等的电网供电）产生的电力，光伏电力的需求弹性非常大。

必需品/奢侈品：弹性受到客户对期望特征需求的影响。能源形式是必需品还是奢侈品？必需品建立在我们的基本需求之上，例如水、住所、食品、下水道设施和废物清理、教育和保健。必需品的需求不具有弹性（例如西方社会对电力的描述），而奢侈品的需求弹性较大。在美国，光伏系统通常被理解为奢侈品（虽然光伏系统对于没有电网的农村社区来说是必需品）。当新泽西州的光伏板价格下降时，或已安装的光伏板的表面价格由于州和联邦激励措施而下降，光伏系统的需求量将突飞猛涨。如果已安装的光伏板的价格从 $\$3/W_p$ 下降到 $\$1.50/W_p$，需求将大大增加。此外，某个商品到底是必需品还是奢侈品将由客户或利益相关方（买方）的喜好决定，而不是由绝对标度决定。

---

必需品的需求没有弹性。必需品是由客户的喜好定义的，将随着地区地文气候（纬度）的变化而变化。

- 清洁水
- 教育
- 清洁空气
- 保健
- 住所
- 温度调节
- 食品
- 电力
- 卫生

---

投资期：最后，我们必须考虑时间和投资期对太阳能商品或服务的需求弹性的影响。通过经济观察可以看到，当商品的投资期较长时，需求弹性较高。另一种考虑投资期的方式涉及项目融资的评估期。例如，当特定月份的电网电力价格上涨时，作为电网替代品的光伏系统的需求量不会出现较大的增加。但是，当电力在多年内持续上涨时，人们将购买能源需求较低的技术，以及安装光伏等分散式电力系统。太阳能光伏、窗户和太阳能热水系统等太阳能转换系统的使用寿命较长（大约为几十年），项目融资分析必须考虑这个因素。客户采用太阳能转换系统的决定将从短期和长期投资的角度来进行评估。

简介：（目前）全球有数百万的家庭仍然生活在黑暗中，但是这个情况正在发生变化。回想起之前那个令人惊叹的技术项目，在该项目中一升 PET 塑料汽水瓶作为室内照明用的光导管（光管），尤其是在巴西、菲律宾、印度和非洲等气候温暖的地区。材料和人工成本都非常低，瓶子从废物流中回收利用，来自太阳的可见光直接实体化，变成电源或燃料源的光。因此，我们可以赞同太阳为我们做功（提供有用能源）的观点，甚至还为我们提供照明。此外，我们还可以对白天室内照明的强光源的价值与避免的灯泡电力购买（如果您可以获取电源）的可变成本以及电气设备和灯泡本身的固定成本进行比较。（http://aliteroflight.org/）

## 9.3　能源约束和响应

让我们再来回顾一下之前的能源约束和响应的概念。我们在文中简介部分提到了，我们在评估社会是否采用太阳能设计时需要考虑历史背景。现在，我们可以将一些观察结果与部分经济视角关联起来，从而产生一种更微妙的感觉。在早期的希腊和罗马，木材等燃料被视为冬季家庭取暖的必需品，以及烹饪的必需资源。在公元前 1 世纪的罗马，随着当地火坑式供暖的出现，木材燃料对于村民来说已经从必需品变成了奢侈品。[16] 因此，当过度采伐以及后期的远距离运输成本导致木材价格上涨时，罗马人在空间取暖方面增加了对可用的近似替代品的采用：太阳热能空间设计。[10] 在已知可以用太阳热能空间设计替代的情况下，我们可以认为木材价格变化的需求弹性较高。我们还注意到，火坑式供暖对于社区来说是一种奢侈品，鉴于投资期越长木材成本越高，从而推动了太阳能设计的采用。

能源约束和响应假设：当燃料可以有效获取、没有约束，并且价格便宜时，虽然被视为必需品，但是光诱导的能源转换不能视为替代品。社会观点认为太阳能是分散的，不足以进行技术工作。因此，估计光储量较小。但是，在燃料受到约束、不可用的历史时期，社会开始寻求太阳能技术方案。在燃料受到约束期间，太阳能使用研究表明，太阳能资源被理解为无处不在并且储量较大。[11] 这时，估计光储量较大。公众对太阳能的意识也将会提高，因此也需要能够将太阳能用于液体和固体取暖以及功率转换的装置和服务。

此外，我们以几种方式描述了燃料约束：

---

⑯　火坑式供暖是通过燃料燃烧获取供暖的一个最早的中央供暖策略，但是需要经常维护和大量的燃料。

- 从本质上来看，特定投资期内难以以实体的方式获取；
- 由于燃料需求异常高或约束政策或法律的作用，使用权或配给有限；
- 属于高成本的奢侈品，因此在经济上难以获取；
- 或易于获取，但是风险较高。

从社会的角度来看，太阳能是一种分散的技术，不足以用于生产电力或甚至是使水加热。在过去 50 年的建筑中，建筑朝向和日光照明中普遍没有太阳能设计。这个观点与燃料替代品不受约束时，太阳能市场将会消失的情况相符。通过经济和社会行为调查，我们会形成这样的认识，太阳能就像美国的可用地质燃料一样，被认为是必需品，犹如以前所认识的那样，地质燃料对现代公众的需求来说具有不可替代性。

但是现在以及在短期内，我们的个人生活和社会都受到可用燃烧燃料获取和使用面临的难题的影响。现代的燃料约束来自于全球对地质燃料能源形式[17]的需求量不断增加，而燃料储量所在地的获取风险越来越高。由于与健康和安全相关的政策约束以及与维持支持性生物群系相关的环境法规影响，燃料价格容易受到上涨因素的影响。生物群系破坏包括地表水储量变化、空气质量变化以及燃料泄漏导致的生态系统破坏和不计后果的土地使用。由于社会存在于受到气候变化影响的更大的生物群系中，我们正在进一步限制使用可导致颗粒物和温室气体的化石燃料燃烧。即使转换成使用天然气，全球为了获取热量和电力而进行的燃烧仍然受到限制。我们可以预期，减少燃料燃烧的政策和法律将提高未来的燃料价格。这种燃料获取受到约束的观点与太阳能市场的持续扩展相符。但是，单纯市场响应不仅仅是获得一种替代能源需求应遵守的机制，政府应在能源采用以及提高社会对能源转换替代方案的认知中发挥着重要作用。

## 9.4 丰富的联产品和联产

来自太阳的光子构成了可以应用于许多平行用途的工作电流或能量流。[18] 考虑

---

⑰ 地质燃料：
- 煤炭【＊来源于太阳】；
- 石油【＊】；
- 天然气【＊】；
- 沥青砂和油页岩【＊】；
- 天然气水合物【＊】；
- 核电的可裂变物质【非来自阳光】。

⑱ 我们大部分人的主要能源是太阳。与生活在海底的热液喷口附近的一些虫和嗜热微生物不同，它们通过热梯度吸取能量。太阳能属于联产能源？当然！实际上，太阳能发电可以用于光、供暖、电力甚至是制冷的联产！

到我们可以用阳光进行日光照明，同时通过太阳热能空间设计给室内供暖（这是一种满足需要的太阳能设计）。现在，试想一种在夏天会变得过热的太阳空间设计，这种设计并不符合需求要求。

从历史背景来看，当资源（例如燃料）转换可获得多种有用（有价值）的易获取产品时，这些产品被称为联产品。如果可以获得多种有用的能源形式，我们将此称为联产："多联产。"但是，当资源转换还会产生客户不期望的、有害或没有价值的产品时，这些项目被称为副产品。在本节的最后，我们希望您能思考一下太阳能流量为什么被视为一种多样化的资源，能够进行平行能源转换。其中，有些能源是有用的，而有些能源并没有价值，甚至是有害的。

## 9.5 政府和市场

社会上所有能源开发都是在政府激励措施的鼓励下发展的，即使没有激励措施，我们当前的"传统"能源仍能取得成功的主张简直是谬论和历史错误。在美国和其他国家，政府通过激励方案，鼓励将多种能源确定为燃料或技术。19世纪的批地开发是早期木材工业的间接激励措施，而早在18世纪，宾夕法尼亚州政府允许免除无烟煤生产的税费，导致更多州通过激励措施促进煤炭的生产和消耗（包括为土地调查提供赞助，从而大大降低了勘探成本）。[12]

到20世纪，联邦税收政策（免税、优惠、减免、抵免）、联邦政府规章和命令、研发（技术和调查）、政府的市场影响、政府服务（运输燃料的公路、港口和深水航道）以及联邦财政拨款（例如，资助油轮建造和运行成本）已经为当前的传统能源工业制定了一系列激励措施。

### 1916 年到 1970 年能源税政策：推广石油和天然气

半个多世纪以来，联邦能源税政策的重点几乎都放在了不断增加的国产石油和天然气储量和产量方面，没有促进可再生能源或提高能源效率的税收激励措施。在此期间，制定了两项重要的石油和天然气税收优惠政策。这两项政策加速了石油和天然气勘探和生产的资本成本回收。首先，1916年引入了无形钻井成本（IDC）和干井成本费用化。该条款允许在第一年全额扣减无形钻井成本，无须进行资本化并进行摊销。其次，1926年引入了超成本折耗递延百分比。百分比折耗条款允许从总收入扣减固定的百分比，而不是根据提取的资源的实际价值进行扣减。到20世纪80年代中期，石油和天然气享受的税收优惠仍然是估计收入损失时需要考虑最重要的能源税条款。[13]

如下一节所述，市场存在弱点。这些弱点通常通过政府激励措施或抑制措施进行解决。

## 9.6　电网管理

由于太阳能的新兴主流市场与并网电力生产相关联，必须要讨论一下美国的各种实体网络和市场主导网络。互联大电网是区域内互联电网网络的一个术语。美国由两个主要互联大电网，东部互联大电网和西部互联大电网，而德克萨斯州也拥有自己的互联大电网（48州有3个独立的电网）。美国的每一个互联大电网都拥有一个或多个独立的系统运营，管理该地区的电网。

美国互联大电网由独立的系统运营商（ISO）或区域输电运营商（RTO）组成。[19][14]虽然两者都位于美国，但是为了简单化，我们在本次描述中仅使用RTO。RTO是一个非营利组织，代表某个地区的整个公共电力事业，独立管理联合电力输送资产。RTO的独立性在于他们不拥有任何电力资产，并且在电力批发市场并没有优越的地位。在几个地区中，RTO还在电力和附属服务设施方面建立了现货市场中心，同时为对冲/管理阻塞风险提供融资合约（输电阻塞是从财政上而不是从实体上进行管理）。RTO的集中调度为批发市场提供了节点边际价格（LMP），[20]反应了将电力输送到受管理系统内的某个特定位置的社会成本。多个地区的不同节点边际价格向市场发送输电和输电阻塞成本信号。一天的不同时间以及不同位置的节点边际价格都会存在差异。例如，宾夕法尼亚州费城的酷暑期，会有更多的人使用空调，从而需要更多的电力，导致输电阻塞增加。因此，下午的电力节点边际价格将上涨。宾夕法尼亚州匹兹堡的酷暑期不会导致阻塞，因此，市场反应的节点边际价格相对较低。

如图9.3所示，RTO可以管理较大的实体区域，通常可以跨越大约1000公里的范围。在西部互联大电网内，大型已知系统运营商是CAISO。东部互联大电网的最大（从空间上来看）RTO是Midwest ISO（MISO）和PJM。记住，按这种顺序排列的物理标度按天到季节的顺序，通过天气与时间标度相关联。通过图9.1，还可以

---

⑲　大家都有独特的管理结构和协议，用于电力阻塞管理。ISO和RTO的运行方式相似，为了简单化，本处仅采用RTO。

⑳　节点边际电价（LMP）将社会成本转移到将能源输送到某个特定的地区。

发现新兴的超级区域可以与系统运营商区域相关联。

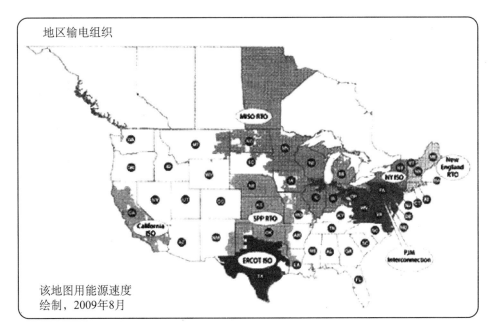

图 9.3　美国 RTO/ISO 地图

于 2013 年 3 月 11 日从 FERC. Gov 获取

## 9.7　外部效应

如果演生现象是由于市场交易导致时，市场可能无法有效地分配所有资源，但是与是否购买或销售某种物品的决定无关。在交易成本中没有考虑的衍生现象被称为外部效应：作为旁观者，您没有为此付款，您可能想要也可能不想要该外部效应，但是您无论如何都会"得到它"。既然外部效应与是否购买或销售的"决定无关"，我们可以用税收或法规等市场外的其他工具使其内部化。

正面外部效应对旁观者的利益具有有利的影响。通过麻省理工学院或宾州州立大学的公开教育资源制定的公开教育策略就是很好的正面外部效应的例子，因为任何人都可以通过互联网获取为部分学生编制的课件。而且，教育使人们变得更加见多识广，提升政府水平，提高了国家全民素质。但是，正面外部效应导致市场供应的产品数量少于需求。我们可以假设，通过向更多人传授太阳能设计知识，多个地区客户或利益相关方的太阳能利用率明显较高的项目的社会价值，高于学习设计和安装太阳能热水系统的私人价值。

为了应对市场失效，政策制定者可以向参与者提供激励措施，使外部效应内部化。如图9.4所示，太阳能设计团队教育的社会价值超过私人价值，并且高于需求曲线。因此，社会最优数量超过私人市场确定的数量。数百年来，激励措施一直是政府用于塑造能源发展的工具。

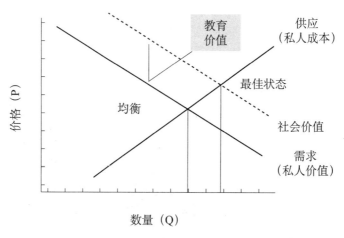

图9.4  如果存在正面外部效应，社会价值将超过私人价值

政府可以通过为正面外部效应提供奖励的方式，纠正市场失效

负面外部效应将对旁观者的利益产生不利影响。例如，大规模煤炭燃烧产生的$CO_2$排放属于负面外部效应，因为会对人为导致的全球气候变暖产生重大影响，从而反过来对全球淡水供给等其他商品造成不利影响。由于$CO_2$排放导致的负面外部效应（不是经营成本的一部分），电力生产商维持燃煤发电厂的时间将超过其建议使用寿命。如图9.5所示，排放的社会成本超过私人成本。

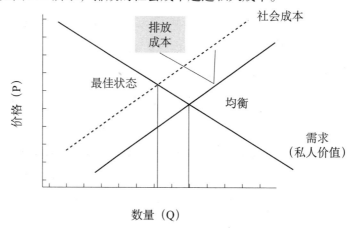

图9.5  存在负面外部效应，社会成本将超过私人成本

政策可以对电力生产排放征收税费，纠正市场失效

为了应对市场失效，政策制定者可以按每排放一吨 $CO_2$ 对煤炭燃烧征收一定的税费，提供减少煤炭燃烧的激励措施。[15] 其作用是使供应曲线相对于税收金额向上移动，过程是使外部效应内部化，因为现在卖方和买方都有市场激励措施来解释他们的行为。[16]

## 9.8　公共设施、风险和回报

我们已经在上文说明设计背景原理时描述了太阳能利用，我们将其描述为太阳能设计的核心因素。将该术语分开来看，利用率是指一系列商品和服务范围内客户的偏好。利用率还可以表示该系列商品和服务可带来的幸福感的衡量。因此，本文中将太阳能利用率称为来自太阳能资源的一系列商品和服务，与非太阳能商品和服务形成对比。在经济学中，利用率框架还受到在货物成本方面的货物和服务消耗量的约束。由于货物都具有成本，利润率将被视为一个财富函数。㉑

此外，我们可以从财务投资的角度来看太阳能利用率，我们期望这种投资在未来的某个时间能为我们带来更多的财务金额。客户收到初始投资回报的比率（回报率）也被称为财富累计率。㉒ 从单纯的经济角度来看，使用率可以被视为一个消耗量函数，消耗量反过来是一个财富函数，财富是回报率函数。[17]

从一个综合设计团队的立场来看，我们希望向客户提供预期回报率最高的太阳能项目（经济资产）的投资机会。这意味着我们需要向客户提供有价值的信息，使客户能够通过项目分析以及现有的地区太阳能转换模拟做出该投资决定。同时，如果已安装了太阳能电厂（即公共设施规模的太阳能发电厂）等太阳能转换系统，参与系统管理的团队应负责经营系统，并参与电力市场，从而提高利润，并且将对对太阳能预测以及通过这些辐照度预测进行的系统性能模拟有更好的了解。但是，模拟仅仅是理想情况，并且仅仅估计了预期性能，而实际气象和市场在投资和每日动态性能方面存在可测量的不确定性。伴随着不确定性的就是风险。㉓

$$风险 = p（事件）×（特定事件的预期损失） \qquad (9.1)$$

---

㉑　太阳能设计的目的：

提高特定地区某个客户或利益相关方对太阳能的利用率或使该利用率最大化。

利用率反映了客户从一系列商品和服务获取幸福感的偏好或方式。

太阳能利用率与来自太阳能的一系列货物和服务（而不是非太阳能货物或服务）相符。

㉒　收益率：特定投资给客户带来的财富累计率。

㉓　风险，是期望值的可能结果分布，或用不良事件乘以预期损失得到的概率。

**太阳能转化系统**

　　风险是未来事件的不确定性，通常为未来发生的不确定事件的概率乘以发生该事件的预期损失。如果我们知道所有潜在结果的概率分布，就可以知道该结果的期望值。我们在图 9.6 中演示了正态概率分布的一个简单例子，其中期望值是平均值（$\mu$），分布可以用统计方差（$\sigma^2$，标准偏差函数）表示。因此，在现代意义上，风险还可以视为围绕预期值的可能结果分散。

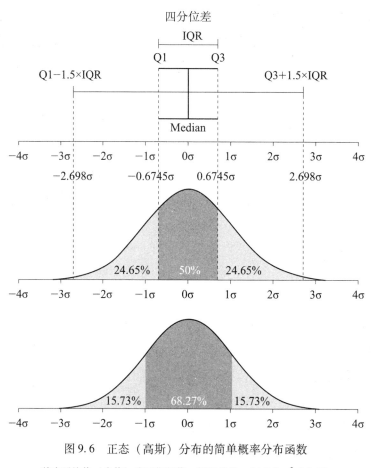

图 9.6　正态（高斯）分布的简单概率分布函数

其中平均值（中值）表示期望值，标准偏差 $\sigma$ 与方差 $\sigma^2$ 成比例。

由用户改编：Jhguch/Wikimedia Commons/CC-BY-SA 2.5，2011 年 3 月

　　如果我们知道预期情况，并且可能结果的分散紧紧围绕该预期，我们可以根据未来的情况做出相应的改编或变更。结果越分散，风险越高。因此，太阳能项目开发或太阳能转换系统运营和管理的"风险越高"，期望值周围的结果越分散。[18] 太阳能投资的财务风险可以从天气、政策变化和激励措施等多种因素导致的财务回报（例如内部收益率或回报期）的意外变化来进行评估。

当太阳能为某个地区的电力生产做出重大贡献时，电力生产的期望值将变得非常重要，最近几年的风力发电就是一个很好的示例。以一个已安装的大型太阳能电厂（例如电容量为 20—50MW）为例。如果投资期短（小时/天/秒），公共事业公司和 RTO 将会关心前一天（以及一个小时之前）的市场电网稳定性和期望值。RTO 以财务方式而不是实体方式管理地区输电阻塞。我们已经说明为什么云是太阳能转换的主要干扰气象特征，尤其是对于光伏发电。电力生产的意外下降或浪涌将给公共设施带来额外成本，并且反过来可能影响电网稳定性。因此，在该例子中，我们需要了解期望值条件下的潜在云事件的分散情况（通过概率进行汇总）：

$$风险 = p（多云事件）×（预期损失） \qquad (9.2)$$

对于概率分布，我们可能想要了解分布幅度和尾部，因为可能结果越分散，表明我们对电力生产的实际值与期望值相同的信心越低，因此进入市场的风险较高。

在能源项目融资中，公共事业和 RTO 可以探索跨地区太阳能网点网络（分布式发电），尽量减少电力生产的间歇性。[24] 在统计学上，相关地区存在 N 个连接网点将降低作为 $1/\sqrt{N}$ 的电力净方差（$\sigma^2$）。因此，分布式发电包括可以共同降低电网不稳定性风险的实体项目，同时在特定事件间隔内保持能源和市场回报。在这种情况下，能源项目管理还可以遵守多样化的概念。分布在某个地区的各位置可以视为不同的资产。降低风险的一种方式是评估相关投资期内多个网点的协方差，我们在第八章中通过功率谱密度和同谱分析进行了说明。[19] 方差和协方差分析介绍了一种将气象数据（辐照）和功率转换与不确定性和风险期望值关联的方法，以及为太阳能电力技术投资组合管理制定共同策略的开发方法。

多样化投资组合管理的概念在融资和投资中比较常见。[25] 投资组合是个人、利益相关方或机构持有的项目或投资的组合，管理投资组合的关键部分是风险和回报。投资组合管理是通过投资各种资产，降低客户风险的策略，而不是将所有鸡蛋放到一个篮子里。整体间相互关系不完善的资产的多元化投资组合的风险可能比其他资产的加权平均值低。[20] 基于投资组合分析的逻辑含义，在假设资产分类或市场风险（在财务中用数量 $\beta$ 表示）[21] 条件下，财务分析员可以处理资本资产定价模型（CAPM），这是资产理论的适当收益率，被视为现有多元化投资组合的新项目。投资组合策略和 CAPM 都具有延伸到能源项目融资、避免天气和电气市场不确定性造成的损失、系统持续性和生态系统服务的潜力。

太阳能转换系统的财务收益（因为除财务收益外，可持续性还获得其他值）可以多种方式进行组合。本处，我们要介绍净现值（NPW）回报，也称为项目净现值，是与货币时间价值相关的年度现金流之和，通常会考虑较长的项目投资期。

大部分太阳能转换系统项目都属于长期项目，需要从长远的眼光来评估收益，通常为 30—50 年。内部收益率（IRR）或最低贴现率（$\bar{r}$）到评估期（时间 t）结束时投资的净现值为零，货币时间价值将作为计算的一个因素。资本成本 r 小于内部收益率时，投资回报具有可盈利。投资组合的回报率可以是客户或利益相关方评估的资产组合的收益率的加权平均值。

$$NPV = \sum_{t=0}^{n} \frac{C_t}{(1+\bar{r})^t} = 0 \qquad (9.3)$$

总之，从财务的角度来看，许多客户可能关心实际开发和管理太阳能转换系统的风险。综合设计和管理团队可以借鉴现代投资组合理论和资本资产定价模型，制定降低风险以及提高利益相关方的收益率的策略。

## 9.9 问题

（1）列出单纯市场决策（称为外部效应）的缺点，以及考虑已安装的评估期为 10 年以上的分布式光伏发电厂的影响。

（2）政府可以用哪些机制解释超过商品/服务的私人成本的社会成本？

（3）政府可以用哪些机制解释超过商品/服务的私人价值的社会价值？

（4）什么是 RTO（或 ISO）以及组织在电网中发挥的作用是什么？

（5）2012 年，阿巴拉契亚中心山脉的煤炭价格大约为 \$ 65 每短吨（907kg），可以作为发电厂燃料供应源（但是必须持续购买煤炭）。假设一座光伏（PV）太阳能发电厂前五年运行时的当量电力生产的平均成本为 200 美元（只需要支付一次），但是存在已经建成的燃煤发电厂，您认为经济学家会建议购买哪一种技术？（来源：http：//www. eia. gov/coal/news_markets/）

（6）通过可用资源调查美国曾采用过的能源激励措施。通过比较和评论等方式证明以工业方式发展太阳能仅仅是另一种能源开发形式。

## 9.10 推荐拓展读物

• 《经济学原理》[22]

- John C. Hull 的《期权、期货和其他衍生产品》[23]
- 《现代投资组合理论：创立、分析和新开发》[24]
- 《生态经济学：原理和应用》[25]
- 《Jefferson 会怎么做？联邦补贴在塑造美国能源未来中发挥的历史作用》[26]
- 《红色、白色和绿色：美国清洁技术工作的真实颜色》[27]
- 《能源税政策：能源税的历史和当前状态》[28]

# 参考文献

[1] Nancy Pfund and Ben Healey. "What would Jefferson do? the historical role of federal subsidies in shaping America energy future." Technical report, DBL Investors, 2011.

[2] We make use of the Sun throughout our lives, but in solar design we offer compelling arguments to the client that may increase their *marginal demand* for the Sun while decreasing their demand for fuels.

[3] J. Boecker, S. Horst, T. Keiter, A. Lau, M. Sheffer, B. Toevs, and B. Reid. *The Integrative Design Guide to Green Building: Redefining the Practice of Sustainability*. John Wiley & Sons Ltd, 2009.

[4] The terms **Heat** and **Power** have been adopted by several industries to have a specialized trade meaning. *Power* is electrical energy (as opposed to a rate of energy use), and *heat* is thermal energy (as opposed to the transfer of energy). Thus, in the energy industry we hear about *Combined Heat and Power (CHP)* for energy conversion systems that provide two useful forms in one system.

[5] H. E. Daly and J. Farley. *Ecological Economics: Principles And Applications*. Island Press, 2nd edition, 2011

[6] **Reserve** is a very specific term in the USGS. See the list below.

[7] U.S. Geological Survey. Mineral commodity summaries 2012. Technical report, U.S. Geological Survey, Jan 2012. URL http://minerals.usgs.gov/minerals/pubs/mcs/index.html. 198 p.

[8] N. Gregory Mankiw. *Principles of Economics*. Thomson South-Western, 3rd edition, 2004.

[9] With technological changes, the availability of alternatives in energy systems is often based on a lack of access rather than an absolute availability of decentralized, alternative electricity.

[10] Ken Butti and John Perlin. *A Golden Thread: 2500 Years of Solar Architecture and Technology*. Cheshire Books, 1980.

[11] Ken Butti and John Perlin. *A Golden Thread: 2500 Years of Solar Architecture and Technology*. Cheshire Books, 1980.

[12] Nancy Pfund and Ben Healey. What would Jefferson do? the historical role of federal subsidies in shaping America's energy future. Technical report, DBL Investors, 2011.

[13] Molly F. Sherlock. Energy tax policy: Historical perspectives on and current status of energy tax expenditures. Technical Report R41227, Congressional Research Service, May 2 2011. URL w crs.gov.

[14] S. Blumsack. Measuring the benefits and costs of regional electric grid integration. *Energy Law Journal*, 28: 147–184, 2007.

[15] This type of tax to correct negative externalities is called a **Pigovian tax**, after economist Arthur Pigou (1877–1959).

[16] N. Gregory Mankiw. *Principles of Economics*. Thomson South-Western, 3rd edition, 2004.

[17] J. C. Francis and D. Kim. *Modern Portfolio Theory: Foundations, Analysis, and New Developments*. John Wiley & Sons, 2013.

[18] J. C. Francis and D. Kim. *Modern Portfolio Theory: Foundations, Analysis, and New Developments*. John Wiley & Sons, 2013.

[19] J. Rayl, G. S. Young, and J. R. S. Brownson. Irradiance co-spectrum analysis: Tools for decision support and technological planning. *Solar Energy*, 2013. http:// dx.doi.org/DOI:10.1016/j. solener. 2013.02.029.

[20] Harry Markowitz. Portfolio selection. *J. Finance*, 7 (1): 77–91, Mar. 1952; and W. H. Wagner and S. C. Lau. The effect of diversification on risk. *Financial Analysts Journal*, 27 (6): 48–53, Nov.- Dec. 1971.

[21] J. C. Francis and D. Kim. *Modern Portfolio Theory: Foundations, Analysis, and New Developments.* John Wiley & Sons, 2013.

[22] N. Gregory Mankiw. *Principles of Economics.* Thomson South-Western, 3rd edition, 2004.

[23] J. C. Hull. *Options, future and other derivatives.* Pearson Education, Inc, 2009.

[24] J. C. Francis and D. Kim. *Modern Portfolio Theory: Foundations, Analysis, and New Developm . ents.* John Wiley & Sons, 2013.

[25] H. E. Daly and J. Farley. *Ecological Economics: Principles And Applications.* Island Press, 2nd edition, 2011.

[26] Nancy Pfund and Ben Healey. What would Jefferson do? The historical role of federal subsidies in shaping America's energy future. Technical report, DBL Investors, 2011.

[27] Nancy Pfund and Michael Lazar. Red, white & green: The true colors of America's clean tech jobs. Technical report, DBL Investors, 2012.

[28] Molly F. Sherlock. Energy tax policy: Historical perspectives on and current status of energy tax expenditures. Technical Report R41227, Congressional Research Service, May 2 2011. URL www.crs. gov.

# 第十章　太阳能项目融资

　　能源经济学表明，通过成本分析，大部分人会决定购买一个太阳能转换系统。有些人甚至知道如何用燃料价格与预测的太阳能转换系统价格进行比较。工程所用的项目设计的成本计算称为项目融资更加适当。从另一个角度来看，本节将研究能源工程的生命周期成本分析（LCCA），说明具体太阳能转换系统项目的投资从长期来看能否获得回报。以下方法是评估生命周期成本的简单方法，使用了中央银行利率、存款银行贷款按揭利率以及燃料和服务通货膨胀率的假设。我们的分析包括货币的时间价值以及安装和维护一个太阳能转换系统的单位成本，但是并没有通过详细分析全面研究这些参数的敏感性。我们通过引入这些话题，向广大的设计团队揭示项目融资中的成本分析语言和原理。此外，这些概念还被纳入了美国能源部国家可再生能源实验室（NREL）的开源软件 SAM（系统顾问模型），在该软件中我们可以对未来项目进行更详细的研究。[1]

## 10.1　货币时间价值

　　从长期来看，货币时间价值对融资来说非常重要。现值（PV）是在既定收益率时，某个资产、货币或现金流现在的美元价值。货币未来值（FV）是现在评估的某个资产或现金流的美元价值。我们可以将燃料成本（FC）或燃料储蓄（FS）的价值视为年度（或其他周期）现金流。

　　虽然我们无法预测未来，但是我们可以假设可以用市场贴现率（d）将未来成本或储蓄折现成现值。市场贴现率与中央银行向存款机构（信用社、储蓄银行和商业银行以及储蓄和贷款社）收取的利率相关。[2]我们简单假设市场贴现率与相关中央银行的利率相似。但是，如表 10.1 所示，21 世纪初全球经济衰退的影响导致美国、日本和欧洲的中央银行利率变得非常低。这些利率在生命周期成本分析的 20—40 年评估期内可能会上涨。

**太阳能转化系统**

表 10.1　市场利率清单

| 国家/地区 | 中央银行 | 货币 | 关键利率 |
|---|---|---|---|
| 澳大利亚 | 澳大利亚储备银行 | 澳元（AUD） | 3.25%（03.10.2012） |
| 巴西 | 巴西中央银行 | 巴西雷亚尔（BRL） | 7.25%（10.10.2012） |
| 加拿大 | 加拿大银行 | 加元（CAD） | 1.00%（20.07.2010） |
| 中国 | 中国人民银行 | 人民币（CNY） | 6.00%（05.07.2012） |
| 欧元区 | （多家银行） | 欧元（EUR） | 0.75%（05.07.2012） |
| 印度 | 印度储备银行 | 印度卢比（INR） | 8.00%（17.04.2012） |
| 日本 | 日本银行 | 日元（JPY） | 0.0%—0.1%（16.11.2008） |
| 墨西哥 | 墨西哥银行 | 墨西哥比索（MXN） | 4.50%（17.07.2010） |
| 土耳其 | 土耳其中央银行 | 土耳其里拉（TRL） | 5.75%（04.08.2011） |
| 英国 | 英格兰银行 | 英镑（GBP） | 0.50%（05.03.2009） |
| 美国 | 美国联邦储备系统 | 美元（USD） | 0.25%（16.12.2008） |

已知 2012 年年底的中央银行利率，数据来自：http://www.banksdaity.com/central-banks/，2012 年 11 月 24 日

$$PV = \frac{FV}{(1+d)^n} \qquad (10.1)$$

式中，$d$ 是市场贴现率，$PV$ 是"现在"估价（时间 $=0$），$FV$ 是周期 $n$ 的估价（在这里 $n$ 是年数）。

在研究系统贷款或按揭时我们采用了融资利率的概念，并且需要叙述贷款所支付的货币的时间价值以及系统的税收折旧，在美国，税收折旧使用修订的加速成本回收制度（MACRS）。我们只用利率来描述燃料成本或公共电力费用的上涨，描述维护和保险等运营成本的通货膨胀，或描述评估期内基于产量的政府激励措施的变化。

相比较而言，燃料或电力等货物的未来成本（在这里用 $FC$ 表示"燃料成本"）、系统维护和保险等服务的未来成本以及所得税的未来储蓄预计都会随着时间的推移而发生通货膨胀，虽然各自的通货膨胀率（$i$）可能会不同。成本（$C$）或储蓄（$S = -C$）的未来值（$FV$）可以用未来周期 $n$ 的简单统一的通货膨胀率（$i$）进行估价，用一般公式（10.2）来表示。

$$FV = C\ (1+i)^{n-1} \qquad (10.2)$$

在很多太阳能转换系统的设计和部署中，固定安装成本太高，客户无法直接支付。像汽车或房屋或大学教育成本一样，成本的支付需要组合使用现金存款和贷款或按揭。因此，我们将介绍现值的概念如何与货物和服务的贷款还款或未来成本相

关联。贷款或按揭还款成本在第 $n$ 年的现值参见公式（10.3）。①

$$PW_n = \frac{C\ (1+i)^{n-1}}{(1+d)^n} \tag{10.3}$$

如果我们将成本（$C$）与公式（10.3）分开，就能得到现值系数，其标识符为 $n$（未来的周期），$i$ 为统一通货膨胀率，以及 $d$ 为统一贴现率或贷款利率：PWF（$n$、$i$、$d$）。②

$$PWF(n,i,d) = \sum_{j=1}^{n} \frac{(1+i)^{j-1}}{(1+d)^j} \tag{10.4}$$

因此，可以用系统成本 $C$、燃料通货膨胀率 $i$ 以及现金市场贴现率 $d$ 来评估每年的现值，作为特定年度 $n$ 的年化计算。还可以评估整个评估期的总现值，如公式（10.5）所示。

$$TPW = C[PWF(n,i,d)] \tag{10.5}$$

## 10.2　太阳能储蓄

1977 年，Beckman、Klein 和 Duffie（威斯康星大学）在项目融资分析中介绍了太阳能储蓄（$SS$）概念。[3]实际上，我们在几十年后作为太阳能项目融资提出的工作的大部分都直接来自之前的工作。太阳能技术可能会替代燃料以及它们的相关成本，从而避免了燃料成本（$FC$）或燃料储蓄（$FS$）。③ 太阳能储蓄是燃料储蓄之和减去预期太阳能转换系统的固定和可变成本（$C_s$）（参见公式10.6）。此外，还要在投资期或评估期内对太阳能储蓄进行评估，投资期或评估期包括与系统相关贷款的期限以及太阳能转换系统的大部分生命周期（大约为15—30 年）。

最初，太阳能储蓄法用于评估太阳能热水系统。热水系统等太阳能转换系统可能会发生收集器年度维护和保险成本。我们将这些成本称为增量，因为安装非太阳能转换系统会发生既定成本，我们正尝试对与燃料储蓄和潜在激励措施相关的额外成本的太阳能转换系统现金流的边际差异进行财务比较。

$$SS = FS - 增加的抵押/贷款还款$$
$$- 增加的维护/保险$$

---

① 在本文中，现值和现在价值是相等的。

② 如果在某些特殊情况下，通货膨胀率等于贴现率（$i=d$），PWF 将只与评估期成正比：$PWF = n/(n+1)$。

③ SS：太阳能储蓄；

　FS：燃料储蓄；

　FC：燃料成本。

## 太阳能转化系统

            – 增加的附加能源成本

            – 增加的财产税

            **+ 税收抵免激励措施**

            **+ 生产信贷激励措施**                                                          （10.6）

    对于太阳能转换系统来说，增加的运营成本包括年度维护或维修费用、附加保险成本以及任何附加的财产税成本。泵或跟踪系统等电力设备增加的成本是附加能源成本。之所以被称为附加能源成本是因为它们需要消耗少量的能源，因此给总太阳能储蓄增加一个小额的成本。例如，将太阳能热水从屋顶循环到地下室蓄水箱的水泵的电费单中，每月会增加小额的成本。[4] 大规模太阳能项目将发生额外的附加能源成本，环境的能源损失也被视为附加的，因为它们不会带来可用或可计费的太阳能负荷（$L$）。

    各地区、各州以及各国的增量激励措施各不相同。这也是我们为什么要提倡将所在地区纳入太阳能设计目标中的另一个原因。不仅仅涉及天气，还涉及您关注的地区的政策气候和政府对能源的激励措施！我们已经将与开源项目设计软件 SAM（系统顾问模型）相似的直接财务激励措施与 NREL 分开。[5] 税收抵免激励措施将抵免按揭以及系统第一年款项的利息（ITC：投资税减免）。生产信用激励措施是无碳能源生产的付款激励措施。此时，具有生产价值的能源是太阳能电力，在美国几个州中，每生产一兆瓦时（能源单位：MWh）电力，可以获得一份太阳能可再生能源证书（SREC），然后可以在市场上销售。太阳能可再生能源证书是与美国太阳能电力行业特有的政府激励措施相关的可交易、无形的能源商品。可再生能源证书是可再生能源生产 1 MWh 电力的凭证，是一个州的可再生（或替换）能源组合标准的一部分。

    我们通过观察发现，电力价格实际上是一个燃料成本，在项目设计以及大部分其他太阳能项目中可以用相同的方式评估光伏系统。用燃料进行评估时，能源就是金钱。我们通过购买能源，按时间顺序满足我们的能源需求。由太阳能设计团队找到减少和替代燃料需求的有效方式，因此，我们可以围绕系统中的一般能源流量建立一种公用语言。在社会城市化大趋势下，我们的项目融资工作重点将放在现代的太阳能系统上，现代太阳能系统与我们的当地供暖和电力网络相结合。在有些情况下需要与电力网络或天然气管道断开连接，但是这些情况通常需要使用当地燃料或替代蓄能策略（蓄电和蓄热）的支持，在这种情况下分散式太阳能技术将得到发展。

## 10.3　生命周期成本分析④

在评估新项目时，我们可以考虑几个重要的经济数值，[6]每个数值都与投资期和项目现值（当前美元价值）相关。首先，我们在投资能源系统时是用现在估价的资金进行的，并且我们通过货币时间价值可以知道，未来成本或储蓄的现值（$PW$）将在任何投资期内贴现。

系统在评估期内的净现值（$NPW$）被称为生命周期储蓄（LCS）。生命周期储蓄是传统的仅使用燃料的能源系统的生命周期成本和具有辅助燃料成本的太阳能转换系统的生命周期成本的差额。我们可以用离散或连续（微积分）数学法对生命周期储蓄进行评估。在离散法中，我们首先计算年化生命周期成本，或用组成成本和储蓄计算年平均现金流量（补充评估年化生命周期储蓄）。然后，我们可以用货币时间价值代替年化现金流量现值（$PW$）。最后，我们将年化现金流量现值总和起来，获得整个评估期的各成本和储蓄组成部分的净现值，然后直接将组成因素加起来获得生命周期储蓄。

"生命周期"有多长？10年、20年还是50年？记住投资期是需求弹性的一个因素。投资期非常短（1—2年）的需求不具有弹性。在项目评估中，我们通常要确保评估期包括按揭期限，然后根据客户的相关投资期决定合理延长该评估期。

## 10.4　成本和储蓄⑤

在项目融资中，我们要考虑投资和经营成本。投资涉及为了向客户或利益相关方交付太阳能转换系统而需支付的材料和安装固定成本。客户只需要付款一次，系统就能持续数十年。如果是光伏或太阳能热水等系统，您不能只买半个组件，所以系统尺寸会一次增加到位，而不是平缓增加。能源系统部署通常采用总成本，尤其是公共设施的大型电力系统。与核电站相比，增加的光伏组件的投资非常小并且平缓。但是，从房屋拥有者的角度来看，太阳能技术的增加投资的固定成本较高，并且是一次性成本。

---

④　生命周期成本分析（LCCA）：如需求弹性章节所述，投资期是客户在评估和比较方案时考虑的一项重要标准。这里，投资期和评估期是同义词。

⑤　可用于研究本节内容的合理补充设计工具，请在美国能源部国家可再生能源实验室的系统顾问模型SAM中下载并打开案例分析。

## 太阳能转化系统

$$C_s = C_{dir} \text{（\$/unit）} \cdot n \text{（units）} + C_{indir} \text{（\$/unit）} \cdot n \text{（units）} \qquad (10.7)$$

如公式 10.7 所示，投资（总成本：$C_s$）被进一步分为直接资本成本（$C_{dir}$）和间接资本成本（$C_{indir}$），这两个成本之间具有尺度相关性。从经济学的角度来看，我们可以用单位成本来说明项目规模的尺度相关性，单位成本是性能或面积特征单位的固定和可变成本。面积相关性是住宅太阳能热水系统的一种单位，单位面积成本（$C_{area}$，单位\$/m$^2$）与热水收集系统的孔径面积（$A_c$，单位 m$^2$）成比例。但是，太阳能电池板本身尺寸不连续（单位面积），因此，我们可以用单位数量乘以单位性能，获得和估计常用试验条件下拟建系统的净性能，从而算得单位成本。

---

收集器单位成本尺度：

- 单位成本：\$/单位（组件）
- 单位面积成本：\$/m$^2$
- 单位电力成本：\$/W$_p$ 或\$/W$_{dc}$或\$/W$_{ac}$或\$/MW$_e$
- 单位能源成本：\$/MW h

---

在太阳能项目设计中，材料成本占直接资本成本的一大部分。直接成本还包括安装人员以及安装公司的利润和管理费。这些成本可以细分为单位成本，其中所有部件的尺度单位为\$/$kW_{dc}$（依据 AM 1.5 试验条件下的直流电），但逆变器除外，逆变器的尺度单位为\$/$kW_{ac}$（基于 AM 1.5 试验条件下的交流电）。

对于光伏系统，直接成本包括光伏组件、逆变器和系统设备成本的余额（BoS—设备）。在这种情况下，BoS—设备专门用于描述安装部件、支撑部件和布线等剩余结构和电气零件。在更大范围的现值评估中，BoS 用于描述除了组件本身的直接资本成本之外的所有成本。目前正在进行大量的研究，以降低组件成本以及投资的剩余 BoS 成本。[7]

单位成本来自在标准化条件下进行测试的各光伏组件或逆变器的单位性能（分别为 kW$_{dc}$或 kW$_{ac}$），例如大气质量 1.5（1000 W/m$^2$）。用单位数量乘以单位性能可以获得拟建系统的净性能。但是，我们还需要单位性能的成本（例如，\$/ kW$_{dc}$），因为我们的目的是将单位成本纳入项目系统成本中。

间接资本成本包括项目开发许可、税费以及环境研究成本、系统工程设计以及电网互连成本和土地成本。然后，可以用单位成本计算间接成本，其中土地成本应与被开发土地的英亩数成正比。

经营成本是每月或年度运营可变成本。这些成本包括不是由太阳能转换系统提供的维护、保险、燃料和电力的单位成本。这些成本不属于任何贷款或按揭还款以及与项目融资相关的附加财产税。

$$年度成本 = FC + 贷款/按揭$$
$$+ 维护/保险$$
$$+ 附加能源成本$$
$$+ 财产税$$
$$- 所得税储蓄$$
$$- 太阳能可再生能源证书或其他付款激励措施 \quad (10.8)$$

可以按有效的税率比例从客户的年度总收入中扣减利息和财产税。该所得税储蓄可以进一步分为不产生收入的太阳能转换系统（例如住宅、非营利性地方所有权）和产生收入的太阳能转换系统（例如营利性的公共电力设施、PPA 电力生产、工业）。不产生收入的太阳能转换系统可以将太阳能贷款或按揭的利息支付纳入所得税储蓄。

各成本（或储蓄）可以用标准电子表格中的分栏表示，从第 0 年（安装系统的年份）开始。然后，另一年各栏可以作为新的一行进行评估。这是计算太阳能转换系统生命周期储蓄的离散数学法。每年各栏的年度燃料储蓄和成本之和就是年化太阳能储量，将每年的年化太阳能储蓄（已转换成现值）加起来就能得到累计太阳能储蓄：等于生命周期储蓄。重复说明：太阳能转换系统的生命周期储蓄与传统燃料能源转换系统（或电力使用权）相比，表示为储蓄的燃料成本和太阳能转换系统的额外投资导致的费用增加之间的差额。

# 10.5　离散性分析[⑥]

为评估期内的离散分析结果编制表格时，太阳能储蓄的各组成部分可以作为电子表格数据栏的输入信息。从现在（$n = 0$）到投资期结束的数据将逐年上涨。通过对组成部分的简单分析发现，每年 $n$ 有正现金流量（来自燃料储蓄和激励措施）也有负现金流量（来自经营的可变成本）。电子表格上特定行的现金流量之和必须根据第 $n$ 年的现值因素 $[PWF(n, 0, d)]$ 和相应的市场贴现率 $d$ 进行折算，以确定年化成本或储蓄。我们将每年的现值加起来，获得累计太阳能储蓄。最后，累计太

---

⑥　列表分析模板内容可以参见本文推荐网站。

# 太阳能转化系统

阳能储蓄现值被定义为生命周期储蓄（LCS）。

表格可以参见表10.3，贷款列表参见表10.2。在本案例中，客户计划以$11000的固定成本投资一个太阳能转换系统。投资包括2750美元的首期付款（DP），以及8250美元的贷款，分10年偿还，年化利率为4%。我们将贷款支付的现值因素表示为$PWF$（10，0，0.04）。用贷款总额除以$PWF$（$n$，$i$，$d$），参见公式（10.8）。应注意，对于贷款或按揭还款来说，不存在通货膨胀（$i=0$），贷款利率等于贴现率（$d=0.04$）。您可能会发现用贷款利率代替贴现率比较混乱。但是，应注意这些是客户的成本，而不是收入。在估计客户未来的付款时，需要一个贴现率。客户实际上并没有收取自己的还款利息，客户每年偿还贷款的义务不存在通货膨胀（通货膨胀率$i=0$）。

表 10.2 十年期贷款综合表

| 年份 | 还款 ($) | 已付利息 ($) | 已付本金 ($) | 余额 ($) | 定期还款现值因素 (1000.04) |
|---|---|---|---|---|---|
| 0 | | | | 8250.00 | 8.111 |
| 1 | -1017.15 | 330.00 | -687.15 | 7562.85 | |
| 2 | -1017.15 | 302.51 | -714.64 | 6848.21 | |
| 3 | -1017.15 | 273.93 | -743.22 | 6104.99 | |
| 4 | -1017.15 | 244.20 | -772.95 | 5332.04 | |
| 5 | -1017.15 | 213.28 | -803.87 | 4528.17 | |
| 6 | -1017.15 | 181.13 | -836.02 | 3692.15 | |
| 7 | -1017.15 | 147.69 | -869.46 | 2822.68 | |
| 8 | -1017.15 | 112.91 | -904.24 | 1918.44 | |
| 9 | -1017.15 | 76.74 | -940.41 | 978.03 | |
| 10 | -1017.15 | 39.12 | -978.03 | 0.00 | |

说明年化还款额，包括利息和余额扣减。贷款金额为8250美元，定期还款现值因素为8.111（10，0，0.04）

$$PWF\ (10,\ 0,\ 0.04) = \frac{1}{d-i}\Big[1-\Big(\frac{1+i}{1+d}\Big)^{n}\Big]$$

$$= \frac{1}{0.04}\Big[1-\Big(\frac{1}{1.04}\Big)^{1}0\Big] = 8.111 \tag{10.9}$$

$$年度还款 = -\$8250/8.111 = -\$1017.15 \tag{10.10}$$

$$已付利息 = \$8250.00 \cdot 0.04 = \$330.00\ 第一年 \tag{10.11}$$

我们可以看到，年度还款为负值，因为这对客户来说是一项成本。此外，每年将对余额收取4%的利息。第一年结束时（从现在到第1年），余额为8250美元，收到第一年还款后，银行或信用合作社收取的利息为330美元。因此，第二个一年

（从第 1 年到第 2 年）的余额为 7562.85 美元。

$$已付利息 = \$7562.85 \cdot 0.04 = \$302.51 \quad 第一年 \tag{10.12}$$

因此，第二次年度还款时收取的利息稍微降低，因为余额已经稍微降低。如表 10.2 所示，贷款最初几年的还款金额较小，因而在贷款期快结束时还款金额快速上涨，为抛物线形状。

现在，通过表 10.3 可以看到，第 0 年发生的所述项目的首期付款（DP）为 −2750 美元。我们还可以看到首期付款对于年化太阳能储蓄（$SS$）来说是一项成本（客户的负现金流），并且没有贴现。因为我们仅贴现未来价值以及当前（$n=0$）发生的首期付款，现值没有发生贬值。

表 10.3　FS 和 $C_s$ 综合表

| 年份 | 燃料储蓄($)(+1.05 每年) | 贷款成本($)(固定)($) | 经营成本($)(+1.04 每年) | 财产税($)(+1.04 每年) | 所得税储蓄($) | SS($) | 太阳能储蓄的现值($)(使用每年的PWF) | 累计太阳能储蓄($) |
|---|---|---|---|---|---|---|---|---|
| 0 | | | | | | −2750 | −2750 | |
| 1 | 1658.57 | −1017.15 | −120.00 | −300.00 | 90.00 | 311.42 | 288.35 | −2461.65 |
| 2 | 1741.50 | −1017.15 | −124.80 | −312.00 | 192.60 | 480.15 | 411.65 | −2050.00 |
| 3 | 1828.58 | −1017.15 | −129.79 | −324.48 | 188.10 | 545.25 | 432.84 | −1617.16 |
| 4 | 1920.00 | −1017.15 | −134.98 | −337.46 | 183.42 | 613.83 | 451.18 | −1165.98 |
| 5 | 2016.00 | −1017.15 | −140.38 | −350.96 | 178.55 | 686.06 | 466.92 | −699.06 |
| 6 | 2116.80 | −1017.15 | −146.00 | −365.00 | 173.48 | 762.14 | 480.28 | −218.78 |
| 7 | 2222.64 | −1017.15 | −151.84 | −379.60 | 168.22 | 842.28 | 491.46 | 272.68 |
| 8 | 2333.78 | −1017.15 | −157.91 | −394.78 | 162.74 | 926.67 | 500.65 | 773.34 |
| 9 | 2450.47 | −1017.15 | −164.23 | −410.57 | 157.04 | 1015.56 | 508.03 | 1281.37 |
| 10 | 2572.99 | −1017.15 | −170.80 | −426.99 | 151.12 | 1109.17 | 513.76 | 1795.13 |
| 10 | | | | | | 4400.00 | 1887.08 | 3682.21 |

说明年化现金流和累计太阳能储蓄($SS$)。首期付款为 −2750 美元，−8250 美元的十年期贷款，年化利率为 4%[$PWF(10,0,0.04)$]

第 1 年，我们收取各栏的成本和储蓄，表示该年度的可变成本/储蓄。根据太阳能转换系统的性能、特定地区的太阳能资源以及特定地区的燃料/电力成本，初始（第 1 年）的燃料储蓄（$FS$）为 +1658.57 美元。这些是无法避免的燃料成本，并且在我们的例子中，这些成本将带来最大的年度收益。第 1 年后每一年的估计燃料通货膨胀率为 $i=0.05$，这意味着要用前一行乘以 1.05。如之前所述，贷款成本是固定年度还款，没有通货膨胀。第一年的经营成本（维护、保险和估价成本）估计为 120 美元，货物和服务的一般通货膨胀率为 $i = 0.04$。注意，该通货膨胀率为什么与燃料通货膨胀率不同。在该简单例子中，财产税的增加额（-300 美元）的通货膨胀率为 4%。

在美国，存在分配储蓄，客户由此获得的回报将基于所减少的应税收入或与安装太阳能转换系统的成本相关的所得税储蓄。在表 10.3 中，贷款期每一年支付的利息以及系统支付的财产税应有一个 0.30 的所得税储蓄。因此，第 1 年的正现金流（储蓄）为 +90 美元。

我们可以从联邦和州的层面来审查 DSIRE[⑦] 网站 http：//www.dsireusa.org/上的可再生能源的详细激励措施。例如，2005 年，《能源政策法》规定作为住宅光伏和太阳能热水系统购买和安装的系统的税收抵免为 30%（当时可达到 2,000 美元）。2008 年 10 月，《能源改进与发展法》将该税收抵免延期到 2016 年 12 月 31 日，而 2009 年《美国恢复和再投资法案》从 2008 年 12 月 31 日起取消服务技术的最高抵免金额。因此，所有合格的住宅太阳能转换系统设施将获得 30% 的住宅可再生能源税收抵免，在安装后一年申请（第 1 年）。在使用 NREL 的开源能源模拟软件 SAM 时，我们在第 1 年的现金流量中采用该抵免。[8]

我们将表中各栏汇总到每一年的太阳能储蓄（SS）栏中，然后代入年化太阳能储蓄的现值。在这种情况下，我们估计的市场贴现率假设为 8%。在 21 世纪全球最近的全球经济衰退的环境下，该贴现率对于实际市场来说可能有点高，但是能满足该例子的需要。太阳能储蓄的现值因素是 PWF（$n$，0，0.08），适用于每一年 $n$。在已知每一年 $n$ 的各通货膨胀率（$i$）的情况下，我们已经计算了成本/储蓄，考虑了现值关系式的分子。因此，为了将成本和储蓄额的未来值代入现值，我们对太阳能储蓄采用公式（10.13）。

$$PW_n (d) = \left(\frac{1}{d}\right)^n = \left(\frac{1}{0.08}\right)^n \tag{10.13}$$

该例子的结果被制成表 10.4 的表格。

现在，如果提高市场贴现率。假设贴现率提高意味着太阳能储蓄的现值将降低，因此累计太阳能储蓄（与 LCS 同义）将降低。如果市场贴现率增加到足够高，评估期的生命周期储蓄将最终达到零。评估期的关键收益率被称为内部收益

---

⑦ DSIRE 是"可再生能源和效率国家激励政策数据库"，由北卡罗来纳州立大学和州际可再生能源委员会、国家可再生能源实验室和美国能源部合作维护。

率或 IRR。[8] 项目的对比分析表明，低于 IRR 的项目净现值高于非太阳能备选方案，而高于 IRR 的项目的净现值低于燃料备选方案。如果在电子表格中市场贴现率是一个独立的单元，与现值因素以及所得到的累计太阳能储蓄的现值相关，设计团队将通过不断摸索更改市场贴现率，找到评估期的 IRR。

表 10.4　适用于年化太阳能储蓄的现值因素（*PWF*）表

| 年份 | 储蓄现值（n, 0, 0.08） |
|---|---|
| 1 | 0.926 |
| 2 | 0.857 |
| 3 | 0.794 |
| 4 | 0.735 |
| 5 | 0.681 |
| 6 | 0.630 |
| 7 | 0.583 |
| 8 | 0.540 |
| 9 | 0.500 |
| 10 | 0.463 |

## 10.6　回收

回收期的概念在商业中被广泛应用。[9] 但是，我们仍然应了解，在几个投资期时间点我们将达到不同的回收阶段。在图 10.1 中，我们可以看到五个关键点，这些点表明了评估期 $n_e$ 的现金流变化情况。在已知太阳能项目融资分析期将超过十年的情况下，我们假设考虑了货币贴现。回收期的一个常见用途是贴现累计燃料储蓄等于初始投资（贷款＋首期付款）的期限。但是，我们还证明了，累计太阳能储蓄达到零（C 点，图 10.1）的回报将在类似期限内发生。

在该例子中，已经将累计燃料储蓄制成表格。我们可以在表 10.5 中查看过程，并且发现从第八年起燃料储蓄将带来投资回报（＄11115 ＞ ＄11000 投资）。相比之下，我们在表 10.3 中可以看到，这种综合情况的累计太阳能储蓄将从第七年起从负现金流过渡到正现金流。[10]

---

[8]　在某些文章中，IRR 被称为 ROI 或投资收益—我们不提倡这种方法。

[9]　在地方媒体上可以就这一点进行自由发挥。

[10]　$G_t$ 的吸收太阳能被称为 $S$。

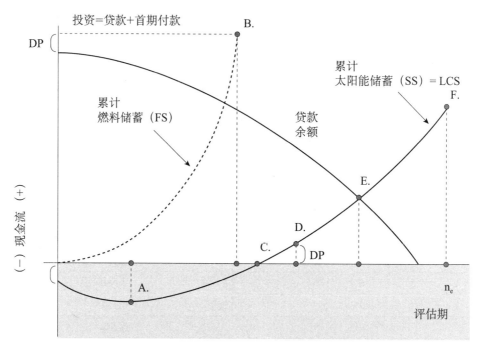

图 10.1 在特定评估期 $n_e$ 内，有多个可以传达客户"回报"概念的关键时间点

下文给出了贴现后的回报和储蓄，来自 Duffie 和 Beckman（2006 年）

**表 10.5 范例系统累计燃料储蓄表**

| 年 | 燃料储蓄额（FS）（$） | 储蓄额 PWF（n, 0, 0.08） | 贴现 FS（$） | FS 累计（$） |
|---|---|---|---|---|
| 0 | 0 | 1 | 0 | 0 |
| 1 | 1658.57 | 0.926 | 1535.71 | 1535.71 |
| 2 | 1741.50 | 0.857 | 1493.06 | 3028.77 |
| 3 | 1828.58 | 0.794 | 1451.58 | 4480.35 |
| 4 | 1920.00 | 0.735 | 1411.26 | 5891.61 |
| 5 | 2016.00 | 0.681 | 1372.06 | 7263.67 |
| 6 | 2116.80 | 0.630 | 1333.95 | 8597.62 |
| 7 | 2222.64 | 0.583 | 1296.89 | 9894.51 |
| 8 | 2333.78 | 0.540 | 1260.87 | 11155.37 |
| 9 | 2450.47 | 0.500 | 1225.84 | 12381.22 |
| 10 | 2572.99 | 0.463 | 1191.79 | 13573.01 |

## 10.7 收益、负荷损失

太阳能转换系统项目分析的两个重要概念是目标和负荷。太阳能收益（或收益）是太阳能转换系统提供的每天都会变化的有用能源数量。我们确认，太阳能只

有在被吸收时才有可能用于能源转换。我们将太阳能转换系统中吸收的辐射称为 $S$，其中 $G_t \rightarrow S$ 将基于太阳能转换系统的性能。

如之前的章节所述，系统的有用能（功）的定义非常广泛，因为客户的需求可能不仅仅是供暖和电力。传统上来看，"收益"和"损失"在本质上被认为是单纯的热量，与建成环境的设计相关联。但是，也没有理由不将太阳能发电视为一种收益。假设每个能源系统都有一个门槛，高出该门槛的能源水平将以规定的有用能源形式（热、电辐射等）流向客户。如图 10.2 的太阳能收益漫画所示，低于能源系统的该门槛时，所有能源数量将被称为损失，因为我们无法以客户需求的规定能源形式提供给客户。在门槛被称为关键辐射水平（$G_{t,c}$）的太阳能转换系统中，其中系统吸收的辐射等于光和热能损失。[9] 我们将在下文的光热转换系统章节中对关键辐射水平进行更详细的说明。每一个能源转换系统都有一个关键的能源输入流水平，低于该水平时，系统将发出噼啪声并停止。

我们将转换后的能源用于煮咖啡或冷却空气的电力及使淋浴器的水加热等特殊应用时，使用量被称为负荷（$L$）。⑪ 工艺负荷表示一年中每天和每月都会发生变化的能源需求，这些需求将通过组合能源系统策略来满足。负荷由两个部分组成：有用工作能源和能源损失。负荷估计必须考虑客户的合理热量需求、配电系统发生的热损失（例如热流体在通过管道时将失去能量）以及储存期间发生的额外损失（例如储罐内发生的热损失）。太阳能转换系统的损失包括热损失和光损失，因为入射到系统中的部分光由于传输和反射损失而没有被吸收。

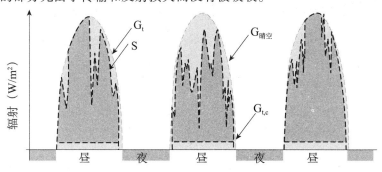

图 10.2　太阳能收益

包括吸收辐射 $S$ 和有用功 $G_{t,c}$ 的关键辐射水平，用绿色标出。同时还示出了倾斜面总辐射 $G_t$ 和估计

晴空辐射 $G_{晴空}$，来自 Duffie 和 Beckman（2006 年）

---

⑪　读者要将经常购买的能源分类为"辅助能源"可能会感觉不寻常。这是太阳能领域的传统，可能在不久的将来，将不再变得非同寻常。

$$L = Q_{工作} + Q_{(热损失)} + Q_{(光损失)} \qquad (10.14)$$

式中，$Q$ 是指传统热交换，或热力学能源转换。因为在后面章节的盖板—吸热板系统的吸收辐射（$S$）评估中还会考虑光损失，因此我们将光损失用括号括起来代入公式（10.14）。

总负荷可以作为能量转移率（$\dot{L}$）或综合数量（$L$）进行评估，而负荷中由太阳能提供的部分是 $\dot{L}_S$，由已购买燃料（天然气、燃油、地质燃料生产的电力）的辅助供应提供的剩余部分负荷是 $\dot{L}_A$。

$$\dot{L} = \dot{L}_S + \dot{L}_A \qquad (10.15)$$

式中，负荷是时间相关数量（W 的单位）。

## 10.8　太阳能指数

我们已经讨论了负荷（$L$）和成本（$C$），现在我们将要讨论年度太阳能指数（$F$）和每月太阳能指数（$f$）的度量标准。我们在能源系统混合时没有考虑的一个参数是因为已安装的太阳能转换系统的评估间隔的能源储蓄总分数。我们可以假设一个能满足纽约布法罗一处住宅一月份的所有能源需求的太阳能热水系统，但是当时对于纽约夏季的热水负荷来说已经远远超出标准了。在这种情况下，全年都不再需要用辅助燃料来给热水水箱加热，但是超大尺寸的系统并不划算。在夏季，仅仅将废热退回屋面区域已经是一笔很大的投资。相比之下，我们可以假设一个满足六月或七月热水负荷的100%（$f=1$）而仅满足一月热水负荷的30%的系统。也许每年为了降低投资成本而使用的辅助燃料的经营成本给客户带来的年度利用率实际上超过超大太阳能转换系统（或没有太阳能转换系统）带来的年度利用率。

$$F = \frac{L_S}{L} = \frac{L - L_A}{L} = \frac{\sum f_i L_i}{\sum L_i} \qquad (10.16)$$

$$f_{sav,i} = \frac{C_i - C_{A,i}}{C_i} \qquad (10.17)$$

在项目融资中，太阳能指数还可以作为比例系数，用于估计特定地区某个客户的最佳系统大小。这在一定程度是因为较大的太阳能指数需要更多模块单元和系统平衡，因此，根据单位成本，总系统投资将增加。有两种极端情况需要注意：太阳能指数为零，客户选择不安装新的太阳能转换系统；以及太阳能指数为一，这是太阳能转换系统能够满足全年的所有能源负荷。$F = 0$ 将导致客户为太阳能系统（不重要的案例）付出最高燃料/能源成本（$FC$）。$F = 1$ 需要最高的太阳能成本（$C_s$）和最低的年度能源成本（第二个不重要的案例）。我们希望能够在两种极端情况之间获得最高投资收益以及在累计太阳能储蓄中为净正数金额的回报。

## 10.9 连续性分析

从另一个角度来看，我们可以用基础微积分来评估系统的经济效益，或为特定地区的太阳能转换系统找到一个最佳的财务方案。我们不会将年化现金流（每年进行不连续贴现）的各字段总和起来然后将这些值转换成现值，而只需要确定评估期结束时指定的各栏的限值（在整个期限内连续贴现）。然后，现值字段之和将得到评估结束时的净现值。因此，太阳能转换系统相对于传统系统的生命周期储蓄将用算术的方式表示为系统规避的燃料成本和太阳能转换系统所需的边际追加投资导致的增加的成本之间的差异。该生命周期储蓄参见公式（10.18）。

$$LCS = P_1 \cdot C_{F1} \cdot F \cdot L - P_2 \cdot C_S \qquad (10.18)$$

式中 $P_1$ 和 $P_2$ 是用于表示影响当前系统中所使用的传统燃料的相关成本（$C_{F1} \cdot F \cdot L$）的捆绑参数，以及反映太阳能转换系统的成本（$C_s$）的系数。

$P_1$：生命周期的燃料成本储蓄与第一年燃料储蓄的比值。

$P_2$：太阳能转换系统投资产生的额外开支与初始投资之比，应在生命周期内进行考虑，多参数系数。

$P_1$ 表示燃料通货膨胀率（$i_F$）的简单限值系数计算，已知商业系统（$X=1$）的有效联邦所得税税率 $t_e$，或非商业系统（$X=0$）没有可用的所得税税率。评估期为 $n_e$，贴现率为 $d$。

$$P_1 = (1 - X \cdot t_e) \cdot PWN(n_e, i_F, d) \qquad (10.19)$$

$P_2$，影响太阳能转换系统成本的时间相关因素，实际上被分为七个部分（与构成离散分析各栏的基本部分相同）。各部分包括首期付款 $D$、按揭/贷款和相关利息 LCC、该利息的所得税扣减额、经营和维护以及保险和附加成本、净利息、经营和维护加上保险和附加成本、净财产税成本、直线折旧法税收减免以及第 $n_e$ 年的太阳能转换系统现值。[10]

$$P_2 = P_{2,1} + P_{2,1} - P_{2,3} + P_{2,4} + P_{2,5} - P_{2,6} - P_{2,7} \qquad (10.20)$$

1. $P_{2,1} = D$

2. $P_{2,2} = (1-D) \dfrac{PWF(n_{\min}, 0, d)}{n_L, 0, d_m}$

**太阳能转化系统**

3. $P_{2,3} = (1-D) \cdot t_e \left[ PWF\left(n_{min}, d_m, d\right) \left(d_m - \dfrac{1}{PWF\left(n_L, 0, d_m\right)}\right)\right.$

$\left. + \dfrac{PWF\left(n_{min}, 0, d\right)}{n_L, 0, d_m} \right]$

4. $P_{2,4} = (1 - X \cdot t_e) \cdot M_1 \cdot PWF\left(n_e, i, d\right)$

5. $P_{2,5} = t_p \cdot (1 - t_e) \cdot V_1 \cdot PWF\left(n_e, i, d\right)$

6. $P_{2,6} = \dfrac{X \cdot t_c}{n_d} \cdot PWF\left(n_{min}, 0, d\right)$

7. $P_{2,6} = \dfrac{R}{(1+d)^n e}$

式中

$n_e$：经济分析年数。

$n_{min}$：折旧扣减有助于分析的年份。

$D$：首期付款和初始投资之比。

$M_1$：第一年的维护、保险和经营成本与初始投资之比。

$V_1$：第一年太阳能转换系统的值与初始投资之比。

$t_p$：太阳能转换系统财产税，基于固定价值。

$R$：太阳能转换系统寿命结束时估计的转售价值与初始投资之比。

根据连续分析，我们可以根据推荐收集器尺寸的相关最高生命周期储蓄得出最佳的太阳能转换系统大小。可以从生命周期储蓄的偏导数相对于系统大小偏导数，或相对于系统大小的边际变化的年度太阳能指数的边际变化找到最佳方案。此外，分析员还可以用连续 $P_1$、$P_2$ 法来评估该最大值相对于其他系统参数变化的敏感性。[11]财务和性能评估的敏感性分析可参见美国能源部国家可再生能源实验室的系统顾问模型软件。[12]

---

**概念回顾：**

- 太阳能指数：太阳能收益相对于总需求（负荷＋损失）的每月或年度评估。
- *收益*：按需求做功的已吸收的太阳能和有用太阳能。
- *损失*：系统所需但是由于无法按需求做功而被拒收的能源。
- *负荷*：系统用于按需求做功的有用能源。
- *生命周期*：正在研究的指定能源系统的评估年数 $n_e$。典型的生命周期包括按揭或贷款的年数（$n_L$）。

---

> ● *太阳能储蓄（SS）*：指定年份的现金流总和：包括按揭还款、维护、保险、附加能源需求以及额外财产税（负现金流）成本的燃料储蓄和所得税储蓄（正现金流）。
>
> ● *生命周期储蓄（LCS）*：现在估值的 $n_e$ 年期限的累计太阳能储蓄（SS），单位美元（总 PW）。
>
> ● *现值（PW）*：现在的现金流美元价值。
>
> ● *SECS*：太阳能转换系统。

## 10.10　问题

（1）年度太阳能指数（F）的含义是什么，如何用于优化特定地区某个客户的太阳利用率?

（2）太阳能系统的初始成本是 11500 美元。已知初始投资支付了 20% 的首期付款，剩余部分通过利率为 5.4% 的 8 年期贷款支付，计算年度还款额和利息费用。假设市场贴现率为 6%。除了本初始表格外，还要估计年度还款额的现值。

（3）计算非太阳能系统的燃料成本。在八年期限内进行评估，已知总年度负荷假设为 184GJ，燃料单位成本为 13.50 美元/GJ。假设市场贴现率为 6%，以及假设燃料通货膨胀率为每年 3%。

（4）将①年度现金流，②生命周期储蓄，以及③太阳能转换系统的 IRR 制成表格。初始投资成本为 9000 美元，进行 16 年的分析，使用 20% 的首期付款，剩余部分采用贷款，贷款利率为 5.75%。第 1 年的燃料储蓄 FS 为 1430 美元。假设市场贴现率为 6%，以及假设燃料通货膨胀率为每年 6%，而与维护、保险和附加损失相关的成本每年的通货膨胀率为 1%。最后，假设评估期结束时的转售价值为初始成本的 40%。

## 10.11　推荐拓展读物

● 《热采暖太阳能工程》[13]

● 《太阳能转换基本原理》[14]

● 《实现低成本太阳能光伏：行业研讨会对系统成本降低的短期平衡的建议》[15]

# 参考文献

[1] P. Gilman and A. Dobos. System Advisor Model, SAM 2011.12.2: General description. NREL Report No. TP-6A20-53437, National Renewable Energy Laboratory, Golden, CO, 2012. 18 pp; and System Advisor Model Version 2012.5.11 (SAM 2012.5.11). URL https://sam.nrel.gov/content/downloads. Accessed November 2, 2012.

[2] Fdic law, regulations, related acts, September 15 2012. URL http://www. fdic.gov/regulations/laws/rules/1000-400.html.

[3] W. A. Beckman, S. A. Klein, and J. A. Duffie. *Solar Heating Design by the f-Chart Method*. Wiley-Interscience, 1977; and John A. Duffie and William A. Beckman. *Solar Engineering of Thermal Processes*. John Wiley & Sons, Inc., 3rd edition, 2006.

[4] Of course, we now have technologies that produce geyser pumps, which require no electricity for solar hot water. For an example, see the Sunnovations company.

[5] P. Gilman and A. Dobos. System Advisor Model, SAM 2011.12.2: General description. NREL Report No. TP-6A20-53437, National Renewable Energy Laboratory, Golden, CO, 2012. 18 pp; and System Advisor Model Version 2012.5.11 (SAM 2012.5.11). URL https://sam.nrel.gov/content/downloads. Accessed November 2, 2012.

[6] John A. Duffie and William A. Beckman. *Solar Engineering of Thermal Processes*. John Wiley & Sons, Ine., 3rd edition, 2006.

[7] L. Bony, S. Doig, C. Hart, E. Maurer, and S. Newman. Achieving low-cost solar *PV*: Industry workshop recommendations for nearterm balance of system cost reductions. Technical report, Rocky Mountain Institute, Snowmass, CO, September 2010.

[8] P. Gilman and A. Dobos. System Advisor Model, SAM 2011.12.2: General description. NREL Report No. TP-6A20-53437, National Renewable Energy Laboratory, Golden, CO, 2012. 18 pp; and System Advisor Model Version 2012.5.11 (SAM 2012.5.11). URL https://sam.nrel.gov/content/downloads. Accessed November 2, 2012.

[9] John A. Duffie and William A. Beckman. *Solar Engineering of Thermal Processes*. John Wiley & Sons, Inc., 3rd edition, 2006.

[10] John A. Duffie and William A. Beckman. *Solar Engineering of Thermal Processes*. John Wiley & Sons, Inc., 3rd edition, 2006; and Soteris A. Kalogirou. *Solar Energy Engineering: Processes and Systems*. Academic Press, 2011.

[11] John A. Duffie and William A. Beckman. *Solar Engineering of Thermal Processes*. John Wiley & Sons, Inc., 3rd edition, 2006.

[12] System Advisor Model Version 2012.5.11 (SAM 2012.5.11). URL https://sam. nrel.gov/content/downloads. Accessed November 2, 2012.

[13] John A. Duffie and William A. Beckman. *Solar Engineering of Thermal Processes*. John Wiley & Sons, Inc., 3rd edition, 2006.

[14] Edward E. Anderson. *Fundamentals of Solar Energy Conversion*. Addison-Wesley Series in Mechanics and Thermodynamics. Addison-Wesley, 1983.

[15] L. Bony, S. Doig, C. Hart, E. Maurer, and S. Newman. Achieving low-cost solar *PV*: Industry workshop recommendations for near-term balance of system cost reductions. Technical report, Rocky Mountain Institute, Snowmass, CO, September 2010.

# 第十一章 太阳是一种公共资源

*经济发展到一定阶段，劳动力和资本会成为最常见的生产限制因素。因此，最经济的生产函数仅追踪这两个因素（有时候还追踪技术）的动向。但是，当经济的发展涉及生态系统，并且限制因素变成了清洁水、清洁空气、倾倒空间以及可接受的能源形式和原材料时，仅注重资本和劳动力传统的方式将越来越不适用。*

**——Donella Meadows，《系统思考：初级读本》（2011 年）**

*……国家或市场无法始终让个人保持对自然资源系统的长期、生产性使用。此外，个人团体一直以来都采用制度相似的方式来管理资源系统，而不是国家和市场，并且在长期内已经取得了一定程度的成功。*

**——Elinor Ostrom，《公共事物的治理之道：集体行动制度的演进》（1990 年）**

我们已经确定，太阳对个人和社会都有利用价值。在消费型社会中，我们可以假设太阳能发展的限制因素的本质是财务，即供应商的利润或利益相关方的投资回报。但是，对于太阳能转换来说，太阳能转换系统给所在地区的客户带来的完全价值可能远远超过具体的财政推理。在客户方面，可能还存在其他限制因素，例如获取下列资源的便利性：高品质能源形式（例如烹饪热量）或清洁的室内空气、清洁水，甚至是黑暗的室内空间的照明，或者夜间阅读和学习照明。客户还可能会认为能源是独立的，与国际规模或当地水平无关。客户和社区可能会出于道德、健康和安全原因，或者为了总体改善与可持续性发展相关的生态系统服务等原因而选择使用太阳能。其次，在公司层面，即使是在金融衰退期间，可持续发展的实践所带来的业绩也远远超过行业平均水平。①[1]

但是，太阳作为一种能源资源，与石油或煤炭存在一定的差异。首先，在全球

---

① 不了解情况的观察者可能会怀疑"可持续性"在商业界中没有太大的意义。看看道琼斯可持续性指数或高盛 SUSTAIN 对商业界立体文化的关注。可持续发展的实践所带来的业绩远远超过市场上的行业平均水平。

## 太阳能转化系统

范围，光并不属于稀缺资源。根据 2005 年能源需求量，一个小时内半个地球获得的太阳能（$4.3 \times 10^{20}$ J，另一半地球将进入黑夜）超过全世界人口当年消耗的太阳能（$4.1 \times 10^{20}$ J）。[2] 从 2012 年起，全球能源消耗量达到了 $5.7 \times 10^{20}$ J，预计到 2020 年，需求将上升到 $6.5 \times 10^{20}$ J。因此，到 2020 年，我们需要将这种大胆的声明调整为一个半小时。[3] 虽然存在昼夜现象（白天和黑夜），但是在未来几十亿年，我们仍然非常确定太阳及其光子仍可以被所有生物使用。实际上，可以将太阳能视为最保守的可用能源策略之一。

有时候，我们在设计建筑物时并不了解日照情况，因此，我们会设计出无法接受日光照射的封闭空间，"人为地"导致光线不足，或建筑物的朝向导致建筑物的采光方式不适当。如上文所述，太阳能住宅设计革命（让日光进入建筑物空间）包括 My Shelter Foundation（我的庇护所）基金会的"一升光明"项目，该项目已经从南美洲蔓延到菲律宾到非洲、中美洲、东南亚以及印度。在德国，法律规定每个工人的工作场所都应有日光照射。这已经影响大型商业建筑的设计方式，例如德国法兰克福市的德国商业银行大厦。这座大厦设计有一个中庭，从而实现中央采光，以及为种植植物的九层空中公园提供光照。

从另一个角度来看，从太阳获取的能源预算受到纬度、气象、地形以及现有结构物或树木等当地周围环境的影响。所有这些影响因素都来自局部，或取决于客户所在的地区。因此，太阳辐照量可以被视为在全球都有分布，同时存在局部特殊性。光也是瞬时的一种能源流量，并且不能作为储存量储存起来。②③ 我们无法以能源的形式在怀俄明州收集、包装光子并将其运输到爱达荷州，我们只能在收集系统处使用光子。

到目前为止，文中的中心概念在于加强我们对太阳及其与社会和周围生态系统服务的关系的了解。对于开发太阳能的方法，我们也会坚持强可持续发展的道德标准，将太阳能作为一种适当、环保的技术进行开发，将其与社会和环境联系在一起。我们将不断证明，太阳能收集器的设计需要一种系统方法，需要跨学科团队来设计和部署项目。我们还提倡采用一体化设计过程来突破障碍，创建一个有效的沟通计

---

② 考虑到我们可以用光纤电缆以情报的形式传送光子，但是我们不能用这种方法以能源的形式移动光子。也许光作为情报的价值比作为能源的价值更高？

③ 电势：流量驱动力；

储存量：储存的电势或为自己提供补给的资源系统；

流量：质量、能源或信息相对于时间的变化。

划和设计策略，在特定地区部署一个对客户或利益相关方来说具有较高太阳能利用率的太阳能转换系统。可以开发引人注目的案例，让客户或利益相关方更加了解太阳能资源及其应用，从而让客户或利益相关方采用太阳能。现在，我们要谈一谈太阳以及用于制造太阳能转换系统的矿物资源，这也是一种公共资源或公共商品，如同大家共享的水和空气等资源。④

## 11.1　产品和价值

太阳既是一种能源，也是社会的一种公共资源，这也是我们认为太阳能转换非常有趣的原因。社会上缺少特定的技术和支撑材料（光伏、SHW 面板、电池等），但是从太阳到达地球的光子是一种公共资源，几乎所有的生物每天都要直接使用这种资源。太阳的光（主要是短波辐照）温暖地球表面和空气，使温度能够确保 $H_2O$ 以液态的形式存在，确保水分蒸发（推动水循环）以及光合作用等吸热生物化学反应的发生。我们的身体甚至用太阳紫外线从我们自己的胆固醇制造必需的维生素 D⑤。来自太阳的工作电流或能量流动是地球上的能源转换的最重要的基准之一。我们无法夺走社会和环境的太阳，太阳光并不稀缺。

通常，市场通过供给和需求的集体力量分配稀缺资源，而政府通过许可和罚款决定谁能够使用资源、什么时候使用以及在什么范围内使用，来定量供应资源。如果资源是所有人的公共资源，但是在分布上却存在区域性，会发生什么情况，以及社会如何分配和管理非稀缺的公共资源？⑥ 现有策略表明，理性市场极端条件的二元选择无法满足要求时，可以采用公共资源管理作为备选方案，或作为中央管理机关的备选方案。[4] 如果要应用于太阳和太阳能转换系统，我们要对这些策略进行审查。

市场假设人们将作为产品的理性生产者和消费者共享信息，交换产品和服务。我们在之前的经济学研究中已经证明，市场在与天气、气候和能源系统等特定领域的功能可能会失败。在实际情况下人们并不理性，而是常常试图掩盖或隐藏信息，并且面临着现实的环境扰动或天气和气候危机，而后两者都可能导致信息不对称。一个常见的失败就是无法按照与能源供给和需求匹配的外部效应应对能源市场。如

---

④　公共资源是所有社会成员都可以获取的自然资源。

⑤　维生素 D 是阳光维生素！富含维生素 D 的食品实际上被暴露于紫外线灯下，将脱氢胆甾醇转换成胆钙化醇（维生素 $D_3$）。

⑥　未转换的光子的价值是一个变量，并且光线流中没有"矿权"。

## 太阳能转化系统

果存在正外部效应，社会价值将超过私人价值，政策可以通过向正外部效应提供资助，纠正市场失效。如果存在负外部效应，社会成本将超过私人成本，政策可以通过向发电排放量征税，纠正市场失效。

如上文所述，符合国家（政府政策）要求的中央控制政策还可以用于管理资源。⑦ 但是，实际上政府部门在资源配置方面也存在失败。如果现实中准确信息的可用性受到限制，管理机构监控资源库的范围有限，或者对可靠性或许可或制裁存在疑问时，需要对资源进行准确的监控、可靠的制裁和配置，并且我们必须支持将成本与中央控制和管理的执行挂钩。[5] 因此，国家也对产品和服务管理施加了限制条件。我们如何能够在更大的范围内考虑与太阳能转换相关的产品和服务的估价和管理呢？

图 11.1 中列出了四大类产品，这些产品按相对排他性和竞争状态进行说明。虽然你可能对这些术语并不熟悉，但是可能会熟悉那些付费后才能无限制使用的项目以及每单位只能允许一人使用的项目。使用受限的项目和服务被称为排他项目。相比之下，如果无法保证不付款就限制使用，产品就不具有排他性。例如，空中的空气不具有排他性，公用自动饮水器的水也是如此。

图 11.1　按排他性和竞争水平分类的项目类型

考虑一下一个人使用某个项目时导致另一个人无法同时使用该项目的情况。这些项目被称为具有竞争性或会减少的项目。一个人使用该项目将导致其他计划使用该项目的人获得该项目的机会减少，那么项目具有竞争性或者会减少。衣服是一种高度排他性和有竞争性的产品。⑧ 相比之下，网络或无线电广播的公共天气预报则不能减少其他人对该天气预报的可得性。

---

⑦　国家调控是一种非常有吸引力的方案。过去，许多生态学家已经提出，环境问题只能通过政府行为来解决。继 Hobbes 的论文之后，Ostrom 在一部具有重大影响的作品《公共事物的治理之道》中，将这种方案称为"利维坦是'唯一'的方式"。Ostrom 证明这些单纯的政府策略中还包含了有效配置资源的重大失败。

⑧　你能想象穿着别人穿着的裤子是什么情形吗？不要回答这个问题。私人的裤子具有竞争性。

我们可以确定在哪些情况下一个人对阳光的使用（或用于将光线转换成有用功的技术）具有竞争性以及在哪些情况下没有竞争性。如果我们有一棵大树（利用光进行光合作用）长大到严重阻碍了邻居的光伏系统，就为太阳能创造了竞争对手。光伏组件等电子装置可以首先被理解为私人项目（具有排他性和竞争性），但是也可以被社区购买和管理，放入图书馆共享。在这种情况下，电子设备可以被视为共享资源。

从第二章可以看到，我们发现竞争可以促进政策和法律架构的发展，从而能够通过日光、太阳能光伏电板、冬天的阳光得热量等方式获取太阳能，减少燃料消耗。[6] 为了审查太阳能资源以及生态创业和共享资源管理的创新策略，我们将在图11.1 的四个象限中寻找机会。

## 11.2 私人产品

首先，我们来看一下既有竞争性又有排他性的项目。这种项目被称为私人产品，如图11.1 左下象限所示。私人产品需要进行非常直接的项目财务评估，以及需要个人为大额初始投资提供融资。如果太阳能转换系统被视为奢侈品的话，私人产品的情况可能仅影响到具有大量可用流动资金的客户。实际上，这仅仅是整个大社会的一小部分。

如果是能源系统，虽然能源转换所有的产品可以减少（例如光伏板），但是提供的电力可以与电网共享。在许多国家，天然气和电力网络已经作为能源系统连接起来。它们都属于储存量，并且具有代表性的流量。电子和甲烷分子都是通过资源系统（例如电网或管道）的质量流。由于能源和电力存在这种嵌入式技术生态系统，因此要让能源中的私人产品与系统完全分离的成本将非常高昂。同时，在没有能源网络的地区，在局部安装任何能源的价值都可能超过独立运行的成本。

我们可以想象如果房屋主人想将光伏板安装到房屋结构上，从而将房屋的电力与大电网断开连接的情况。我们提出这个例子是因为这是初学者通常会考虑的案例分析。在这种情况下，光伏板只能被屋主所有，并且在购买光伏板后，不能被其他私房屋主使用。但是，多余的电力不能被电网购买，也不能被其他客户再利用。在这种情况下，由于电力不能出售给储存，需要安装大容量备用电池来维持与大电网以及社会生态系统或基础设施的隔离。同时，由于一年中的太阳能资源具有可变性，能够满足冬季电力需求的光伏收集器的阵列在夏天可能会超过需求。在这种情况下，剩余电力只能作为废热排出，从而对客户造成未利用的利润流。更常见的情况是，客户的电力交换（如果是光伏）将通过独立系统运营商管理的电网基础设施得到满足。因此，电力是共享资源的一部分。

## 11.3 俱乐部产品

在下文所述的情况中，太阳不具有竞争性，一个人使用不会导致其他人无法使用，但是具有排他性，没有做出贡献（或付款）的人将无法获得产品，这种产品被称为俱乐部产品，比如电影院、受版权保护的云访问媒体以及私人停车场。从太阳能的角度来看，可以设想成一个由小型社区拥有和使用的太阳能公园或太阳能花园。可以给付费社区提供地区供暖的合约分布式供暖系统也是一种俱乐部产品。⑨

## 11.4 共享资源⑩

共享资源（CPR）是一种具有竞争性（会减少）的非排他性产品。共享产品是与社会和可持续发展相关的产品，可以在当前和未来的太阳能场进行全面研究。共享资源可能是周围环境或机构的一部分，并且对规模具有基本要求。共享资源的要求是资源系统（例如储存量）足够大，从而使阻止潜在利益相关方获取使用该系统利益的过程需要消耗过高的成本（但是不是不可能）。在描述资源系统时要使用储存量和流量概念。储存量反映的是资源系统的规模，而流量是指将资源单位从系统转移给客户，储存量和流量相互依赖。

2009 年，Elinor Ostrom 被授予诺贝尔经济学奖，她是第一位获此殊荣的女性。⑪ Ostrom 博士凭借"对经济管理尤其是公共事务管理的分析"获得业内认可。她在共

---

⑩ 共享资源是一个足够大的环境或人造资源系统，使其成为一个非常昂贵的企业，导致利益相关方无法获取使用该系统得到的有利成果。

资源系统：环境储存量（可以是人为成立的机构），记住，人类是我们的环境的组成部分。

资源联合：资源系统的有用资源流量。

⑪ Ostrom 博士是印第安纳州大学的教师，已于 2012 年 6 月去世。更多关于 Elinor Ostrom 的信息参见 "2009 年致力于纪念阿尔弗雷德·诺贝尔的经济科学奖"。http：//www.nobelprize.org/，2012 年 6 月 17 日。

享资源方面所做的工作说明了人们如何与生态系统互动，从而维持长期可持续资源收益。她借助有利于当地社会的共享资源管理对集体行动安排途径进行了研究。实际上，她描述了人类如何以维持可持续资源的长期收益的方式与他们的支撑生态系统相互作用。[7]

资源系统可以包括地下水含水层、牧场、停车场、云计算库以及电网或大电网。对我们来说，太阳能资源系统（例如储存量）和所使用的资源的流量构成一个共享资源。资源系统具备产生流量上限的条件，而不会扰动或损害储存量的构造。实际上，这也是我们定义可再生资源的方式：对于可再生资源来说，储存量提取速率不超过资源补充速率。[12][8]

相比之下，我们用于开发能源的地壳中的矿产资源是会减少的。阻止个人使用大量的矿产资源也非常困难，并且需要花费大量的成本，因为这会涉及获取上方覆盖财产（除了美国以外，矿权和产权是分离的）。全球能源需求的太瓦量级以及指数增长（与该需求的相关矿物相关联）表明，矿物储存量存在固有的拥挤效应或不可持续需求。因此，矿物资源也可以作为社会的共享产品进行开采。我们将使用生命周期评估过程评估从地壳储存量到各应用阶段的矿产资源的流量。

## 11.5　公共产品

我们还可以设想很多由于距离和地理分布而使太阳的使用完全不具有竞争性的情况。太阳也不具有排他性，因为我们不能限制光线的获取。对于不具有竞争性的非排他性产品来说，我们将其称为公共产品，如图 11.1 右上象限所示。[13] 我们周围的空气以及在许多开放环境下我们可以获取的太阳光都属于公共产品。

我们已经熟悉了来自太阳能的资源单位，即光子，用辐照度单位（$W/m^2$）来衡量。太阳本身看起来是一个无限的资源系统。光子由光球层、色球层和日冕以及太阳可见层内的氢气和氦气的等离子热发射和受激发射产生的。地球上的太阳能转换系统收集光子不会干扰太阳的资源系统，并且光子的补充速度远远超过我们的收

---

⑫　可再生资源的储存量提取速率不超过资源补充速率。

⑬

集能力。因此，以光线形式存在的太阳能是一种可再生能源，也是一种不稀缺的共享资源。[14]

因此，在全球或地区范围内，来自太阳的光线是一种公共产品。西班牙的太阳能发电厂不会影响我们在美国或法国使用太阳的能力。（在没有地质工程机械的情况下）要阻止某些人使用太阳能资源非常困难。[9]我们在区域范围内获取日光并不需要付费，其他人也没有能力限制我们获取日光。这意味着，太阳光作为资源时，是一种不具有排他性的产品。

## 11.6  公共资源的管理

在 20 世纪 60 年代末，Garrett Hardin 提出了《公地悲剧》的假设案例。在该假设案例中，社会和私人激励措施存在分歧，资源被过度消耗。[10]虽然该文章倡议公共资源若得不到管理将导致灾难性的后果，并且产生了极大的社会影响。但是下列假设使其论据存在瑕疵：（1）当公共资源的每一次挑战本质上都受到局部地区和投资期的约束时，假设公共资源池在全球具有统一模式；（2）假设资源单位（流量）的占用者是囚犯，不愿意进行集体沟通或谈判；以及（3）假设公共资源没有得到管理。

对于太阳能来说，公共资源仅在客户和利益相关方将太阳能用于社会活动的投资期间，是客户和利益相关方所在地区的"公共"资源。对于光伏和 CSP 部署来说，当地电网是另一种受到管理的公共资源。资源系统中最了解情况的参与者（或资源单位的占用者）将是特定地区的安装工/设计团队，因为他们了解太阳能资源以及该地区的许可和规范结构。因此，所有太阳能设计面临的挑战将取决于所在地区和利益相关方。社区、市政当局和州对太阳能供暖和发电技术部署的开发和管理将早于联邦政府。[15]

"共同占用者的关键在于他们因为相互依赖而被联系在一起，只要他们继续共享一个共享资源……

"当占用者在关系上独立于生产稀缺资源单位的共享资源时，他们获得的总净

---

[14]　虽然我们没有"更新"地球表面的光子，但是资源系统或储存量是太阳，而不是照射到地球上的光子。太阳能补充光子的速度远远超过我们能够将光子转换用于太阳能转换系统的速度，并且光线是一种可再生能源。

[15]　太阳能设计和安装具有综合性和局部性。完善将太阳能转换系统整合到当地技术生态系统的过程是集体行动面临的一种挑战。

利益通常少于策略得到协调时本应得到的利益。至少在独立做出决策时，他们通过占用所得到的回报将少于通过其他方式本应得到的回报。最坏的情况下，他们可能会摧毁共享资源。"

——Elinor Ostrom，《公共事物的治理之道：集体行动制度的演进》，剑桥大学出版社，1990 年（第 38 页）

研究发现，大量的资源系统实际上是通过当地社区的集体行动管理的。当地方社区政府或州政府通过许可和规范条例，以及日光照射法律和太阳能权利法律管理太阳能资源时，也是这种情况。太阳能资源系统也越来越多地通过太阳能占用者（如果他们是设计人员、安装工或客户）之间的局部信息共享实现管理。太阳能占用者发现他们之间相互依赖，并且作为技术生态系统以及太阳能的实体资源与电网相关联。⑯ 安装用于发电的太阳能转换系统越多，意味着需要共享的信息更多，以及各机构需要采取更多的激励措施，管理越来越多的太阳能与社会的整合事务。

在面临拥挤问题的城市或郊区环境中，可以将太阳能设计成一个共享资源，因为拥挤地区的高层结构物的太阳能获得量最终会整体减少。菲律宾的客户可能希望给他们的两层建筑配备屋顶太阳能板，但是，西南方的八层建筑物下午会阻挡太阳能资源的获得量，从而导致每年减少许多 MW h 的太阳能电力。

了解这些情况的必要性，已经导致许多地区（州）制定了与局部日光获得量相关的合同或集体行动协议。由于对太阳能的关注，许多州都具有日光照射法律，尤其是开创了个人不能使用阳光和减少其他人使用阳光的能力的先例。⑰ 如果资源系统的拥挤将给大社区造成损失，颁布日光照射法律的动机是避免公共资源损失。

## 11.7　框架：作为仲裁人介入客户

管理共享资源时，参与者可以就外部第三方仲裁人达成一致，该仲裁人可以长期执行合同。第三方仲裁人帮助在约定的公共资源规则范围内解决争议。运动联盟经常采用这种策略。[11] 在这种情况下，公共资源的参与者将根据参与公共资源获得的详细信息决定合同范围，而不是由外部市场或外部政府机构来决定。

如果是电力购买协议（PPA），光伏技术的第三方所有人同意根据合同以低于当地电价的价格向客户销售电力，正常情况下，只有客户和电力提供商将电力作为产品用

---

⑯　电网是一种共享资源。

⑰　日光照射法律是古罗马用于保证建筑物获取日光的古老策略，从而减少供暖和照明所需的燃料量。

于现金交换。虽然光伏阵列安装在客户的财产上，但是技术作为独立的第三方私人产品将由电力购买协议拥有和管理，其中被管理产品是按已知价格交付给客户的电力。

系统所有人和PPA合同持有人将保留实体太阳能转换系统的控制权，同时凭借太阳能可再生能源证书（SREC）获得财务收益，以美元每兆瓦时（\$/MW h）为单位。需要注意的是，太阳能资源评估需要准确、完整的信息，这是降低太阳能转换系统项目开发风险的基础。光伏技术的第三方所有人具备关于动态太阳能资源以及期望的系统每小时或每月绩效的详细、准确的信息，这些信息远远超过一个标准客户可获取的或想要获得的信息。[18] 实际上，客户将成为PPA所有人和电力提供商之间的仲裁人。如果光伏系统性能不佳，客户将寻求赔款，执行合同以获得固定电力成本。

## 11.8　新兴的地方政策策略

每年都会出现新的创意策略，扩展和探索与日光照射、权利、法规和市场失效相关的法律空间。我们提出了一个来自亚利桑那州太阳能公共项目的案例。SCP的团队已经成立了一个社区土地信托机构，用于维护处于公共通行权区域的公共太阳能转换系统。信托机构在太阳能解决方案中的出现是另一种通过第三方管理共享资源的方式。

信托机构是代表另一方保管（"托管"）财产的普通法律机构。[19] 信托机构的惯例可以追溯到中世纪，当时信托机构是一种将十字军的个人财产交由贵族保管的机制，同时还出现了"衡平法"的法律概念，[20] 适用于个人不在场期间财产没有得到良好维护的情况。通行权的惯例包含在13世纪《大宪章》（英格兰自由宪章）的森林宪章中，但是于16世纪被正式规定为普通法传统。[21] 16世纪时，通行权允许农民穿过曾属于英国公共区域但是在工业化期间已经被转换成私有土地的森林和耕地。

太阳能公共项目是共享资源管理的一个例子，在该案例中，亚利桑那州菲尼克斯的一家机构用信托机构和通行权作为创新法律机制，制定了一个更强大的当地共享资源管理策略。他们将可再生太阳能生产（使用太阳能光伏进行生产）发展过程与Ostrom的研究宗旨关联起来，强调透明度、责任制和使用权是成功管理公共系统

---

[18]　在SECE项目开发中，拥有与地区太阳能资源相关的准确、完整的信息，对降低风险至关重要。

[19]　信托机构：使第三方能够代表另一方保管财产的普通法律机构。信托机构可以追溯到中世纪和十字军东征时期。

[20]　衡平法：信托机构经营不善时，由第三方执行的分摊给一方当事人的后果或补偿。

[21]　通行权：地役权，在不拥有财产的情况下能够使用该财产并进入该财产的能力。

的关键原则。项目的试点工作没有在菲尼克斯进行，而是选择了具有公共通行权的区域，然后用光伏开发这些区域并持有公共信托机构的光伏公共资源的利益，因此，不能为了盈利而将系统出售给私人。

　　"太阳能公共项目是一个在公共通行权中生产可再生能源，并将其所产生的公共财富收集到一个致力于当地社会平等的社区信托机构的计划。太阳能公共项目采用公共事物管理原则，是社会组织用于与政府和投资人合作的强有力的组织工具，借助该工具发展一个绿色经济的公共部门。"（http：//solarcommons. org）

　　从社区太阳能角度来看，也出现了新的共享资源管理备选案例。太阳能公园是并网用户的共享社区阵列。虽然个人住宅或商场没有直接获取阳光（例如被大树遮蔽），但是用户将由于使用"虚拟净电量"而收到能源账单额度。科罗拉多的太阳能公园协会（SGI）的成立目的是向社区传播关于发展多能源服务的知识，将太阳能阵列视为社区发展的有用工具。

　　最后，还出现了众包光伏项目，在这里光伏项目是一个太阳能发电厂，但是发电厂的所有权、合作投资和利益将分配给小投资者的众包联营机构。马赛克计划最近在众包光伏项目开发中取得了成功。

## 11.9　系统可持续性评估，例如生命周期评估

　　根据产品概念进行扩展后我们发现，来自太阳的光子可以用于许多用途，并且常常是同时用于许多用途。相比之下，当人们将矿物资源转换成光伏组件的基础时，整个矿体的这种基本产品将减少，如美国地质调查局等机构的矿物商品评估所示的内容。[12]因此，对于太瓦级的光伏部署（或消耗大量基本材料的类似技术）来说，来自太阳的光线在全球范围内仍然不具有竞争性，但是基本材料的供应链可能会变得更有竞争性，证明需要对太阳能转换系统使用的材料的生命周期进行研究。

　　在太阳能转换系统开发中，如果需要进行环境影响评估，尤其是在用太阳能进行工业工序加热和农业生产的情况下，我们需要对所有产品的流量和影响进行量化和解释。我们将评估"上游"（技术部署前的事件）所需的材料资源以及"下游"（技术部署后的事件）地区使用太阳能转换系统所需的材料资源。㉒太阳能技术的上

---

　　㉒　上游分析师：参考工艺流程的早期阶段，用于创建当前部署的技术使用的过程、材料和成本的回顾和评估，可以作为生命周期评估（LCA）中的库存分析的一部分。

## 太阳能转化系统

游分析表明要考虑进入光伏板或太阳能热水系统的能源需求、原料和化学药品。下游分析表明要考虑在较长的投资期内，在某个地区部署太阳能系统的影响。从矿石获取矿物到配置组件的完整研究被称为摇篮到坟墓评估（参见图11.2）。其他弧度可以用生命周期投资期内的各大门进行定义，并且被称为摇篮到大门或甚至大门到大门的研究。但是，应注意的是，简短的或非生命周期评估可能会引起研究道德标准的问题，并且可能导致本应透明的研究和记录过程变得模糊。

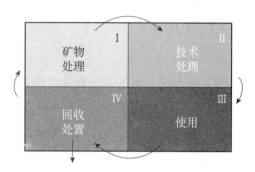

图 11.2　材料的潜在生命周期阶段

为了理解与太阳能转换系统制造、部署、使用和寿命终止相关的生态系统服务或生态影响，我们必须要给能量流量、材料、生物和生物多样性编好目录并进行量化。太阳能转换系统本身是由来自矿物（金属、陶瓷）、生物和地质燃料资源的原料制成的部件组成（参见图11.3）。

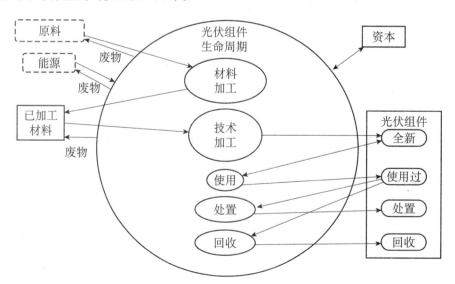

图 11.3　光伏组件包含的普通生命周期的目标过程模型图解

资源、能源、组件和资本等目标被框在框中。制造组件、运输和使用组件、处置组件等过程以及整个生命周期都限定在一个圆形边界范围内。组件本身有四种状态，全新、使用过、处置或回收

多元化综合设计团队可以用生命周期评估（LCA）[23] 研究通过太阳能技术使用太阳能资源的影响，以及使用与太阳能转换系统相关联的材料的影响。生命周期评估是在已知评估范围和目标条件下，在信息网络内做出战略决策的过程。生命周期评估被用作一种评估、模拟、记录和传达所选材料、加工技术以及补充服务的影响的方法，因为它们在相关技术和产品的生命周期内会影响到环境和社会。可以在提议或部署的系统中测量和详细列出物理特性，根据环境和能量属性进行分析和解释，并与社会价值以及实际福利需求的约束范围和目标关联起来。[13] 因此，生命周期评估是一种广泛应用的工具，用于对可持续环境中的各种重要方案进行比较。

生命周期评估不同于常见的生命周期成本分析（LCCA，见项目融资章节），生命周期评估通过成本/性能比较和优化，采用与最高经济利用率相关联的标准。但生命周期成本分析通过限制分析的明确系统界限（范围），忽略了环境和社会影响。但是，生命周期评估可以作为生命周期成本分析的补充。认识到生命周期评估是一个迭代过程非常重要（参见图 11.4），[24] 因此在第一次评估周期内进行的评估（根据其性质）的可信度较大，而在过去几十年的反复过程中已经进行的评估将获得更确定的数值，并且将纳入发生的工艺流程的动态变化。作为补充，过去十年的生命周期评估报告并没有重要价值，除非已经与现有数据集相结合。团队和同等团体应跟上生命周期评估数据集的更新和进步。幸运的是，太阳能探索数十年来一直进行生命周期评估，作为太阳能开发依据的组成部分。

生命周期评估经常被用于可再生能源系统研究，用于评估可再生能源技术在温室气体（GhG）排放估测方面的影响。公众对光伏组件加工的影响存在普遍的误解，例如，认为光伏组件加工存在着可怕的影响，比如光伏无法回收生产组件所需的煤炭和石油中的 $CO_2$ 或能量。生命周期评估可以解决这个问题，并且用可用数据解释光伏的温室气体影响。在这种情况下，在生命周期评估中，生命周期评估的目标和范围是评估与发电以及与上游燃料和材料相关的所有间接排放量相关的温室气体。上游工艺包括采矿和矿物加工、相关化学工艺、材料运输以及光伏制造装置建造。下游工艺包括光伏装置退役、材料回收以及待处理废物流。在该例子中，研究已经将温室气体视为每生产一千瓦时电力所产生的二氧化碳当量克数（g $CO_2$ - eq/kW h）

---

[23] 生命周期评估（LCA）用于评估材料和能源流量，与项目融资所使用的生命周期成本分析（LCCA）不同。

[24] 生命周期评估是一个迭代过程。生命周期评估与材料和能源流量所处的社会和环境范围内的材料和能源流量的数据和知识同样重要。

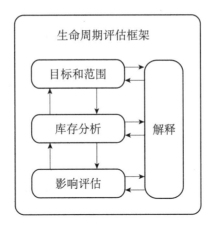

图 11.4　迭代生命周期评估框架

进行评估，并且将继续用新的信息进行新的解释来重复这个过程。最近的研究已经证明，光伏温室气体蕴藏的能量可以在 1.5—3 年内得到回收，假设南欧辐照条件为 1700 kW h/（$m^2$ y），而相关温室气体排放量大约为 35—55g $CO_2$ – eq/kW h。[14] 相比之下，煤炭燃烧的相关温室气体排放量要高出两个级别，大约为 1000g $CO_2$ – eq/kW h。[15] 生命周期评估已经对光伏组件能源回收期内的整个行业以及所生产的单位光伏进行了类似的研究。[16]

## 11.10　问题

（1）考虑一下如果你是新太阳能技术创业公司的企业家。你面临的挑战是说服他们相信可持续发展是一种可靠的商业投资。你如何将可持续发展原理和环境技术以及你的太阳能技术结合起来说服风险投资者，使其做出决定呢？

（2）同样采用太阳能技术创业公司企业家的案例：讨论一下你是否会将可持续发展道德标准以及解决太阳能生态系统服务的策略纳入你的商业计划，原因是什么？

（3）制定策略，说服政策制定者制定自己的渐进式太阳能政策非常重要。决策者可以是镇议会、市长或州/联邦政府的议员。你将有两分钟的时间（电梯演讲）将你的兴趣传达给他们。将你的演讲录在视频上，并与班级分享。

## 11.11　推荐拓展读物

- 《公共事物的治理之道：集体行动制度的演进》[17]
- 《东西的故事：为什么我们迷恋于用东西破坏地球、我们的社区以及我们的健康——变化的愿景》[18]

- 《家政学》[19]

- 《系统思考：初级读本》[20]

- 《建筑模式语言》[21]

- 《为什么是环境效率?》[22]

- 《环境管理——生命周期评估——原理和框架》[23]

- 《光伏生命周期排放量》[24]

# 参考文献

[1] D. Mahler, J. Barker, L. Belsand, and O. Schulz. "Green Winners": The performance of sustainabil-ityfocused companies during the financial crisis. Technical report, A. T. Kearny, 2009. URL http://www.atkearney. com/paper/-/asset_publisher/dVxv4Hz2h8bS/content/green-winners/10192. Accessed March 2, 2013.

[2] Nathan S. Lewis, George Crabtree, Arthur J. Nozick, Michael R. Wasielewski, Paul Alivasatos, Harrient Kung, Jeffrey Tsao, Elaine Chandler, Wladek Walukiewicz, Mark Spitler, Randy Ellingson, Ralph Overend, Jeffrey Mazer, Mary Gress, and James Horwitz. Research needs for solar energy utilization: Report on the basic energy sciences workshop on solar energy utilization. Technical report, US Department of Energy, April 18–21, 2005. URL http://science.energy.gov/~/media/bes/pdf/repo-rts/files/seu_rpt.pdf.

[3] Data collected from the US Dept. of Energy's Energy Information Administration (see EIA Analysis).

[4] Elinor Ostrom. *Governing the Commons: The Evolution of Institutions for Collective Action*. Cambri-dge University Press, 1990.

[5] Elinor Ostrom. *Governing the Commons:The Evolution of Institutions for Collective Action*. Cambridge University Press, 1990.

[6] Sara C. Bronin. Solar rights. *Boston University Law Review*, 89(4):1217,October 2009. URL http://www.bu.edu/law/central/jd/organizations/journals/bulr/documents/BRONIN.pdf.

[7] Elinor Ostrom.*Governing the Commons:The Evolution of Institutions for Collective Action*. Cambridge University Press, 1990.

[8] Elinor Ostrom.*Governing the Commons:The Evolution of Institutions for Collective Action*. Cambridge University Press, 1990.

[9] I recommend a viewing of *Bladerunner* and *The Matrix* for examples of blocking out the Sun by geo-engineering.

[10] Garrett Hardin. The tragedy of the c mmons. *Science*, 162:1243–1248, 1968.

[11] Elinor Ostrom.*Governing the Commons:The Evolution of Institutions for Collective Action*.Cambridge University Press, 1990.

[12] US Geological Survey. Mineral commodity summaries 2012. Technica report, US Geological Survey, Jan 2012. URL http://minerals.usgs.gov/minerals/pubs/mcs/index.html. 198 p.

[13] Environmental management–life cycle assessment–principles and framework. ISO 14040, Inter-national Organization for Standardization: ISO, Geneva, Switzerland, 2006.

[14] V. Fthenakis, H. C. Kim, and E. Alsema. Emissions from photovoltaic life cycles. *Environ. Sci. Te-chnol.*, 42:2168–2174, 2008. doi:10.1021/es071763q; and D. D. Hsu, P. O'Donoughue, V. Fthen-akis, G. A. Heath, H. C. Kim, P. Sawyer, J. -K. Choi, and D. E. Turney. Life cycle greenhouse gas emissions of crystalline silicon photovoltaic electricity generation: Systematic review and harmoni-zation. *J. of Industrial Ecology*, 16, 2012. http://dx.doi.org/10.1111/j.15309290.2011.00439.x.

[15] B. K. Sovacool. Valuing the greenhouse gas emissions from nuclear power: A critical survey. *Energy Policy*, 36:2940–2953,2008. doi:10.1016/j. enpol.2008.04.017.

[16] M. Dale, and S. M. Benson. Energy balance of the global photovoltaic (PV) industry— is the PV in-dustry a net electricity producer? *Envir. Sci. & Tech.* 47(7): 34823489, 2013.http://dx.doi. org/10. 1021/es3038824.

[17] Elinor Ostrom. *Governing the Commons: The Evolution of Institutions for Collective* University *Action.* Cambridge Press, 1990.

[18] Annie Leonard. *The Story of Stuff: How Our Obsession with Stuff is Trashing the Planet, Our Communities, and our Health—and a Vision for Change.* Simon & Schuster, 2010.

[19] Wendell Berry. *Home Economics.* North Point Press, 1987.

[20] Donella H Meadows. *Thinking in Systems: A Primer.* Chelsea Green Publishing, 2008.

[21] C. Alexander, S. Ishikawa, and M. Silverstein. *A Pattern Language: Towns, Buildings, Construction.* Oxford University Press, 1977.

[12] Gjalt Huppes and Masanobu Ishikawa. Why eco-efficiency? *Journal of Industrial Ecology*, 9(4):2–5, 2005.

[23] Environmental management—life cycle assessment—principles and framework. ISO 14040, International Organization for Standardization: ISO, Geneva, Switzerland, 2006.

[24] V. Fthenakis, H. C. Kim, and E. Alsema. Emissions from photovoltaic life cycles. *Environ. Sci. Technol.*, 42:2168–2174, 2008. doi:10.1021/es071763q.

# 第十二章　装置的系统逻辑：不同模式

*不妨碍进步的唯一原则：一切皆有可能。*

——*Paul Feyerabend*

到目前为止，我们已经花了大量的时间从影响收集器光线质量的大气气象以及太阳和地球运动引起的昼夜现象方面，研究了太阳能资源的时间和空间问题。同时，我们也通过多年研究在现代热传递和热力学的基础实现了光转化，但尚未对材料类型进行过专门讨论。这些材料共同作用可以产生一个太阳能能量转换系统。[①]

事实上，太阳能资源比太阳能转化设备更加复杂。如图 12.1 所示，整个太阳能生态系统把社会和技术与我们的环境和太阳能资源连接到一起。在太阳能资源的复杂系统背景下，应对生态系统服务与为客户服务一样，都非常具有挑战性。

然而，目前的太阳能技术的大多数设备的移动部件非常少，并且操作温度明显低于内燃机系统。同时，光电子学（*optoelectronics*）和光热学（*optocalorics*）设备设计的主题与大多数燃料转换技术相比，其复杂性要小得多。然而，我们有各种各样的可能性需要探索，新技术的巨大潜力很快就会显现出来。我们正在不断地探索和创新，希望将太阳能转换系统集成到一个新的能源生态系统；我们将使用"现成的"技术来介绍一体化设计。希望太阳能设计团队熟悉当前的技术，不断适应市场出现的新技术。随着新技术的出现和经济性能的提升，相同的设计原则考虑把这些

---

① 太阳能转换系统
- 缝隙
- 接收器
- 分配机构
- 储存
- 控制机构

## 太阳能转化系统

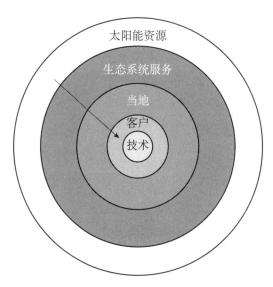

图 12.1　太阳能生态系统设计的系统连接层

注意在太阳能资源和部署的技术工艺之间的多层影响力

技术纳入未来的项目中。

　　如果我们引入光线作为太阳能泵送系统的工作电流，我们可以设计系统，从而使用光线来诱导以下三个响应：

---

　　1. 光电响应：某材料内的电子激励可以增加电子（半导体）或电气（金属）的传导性；

　　2. 光热响应：某个材料的激励诱导热振动；或

　　3. 光热化学响应：分子内电子的激励可产生光合作用和视觉（亦称为"光化学"）。

---

　　每个太阳能转换系统也会保留几个可以识别的关键技术组件以及简单的图案；这些图案使系统以对社会和环境有益的方式运行。以下组件可以表示光线直接通过系统的方式：从一个缝隙（开口）投射到接收面上（吸收体）；此时，光线重新分配，就像转换的热、光线、电、燃料一样，被潜在地储存起来，然后整个能量流受到一个或多个控制机构的控制。

- 缝隙（如果为浓缩状态时，相当于接收器的缝隙扩大）。
- 接收器。
- 分配机构（内部到系统）。

- 储存（并不是所有的系统都有储存器）。
- 控制机构。

注意：用于评估和衡量存储系统与转换的太阳能（热能和电化学）的应用方法没有得到重视；这些方法不是被动式太阳能建筑设计的详细策略。如果有兴趣，可以查阅相关文献，其中有详细的热能及电化学存储介绍，包括可以提升系统设计的太阳能利用率的工程计算。[1]

## 12.1　太阳能转换系统模式语言

1977 年，Alexander、Ishikawa 和 Silverstein 共同发表了一篇太阳能转换程序文章，技术涉及建筑设计、城市设计、社区规划以及宜居空间。[2]在该文中，Alexander 等作者详细介绍了一种能解决建筑设计和城市规划常见问题的设计模式语言，包括词汇、句法、语法，以及各模式之间的关系网络。本文重点介绍一种为特定地区客户开发的太阳能转换程序，这些程序设计同时保留进行更广范围的模式语言开发和建立的扩展功能。

设计是有目标的模式，基于这点认识，我们首先可以来了解几种太阳能转换系统设计中常见的模式。其次，要想实现太阳能的可持续发展，必须整合和协调运用多学科知识，整合科学和社会资源，必须针对特定区域，进行协调并逐渐找到模式解决方案。[3]本书后续章节将介绍太阳能转换系统的各系统模式以及各主题之间的关系。本文的目的是以模式为手段，为各地区的客户提供太阳能最大化利用的办法，为寻找太阳能利用新模式或新方法打开思路。太阳能转化技术正处于技术复兴阶段，由此将催生大量的主题和模式新组合，为实现社会可持续发展未来提供更多可能。

随着经验的积累和实际运用的不断拓展，越来越多的太阳能应用将进入我们的视野，逐渐成为触手可及的实用技术。本书后续章节内容主要分为两类，一类为主题，一类为模块，其中主题部分主要阐述光与物体表面的相互作用，包括光的吸收、反射、传输与发射，主题部分同时阐述了光能转化成热能和电能所需的功能，具体包括：光能的吸收、接收、控制与分布。模块部分的内容相对复杂，主要是各主题之间以及各模式之间的相互作用。我们希望正在进行太阳能转化技术学习的学生们，能够在一个更大的整体化设计团队中，综合运用主题与模块知识，致力于解决社会和环境发展的能源可持续性等问题。

## 12.2　腔式太阳能集热器——房屋模式

房间的所有门窗洞口都可以看成是一个光圈，太阳能通过这个光圈进入房间内

## 太阳能转化系统

墙。腔式集热器可能是太阳能转换系统（SECSs）中我们最熟悉的一种模式，就像一个打开窗口接受太阳光照射的房间一样，为我们每个人所熟悉。

如果把带窗的房间看成是一个腔式集热器，则房间窗口就是腔式集热器的顶盖，顶盖的作用在于防止热量散失，同时将短波辐射传输至建筑物周边环境。[②][4]房间的**墙体和地板**则是由太阳能工作电流驱动，组成腔式集热器光能转化程序的吸收/反射组件。（如图 12.2）

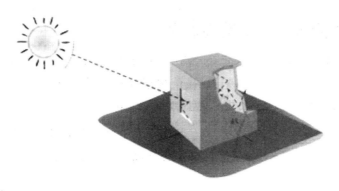

图 12.2　无盖腔式集热器示意图

作为太阳能光圈的窗口可以安装单层/双层/三层窗格玻璃（或者完全不安装玻璃）。一块玻璃有两个表面（就像我们的大气模型一样），一面朝向房间外部，一面朝向房间内部，这样的一块玻璃可以看成是一个最精简版的太阳能转化元件，同理可知，双层绝缘玻璃单元（IGU）具有四个表面（从外到里依次标为 1#、2#、3#、4#表面），通过在这些表面上安装特制薄膜，我们可以得到对光线具有选择性吸收和反射性能的特殊表面。[③][5]特定地区的气候特征和不同的客户需求要求我们提供相应的定制式高级特殊玻璃表面，对此，玻璃厂家可以通过用选择性表面薄膜覆盖 2#或 3#表面层的办法，获得低透过性玻璃，以满足特定需求。

基于对本书光学相关知识细节性的了解，我们现在应该可以理解这样一个概念，即**低透过性窗户/玻璃**，同时也是低发射率玻璃。考虑到窗户上所装玻璃的最高温度一般不超过 400 K（127 ℃/260 ℉），我们可以把这个温度作为估算数量级，估计窗玻璃发射光的波长范围。

根据公式（12.1）所示，维恩位移定律，我们可以估算出 400 K 的温度对应发

---

②　从建筑系统的角度理解，一个"区域"是指：一间或一组房间及其所在空间，这些房间具有相似热性**能**，所在空间具有相似空气化学性质，如湿度。

③　关于选择面，请参考前面章节：光、热物理、机制和光转化。

射的波长为 7245 nm，接近长波区。

$$\lambda_{\max} T = 2.8978 \times 10^6 \, \text{nmK}$$

$$\lambda_{\max} = \frac{2.8978 \times 10^6 \, \text{nmK}}{T \, (K)} \tag{12.1}$$

那么，既然低发射率玻璃窗并不是灰体辐射的有效发射器，为什么我们仍然要在现代窗玻璃中开发并使用它们呢？关于这个问题，让我们再一次回到公式（12.2），并结合辐射度方程，推算灰体辐射。

$$1 = \tau + \in + \rho \tag{12.2}$$

$$J_{window} = \rho_{\text{w}} G + \in_{\text{w}} E_{\text{b,w}} \tag{12.3}$$

我们知道，窗玻璃在短波范围内是高度透明的，也就是说，窗玻璃不能吸收绝大部分的短波太阳光（$G$），同时其反射的短波太阳光线也很少。然而，根据基尔霍夫辐射定律，如果窗玻璃在长波范围段的发射低，则其对长波光线的吸收率也相应地较低，更重要的一点是，长波范围内较低的发射率对应的是较高的长波反射率。因此，低透过性玻璃实际上是一种选择性反射长波辐射的低发射表面。实际上，被称作低透过性的现代薄膜窗玻璃，是一种中通滤光器，这种滤光器的特点在于：可见光下透明度高，紫外和红外段光波段范围内反射率高，同时长波范围内反射率也高（由低透过性薄膜的材料性质决定）。

为解决太阳能转化利用的问题，我们开发出了一种工具，这种工具可以估算窗玻璃系统向所属房间和相邻区域转移的能量。其中，计算机软件 REFSEN 就是一款这样的工具，其专门用于对覆膜玻璃的太阳能和热能转化行为进行评估[6]。

现在，让我们回到腔式集热器接收墙的光吸收和光反射问题上面来，因为光密度随距离呈现非线性的衰减，因此，距离窗户（或光圈）较远的表面相比较近的表面，其所受的太阳光辐射影响更低。也就是说，晴朗天气的光束辐照加上正确的窗户设计，可以使太阳光能深度渗入房间内部。在太阳能转换系统设计中，整体化团队可以通过大量不同的途径来提高太阳光的视觉效应。事实上，光线能量转化的知识远比我们在本书中能接触到的知识多[7]。高等教育致力于对可见光（仅限于红/黄/蓝三原色）进行理解研究，并对如何放置器材，设置感光条件，以提高特定地区居民生活舒适度和能量利用进行研究。仅根据入门级的光学知识，我们已经能够对太阳能进行利用，如选用具有较高反射率的调色板或者其他材料，以反射出房间所需的特定光线颜色和色调，从而减少人工光源的用量（同时增加日光照射，减少电量消耗）。

记住，由于灯具光发射性质的不同，在人工照明的条件下，通过墙面、天花板颜色的选择（米色和白色除外），同样可以为房间营造特定的颜色和色调氛围。今天的紧凑型荧光灯和LED灯比传统的白炽灯要"白"得多，运用的就是这个原理。在传统白炽灯照明时代，人们通过白色底光和薄膜调光塑造房间光线条件，如今，我们通过房间内物质表面对照明光线的吸收和反射来营造房间光线氛围。我们再一次强调，必须对光的方向性和表面材料长波—短波光反射性质的价值给予足够的重视，以创造性地解决光学问题。

最后，所有腔式集热器光圈可以选择对进入集热器的光线进行控制，具体方法包括通过百叶窗、窗帘、水平折叠百叶窗或垂直卷帘门（欧洲较为常见）进行光线透过的控制。

太阳热能估计方法：过去，人们通过太阳能负荷比方法和不可利用反推估算方法（不可利用性方法）对腔式集热器富集的太阳热能进行估算。这两种方法在高等太阳热能工程论著中有详细阐述，[8]虽然这两种方法在建筑领域之外的领域中还不为人们所熟知，但是对于腔式集热器技术而言，他们是非常重要的两种方法。

腔式集热器模式的互补模式与光热超级模式有关：包括平板集热器、对位遮阳板、蒸馏器和干燥器。光线互补模式可以兼顾所在社区居民的热舒适度，不会对居民生活造成不良影响。除此之外，我们建议照明设计专家参与建筑环境的整体化设计流程，共同进行设计决策。

## 12.3 平板式太阳能集热器——简单平面模式

平板式太阳能集热器（FPC）也是太阳能转换系统中人们更为熟悉的太阳能转化模式之一。比如，做成一个大箱子模样的太阳能热水器就是一种光热能转化平板集热器。我们可以把平板式光电集热器（具有一些附加的不良光热性能）（如图12.3所示）定义为平板式非聚光光伏板。从工程学基础的角度来看，光伏模式或太阳能热水器是经典的平板式集热器。除了这种简单的箱式模式之外，平板式集热器还可以是什么模样呢？事实上，墙面、屋顶或者停车场、餐桌上的遮阳伞，都可以是平板式集热器。平板式集热器古时候就被人们用来维持城市中心小气候，如城市中心广场，一般是石头广场的小气候。[9]

平板式集热器一般有两种类型，带盖式和不带盖式。带盖式平板集热器以盖—吸收器组合的方式集热，盖与吸收表面协同作用，集热效率高。盖—吸收器协同系统在系统设计中有详细论述。

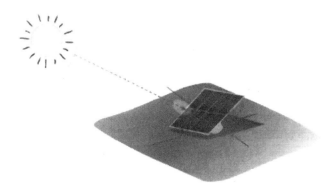

图 12.3 非聚光光伏模块平板式集热器示意图

与平板式集热器模式互补的模式仍然是与光电超级模式和光热超级模式相关的设备：包括管式集热器、对位遮阳板、蒸馏器和干燥器。

## 12.4 管式集热器——利用太阳能进行工作的一种几何模型

关于管式集热器（遵守太阳弧度的设计）的设计，在超级光电模式和超级光热模式中均有论述。在以上两种超级模式中，管式集热器仍然采用盖—吸收器协同工作的原理，处理同心环模式中环境的鲁棒性，并进行光电能和光热能转化。

与管式集热器模式互补的模式仍然是与光电超级模式和光热超级模式相关的模式：平板集热器、集热器、蒸馏器和干燥器。④

## 12.5 对位遮阳板——遮阳模式⑤

我们将介绍太阳能设计中的一种设备，叫作对位遮阳板。对位遮阳板是一种太阳伞（或称阳伞），用于产生结构化阴影，保持夏季空间的阴凉。那么问题来了，什么时候需要为客户提供阴影，增加太阳能利用率呢？在哪些地区需要呢？在遮阳模式下，我们用空调系统的运行费用减少量来表示太阳热能吸收的减少量。我们知道在晴朗炎热的天气里，树荫可以为我们塑造凉爽的小气候。你也许不知道，安装在屋顶上的光伏板同样可以塑造阴凉小气候，减少空调制冷负荷。[10] 对位遮阳板的设计可以增加生活舒适度，为客户减少能量消耗。对位遮阳板设计在现代农村非常常见，同时在天气炎热地区的运用已有几千年的历史。[11]

---

④ 感谢 Solyndra 光伏系统设计创新。记住 Solyndra 光伏系统的设计和材料都是没有问题的，但是系统的造价在当时的条件下不具有可持续性。

⑤ 通过遮阳塑造小气候。

## 太阳能转化系统

太阳能转换系统遮阳板模式在现代工程系统设计中被遗忘了，因此在这里我们特别地对它进行再一次的介绍。我们缺乏使用建筑阴影模拟的能量模拟模型准确处理阴影—太阳能增益相互作用的工作经验。既然在消极太阳能利用设计中阴影的使用是一种常见的策略，那么为什么它会被遗忘呢?[6]

建筑太阳能模拟工作发展期间，各种太阳能利用的相关计算工作成本高昂，因此，建筑表面太阳能组件项目预算的实证相关性逐渐空缺。更不幸的是，当时（19世纪70年代至19世纪80年代）的能量计算同样成本高昂，在前面章节的学习中，我们已经知道，辐射的传输是非线性的，辐射传输的系统非常复杂，为减少计算工作量，我们仅在能量转移和太阳能获取最直接的领域—窗户能量计算中对墙面或遮阳棚阴影进行辐射平衡计算。

本文中，当地的概念是一个同时涉及时间和空间维度上的概念。以此为理论基础，我们的整体化设计团队在进行对位遮阳板运用时，需要考虑以下问题：

• 一天中的哪几个小时是我们最需要遮阳的？这个问题决定了对位遮阳板的大小和放置方向。

• 一年中的什么时候（以偏差范围而言）最需要遮阳？

• 考虑到安装费用，是否值得运输对位遮阳板并在特定位置进行安装？

• 墙面材料接收和阻挡辐射热容量的共享价值是什么？（也就是说能否在晚上对墙面材料吸收保留的热能进行利用）。

• 遮阳板方案预期减少的燃料/电量损失是多少？

我们还可以利用活的结构，比如树木，对遮阳板方案进行补充改进。那么，我们应该选择落叶树木还是常青树木呢？对于落叶树木来说，冬天树叶掉落可以满足被覆盖区域表面对太阳能获取的需求，而常青树木一般一年到头都具备遮阳能力。运用树木进行遮阳补充的话，树苗最大的高度和树苗的形状应怎样决定呢？或者说，对被遮盖的表面来说，作为对位遮阳板的树木随着时间将发生怎样的变化呢？

---

简介：

在很久以后的乌托邦式的未来，人们可能通过扩散硫气溶胶到大气平流层中改变大气构成的方式，为地球工程制造一把超级遮阳伞或阴影天空。这个办法没有考虑海水酸化的问题，但是可以迅速减少地面接收的短波辐射。不利的地方在于，这

---

[6] 太阳能本身没有消极性，但是某些建筑设计可能需要采用一些合适的补充技术，称为"消极技术"。

样的地球工程设计完全没有考虑地区局部性问题，这些措施都未经测试，很可能成为模式破坏者重塑我们的生态环境。地球科学家强烈建议对这种设计的使用应采取足够谨慎的态度，因为这种设计在减少温室效应太阳能吸收的同时，减小了我们的太阳能利用能力（就好像是把水加到油箱中的效果一样），同时二氧化碳排放仍将导致海水酸化，从而破坏维持世界文明的海洋生态环境。

## 12.6　问题

（1）解释一个带窗的房间（一个单独的热学区域）为何是一个腔式集热器系统，该系统具有怎样的光学和热学性能，房间内最佳的涂料颜色或石地板颜色是什么？

（2）描述三种太阳能转化平板集热器模式。

（3）描述三种对位遮阳板模式，该模式结合太阳能转换系统，有助于控制建筑，如一所房子的技术水平。

## 12.7　推荐拓展读物

- 《系统思考入门》[12]
- 一种模式语言
- 《小气候设计：舒适户外空间的秘密》[13]
- 《发现它的光芒：6000 年的太阳能利用故事》[14]
- 《用于建筑设计的太阳能技术》[15]

## 参考文献

[1] John A. Duffie and William A. Beckman. *Solar Engineering of Thermal Processes.* John Wiley & Sons, Inc., 3rd edition, 2006; and Soteris A. Kalogirou. *Solar Energy Engineering: Processes and Systems.* Academic Press, 2011.

[2] C. Alexander, S. Ishikawa, and M. Silverstein. *A Pattern Language: Towns, Buildings, Construction.* Oxford University Press, 1977.

[3] Chrstian U. Becker. *Sustainability Ethics and Sustainability Research.* Dordrecht: Springer, 2012.

[4] From a building systems perspective, a "zone" is a volume of space coincident with a room or set of rooms that have similar thermal properties (and similar air chemistry like humidity).

[5] For a review of *selective surfaces* please review the prior chapter: "Physics of Light, Heat, Work and Photoconversion."

[6] Robin Mitchell, Joe Huang, Dariush Arasteh, Charlie Huizenga, and Steve Glendenning. *RESFEN5: Program Description (LBNL-40682 Rev. BS-371).* Windows and Daylighting Group, Building Technologies Department, Environmental Energy Technologies Division, Lawrence Berkeley National Laboratory, Berkeley National Laboratory Berkeley, CA, USA, May 2005. http://windows.lbl.gov/software/resfen/50/RESFEN50UserManual.pdf. A PC Program for Calculating the Heating and Cooling Energy Use of Windows in Residential Buildings.

[7] T. Muneer. *Solar Radiation and Daylight Models*. Elsevier Butterworth-Heinemann, Jordan Hill,Oxford, 2nd edition, 2004.

[8] John A. Duffie and William A. Beckman. *Solar Engineering of Thermal Processes*. John Wiley & Sons, Inc., 3rd edition, 2006.

[9] Robert D. Brown. *Design With Microclimate: The Secret to Comfortable Outdoor Spaces*. Island Press, 2010.

[10] A. Dominguez, J. Kleissl, and J. C. Luvall. Effects of solar photovoltaic panelson roof heat transfer. *Solar Energy*, 85(9):2244–2255, 2011. doi: http://dx.doi.org/10.1016/j.solener.2011.06.010.

[11] Robert D. Brown. *Design With Microclimate: The Secret to Comfortable Outdoor Spaces*. Island Press, 2010.

[12] Donella H Meadows.Thinking in Systems: A Primer. Chelsea Green Publishing, 2008.

[13] Robert D. Brown. *Design With Microclimate: The Secret to Comfortable Outdoor Spaces*. IslandPress, 2010.

[14] John Perlin. *Let it Shine: The 6000-Year Story of Solar Energy*. New World Library,2013.

[15] Ursula Eicker. *Solar Technologies for Buildings*.John Wiley & Sons Ltd, 2003.

# 第十三章　设备系统逻辑：光电能

前面章节我们主要对太阳能转换系统中各种模式之间的相对差别进行了探讨，接下来，我们将对运用这些模式差别设计的系统的表现进行量化研究。在光电热能转化程序中，吸收表面通过吸收来自太阳的短波辐射，并将该光电磁能转化成热振动，热振动随后相继转换成分布机制和能量储存控制箱。如图 13.1 所示，光—物质交互作用以极小的光损失连接能量输入（光照度 $G$）和太阳能吸收（$S$）。太阳能光电热能转化系统是一个处于非平衡状态的热力学开放系统（系统与周围环境不断地进行能量和物质的相互交换）。太阳热能吸收层/集热器通过显热的变化（材料温度

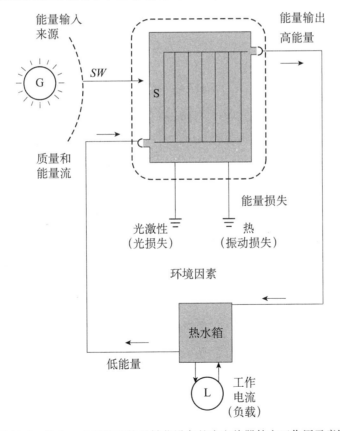

图 13.1　作为一个开放型能量转化设备的光电热器件交互作用示意图

的变化）和潜热的变化（给定温度下的相变，如冰变成水或者水变成蒸汽）将光能转化成热能，伴随部分热能在光电热转化系统的运行过程中散失到周围环境。[①] 然后集热器将热能转化成热传导流体，通过热传导流体离开系统去做功（如热力发动机）。太阳热能转化系统中的热传导流体经常被转移到箱子或仓库中储存一段时间，待需要的时候进行启用。

平板式集热器中光圈的面积就是接收器的面积，公式表示如下：$A_c = A_{ap} = A_{rec}$。能量转换用 $Q$ 表示，[②] 能量转换率有时候用 $\dot{Q}$ 表示

$$Q = A_c \cdot q \qquad (13.1)$$

或

$$\dot{Q} = A_c \cdot \dot{q} \qquad (13.2)$$

我们应该清楚的一点是，基于太阳辐射热传递热能现象不仅发生在上午太阳升起温暖起来的这段时间内，随着日落之后温度的降低，热传递现象还在继续。以后，我们将可以对这些瞬间状态进行模拟。就现在而言，我们将着重于稳态的介绍，[③] 在所谓的稳态中，光电热转化平板处于持续地接受太阳辐射的"兴奋"状态。

太阳能集热器分为很多不同类型，包括带透明盖或不带透明盖的平板系统（大的平面箱子），盖用来保持所吸收的热能，称为平板式集热器（FPC）；以及由系列真空玻璃管围绕一块单独的吸收块组成的用于聚光型和非聚光型系统设计的真空管集热器（ETC）。[④] 太阳能集热器被用来加热液体（水、乙二醇、乙醇）和环境空气。还有一些已见报道但是鲜有人关注的特别的集热器被开发了出来，如利用建筑的垂直立面作为安装面来加热环境空气[1]。这些系统也一并归类为太阳能墙。

## 13.1 盖吸收层：光学性能

我们再来回顾一下这个问题：即反射率（$r$）的大小可以通过两种材料的折射

---

① ● 显热：使物质温度发生变化的能量交换。
  ● 潜热：不会导致物质温度改变，而是导致物质发生相变（固体 ↔ 液体 ↔ 气体）的能量交换。
② $Q$ 是集热器面积 $A_c$ 和单位面积热交换值 $q$ 的乘积。
③ 本处的稳态，有点像给一个有裂缝的轮胎打气，不断地有空气进入轮胎，也有空气离开轮胎，而轮胎始终处于饱满状态。
④ FPC：平板式集热器
  ● ETC：真空管式集热器
  ● 渗透型集热器：不带玻璃的热空气集热器

率（$n$）计算得出。这两种材料中，一种通常是指我们天空中的空气，光线从空气中传播到我们地面，另一种材料是指我们用作盖来反射和折射光线，以保护处于其下方的吸收层的半透明材料。传输损失一般是由于材料表面或材料内部对光的吸收和散射导致（在表面或材料2中）。每波长能量贡献的总和仍然遵守公式（4.5），这其中，还包含部分吸收光（$\alpha$）和反射光（$\rho$）贡献的能量。不过，吸收率和反射率也可以由基于上述两种材料折射率（$n$）的反射率推算得到。

在盖与热吸收面相互作用的情况中，我们可以先定义一些综合性能条件，如$f$（$\tau$，$\alpha$），⑤[2]这是一个关于半透明盖透射比（$\tau_{cover}$）和不透明材料吸收率（$\alpha_{abs}$）的函数，其原理与俘获辐射能的温室系统设计类似，短波光线通过半透明盖，其中部分光线被透明盖吸收和反射（很少的部分），然后部分短波光被透明盖下面的材料吸收，其中又有一小部分被反射至透明盖。透明盖再二次反射部分光线至吸收层，如此这般，光线在盖和吸收层之间来回往复数次，直到光子密度随着反射逐渐减少至可忽略的水平。像这样的耦合交互系统，我们称之为盖—吸收系统。

函数$f$（$\tau$，$\alpha$）是体现系统光损失的一个性能参数，⑥ 一般其数值在0到1之间，比较典型的是在0.7到1之间，这个函数与太阳能转化程序后续的热学运用或电运用无关。由式（13.2）所示公式可以发现推导函数$f$（$\tau$，$\alpha$）的步骤稍微有一些复杂，它并不是简单的$\tau_{cover}$和$\alpha_{abs}$的乘积，特别是在含有两个或两个以上透明盖的情况下，这个函数要更复杂一些。由式（13.3）可以发现，通过乘以倾斜面（$G_t$）的光照度我们还可以得到盖—吸收层子系统的净光照吸收值S。⑦[3]

$$S = G_t \cdot f(\tau, \alpha)\,[W/m^2] \tag{13.3}$$

计算$f$（$\tau$，$\alpha$）函数的目的在于，考虑到光在窄间隙之间多次的反射，可以更精确地由测量或估计得到的$G_t$值计算得到$S$值。由式（13.4）可以发现，随着光线在吸收表面［其$\rho_{abs}$＝（$1-\alpha$）］与漫反射盖之间的传播，$\tau \cdot \alpha$零阶分布与$\rho_d$反射的无穷和成比例地在减少，对于这个离散无限求和有一种分析解法，具体如式（13.4）所示。

---

⑤ 过去我们以"（$\tau$，$\alpha$）"简单地表示$f$（$\tau$，$\alpha$）函数，但是，这种表达方式容易造成误解，因此，我们改为用$f$（$\tau$，$\alpha$）来表示这个函数，以消除歧义。

⑥ $f$（$\tau$，$\alpha$）$\neq \tau \cdot \alpha$，但是他们数值非常接近。

⑦ 是的，$I_t$的辐射计算也可以用来估计$S$值。

# 太阳能转化系统

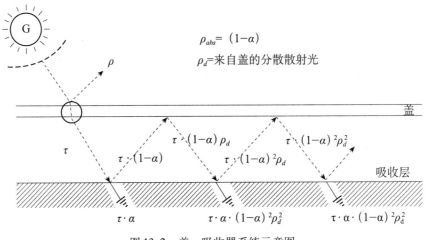

$\rho_{abs} = (1-\alpha)$

$\rho_d$=来自盖的分散散射光

$\tau \cdot (1-\alpha)\rho_d$     $\tau \cdot (1-\alpha)^2\rho_d^2$

盖

$\tau$     $\tau \cdot (1-\alpha)$     $\tau \cdot (1-\alpha)^2\rho_d$

吸收层

$\tau \cdot \alpha$     $\tau \cdot \alpha \cdot (1-\alpha)^2\rho_d^2$     $\tau \cdot \alpha \cdot (1-\alpha)^2\rho_d^2$

图 13.2　盖—吸收器系统示意图

对盖—吸收层度量标准的贡献 $f(\tau, \alpha)$：$(1-\alpha)$：我们运用基尔霍夫辐射定律，按照吸收率来表示吸收层的反射比（$\rho_{abs}$）。

$\rho_d$：来自盖子内表面的分散漫射光，这个值不同于 $\rho_{abs}$，反射角可以近似为 $60°$。

$\tau$：半透明盖的透射率。

$\alpha$：不透明吸收材料的吸收率。

$$f(\tau,\alpha) = \tau \cdot \alpha \sum_{n=0}^{\infty} \left[ (1-\alpha)\rho_d \right]^n = \frac{\tau \cdot \alpha}{\left[ 1 - (1-\alpha)\rho_d \right]} \qquad (13.4)$$

据报道，对于由传统单层玻璃盖和高质量吸收薄膜组成的系统，其 $f(\tau, \alpha)$ 值通常在 0.70—0.75 之间，如果玻璃换成高质量的上釉玻璃（比如低铁玻璃），其 $f(\tau, \alpha)$ 值则在 0.80—0.85 之间。[4] 随着玻璃盖数量的增加（可增加热性能），$f(\tau, \alpha)$ 值逐渐减小。

如何计算半透明盖的漫反射率值 $P_d$ 呢？在光物理和选择性表面相关章节中，我们已经了解到，必须熟悉斯涅尔定律、光反射角和材料表面反射率、透射比等具有程序价值的光学性质。下面我们将通过快速复习这些重要论题以及盖—吸收层系统性能度量标准。

对于只有一块盖的简单体系设计，我们可以运用一个简化的方法迅速估计其透射率、反射率和吸收率，具体见以下公式。其中式（13.5）为透射率估算公式，$\tau$（无下标）；式（13.6）为反射率估算公式，$\rho$（无下标）；式（13.7）为吸收率估算公式，$\alpha$。

$$\tau \cong \tau_a \tau_\rho \qquad (13.5)$$

$$\rho \cong \tau_\alpha (1 - \tau_\rho) = \tau_\alpha - \tau \tag{13.6}$$

$$\alpha \cong 1 - \tau_\alpha \tag{13.7}$$

对于绝大多数玻璃盖、短波范围内透明的聚合物（如聚甲基丙烯酸甲酯、聚碳酸酯、含氟聚合物）以及类似于一个复合盖系统的天空而言，$\tau_\alpha$ 值通常接近 0.9，而短波反射率则接近于 0.1。

光吸收（$\tau_\alpha$）引起的传输损失由以下因子计算得出：（1）折射角（$\theta_2$），（2）材料在特点波长范围内的消光系数（$k$），（3）材料的厚度或者光线必须传输经过的距离（$d$），具体见公式（13.8），其理论基础源于材料光吸收比尔-朗伯定律。

$$\tau_\alpha = \exp\left(-\frac{kd}{\cos(\theta_2)}\right) \tag{13.8}$$

回顾式 13.2，盖相对于吸收层放射光进入盖内表面采光面的有效倾斜度以（$\beta$）表示，可估算为 0°。[8][5]根据 1980 年 Brandemuehl 和 Beckman 的研究，由图 13.3 可以推导出，这种类型的漫反射光有效入射角为 60°，[6]从这个角度光线可以被吸收利用。为估计影响盖—吸收器性能的各种光损失，我们需要知道盖的有效入射角、盖的折射率，以及盖的消光系数。

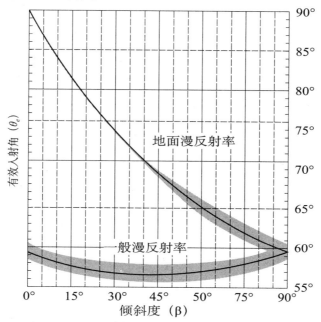

图 13.3　天空各向同性漫反射和地面折射的有效入射角

示意图取自 Brandemuehl 和 Beckrnan（1980）

---

⑧　关于这点，请随意翻阅本书以进行核实

## 太阳能转化系统

消光系数体现了特定波长光照范围内透射率和吸收率的量化测量，材料的厚度与消光系数反相关，厚度越厚，消光系数越小，厚度增加将产生大约36%（以 1/e 为斜率线性减小）的吸收损失。如前所述，太阳能系统报道中，消光系数在两个相反距离上，不同尺度上均有所体现。[7] 对于半透明材料制成的盖，其消光系数一般在 4—30 m$^{-1}$ 数量级上。与此相反，据报道光伏吸收器和选择性热能吸收器的消光系数在 $10^{12}$—$10^{13}$ cm$^{-1}$ 数量级左右。

由漫反射（$\tau_\rho$）导致的光传输损失可以根据透明材料或盖层数 $N$［不同于 $f$（$\tau$，$\alpha$）中光线传输次数 n］由式（13.9）计算得出，关于由漫反射产生的能量损失，我们需要通过测量反射率来计算透射率。根据式（13.10），我们需要根据入射反射角计算 $r_\perp$ 和 $r_\parallel$。之前在第四章的式（4.31）和式（4.32）中，我们已经探讨过这个问题。后面我们将列出一组常见的短波盖子材料清单。

$$\tau_\rho = \frac{1}{2}\Big[\frac{1 - r_\parallel}{1 + (2N - 1)r_\parallel} + \frac{1 - r_\perp}{1 + (2N - 1)r_\perp}\Big] \tag{13.9}$$

---

普通盖短波/可见光折射指数

- 空气作为一种混合气体，其短波/可见光折射指数 $N_2$：$n = 1$。
- 二氧化硅（$SiO_2$），其短波/可见光折射指数 $n = 1.53$。
- 聚甲基丙烯酸甲酯（PMMA）：聚甲基丙烯酸甲酯是一种透明热塑性塑料，Plexiglas® 牌聚甲基丙烯酸甲酯的短波/可见光折射指数为 1.49（$n = 1.49$）。
- 聚四氟乙烯（PTFE）：聚四氟乙烯是一种透明含氟聚合物，Teflon® 牌聚四氟乙烯是一种固体，其短波/可见光折射指数为 1.37（$n = 1.37$）。
- 聚碳酸酯（PC）：聚碳酸酯是另一种透明热塑性塑料，Lexan™ 和 Makrolon® 牌聚碳酸酯的短波/可见光折射指数为 1.60（$n = 1.60$）。

---

根据斯涅尔定量，入射角和折射角是相关联的。短波光线可透过折射率（s）大于 1（$n_{air}$）的盖板。为计算 $\rho_d$ 值，我们需要得到折射角（$\theta_2$）：

$$n_{cover} = n_{air}\Big(\frac{\sin(\theta_1)}{\sin(\theta_2)}\Big) \tag{13.10}$$

其中，$\theta_1$ 是入射角，$\theta_2$ 是如式（13.10）中计算透射率的折射角。[9]

通过上述所有这些光学计算，我们可以得到能衡量一个太阳能转换系统性能的

---

⑨ 回顾图 13.4，以理解式（13.10）。

函数，$f(\tau,\alpha)$ 函数的值。函数 $f(\tau,\alpha)$ 值可供太阳能转换系统设计者用来描述盖—吸收器子系统中细微光损失导致的太阳能吸收减弱，得到被吸收光照值与总光照值的比值 $S$。

我们可以用 $f(\tau,\alpha)$[⑩] 函数研究平板式集热器（FPC）（比如一个太阳能热水器）或者光伏系统（我们将发现光伏系统在产生质子的同时还会变热）。另外，对于太阳能集中转化系统中的管式集热器，$f(\tau,\alpha)$ 函数已用于其集中化系统实际大规模运用的性能研究。$f(\tau,\alpha)$ 函数也可以用在描述腔式集热器主题（房间窗户模型）中。然而，光电热能转化系统是光学系统同时也是热学系统，因此，我们需要将热损失（以 $Q_{loss}$ 表示）考虑到整体系统性能的评估中。

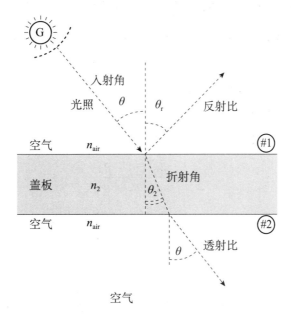

图 13.4　根据斯涅尔定律，1#表面入射角与反射角相等，两者与折射角不同

注意，根据斯涅尔定律，2#表面反射角同样等于入射角

$f(\tau,\alpha)$ 值取决于入射角，因而其数值必然是随着时间和太阳在天空中的移动产生的光线来源角度一直在改变的。因此，其运用随着光线移动、天空高反射率或地面反射而被打乱，式（13.11）中，我们演示了基于单一各项同性弥散空气环境对 $f(\tau,\alpha)$ 函数的打乱结果。

---

⑩　对于基本单片窗玻璃，其 $f(\tau,\alpha)$ 函数值通常在 0.70—0.75 之间，特殊低铁玻璃的 $f(\tau,\alpha)$ 函数值在 0.80—0.85 之间。

$$S = I_b R_b \cdot f(\tau,\alpha)_b + I_d \cdot f(\tau,\alpha)_d \left(\frac{1 + \cos\beta}{2}\right) + \rho_g I \cdot f(\tau,\alpha)_g \left(\frac{1 - \cos\beta}{2}\right)$$

$$(13.11)$$

为了简化 $f(\tau,\alpha)$ 函数的运用，研究者们基于太阳能辐照束成分 $[f(\tau,\alpha)_b]^{[8]}$ 确定了一个 $f(\tau,\alpha)$ 经验近似值。如式（13.12）所示。

$$f(\tau,\alpha)_{avg} \cong 0.96 \cdot f(\tau,\alpha)_b \qquad (13.12)$$

已知 $G_t$，可以通过 $f(\tau,\alpha)_{avg}$ 函数估算 S 值。

$$S \cong f(\tau,\alpha)_{avg} \cdot G_t \qquad (13.13)$$

## 13.2　机器猴"盖"：偏振光（极化光）反射率

得益于 Augustin-Jean Fresnel 的研究，我们有一套工作模式，对偏振光/极化光基于基本材料性能 [包括水平极化（$r_\parallel$）和垂直极化（$r_\perp$）] 的反射率进行估计，如式（13.14）和式（13.15）所示。式中 $\theta_1$ 被设定为 $\theta$，$\theta$ 为在所有太阳能计算中常规的入射角。材料平均反射率（$r$）由式（13.16）计算得出（式中 $G_i$ 是短波太阳辐射，$G_r$ 是被反射的太阳辐射）。

$$r_\perp = \frac{\sin^2(\theta_2 - \theta)}{\sin^2(\theta_2 + \theta)} \qquad (13.14)$$

$$r_\parallel = \frac{\tan^2(\theta_2 - \theta)}{\tan^2(\theta_2 + \theta)} \qquad (13.15)$$

$$r = \frac{G_r}{G_i} = \frac{1}{2}(r_\perp + r_\parallel) \qquad (13.16)$$

对给定波长下垂直偏振光的反射率（$r$）、透射比（$\tau$）、反射比（$\rho$）和吸收比（$\alpha$）的各详细计算公式如下:[⑪]

$$\tau_\perp = \frac{\tau_\alpha (1 - r_\perp)^2}{1 - (r_\perp \tau_\alpha)^2}$$

$$\rho_\perp = r_\perp (1 + \tau_\alpha \tau_\perp)$$

$$\alpha_\perp = (1 - \tau_\alpha)\left(\frac{1 - r_\perp}{1 - r_\perp \tau_\alpha}\right)$$

对给定波长 $\lambda$ 水平偏振光的反射率、透射比、反射比和吸收比的各详细计算公式如下:

---

⑪　$\tau_\alpha$ 值是仅考虑吸收损失的透射比。

$$\tau_{\parallel} = \frac{\tau_{\alpha}(1 - r_{\parallel})^2}{1 - (r_{\parallel}\tau_{\alpha})^2}$$

$$\rho = r_{\parallel}(1 + \tau_{\alpha}\tau_{\parallel})$$

$$\alpha_{\parallel} = (1 - \tau_{\alpha})\left(\frac{1 - r_{\parallel}}{1 - r_{\parallel}\tau_{\alpha}}\right)$$

对于一般的入射角 $G_t$，应结合公式（4.30）和公式（4.33）共同求解。测量值为反射比而非反射率，因为一定波长下，反射比是反射率和透过比的函数 $[\rho = f(r_{\lambda,\perp}, r_{\lambda,\parallel}, \tau_\lambda)]$。光能损失有两种机理，一种是漫反射损失，一种是光线穿过盖子时，盖子材料产生吸收损失（即使吸收量很小）。

**恭喜!**

**机器猴奖励您一个闪光的香蕉，恭喜您了解了扩展重点**

我们知道随着太阳每天从天空东边经一条弧线（用时角 $\omega$ 表示）到达西边，太阳光入射角一直在改变，入射角同时随着一年当中的时令（以磁偏角 $\delta$ 表示）、集热器方位（维度 $\phi$）、倾斜度（$\beta$, $\gamma$）的变化而变化。

$$\theta = \cos^{-1}(\sin\phi\sin\delta\cos\beta - \cos\phi\sin\delta\sin\beta\cos\gamma + \cos\phi\cos\delta\cos\omega\cos\beta$$
$$+ \sin\phi\cos\delta\sin\beta\cos\gamma\cos\omega + \cos\delta\sin\omega\sin\beta\sin\gamma) \qquad (3.17)$$

对一年中 $\tau$—$\alpha$ 值的变化进行修正研究，得到一个入射角修正系数 $K_\theta$，如式（13.18）所示。在一个经计算得出的入射角条件下，可以快速得出修正系数的值（从 0 到 1），集热器面朝太阳时修正系数为 1，随着集热器方向的偏移，修正系数逐渐减小，直至变为零。

$$K_\theta = \frac{f(\tau,\alpha)}{f(\tau,\alpha)_n} \qquad (13.18)$$

## 13.3　吸收片—升液管—传热流体系统的热学性能

对于一个完整的平板式集热器，比如太阳能热水器集热系统，我们可以将其视为由一系列吸收薄膜覆盖的金属翘片组成，金属不是良好的吸收体，因此金属翘片往往需要用不透明材料进行覆盖。[12] 炭黑（甚至黑色颜料）可较好地吸收太阳能。在现代太阳能系统设计中，吸收材料常选择金属亚氧化物或复杂覆膜材料，所选覆膜材料在短波范围内吸收比高而反射比低，长波范围发射比低而反射比高，是一种

---

[12]　金属不是光辐照的良好吸收体，因此我们需要给金属包覆一层选择性表面（理想的选择是，低透过性、不透明表面）或者一种黑炭表面，以对光源进行吸收利用。

## 太阳能转化系统

低透过率选择性吸收表面。每一个长金属翅片表面通过焊接或黏合的方式连接一根升液管，热传导流体以机械泵吸为动力，流经该金属管，带走吸收面吸收太阳能转化得到的热能，其中有一部分经太阳能转化得到的热能散失到周围环境中去，改善系统设计或提高系统绝缘性能并不能避免这种损失。对于这个现象，我们有一个专门的性能度量标准，可以描述这种吸收片—升液管—传热流体系统的热交换效率或效力，主要目标在于有意识地尽量将更多的集热器中的热能传导给从平板离开的热传导流体。

假设在一年中太阳能最优的季节条件下，为客户在其所在区域条件下提供热能损失最小化、有效能量产出最大化的系统设计，是太阳能系统设计的工程目标。我们可以得出，在理想状态下太阳能平板式集热器系统的有效净光电热能转化响应，而实际运用中的系统，由于受到太阳光线变化和周围环境条件变化的影响，其光电热能转化响应会出现波动。因为对流、传导、辐射产生的热能损失，可以计算出系统吸收能量（$A_c \cdot S$）的剩余值，这个剩余值称为有效能量收集量 $Q_u$，又称为有效增益，有效增益值与集热器面积（$A_c$）成正比。[13] 以一个光学性能好（$f(\tau,\alpha) \to 1$）的系统为例，我们既要重点关注如何吸收更多的太阳光能，同时也需要重点关注的是，可以通过什么策略减少能量损失。

公式（13.19）经展开得到公式（13.22）：

$$Q_u = A_c \cdot q_u = Q_{abs} - Q_{loss} \tag{13.19}$$

$$Q_{abs} = A_c [I_t \cdot f(\tau,\alpha)] = A_c \cdot S \tag{13.20}$$

$$Q_{loss} = \frac{T_{p,m} - T_a}{R_L} \tag{13.21}$$

式中，$T_{p,m}$ 表示太阳能集热器平板[14]温度（平板温度是太阳能系统的常规性能参数）。$Q_{loss}$ 表示平板平均温度与平板外部周围环境空气温度（$T_a$）的差异。$R_L$ 表示由于热阻产生的能量损失。可以预见：在光线充足的白天，平板温度将远高于环境空气温度，这种温差将导致集热器表面热能损失。

通过上述公式，我们可以得出公式（13.22）：

$$Q_u = A_c \cdot [S - U_L(T_{p,m} - T_a)] \tag{13.22}$$

---

[13]　$Q_u = A_c \cdot q_{useful}$

由于流体的热容量，大部分太阳能系统维持在一个兴奋状态的时间常数更长。因此，在描述系统性能时，我们需要给斜面 $I_t$ 每小时替换太阳能辐射，以得到辐照度 $G_t$ 值。

[14]　平板是对太阳能系统中集热器内部的吸收系统通常的称呼方式。

太阳能光电转化系统（$Q_u$）的有效可利用能量还可以用公式（13.23）进行计算。这个公式计算依托以机械泵吸方式通过集热器的热传导流体进行。太阳能热水器系统中的热传导流体通常储存在密闭环中，与热水箱进行能量传递。密闭环中填充水和丙二醇或者水和乙醇的混合物作为防冻介质。具有一定比热容 $c_p$[J/（kgK）] 的热传导流体以质量流量 $\dot{m}$ 流经集热器。通过测量进入系统时的热传导流体温度（$T_{f,i}$）和离开系统时热传导流体的温度（$T_{f,o}$），就可以计算出太阳能系统有效可利用能量。

$$\dot{Q}_u = \dot{m}c_p(T_{f,o} - T_{f,i}) \tag{13.23}$$

现在，我们有两个公式可以用来计算有效可利用能量 $Q_u$ 值。其中，公式（13.22）运用 $T_{p,m}$ 和 $T_a$ 进行计算，公式（13.23）利用热传导流体离开和进入集热器的温度（$T_{f,i}$ 和 $T_{f,o}$）进行计算。通过设置经验参数（热转移参数 $F_R$），我们可以将这两个公式贯穿起来，贯穿起来之后，我们仅需要测量热传导流体进入系统时的温度和周围空气温度，即可以对太阳能集热系统性能进行有效的评估。

回到能量损失的话题上，各种能量损失（部分能量损失由温差导致）的总和，可以用一个总的/总体的单位为 W/（m²K）的能量损失系数 $U_L$ 表示。总体能量损失系数的时间—面积图与传导和对流热阻 $RL$ 相关，如式 A.1 所示:[15]

$$U \cdot A = UA = \frac{1}{R}[W/K] \tag{13.24}$$

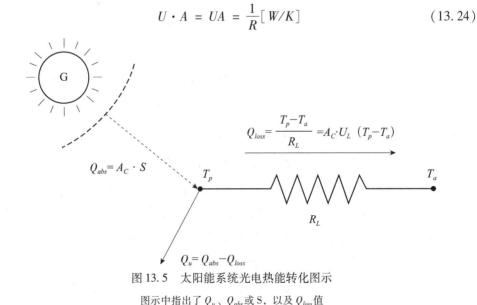

图 13.5 太阳能系统光电热能转化图示

图示中指出了 $Q_u$、$Q_{abs}$ 或 S，以及 $Q_{loss}$ 值

---

[15] 假设系统效率是有效能量输出值与太阳能辐照输入值的比值，则有 $\eta = \dfrac{q_u}{G_t} \sim \dfrac{q_u}{I_t}$。

**太阳能转化系统**

依据公式（13.22）作图，得到热阻网图示，如图13.6所示。回顾图13.5曲线图的横截面积，我们发现总的能量损失分布来源于热传导、热对流和热辐射能量损失。总体热能损失系数[⑯]是分布于太阳能集热器顶部（$U_t$）、底部（$U_b$）和边缘部位损失系数的总和（$U_e$）。图13.7展示了详细热阻网的额外评估图。

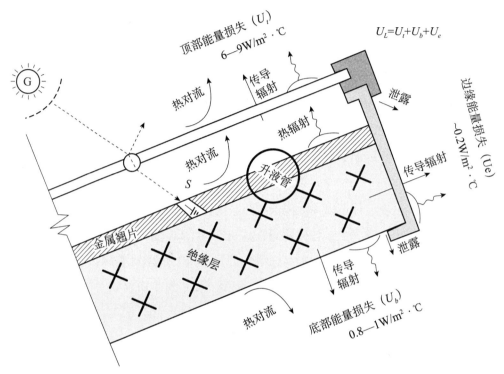

图 13.6　太阳能热水器模式的横截面示意图

指出了 $q_{losses}$ 的来源（引自 Tiwari，2002）

$$U_L = U_t + U_b + U_e \tag{13.25}$$

平板式集热器（FPC）的系统一般设计成型面高度不大的矩形箱，顶部由玻璃盖覆盖，边缘为绝缘层，箱子位于底部。平板式集热器能量损失系数比真空管式集热器（ETC）大，单用 $f(\tau, \alpha)$ 函数值已不能体现平板式集热器的性能，因此，$f(\tau, \alpha)$ 函数值对于平板式集热器系统而言也就不是那么重要。与此相反，真空管式集热器系统的热能损失比平板式集热器系统低（因为最主要的热能损失来自于热辐射交换），因而 $f(\tau, \alpha)$ 函数可以作为真空管式集热器系统性能优劣的表征参数。

---

⑯　热损失系数 $U_L$ 的单位与导热系数单位一样，为 $W/(m^2 K)$。

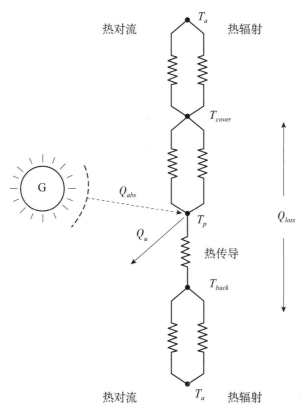

图 13.7 太阳能转换系统详细光电热转化图解

$Q_u$、$Q_{abs}$ 和 $Q_{loss}$ 分别指盖、平板和环境空气

集热器顶盖对光线应该是透明的，因为吸收器是利用太阳光进行能量做功转化的设备，用不透明隔绝材料覆盖吸收器将屏蔽太阳能转换系统功能，然而，集热器顶盖的外露面积大，对热能的阻拦最小。因此，在平板式集热器三个能量损失系数中，顶部热能损失 $U_t$ 系数是最大的，达 6—9W／（$m^2$K），其次为底部和边缘能量损失系数。平板式集热器能量损失系数较为典型的值——底部能量损失系数 $U_b$ 为 0.8—1W／（$m^2$K），边缘能量损失系数 $U_e$ 约为 0.2W／（$m^2$K）。不带盖的顶部将产生大量的热对流损失，玻璃设计可以减小这种损失，并且顶部单层或多层玻璃盖的设计不会阻碍光线渗入系统。[17]

从能量损失系数 $U_L$ 的单位可以看出，能量损失率与集热器面积以及太阳能转换系统与周围环境的温差成正比。这意味着存在一种极端的情况，在这种极端情况下，

---

[17] 一个带盖的吸收器系统相对于一个无盖的吸收器系统而言，其热学性能有所增进，而其光学性能有轻微地减弱。

集热器面积很大，以至于损失能量的量超过了吸收的太阳能总能量。这是我们在进行太阳能项目设计时需要注意的问题。对于一个非集成太阳能转换系统设计而言，在一定的太阳能来源、一定的环境空气温度和集热器面积条件下，可以得到的有效能量产出是有限的。对于拥有非常大表面积的集热器，可以预见当面积达到某种规模时，太阳能获取量与能量损失增加量相等，得到为零或者为负数的净有效能量值 $Q_u$。

## 13.4　集热器效率因子：$F'$

太阳能系统性能表征参数有多个，他们都有一个共同的字母 F，这个字母 F 取自于金属翘片"fin"的首字母，表示金属翘片的热传导效率。[18][9]集热器效率系数 $F'$ 表征的是金属翘片—升液管连接部件的温度波动信息。我们希望金属翘片、与金属翘片相连的升液管，以及与升液管接触的热传导流体均具有较高的热传导性能，这样才可以保证有效地向泵吸通过集热器的热传导流体进行热交换。从集热器局部来看，要求集热器金属翘片与升液管连接部位具有极佳的热传导性能，通常采用热传导性大于 30 W／（m℃）[10]的黏合材料连接金属翘片与升液管，满足其热传导要求。大量关于太阳能转换系统的资料中均有关于翘片—升液管集合体热交换全面研究的论述。[19]

$$F' = \frac{\text{实际能量增益}}{T_{fin} = T_{local} \text{ 时的能量增益}} \qquad (13.26)$$

效率因子 $F'$ 表征的是太阳能集热器的部件如何将吸收到的能量 $S$ 通过金属翘片—升液管连接部位传输给其中的热传导流体。作为一个比率，因子 $F'$ 代表实际的或者测量得到的有效能量增益与理想条件下的能量增益的比值，理想条件是指金属翘片吸收面的温度与流体温度（$T_{local}$）一致。这个比率还可以定义为集热器表面—周围空气之间热阻（计算式：$\frac{1}{U_L}$）与流体—环境热阻（分母：$\frac{1}{U_0}$）的比值，如式（13.27）所示。$F'$ 是目前市面上流通的平板集热器的固定设计参数，并不是太阳能转换系统设计团队可以改变的。$F'$ 值随着集热器平板厚度和热传导性能的增加而增加，随着升液管之间距离的增大而减小。[11]

---

⑱　热学设计中的 F 不同于描述灰体之间几何关系的视觉系数：$F_{12}$ 中的 F。

⑲　翘片骨架与黏合剂骨架相连，黏合剂骨架与升液管骨架相连，升液管骨架与热传导流体相连。现在，让我们把太阳能系统骨架摇摆起来。

$$F' = \frac{\dfrac{1}{U_L}}{\dfrac{1}{U_o}} = \frac{U_o}{U_L} \qquad (13.27)$$

$F'$ 可以作为吸收板相对于所用流体温度热阻的校正因子。集热器效率因子阐述的是在一个大集热器中的金属翘片—升液管部件（就像一片面包）的关联关系，定义的是集热器部件的实际热量损失相对于理想情况的比例，其中理想情况指的是集热器翘片吸收表面温度与集热器所用流体温度相等。据此，我们可以估计实际的有效热能收集率相对于平板集热器温度与流体温度相等的理想状态下，有效热能收集率的比值。[20]

$$\frac{1}{U_o} = F' \cdot \left(\frac{1}{U_L}\right) \qquad (13.28)$$

$I/U_o$：集热器流体与周围空气边界之间的热阻损失。

$I/U_L$：集热器吸收表面与周围空气边界之间的热阻损失。

## 13.5　集热器热转移因子：$F_R$

公式（13.22）中，实际有用能量（$Q_u$）是光能增益（$A_c \cdot S$）减去周围空气环境温度与整个吸收平板平均温度之间的温度差（$T_{p,m}$）引起的传导/辐射和对流导致的能量损失的数值。[21][12] 因为翘片—升液管集合隐蔽在绝缘盖—吸收平板内部；平板的温度不是一个确切值，而是分布在一个范围之内；冷流体从一面流经系统，在另一面以热流体的形式离开系统，因此，对 $T_{p,m}$ 进行测量是不实际的。

早在 20 世纪 50 年代，研究者们就发明了一种对入口流体温度（$T_{f,i}$）进行测量的便易方法。由于吸收平板与热传导流体之间热阻力的存在，入口流体的温度总是低于平板平均温度（对 $F'$ 进行阐述时，我们刚刚探讨过这个问题）。因此，系统性能的描述需要一个校正因子，即集热器热能转移因子 $F_R$。[22]

集热器热能转移因子 $F_R$ 如式（13.32）所示。式中分子是有效能量，在式（13.23）中表达为 $\dot{Q}_u$。分母由式（13.22）将 $T_{p,m}$ 替换成 $T_{f,i}$ 得出：[13]

---

[20]　热传导流体进入系统时的温度比离开系统时低。因此流体的温度随着流体在翘片—升液管中的流动路径不断升高。不同部位的流体温度不一样，我们对各部位的流体温度进行预估。

[21]　辐照度是单位面积表面发出的单位能量。

[22]　$F_R = f(F')$ 集热器热转移因子是翘片效率因子的函数。

$$F_R = \frac{\dot{m}c_p(T_{f,o} - T_{f,i})}{A_c[S - U_L(T_{f,i} - T_a)]} \tag{13.29}$$

$$F_R = f(F') = \frac{\dot{m}c_p}{A_c U_L}\left[1 - \exp\left(\frac{-A_c U_L F'}{\dot{m}c_p}\right)\right] \tag{13.30}$$

$$F_R = \frac{\text{实际有效能量增益}}{T_{f,i} = T_{p,m} \text{ 时的有效增益}} \tag{13.31}$$

$F_R$表征的是实际有效能量增益量和整个集热器温度与流体温度（$T_{f,i}$）一致的理想状态下的有效能量增益量的比值。[23] $F_R$同时还是$F'$值的函数，将分母由公式（13.22）中的$T_{f,i}$替换为$T_{p,m}$得出。运用$F_R$，我们可以在式（13.32）（$Q_u$）的第三个和最后一个计算公式中进行变量替换。注意式（13.32）与式（13.22）具有相同的形式，但是公式（13.32）运用热传导流体入口温度、空气温度和$S$值作为输入变量：[24]

$$Q_u = A_c \cdot F_R[S - U_L(T_{f,i} - T_a)] \tag{13.32}$$

解决这个问题还可以从平均平板温度入手：

$$T_{p,m} = T_{f,i} + \left(\frac{\frac{Q_u}{A_c}}{F_R \cdot U_L}\right) \cdot (1 - F_R) \tag{13.33}$$

我们可以发现，$f(\tau, \alpha)$和$F_R$都是表征各种不同太阳能集热系统性能，评估系统设计长期性能表现的主要度量标准。

## 13.6 太阳能计算公式整合

运用公式（13.19）可对能量进行衡算，现在我们将式中各因素以式（13.34）和式（13.35）代入。我们假设在太阳能改善人类生活的设计中，需要集热器热转移因子$F_R$进行修正，因此在每个公式中，我们都乘上了一个热转移因子$F_R$。首先，太阳辐照热能吸收以盖—吸收器调节函数$f(\tau, \alpha)$计算太阳能增益（$S$，以斜面太阳辐照作为能量输入值$G_t$）；其次，能量损失以热传导流体进入系统时的温度和周围空气温度为参数进行估算：

[23] $F_R$模式最早于20世纪50年代由Hottle、Whillier和Bliss开发，于1979年由Phillips更新。由于大多数集热器都有玻璃顶盖，你认为红外摄像仪可以帮助对平板平均温度进行分析吗？

[24] $T_{f,i}$值和$T_a$值的测量很容易，但是测量$T_{p,m}$值是不实际的。我们运用$F_R$进行变量替换，以根据$T_{p,m}$值计算$T_{f,i}$值。

$$q_{abs} = F_R \cdot f(\tau, \alpha) \cdot G_t \qquad (13.34)$$

$$q_{losses} = F_R \cdot U_L \cdot (T_{f,i} - T_a) \qquad (13.35)$$

将公式重写，得到 $q_u = F_R \cdot f(\tau, \alpha) \cdot G_t - U_L \cdot (T_{f,i} - T_a)$。对于任何涉及能量转移的系统而言，其能量转移效率都是有效转移能量相对于输入能量的比值。因此，集热器效率（$\eta$）可简单地表示为 $q_u$ 除以 $G_t$：

$$\eta = \frac{Q_u}{A_c \cdot G_t} = \frac{q_u}{G_t} \qquad (13.36)$$

现在，我们展开公式（13.36），将可以消去的参数消去。在展开时，我们假设热传导流体泵吸速率为常量，太阳光照情况稳定不变，函数 $f(\tau, \alpha)$ 是总太阳能光照的累积因子，以 $f(\tau, \alpha)_{avg}$ 表示。

$$\eta = \frac{Q_u}{A_c \cdot G_t} = \frac{\cancel{A_c} \cdot F_R \cdot f(\tau, \alpha) \cdot \cancel{G_t}}{\cancel{A_c} \cdot \cancel{G_t}} - \frac{\cancel{A_c} \cdot F_R \cdot U_L \cdot (T_{f,i} - T_a)}{\cancel{A_c} \cdot G_t} \quad (13.37)$$

通过考察，我们发现，太阳能系统效率可以表达成一个线性公式 $y = b - m \cdot x$：[25]

$$\eta = F_R \cdot f(\tau, \alpha) - F_R \cdot U_L \left[ \frac{(T_{f,i} - T_a)}{G_t} \right] \qquad (13.38)$$

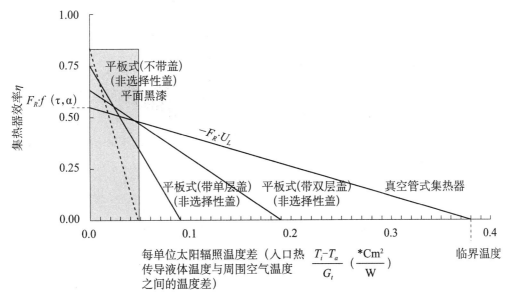

图 13.8 基于太阳能评级和认证测试条件下得到的太阳能热水光电转化系统性能曲线

图中展示了三个平板集热器和一个真空管式集热器（非集中式），图中标出了管式集热器的临界条件

如图 13.8 所示，太阳能热转化性能曲线的截距 $F_R \cdot f(\tau, \alpha)$ 处，系统达到最大转化

---

[25] 系统效率最大值出现在 y 轴截距处，此时 $T_{f,i} = T_a$。

## 太阳能转化系统

效率，其负斜率为 $-F_R \cdot U_L$。横坐标轴为 $(T_{f,i} - T_a)/G_t$ 值，单位：$(℃ m^2)/W$。横坐标值是入口热传导流体与周围空气温度差，以及照射到集热器上的太阳辐照的比值。[26]

对应于系统最大效率和最小效率值，系统相应地存在两种极限模式。当 $T_{f,i} = T_a$ 时，也就是说入口热传导流体温度与周围空气温度相等（比如热传导流体比较温暖，温度在35—40℃之间）系统效率 $(\eta)$ 达到最大，这意味着在温暖、阳光好的天气里，太阳能集热器传热效果很好，效率较高，但是寒冷的冬天才是我们需要最多热量的时候，而不是在炎热的夏天。另一种极端情况是指，在稳定的太阳辐照条件下，系统达到最大运行温度，也称为临界温度时的情况，比如在一个晴朗的日子里，机械泵吸停止工作了，$Q_u$ 值为0时，此时系统往往达到了临界温度 $(T_{max})$。

$$T_{max} = \frac{G_t \cdot f(\tau,\alpha)}{U_L} + T_a \; [临界温度] \tag{13.39}$$

因此，在一定的太阳辐照条件下，随着冬天的到来，空气温度的下降，太阳能热转化系统的效率也将下降。当然，一年当中，太阳辐照也是不断变化的，但是，太阳能光电热能转化系统性能的研究，最终要解决的还是太阳能吸收与热量损失之间的平衡问题。除了光线的黑暗之外，寒冷的天气条件也将增加能量损失，使能量损失超过能量增益 $(Q_{loss} > Q_{abs})$，从而使系统失去和它多获得的能量一样多的能量。

考虑能量增益和能量损失平衡问题，我们可以假设公式（13.22）中 $Q_{abs} = Q_{loss}$，从而得到一个集热器有效供能的太阳辐照阈值。太阳辐照高于该阈值，集热器才能产生有效转化能量。我们将这个太阳能转换系统中的能量阈值称为临界太阳辐照水平 $(G_{t,c})$。将公式（13.32）中 $Q_u$ 值设置为0，将太阳能增益 S 分解成 $S = G_t \cdot f(\tau,\alpha)_{avg}$，以用式（13.40）求解 $G_t$ 值。[27]

$$G_{t,c} = \frac{F_R \cdot U_L \cdot (T_{f,i} - T_a)}{F_R \cdot f(\tau,\alpha)_{avg}} \tag{13.40}$$

因为 $Q_u$ 由 $G_t$ 和 $G_{t,c}$ 组成，意味着只有当太阳能增益超过能量损失阈值，并且 $G_t$

---

[26] 太阳能集热器性能曲线方程式为 $y = b - m \cdot x$。其中

$Y: \eta$

$b: F_R \cdot f(\tau, \alpha)$

$-m: -F_R \cdot U_L$

$x: \left[ \frac{(T_{f,i} - T_a)}{G_t} \right]$

[27] $Q_u$ 大于0时，$(G_t - G_{t,c})$ 为正值。

大于 $G_{t,c}$ 时，太阳能系统才能产生净的正能量做功。[28]

$$Q_u = A_c \cdot F_R \cdot f(\tau,\alpha)_{avg} \cdot (G_t - G_{t,c}) \qquad (13.41)$$

当 $Q_u > 0$ 时，系统 $G_{t,c}$ 值大于 $G_t$ 值。这是能量转化系统中非常重要的交叉临界水平。太阳能系统一般是将热空气或者热水输送到一个某种形状的储罐中，想象一下，如果集热器的太阳辐照水平低于极限太阳辐照水平，温暖的流体进入集热器后，随着自身热能散失到环境中，导致从集热器出口出来的流体温度比进口流体温度还低，起到的效果不是使储罐变热，而是使它变得更冷。这也是为什么 $T_{f,o} < T_{f,i}$ 时，太阳能集热器系统需要在机械泵流体管中设置自动断流阀的原因。[29]

## 13.7　太阳能热水器示例

为了加深对太阳能模式系统在一天中的性能表现认识，我们进行了一次太阳能热水器系统试验[14]。试验中并联两个平板式集热器，计算他们的每小时有用能量产出和系统效率，将结果作图，如图 13.9 所示。试验模型位于柯林斯堡（CO）当地一所民居的屋顶，坡度 $\beta$ 为 30°，方位角 $\gamma$ 为 −10°（这栋民居面朝东南方向而建）。

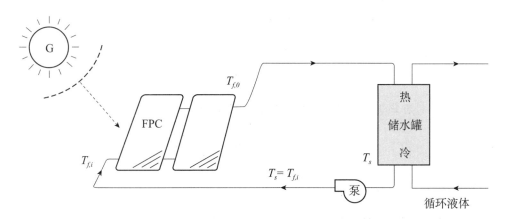

图 13.9　用于住宅太阳能热水系统（SHW）设计的双板平板式集热器简单示意图
平板式集热器加热环是密闭的（与水不发生直接接触），环内是丙二醇液体

平板式集热器顶部以单层低铁玻璃覆盖，金属翘片材料为波纹铜金属，铜制升

---

[28]　储水箱中放置热交换器，闭环加热系统将用于太阳能加热的液体（比如：丙二醇）和顾客使用的液体（比如：水）分开。

[29]　太阳能热水器起源地在柯林斯堡，这里原来是新比利时啤酒公司和单车琥珀麦酒公司——20 世纪 90 年代微啤酒蓬勃发展时期最好的啤酒公司，新比利时啤酒公司（NBB）当时在公司安装了一个 200KW$_p$ 的光伏组件。然后他们想："为什么不给 NBB 公司的员工也安装一个假设可以利用太阳能得到热水的矩阵呢？"

## 太阳能转化系统

液管与翅片通过焊接相连。每一组翅片—升液管表面用选择性吸收材料 TiNOX 贴覆。[30][15] 集热器长 2m，宽 1m，总面积 $A_c$ 为 $2m^2$。我们假设该平板式集热器总体热损失系数 $U_L$ 很低，为 $4.8\ W/m^2℃$，闭环中以 40% 的丙二醇水溶液作为热传导流体，流体泵吸速度为 0.045kg/s。假设集热器热转移因子 $F_R$ 为 0.85（无纲量），$f(\tau,\alpha)$ 值为 0.87。热传导流体进入系统时温度为 40°，同时我们假设当 $q_u<0$ 或者 $T_{f,o}<T_{f,i}$ 时，可以运用传感器/控制器对流体进行自动断流。[30]

试验结果发现：上午 9 点到 10 点之间，1 小时内每单位面积的平均能量损失（$q_{loss}$）（根据式 13.42 计算得出）为 $0.25\ MJ/m^2$。同一时间段内，每单位平均太阳能增益（$S$）为 $1.77\ MJ/m^2$。根据公式（13.44），通过计算能量产出（$q_u$）与能量输入（$I_t$，乘以 100%）之间的百分比，我们可以估计系统每小时的平均效率。

从表格 13.1 中我们注意到，尽管这一整天都天气晴朗，但是早 8 点（太阳时）之前和下午 5 点之后，太阳能热水器系统不产生任何有效能量产出（从断流阀处于关闭状态可以得出这个结论）。回忆一下，在能量增益与能量损失之间存在一个平衡，系统能量增益必须大于某一临界阈值才能产生有效的能量产出，在每年的春/秋分时候，太阳能系统每天的产能时间为 8—9 个小时，尽管此时的白天时长达到 12 小时。

**表 13.1　9 月 20 日，柯林斯堡居民太阳能热水器系统性能参数**

| 时间<br>（太阳能） | $T_a$<br>（℃） | $I_t$<br>（$MJ/m^2$） | $S$<br>（$MJ/m^2$） | $U_L\ (T_{f,i}-T_a)$<br>（$MJ/m^2$） | $q_u$<br>（MJ/m2） | $\eta$（%） |
|---|---|---|---|---|---|---|
| 6—7a | 18 | 0.32 | 0.08 | 0.38 | -0.25 | — |
| 7—8a | 20 | 1.08 | 0.33 | 0.35 | -0.02 | — |
| 8—9a | 22 | 1.66 | 1.16 | 0.31 | 0.72 | 43 |

---

㉚　TiNOX 是一种由 Almeco 太阳能公司生产的一种由氮化钛/钛低价氧化物和抗反射 $SiO_2$ 层组成的复合膜。光学性能 $\alpha_{sw}$ 值据报道为 0.90（在可见光区有少量蓝光反射），$\epsilon_{lw}$ 值约为 0.04。

㉛　太阳能热水器平板系统计划：

$A_c$：$2\ m^2$

$f(\tau,\alpha)$：0.87

$F_R$：0.85

$U_L$：$4.8\ W/m^2℃$

流图：丙二醇

$T_{f,i}$：40℃

续表

| 时间<br>（太阳能） | $T_a$<br>（℃） | $I_t$<br>（MJ/m²） | $S$<br>（MJ/m²） | $U_L$ $(T_{f,i} - T_a)$<br>（MJ/m²） | $q_u$<br>（MJ/m2） | $\eta$（%） |
|---|---|---|---|---|---|---|
| 9—10a | 25 | 2. 12 | 1. 77 | 0. 25 | 1. 29 | 61 |
| 10—11a | 27 | 2. 62 | 2. 26 | 0. 22 | 1. 73 | 66 |
| 11—12a | 28 | 2. 81 | 2. 44 | 0. 21 | 1. 90 | 68 |
| 12—1p | 29 | 2. 75 | 2. 39 | 0. 19 | 1. 87 | 68 |
| 1—2 p | 30 | 2. 56 | 2. 23 | 0. 17 | 1. 75 | 68 |
| 2—3 p | 30 | 2. 24 | 1. 93 | 0. 17 | 1. 50 | 67 |
| 3—4 p | 29 | 1. 54 | 1. 29 | 0. 19 | 0. 93 | 61 |
| 4—5 p | 29 | 0. 86 | 0. 60 | 0. 19 | 0. 35 | 40 |
| 5—6 p | 27 | 0. 15 | 0. 05 | 0. 22 | - 0. 15 | — |

能量密度值是每小时能量密度总和的平均值

经估算可以得出，位于柯林斯堡 brewer 家屋顶的太阳能热水器 9 月 20 日这一天，[32] 总的能量产出为 12 MJ/m²，这个有效能量值与集热器的数量（两个）和集热器表面面积（$A_c = 2$ m²）成正比：[33]

$$q_{loss} = U_L \cdot (T_{f,i} - T_a)$$

$$= 4.8 \text{W/m}^2 ℃ \ (40 - 25℃) \ \cdot 1 \text{J/ (W/s)} \cdot 3600 \text{s/h} \cdot 1 \text{MJ}/10^{16} \text{J}$$

$$= 0.25 \text{MJ/m}^2 \tag{13.42}$$

$$q_u = \frac{Q_u}{A_c} = F_R(S - q_{loss})$$

$$= 0.85 \ (1.77 - 0.25 \ \text{MJ/ m}^2)$$

$$= 1.29 \ \text{MJ/ m}^2 \tag{13.43}$$

$$\eta = \frac{Q_u}{A_c \cdot I_t} = \frac{q_u}{I_t} = \frac{1.29 \ \text{MJ/ m}^2}{2.12 \ \text{MJ/ m}^2} \times 100\% = 61 \% \tag{13.44}$$

具有两块平板的太阳能系统，经过一天的太阳能转化，共产生了 48 MJ 能量，

---

[32]　评估日期为 9 月 20 日（秋季），夏时制状态为"开启"

MDT：UTC-6h

MST：UTC-7h

$n$：263（春/秋分时）

$\delta$：0°

$\beta$：30°

$\gamma$：- 10°

[33]　我们假设太阳时与时钟时间是相同的。9 月 20 日处于基础时间段（没有日光节约时间），柯林斯堡位于北美山区时区（UTC-6 h）标准纬度 105°以西。因此，将时钟时间转换为太阳时，基于地球的摆动，需要减去 6 min，并减去 60 min 消除日光节约时间。合适的时区位置很重要。

太阳能转化系统

转换一下，也就是 45517 Btus 能量。一天中系统平均的效率为 60%，为 brewer 家提供了足够使用的热能，不需要启用煤气或其他形式能量来供能。

$$\sum Q_u = 2\,\text{modules} \times \frac{2m^2}{\text{module}} \times 12\,\text{MJ}/\,\text{m}^2 = 48\,\text{MJ} \qquad (13.45)$$

这个例子只体现了太阳能转换系统一天的表现，没有考虑热水需求每小时的负荷。如果将研究细化到每小时的现场热水需求，我们需要用到太阳能模拟工具，比如 SAM 系统[16]。集热器需要的能量输入以 $F_R \cdot f(\tau, \alpha)$ 和 $-F_R \cdot U_L$ 表示，同时用 $K_\theta$ 修正系数（系数大小在 0—1 之间）修正一天中入射角的变化。关于太阳能集热系统的 SAM 系统中，储存了大量经测试得到的截距、倾斜度和入射角修正系数等数据。该系统由太阳能评级和认证公司（SRCC）建立和维护，SRCC 是一个第三方非营利性质的公司，1980 年于美国成立，仅面向太阳能系统产品，以实现太阳能全国性的评级和认证工作。运用 SRCC 数据库，[34] 可以对各种太阳能集热器进行比较，包括带盖或不带盖的平板式集热器，带选择性表面吸收涂料或非选择性表面吸收涂料的集热器。SRCC 数据库也可以认证管式集热器、一体化集热器系统、集成集热器系统（ICS）、热虹吸系统，以及空气太阳能系统（太阳能墙）。

## 13.8 问题

（1）讨论两种主要的太阳能转换系统，根据效率（$\eta$）对（$T_i - T_a$）/$G_t$ 作图。找出 $U_L$、$f(\tau, \alpha)$ 和 $F_R$（单独或一起）在描述系统性能中的作用。

（2）给出基于能量获取和能量损失进行有效能量计算的简单公式，分别给出能量获取和能量损失表达式，区分能量获取和能量损失，记录每个参数的贡献。

（3）假设三个选择性表面具有以下性质：

$$\alpha_\lambda = \varepsilon_\lambda = \begin{cases} 0.95 & 0 < \lambda < \lambda_c\,nm \\ 0.05 & \lambda_c < \lambda < \infty nm \end{cases} \qquad (13.46)$$

其中，$\lambda_c$ 是 1800 nm 至 3000 nm 之间分三步分出的数值。

建立一个参数数值表之后，对每个 $\lambda_c$ 值计算以下数值：

a. 我们知道，太阳表面温度 $T_{sun}$ 约为 5777 K，据此，计算每个表面的吸收比。

b. 每个表面经加热后，维持其温度为 150℃，计算每个表面的发射比。

---

[34] SRCC 数据库：太阳能评级和认证公司既可以对液体集热器，也可以对气体集热器进行性能评估，包括带/不带玻璃盖的平板式集热器、管式集热器、一体化集热器系统（ICS）、集成集热器系统和热虹吸集热器系统，以及空气太阳能集热器。

（4）根据公式（13.4）、公式（13.8）和公式（13.10）进行计算，得出平板式集热器系统（太阳能热水箱、太阳能热空气箱）两个角的 $f(\tau,\alpha)$ 值 $\theta_1=20℃$、$\theta_2=60℃$。平板式集热器具有双层玻璃顶盖和一个位于盖下方的黑色吸收平板。每块玻璃的消光系数（$k$）乘以光程（$d$）得到其 $kd$ 值为 $3.7\times10^{-2}$。吸收器发射比 $\epsilon_p$ 为 0.96（$\epsilon_p=0.96$）。

（5）思考您的计算结果，试着解释地球大气层实际上本身就是一个选择性表面的道理。思考一下，对于天空这个顶盖来说，它的截止波长是多少，这个盖对吸收器/光圈来说具有怎样的功效。通过哪些因素可以改变天空这个顶盖的光学性能，以减小进入太空的长波太阳辐照损失，这种变化可能导致效率提高吗？

（6）根据公式（13.11）、公式（13.12）和公式（13.13），计算以下条件下单层盖光电热能转化平板系统的太阳辐照吸收。

- $I=0.9$ kWh/ $m^2$，$I_d=0.1$ k Wh/$m^2$
- $I_t=1.6$ kWh/ $m^2$
- $\theta=21°$，$\theta_2=20°$，$\beta=30°$
- $\tau=0.78$，其中 $kd=3.7\times10^{-2}$
- $\alpha=0.90$
- $\rho_g=0.2$

根据公式（13.11），$\tau$，$\alpha_{avg}$ 参数提供吸收能量 $S$ 结果的百分比差异。

现有一个单层低铁玻璃盖平板式集热器，安装在与加拿大相邻的美国北达科他州（49°N），倾斜角为35°。在本研究时间点上，太阳辐照入射角为9°，天顶角为26°。通过测量，得到 $I=1.44MJ/m^2$，计算得 $I_0=1.80$ MJ/$m^2$。该太阳能系统位于草坪上，$\rho_g=0.4$，玻璃盖消光系数 $kd=1.3\times10^{-2}$。平板吸收比为 $\alpha=0.90$（未考虑入射角）。根据集热器以上信息和关于水平分量清晰度的知识，给出该盖—吸收器系统以下信息：

a. $f(\tau,\alpha)_b$ 值是多少？

b. $f(\tau,\alpha)_d$ 值是多少？

c. $f(\tau,\alpha)_g$ 值是多少？

d. 运用公式（13.11）计算能量吸收量 $S$。

# 13.9 推荐拓展读物

- 《太阳能评级和认证公司 SRCC》：1980 年成立于美国，是一个第三方非营利性质的机构，致力于为太阳能转换系统开发和实施全国通用的评级和认证程序。（http：//www. solar-rating. org/）

- 《热处理太阳能工程》[17]：《高级太阳能工程》第三或第四增补本，几十年来太阳能工程的基础教材。

- 《太阳能工程原理》[18]：经典太阳能课本第二增补本。

- 《太阳能转化基本原理》[19]：一本关于太阳能分析的超强赠本，含大量有用图表。

- 《来自太阳的能量》[20]：关于太阳能系统的免费资源网站。

- 《太阳能：基本原理、设计、建模和运用》[21]。

- 《太阳能系统规划与安装：安装工人、建造师和工程师指导手册》[22]：太阳能系统现场施工的完美指导手册。

- 《太阳能：目前工艺水平》[23]：来自太阳能行业具备世界领先水平专家的国际太阳能学会意见书。

- 《系统简易模块（SAM）》：国家可再生能源实验室 NREL 开发的免费软件，用于太阳能热水器系统和集中型太阳能系统性能研究。

- 《地缘系统分析软件》：用于研究太阳能热水器系统和集成太阳能系统的加拿大免费软件。

# 参考文献

[1] Graham L. Morrison. *Solar Energy: The State of the Art*, ISES position papers 4: Solar Collectors, pages 145–222. James & James Ltd., London, UK, 2001.

[2] John A. Duffie and William A. Beckman. *Solar Engineering of Thermal Processes*. John Wiley & Sons, Inc., 3rd edition, 2006.

[3] Yes, irradiation calculations for $I_t$ can also be used to estimate $S$.

[4] Graham L. Morrison. *Solar Energy: The State of the Art*, ISES position papers 4: Solar Collectors, pages 145–222. James & James Ltd., London, UK, 2001.

[5] Feel free to turn the page upside down to check this.

[6] John A. Duffie and William A. Beckman. *Solar Engineering of Thermal Processes*. John Wiley & Sons, Inc., 3rd edition, 2006.

[7] Christiana Honsberg and Stuart Bowden. Pvcdrom, 2009. URL http://pvcdrom. pveducation.org/. Site information collected on January 27, 2009.

[8] Soteris A. Kalogirou. *Solar Energy Engineering: Processes and Systems*. Academic Press, 2011.

[9] This $F$ in thermal design is not the same as the *view factor* in geometric relations between graybodies: $F_{12}$.

[10] John A. Duffie and William A. Beckman. *Solar Engineering of Thermal Processes*. John Wiley & Sons, Inc., 3rd edition, 2006.

[11] D. Yogi Goswami, Frank Kreith, and Jan F. Kreider. *Principles of Solar Engineering*. Taylor & Francis Group, LLC, 2nd edition, 2000.

[12] Recall that *radiant exitance* is a unit of energy per area *exiting* from a surface.

[13] John A. Duffie and William A. Beckman. *Solar Engineering of Thermal Processes*. John Wiley & Sons, Inc., 3rd edition, 2006; and D. Yogi Goswami, Frank Kreith, and Jan F. Kreider. *Principles of Solar Engineering*. Taylor & Francis Group, LLC, 2nd edition, 2000.

[14] John A. Duffie and William A. Beckman. *Solar Engineering of Thermal Processes*. John Wiley & Sons, Inc., 3rd edition, 2006.

[15] TiNOX is a selective absorber manufactured by *Almeco Solar*—a composite film of Ti nitride/Ti sub-oxide and an antireflective $SiO_2$ layer. The optical properties are reported as $\alpha_{sw} \sim 0.90$ (with a small amount of blue light reflected in the visible) and $\epsilon_{lw} \sim 0.04$.

[16] P. Gilman and A. Dobos. System Advisor Model, SAM 2011.12.2: General description. NREL Report No. TP-6A20-53437, National Renewable Energy Laboratory, Golden, CO, 2012, 18 pp.

[17] John A. Duffie and William A. Beckman. *Solar Engineering of Thermal Processes*. John Wiley & Sons, Inc., 3rd edition, 2006.

[18] D. Yogi Goswami, Frank Kreith, and Jan F. Kreider. *Principles of Solar Engineering*. Taylor & Francis Group, LLC, 2nd edition, 2000.

[19] Edward E. Anderson. *Fundamentals of Solar Energy Conversion*. Addison-Wesley Series in Mechanics and Thermodynamics. Addison- Wesley, 1983.

[20] William B. Stine and Michael Geyer. *Power From The Sun*. William B. Stine and Michael Geyer, 2001. Retrieved January 17, 2009, from http://www. powerfromthesun.net/book. htm.

[21] G. N. Tiwari. *Solar Energy: Fundamentals, Design, Modelling and Applications*. Alpha Science International, Ltd., 2002.

[22] German Solar Energy Society (DGS). *Planning & Installing Solar Thermal Systems: A guide for installers, architects and engineers*. Earthscan, London, UK, 2nd edition, 2010.

[23] Jeffrey Gordon, editor. *Solar Energy: The State of the Art*. ISES Position Papers. James & James Ltd., London, UK, 2001.

# 第十四章  设备系统逻辑结构：光电学

*我歌唱带电的身体*

*我庆祝即将到来的我*

*我为重新聚合的我干杯*

*当我与太阳融为一体*

——***Michael Gore** 和 **Dean Pitchford**，**Fame（1980）***

　　光热转化系统与光电转化系统有一些相似之处。太阳能转换系统是非平衡的热力学开放系统。光电转化系统中，电池，尤其是电池内电荷载体的温度，显著不同于周围环境的温度。图 14.1 所示光电转化系统与环境相互作用的示意图与之前图 13.1 所示光热转化系统看起来非常相似。通过观察图 14.1，我们发现光电转化设备的吸收器同时吸收短波和长波辐射。尽管只有能量超过一定带隙阈值的短波辐射才可以产生载流子，吸收的其他波长辐射只会产生光热响应（比如，使设备器件变热），这一点不利于光电转化系统运行。同样，光电转化系统也会产生能量损失，包括光能和热能损失，具有一定的能量转移效率。在光电转化系统中，吸收器吸收光线产生光生作用，导致正电荷和负电荷的分离（在一个固态半导体中产生正负电荷），在系统/环境边界上进行电子形式的质量传递，同时伴随着由吸收的光子产生的能量传递。系统转化的有用能量首先以直流电（$W_{dc}$）的形式传递，直流电可以用来给电池等负载充电，或者经转化变成交流电（$W_{ac}$）进入电网，或直接供建筑物使用。[①]

　　想一想，是通过什么方式使得一块静默的材料在接收光线之后，变得"兴奋"起来，可以向电路传输电子呢？理论上，半导体材料将光能转化成电能的机理有两种，分别是光伏理论效应和热电效应。在光利用—光电能量转化途径列表中，并不包括热电效应。因为，热电效应并不是一个产生电能的电过程，相反，它是一个消

---

[①]　根据本书的讨论内容，这里所说的光电学指的是光辐照引起的物质电响应（传统意义上，光电学这个词同时也表示电流输入引起的光响应）。

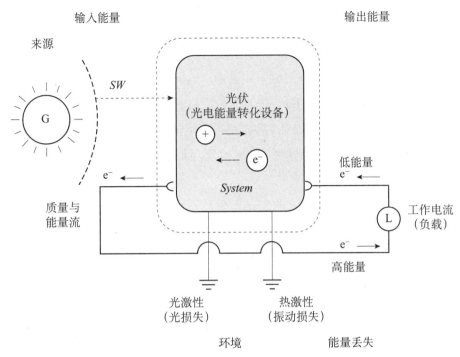

图 14.1 光电转化能量开放设备原理图，$T_a \neq T_{ECD}$

耗电能的电过程。光伏理论效应是一个基于材料本身潜能，在光子吸收过程中，产生和分离电荷载子的电过程。热电效应同样是一个能量产生过程，它是指在一块温度梯度极大的材料上产生的电荷载子的产生和分离过程。

本章我们重点讨论现代发电技术中的光伏理论。光伏产业是一个已经通过实践证明的大规模产业，全球光伏产业的规模以每 1—2 年翻倍的速率在扩大。在我们对光伏设备进行功能介绍前，首先应该明确的一点是，光伏产业是一项成熟技术，在它身后，有 60 多年的产业技术革新发展历程。热电效应的发展不是书本上虚拟的，而是实实在在的实际技术发展。在不久的将来，热电技术将发生革命性的创新发展。在当前社会实践中，我们已经将热电技术运用于传感器研发和小规模能量收集利用设备中。

> 注：光伏和光电从词源上看是非常类似的两个词，但含义非常不同。光电效应是材料在电势能偏差作用（金属电极之间的电位差）下将电子发射到真空的性质，一般用来对材料性质进行表征。
>
> 光伏效应不同于光电效应。30 岁的德国物理学家 Heinrich Hertz 于 1887 年发现：具有一定静电差的两个金属电极中间相隔很小的距离，经紫外光辐照（现在

我们称之为光子）刺激电极表面后，将更容易使其对空隙放电。其原理在于：光子具有的高能量（短波），足以使金属的电子发生跳跃，脱离金属原子核的引力，进入相对电极中离它最近的金属原子轨道中。这一发现，经许多著名的试验学家进行了试验验证，包括 J. J. Thomson（1899）和 Nikola Tesla（1901）进行的拓展试验研究。Tesla 还针对金属板对电容器进行充电的技术，提出了专利申请并获得授权（专利号：US685957）。这里 Hertz 的发现是一个光电效应现象，不是光伏效应。

如果所吸收的光子能量低于将电子激发跳跃出去所需的能量，而是刚好将一个低能量的电子激发，使之具有更高能量，跃迁到外轨道（原子轨道或能量带）中，此时电子仍然在原子核吸引力的作用下处于该原子中。这样的一个吸收光能而被激发的电子没有脱离原来原子的过程，对应的就是光伏效应原理的头两个步骤。继续对导电电极电荷载子进行分离（称为欧姆接触），即完成了光伏效应系统内部的最后一个步骤。

1839 年，19 岁的法国试验物理学家 Alexandre-Edmund Becquerel 发现了光伏效应，这比光电效应的发现和记载的历史时间要早得多。Becquerel 从浸泡在酸溶液中的光敏电极观察到光电流（不是电火花，而是电流）。Becquerel 试验使用的电极为经 AgCl-或 AgBr-银盐图层进行覆膜的铂金属，与我们早先用的胶片材料非常相似。其后，Adams 和 Day 于 1877 年发表了他们关于浸润在电极溶液中、暴露在光照下硒金属的光电现象研究成果。再之后，C. E. Fritts 于 1883 年，报道了他将硒光伏电池用金箔和铜电极嵌入平板中的研究成果。

50 年之后，L. O. Grondahl 观察到铜/铜氧化物材料的光伏效应，并于 1933 年发表题为《铜/铜氧化物整流器和光电电池》的文章。从这里可以看出，因为光电和光伏词源的接近，使人们对两者的概念产生了一些混淆。甚至在 1954 年，贝尔实验室的 Chapin、Pearson 和 Fuller 发表的文章中，对此也有一定的认知混淆，文章中称之为光电池的东西实际上每次提到的时候却描述为光蓄电池（一种将太阳辐照转化为电能的新型 p-n 结型光电池）。事实上，光蓄电池是运用光伏效应原理的经典元件，而 1901 年 Tesla 的研究发现则可以认为更接近于光电容器技术。

这其中，爱因斯坦的贡献在哪儿呢？爱因斯坦在 1905 年发表了一篇题为《关于光产生和转化的启蒙认识》的文章。这篇文章再一次确定了电磁辐照的光量子本质，并提出大量论述和论证，阐述了这么一个道理：具有一定频率、没有质量的光子可以和电子交换能量，激发带电微观粒子从基态变成激发态。其后，RobertA. Milliken 于 1915 年通过实验证明了这种交换的实际可能性。因为这一发现，爱因斯坦于 1921 年获得了诺贝尔物理学奖。

事实上，光电和光伏两词之间的相似性也导致了太阳能中最常见的一种认知混淆，甚至得出了爱因斯坦是光伏技术发明科学家之一的结论。[2] 无论是从理论上还是从实际中，爱因斯坦都没有发现光伏现象。包括主要的课本中和太阳能公司都犯过这个错误，因此，如果你也曾经相信爱因斯坦与光伏现象的发现有什么关联的话，实属正常。作为一个非常伟大的科学家，爱因斯坦的贡献范围远超过光伏技术，爱因斯坦研究了光线、光子以及光与物质之间相互作用的基本原理，为其他科学家进行光电和光伏现象的探索和测量提供了理论基础。

**总结**

光电效应：

- 吸收光（光子）
- 激发电子，使电子脱离束缚态（与原子核作用力有关）到自由空间，变为运动态。

光电效应是一个势能转变成动能的过程。

光伏效应：

- 吸收光（光子）
- 激发电荷载子，使电荷载子从低能量的束缚状态跃迁，进入更高能量的束缚态。
- 通过欧姆接触，分离电荷载子。

光伏效应是一个低势能向高势能转化的能量转化过程。

# 14.1 电子态的变化

基于太阳能转换系统工作聚集了很多来自不同行业背景的人，其中，有些人可能没有接触过电磁学和电子技术中电子态的概念，因此，在这里我们首先来介绍一下电子态的概念。一般来说，这里所说的状态不同于地理意义上国家边界之类的地理位置，而是一种描述量子化的微观粒子，如质子和电子相对位置和方位的概念。

---

② 再次重申，光电效应不是光伏效应，爱因斯坦没有发明光伏技术。请不断重复直到牢记为止。

注意，像电子之类的微观粒子，只有当温度达到绝对零度时，才会静止不动，而这一点是热力学不可能实现的。因此，这里所说的相对位置的概念更多的是一个电脑程序中的地址指针，真实的位置是不断变化的。这里我们以相对位置参数来描述微观粒子的位置。

对于电子位置，我们以基态③和激发态④这样简单的字眼来进行描述，为帮助理解，我们以书架上的书为例子，书架最上方的架子一般都是空荡荡的，因为根据某位奇怪的室友的要求，书必须从底层开始往上摆放。基态描述的是在某温度条件下，电子处于架子较低层上运动，激发态就是指电子从底层书架跳到了更高能量的高层书架上。

## 14.2  光伏效应

我们将太阳能转换系统作为热机使用，而热机具有系统开放（系统和环境可以进行能量和物质传递）和处于非平衡态的特点。光伏材料通过吸收太阳光子，⑤[1]激发材料内部的低能量微观粒子变成电荷载子（如电子和空穴）。光伏系统设计还可使被激发的电荷载子通过欧姆接触进入相应的金属内，以使电荷载子离开系统通过电路去做功，最后再回到光伏元件内。光伏效应⑥的基本过程就是这样，没有什么神奇之处，也不涉及更多的物理知识。读到这里，你可能注意到，从头到尾，好像还没有明确提到"p-n结"呢。⑦ 光伏作用包括光伏系统中的三个步骤，加上离开系统去环境中做功这个系统外步骤，一共是四个步骤，具体为：（1）吸收光源，（2）光生电荷载子，（3）将电荷载子输入相连的金属，以使（4）电荷载子做功。科普读物和一般的文献经常将重点放在描述需要甄别以使电荷载子分离的第三步，而使得光伏作用简单过程的描述显得不是那么清晰。关于多级电荷分离的机制有多种，在关于光伏设备的书中（电场、电化学势能、有效场）中均有详细讨论，深入地从细节进行电荷分离机理探讨可能会使光伏项目的参与者或者是初学的学生理不

---

③ 基态：载荷子处于低能量休眠水平的热力学平衡态。

④ 激发态：是指半导体材料吸收光能或材料热能增加导致的具有较高电势能的电子或空穴。激发态不是基态，因为它已经被激发起来了。

⑤ 光的作用模式很像电流或者泵做功：这里的泵特指热泵。参考附录 A 中有关于热泵与热机联合的详细介绍。

⑥ 光伏效应在系统内的三个步骤 + 外部做功的步骤简写：

1. ABS（S），2. GEN（$V_{oc}$），3. SEP（$J_{sc}$），4. WORK（$R_{ch}$）。

⑦ p-n 结使光伏效应实现电荷分离，但是它只是光伏效应第三步中的一部分。在这里我们先对光伏效应的三个步骤进行简化学习，如果您有兴趣的话，可以选修关于光伏设备物理学基础的其他课程。

清头绪。同时，基于如今染料敏化光伏技术、量子点半导体和有机聚合物光伏技术的进步，全磁场光伏实验室研究更加普及，p-n 结进行电荷分离不再是必需的步骤。因此，本书不再详细讨论 p-n 结机理等相关细节。

除了离开系统做功之外，光伏作用可以简化为三个步骤。对于太阳能系统设计者和更广泛的一体化设计团队而言，哪个步骤是最重要的呢。我们对技术和性能通过证实，价格确定的进入市场的商品化产品，具有特别的兴趣。我们已经描述了光伏电池和光伏组件的基本原理，并主要侧重于光伏电池或组件为客户在他们所在的位置，提供有效太阳能利用量的评估和比较，这也是太阳能转换系统的最终目标。

## 14.3　光伏电池—光伏组件—光伏阵列

光伏系统设计中最基本的设计单元是光伏电池，光伏电池是一个单一的完整元件，独立运行产生光伏效应，与蓄电池中的电池组件很相似。通过将光伏电池连接形成电路，布置到平板上，即得到一个整体光伏组件，可供安装工人安装到屋顶上投入使用。光伏组件设计一般需要将光伏电池进行串联，从而产生一个由各单个电池电压加和起来的电压累计值，得到一个具有净高电压值的光伏组件。这种组件更常见的称呼为光伏板，光伏板与光伏组件的含义是一样的。最后，将一系列的光伏组件作为一个整体电力系统进行整合（安装），即得到一个光伏矩阵。光伏矩阵也可以进行彼此串联或并联设计，提供适应于系统逆转器的高密度电流（转换成直流或交流电源）。更简单地，我们可以将光伏组件看成光伏电池集合，将光伏矩阵看成是大量光伏组件并联电路。因此，光伏矩阵内的光伏组件提供净电压，在持续的太阳能输入情况下，组件集可以产生净电流（见图 14.2）。

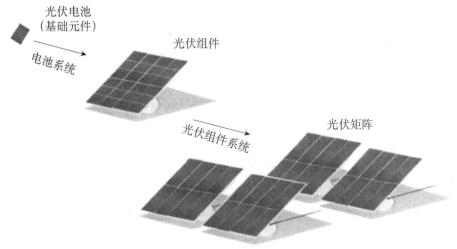

图 14.2　光伏电池基础元件组成光伏组件矩阵的示意图

**太阳能转化系统**

　　光伏电池与蓄电池单元的机理是类似的（都是电流组件）。[8] 光伏商品最初出自于贝尔实验室，当时它的名字就叫作太阳能蓄电池。在一定电路电阻值下，任何形式原电池（光伏电池、蓄电池、燃料电池，$W/m^2$）的能量密度输出值都等于相应的电流密度（$J$，$A/m^2$）电池电压（$V$）的乘积。

$$P_{out} = I \cdot V = (A) \cdot (V) = (W) \tag{14.1}$$

$$\frac{P_{out}}{area} = \frac{I}{area} \cdot V = J \cdot V(A/m^2) \cdot (V) = (W/m^2) \tag{14.2}$$

　　通过焊接将电池串联起来即得到一个光伏组件，所得光伏组件的电压值与串联的电池数目成正比。因此，硅光伏电池组成的光伏组件其电压值将远高于 0.5V。我们可以运用国家可再生资源实验室开发的系统顾问模块（SAM）软件包探讨 CEC[9] 性能模式的相关数据。[2] 比如，经测量，一个由 72 个单晶硅电池组成的组件，其最大电压约为 41V，以电压值 41 除以电池个数 72，得到每个电池的平均电压值为 0.57V（仅适用于直流电）；由同一家工厂生产的光伏组件，有一个同样使用单晶硅电池的光伏组件，共包含 96 个电池，其电压值经测量大约为 54V，同样用 54 除以 96，得到答案为 0.56V。另一家公司生产了一个由 72 个微晶硅电池组成的光伏组件，其最大电压值为 39.7V，经计算可得平均每个电池的最大电压值为 0.55V。这三个光伏组件使用的都是单块硅材料，硅的内在性质——带隙决定了硅电池运行所能产生的电压值。[10] 由另一家生产的铬碲/铬硫（其中铬碲类似于硅）薄膜电池组件，包含 77 个电池，测得最大电压值约为 49V，平均每个电池的电压为 0.64V，显著高于单晶硅或微晶硅电池。

---

　　$V_{oc}$：吸收器材料的内在性质（硅、铬碲、铜铟镓硒或颜料）。

　　$J_{sc}$：电池的外在性质，与电池面积（$A_c$）、入射光子密度和光谱、电池的光学性能以及电池的吸收概率成比例。

　　$\eta$：电池效率，电流（单位为 $W/m^2$）与太阳辐照（单位也是 $W/m^2$）吸收的比例。

---

　　⑧　与蓄电池一样，光伏组件的基础元件也称为电池。

　　⑨　CEC 性能模型来自加利福尼亚能源委员会，输入模式选用 Duffie 和 Beckman 所述五参数模式的输入模式。最初的研究由 De Soto（连同 Klein、Beckman）以及 Neises（连同 Reindl、Klein 在 NREL 的 SAM 软件中进行了联合。

　　⑩　单晶硅带隙 $E_{g(Si)}$ 约为 1.1eV，铬碲带隙 $E_{g(CdTe)}$ 比单晶硅更大，约为 1.4eV。

将光伏电板进行特定组装投入使用，即得到一个太阳能发电站或称太阳能发电园区、太阳场。太阳场的规模与一个或成百上千个微波光电子处理器的峰容量（MWp）顺序相关，通常由许多子阵组成。太阳场的占地面积很大，必须从对环境长远影响和生态系统服务功能的角度来预估和整合光伏系统，这一点非常重要。

## 14.4 光伏电池特征

对电池或电池集（组件）的性能测试一般包括光照条件和黑暗条件下的电流和电压测试。标准桌面测试一般在 AM1.5（天顶角 48°，$1000W/m^2$）条件下模拟，25℃条件下进行的以秒计的短期测试分析（与以年计的测试不同）。对于许多光伏技术来说，光照和黑暗条件下的二极管和光电二极管行为模式可以表示为简单的二极管公式，称为理想二极管公式。

黑暗条件下，光伏元件的行为遵守图 14.3 所示的模式，符合公式（14.3）所示规律。公式（14.3）中，$I$ 表示直流电流（单位为安或毫安），$J$ 表示直流电流的电流密度，用电流密度 $J$ 乘以吸收器表面积（$A_c$）即得到直流电流 $I$。其中 $I$ 值是给光伏元件一个正向电势差之后测得的电流值。$I_o$ 表示的是暗饱和电流，是二极管在黑暗条件下的泄漏电流。

$$I = I_0 \cdot \left[ \exp\left(\frac{qV}{nkT}\right) - 1 \right] \tag{14.3}[11]$$

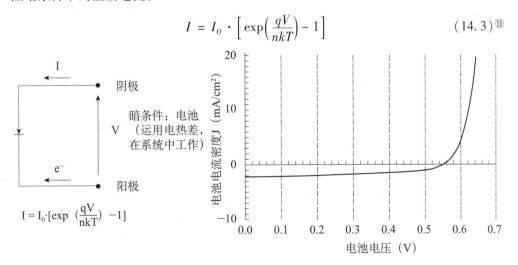

图 14.3 黑暗条件下光伏电池的电流密度与电势差（I—V）曲线

---

[11] $kT$ 值是联系宏观和微观概念的数值，可计算温度 T 时微观粒子最可能的能量值。因此，室温（T = 300K）条件下，微观粒子能量即为 25.6 meV。这个公式的算法类似于波长与能量转化计算公式：hv/λ = 1239.8/λ。

## 太阳能转化系统

另外，公式（14.3）中，$n$ 为理想因子，是一个数值在 1 和 2 之间的修正系数，代表实际光伏元件对理想二极管模式的偏离度，$k$ 表示温度相关的波兹曼常数（其值为 $8.617 \times 10^{-5}$ eV/K 或 $1.381 \times 10^{-23}$ J/K），$T$ 表示光伏电池的温度。比值 $kT/q$ 是半导体物理学热电压 $V_T$，其中，$q$ 是室温为 $300K$，$V_T = 25.85$ mV 时的单电子电荷（$q = 1.602 \times 10^{-19}$C）。[3] 根据以上信息，我们可以发现：公式（14.3）中的指数函数论证了测量电压值相对于热电压与理想因子乘积比值 $n \cdot VT$，或 $\dfrac{V}{n \cdot V_T}$。

暗条件下光伏电池的运行与一般的电化学蓄电池一样，都是在接受外界做功或能量输入后产生显著电流和电压。相反，光伏电池本应该是一个原电池装置，作为光伏原电池，其在阳光照射下可以产生能量，输出正电流和电压，产生净的正能量对环境做功（如为电网或建筑供电）。

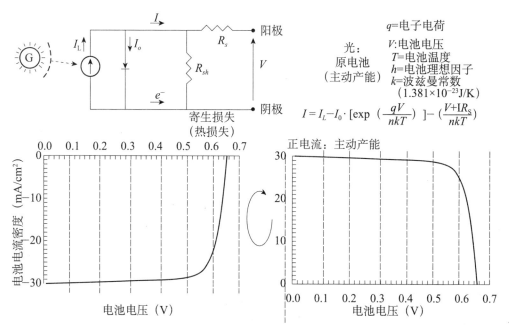

图 14.4　AM1.5 光照条件下电流密度与电势差曲线图（I—V 图），根据常识，电流为正值

图中还显示了来自系统热源的光伏电池寄生阻抗值（$R_{sh}$ 和 $R_s$）

图 14.4 为光照条件下光伏电池行为模式象征示意图和 I—V 曲线，前面说过，光伏电池行为模式可以用光电二极管方程（见式 14.4）进行数学模拟。见公式（14.4）。

$$I = I_L - I_0 \cdot \left[ \exp\left( \frac{qV}{nkT} \right) \right] \tag{14.4}$$

由于产能设备具有净的正电流常识，坐标轴从负坐标转移到了正坐标［或从

$I = I_o\ (\ldots)\ -I_L$ 转移到 $I = I_L - I_o\ (\ldots)$ ]，在光照条件下，公式（14.3）中的 " −1 " 项已经没有实际意义，因此，公式 14.4 中将 " −1 " 项拿掉。[4]

图 14.4 中给光电二极管方程增加了一个补充项。这个补充项代表实际光伏电池的无效率，是光伏电池性能表现评估时填充因子（FF）减少的来源。

$$I_{loss} = -\frac{V + IR_S}{R_{sh}} \tag{14.5}$$

其中，$R_s$ 和 $R_{sh}$ 表示来自于电池串联电阻和并联电阻的电流寄生损失。寄生电阻是光伏系统的有效热损失。相对于因外加负载 $L$ 产生的特征阻抗 $R_{ch}$，寄生电阻是一种系统不运行时产生的能量消耗所对应的阻抗。

## 14.5　光伏电池和光伏阵列特征参数

将光伏作用的三个步骤分开，可以发现对应每个步骤有一些相关特征参数。光吸收步骤作为第一步，其性能与材料内在吸收系数 $\left(\alpha = \dfrac{4\pi\mathrm{k}}{\lambda}\right)$[12] 有关，吸收系数是指光线可以渗入到材料内部的深度（材料对不同波长光线的吸收系数不同）。光伏吸收材料（比如硅 Si 或者铬碲合金 CdTe）本身具有一个能量阈值，能量高于阈值的光线，将引起载荷子产生，能量低于阈值的光线将穿过材料或引起光伏材料温度上升。最后，我们用 $S$ 作为光伏组件的总体评价指标，$S$ 是考虑了光损失的盖—吸收器系统 $f(\tau,\alpha)$ 值。

记住，光伏系统也含一个透明玻璃盖（通常是钢化玻璃）和一个不透明吸收器，因此，光伏板也是一个盖—吸收器平板，所以，盖—吸收器平板模型的 $S$ 值也可以用来评价一定光辐照条件 $G_t$ 下光伏板的能量吸收总值；同样，$\tau-\alpha$ 函数也适用于光伏系统。尽管对光伏系统而言，只有波长[13]小于光电转换对应波长 [$\lambda$（$nm$）$< \lambda_g$（$nm$）]，也就是说能量大于带隙能量 [$E$（$eV$）$> E_g$（$eV$）] 的光线才是有用的光线，但实际上光伏电池与一般的平板模式一样，对绝大部分的短波光辐照和长波光辐照都进行了普遍的吸收，因此除进行光电转化之外，光伏组件也会产生温度升高的光热效应。[14]

---

[12]　$\alpha = \dfrac{4\pi\mathrm{k}}{\lambda}$ 这里的 $\alpha$ 是不同于灰体计算中吸收率 $\alpha$ 的一个概念。对的，这个不停出现的符号代表两个不同的意思！

[13]　记住，光线波长 [$\lambda$（$nm$）] 短意味着光子的能量 [$E$（$eV$）] 高。

[14]　$E_g$ 表示带隙能量，而 E（eV）表示单位为电子伏的能量，波长与能量成反比。

**太阳能转化系统**

$$S = I_b R_b \cdot f(\tau,\alpha)_b + I_d \cdot (\tau,\alpha)_d \left( \frac{1 + \cos\beta}{2} \right)$$

$$+ \rho_g I \cdot + f(\tau,\alpha)_g \left( \frac{1 - \cos\beta}{2} \right) \tag{14.6}$$

前面说过，光伏系统通过吸收光会产生两种不同的响应：光电响应和光热响应，其中只有光电响应能产生电能来对外界做功，但实际上，导致非透明材料温度上升的光热效应，基本上无法避免。[15]

- 光电响应：电子从基态被激发，进入导带（成为自由电子）。
- 光热响应：光生作用引起原子（质子）的振动波。

光生（GEN）是指在最大电势差（电压）作用下载荷子的产生过程，这个过程不包括电荷分离。光生步骤与稳态 I—V（电流—电压）测试条件密切相关，在 I—V 测试条件下，光伏电池的外部阻抗趋近于无穷大（$R \to \infty$），导致电流无法流入外部电路。因此，开路电压（$V_{oc}$）可以作为光生步骤对应的特征参数。

---

光伏作用——系统内三个步骤 + 对外做功步骤

1. （ABS）将材料从基态（低能量）激发到激发态（高能量）的吸光过程。这就像将光伏热机运用于太阳能热泵，形成 $[\alpha, E_g$ 和 $G \cdot f(\tau,\alpha) = S]$。

2. （GEN）光生步骤：产生自由载荷子正负对，一般为电子（e$^-$）和空穴（h$^+$）（电子离开留下的空位）。特征参数为（Voc）。

3. （SEP）电荷分离：光伏件内部不对称场作用下电荷的分离过程。不对称场是阴阳离子接触（也叫欧姆接触）的甄别传输机制。（Jsc）

4. 做功：载流子作为高电势电子离开系统进入外部电路。由于线路电阻和负载的特性阻抗，电子逐渐失去能量变成低能量电子，直到与带正电的载荷子结合，作为载荷子对，回到基态（Rch）。

---

电荷分离（SEP）过程描述了甄别机制，甄别机制将带相反电荷的载荷子通过电接触（欧姆接触）进行分离。这个过程与光照条件下光伏电池稳态 I—V（电流—电势）测试的某种情况密切相关，在这种测试条件下，外部电阻趋近于零（$R \to 0$），电路出现短路，产生短路电流（$I_{sc}$，或短路电流密度 $J_{sc}$）。电荷分离过程与光伏材

---

[15]　随着光伏电池温度的上升，光伏板性能变差。暴露在大量光线下但是温度低的光伏系统，其光伏电池性能好，使用寿命长。

料的物理属性有关，其功能类似于离子选择膜，允许电子朝一个方向流动而空穴朝相反方向流动。这种相反电荷载荷子的不对称运动可以称为两级运动，一般以电荷漂移（在一定电场的电势差作用下的运动）和电荷扩散（浓度梯度产生的有效电势或化学势能作用下的运动）的形式进行测量。

前面三个步骤都发生在光伏电池这个热力学系统内部中，对于第四个步骤：做功，则必须有系统与环境之间的质量和能量传递才能进行。如图 14.5 所示，在标准稳态光照条件（标准测试条件 STC）下，光伏系统产出能量在电路阻抗为特性阻抗值 $R_{ch}$ 时达到最大（$P_{mp}$）。$R_{ch}$ 不同于系统固有阻抗，固有阻抗是指由于电路材料的固有缺陷和电接触不良而消耗系统能量对外做功的性质。因此，光照[⑯]条件下光伏元件在理想外电路负载条件下的最大能量输出值 $P_{mp}$ 与 $R_{ch}$ 是彼此相关的两个参数。

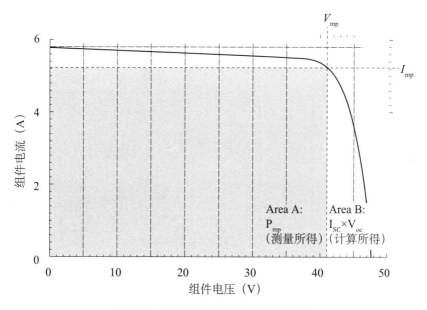

图 14.5  市购单晶硅组件的 I—V 曲线

用虚线区分了两个区域：最大能量测量情况（$P_{mp} = I_{mp} \times V_{mp}$），

短路电流计算结果（$I_{sc}$），以及开路电压（$J_{oc}$）。原点与坐标轴 $V_{mp}$、$I_{mp}$ 连线的斜率为 $1/R_{ch}$。

数据选自国家可再生能源实验室（NREL）系统模块分析（SAM）软件

## 14.6  光伏系统资源整合和系统模拟工具

到目前为止，我们已经对作为一个单独元件存在的光伏电池做了介绍，当涉及

---

⑯ 负载是指符合客户要求的做功需求，在光伏系统中，负载是指电力。

## 太阳能转化系统

为客户进行整体光伏矩阵设计时，团队就必须综合考虑光照条件、空气温度和风力等因素，以对所安装矩阵的年产能进行评估。对于这些因素的综合评估，我们有一个专门的智能化设计方案，叫作光伏系统整合工具（SIPV）[17]。[5] 光伏系统可以安装在操场、农场、绿化屋顶、白色屋顶、停机坪，以及停车场等许多地方（如图 14.6 所示）。针对不同的安装环境，设计团队可以利用系统和环境之间的多种性能进行整合。根据光伏矩阵的安装方式的区别，对所在地将产生不一样小气候效应。光伏系统整合工具针对环境中光伏系统的安装，探讨太阳能转换系统技术和物理支持构建、环境中物质的光反射性能，以及即时小气候的热学性质与光伏系统各因素之间的相互作用关系。

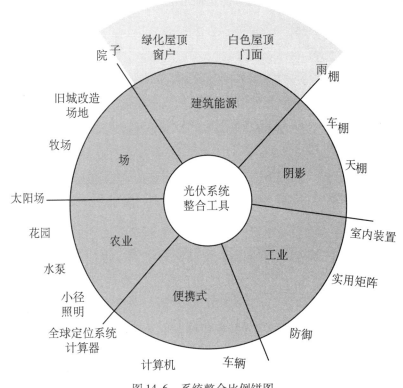

图 14.6　系统整合比例饼图

建筑物是光伏系统整合最受欢迎的安装场所，因此，专门有光伏建筑一体化系统（BIPV）这个词。然而，我们应该注意到，建筑物本身即包括许多系统，如：屋顶、窗户、遮阳棚和墙壁，每个系统又由各实部联合作为一个整体协同运作。建筑

---

⑰　光伏系统整合工具（SIPV）：系统整合型光伏，耦合了系统性能和环境条件，环境条件包括光照的小气候效应和温度。从可持续性系统建立的角度，光伏系统整合工具还包括不断增加的生态系统服务功能。

一体化系统最早出自于 20 世纪 80 年代的一个建筑费用节约计划，该计划意图通过在设计中将建筑物的某一面墙或者屋顶拿掉，在空缺部位安装光伏组件，将拿掉建筑物一部分（如一面屋顶或一块玻璃）省下来的钱用来安装光伏组件。⑱ 本质上，相当于是从整体建筑中减少功能件以增加预算空间。建筑一体化系统构思的出现，具有一定的历史意义。不利的地方在于，对建筑更佳的预算整合，其结果并不一定符合建筑的功能要求。从这个角度来说，像窗户上安装空调这样的组合可以归类为建筑整合型空调，而不是一个实际意义上的强制空气交换整合管 BIAC 系统。（如图 14.6）

　　目前，我们已经可以从建筑整体设计的角度，采取有力措施，根据预算平衡做出降低成本规划，通过减少整个系统的能量需求，也为光伏系统的现场实施提供了更大自由度。也就是说，当需要将光伏系统整合到住宅等建筑时，光伏系统的安装设计工作应该放在建筑能量效率优化改造工作之后，同时，光伏系统本身是一个能量需求很小的系统。

　　建筑一体化系统运用的第一个基本步骤目的是寻求建筑能量需求和能量负载的效率最大化，同时也是整个能量系统的最优化。

　　Eiffert 和 Kiss（2000）指出：[6]

> 光伏系统整合工具：
> - 能量供应和有效供给整合
> - 太阳能设计供应和目标整合
> - 与目标系统的整合（系统类型和区域特征）
> - 与环境的整合（小气候和生态服务系统）
> - 光伏作用功能和其局限性的整合

　　对光伏系统在建筑内性能的实现进行独立研究，这是新一代光伏系统设计者们面临的挑战。整合的概念可以具体到绿化屋顶（其本身就是一个太阳能转换系统）。绿化屋顶整合型光伏（GRIPV）中，光伏板中的水经相变变成水蒸气（通过蒸腾作用进行的潜热交换），在光伏板周围塑造一个凉爽小气候。通过恰当的整合，绿化屋顶小气候可以在炎热夏天降低光伏块运行温度，从而增加能量产出，潜在地延长

---

⑱　通过移除建筑的某部分以进行光伏系统安装，通过预算平衡方案将光伏系统整合到合适的系统中，同时保持建筑的结构不变，可以增加系统的净现值。

## 太阳能转化系统

光伏系统和绿化屋顶结构的使用寿命。[7]目前的研究尚不能说明绿化屋顶是光伏组件温度降低的主要原因，可以说明的是，绿化屋顶是增加系统净产值，增进其生态系统服务功能的一个案例。

光伏系统转化另一个理想的安装地点是户外场地（包括乡村未开发场地和旧房改造的棕色地带）。⑲设计团队已着手撰写光伏系统的环境影响报告，并采取措施减小系统安装对水、土壤和周围动植物的影响。但是，截至目前，典型的大规模光伏项目还没有通过系统整合进行任何生态服务的相关设计工作。实际上，开放场地的系统整合型光伏项目同样可以采用一种可持续方式，改善其对所在区域的生态系统服用功能。⑳这种可持续发展方式，需要一个跨学科的专业团队和所在地利益相关者的支持。开放场地合理设计的整合型光伏系统在为人们生活提供电能的同时，还可以增加生态系统服务功能。

从长远来看，小气候和大环境的气候因素对光伏系统的性能有着怎样的影响，这是我们现在关心的问题。为帮助决策和加速设计进程，一体化设计团队可以根据资源许可条件，使用一些模拟工具对系统进行能量和资金流评估。其中，基于组件的性能评估模式是目前已获认可的一种模拟工具，这种模拟工具通过将系统分成不同的部分，如逆转器和光伏矩阵，进行控制动力学系统模拟。与此相反，将逆转器和光伏矩阵作为一个整体处理的 PVWATTS 模拟程序，缺少对细节的模拟，通常用来对系统进行快速分析。我们建议，一体化设计团队在条件允许的情况下，应尽量选用基于组件的模拟方式。这种方式优于威斯康星-麦迪逊大学的 TRNSYS 软件，不过，对于许多太阳能项目来说，设计团队也可以使用国家可再生能源实验室（NREL）系统建议模块中的 TRNSYS 核心工程要素来进行系统模拟研究。[8]

De Soto、Klein 和 Beckman 发明了 5-参数模拟方法，㉑用于探讨环境空气温度、

---

⑲ 太阳场可以与牧场或操场进行整合，光伏系统整合工具不会仅限于建筑整合。

⑳ 生态服务：

● 支持功能

作为其他所有生产必须条件的基础服务（如光合作用、土壤形成、水循环）。

● 服务功能

直接从生态系统中获得产品，包括能量和新鲜水。

● 调节功能

调节生态过程获得的有益结果（比如空气质量、水源洁净度调节、腐蚀控制）。

● 文化功能

社会从生态系统服务中获得的非物质形式的收益（如认知发展、反思、娱乐、美学体验和生态旅游）。

㉑ 5-参数方法由加州能源委员会采用，与相关数据库一起使用，称为 CEC 方法。

小气候效应、风速和光照条件等环境因素对光伏组件性能的影响机制。[9]5-参数方法使用光伏设备生产商通常会标记在产品规格表㉒上的数据作为输入参数，进行光伏组件在所在区域的模拟研究。该方法使用了根据完整光伏组件标准测试得到的电池额定工作温度（NOCT）参数，其中安装条件为光照度 $800W/m^2$，空气温度 20℃，风速 1 m/s，安装方式采用后背开放（后面无任何阻挡物的模式），对比数据显示，NOCT 模块测试与光照度 $1000W/m^2$，温度 25℃标准测试条件（STC）下桌上型测试的结果有较大差异。5-参数模型后来被美国加州能源委员会采纳吸收，由 Neises 对其进行了更新，成为 SAM 模拟软件中的一个模块，称为 CEC 模块。[10]

事实上，SAM 系统中有两大光伏组件参数数据库，一个是上面说的 CEC 模型数据库，另一个叫作 Sandia 模型数据库。[11]Sandia 模型数据库由 King 和他的同事们开发，模拟偏离 NOCT 测试模型的光伏系统，开发时间还在 CEC/5-参数模式之前。不同的是，Sandia 方法要求对每个光伏组件多种参数进行具体表征，而不是从出厂产品规格书上直接获取。因此，它能提供的数据要更少一些。尽管如此，Sandia 数据库仍然是一个强大的模拟工具，可以用来为客户在所在地区的光伏系统设计进行矩阵模拟工作。

光伏矩阵输出的直流电㉓通过逆转器和能源调节系统转换成交流电，最后进入电网。根据光照度的不同，直流电的电流值在零安培（晚上）和电流最大值（晴朗的白天）之间波动，但是电流的方向是不变的（因此叫作直流电）。现代逆转器系统功能强大，可以进行换流之前的能源调节工作，包括整个能源调节单元的换流、数据记录巡回检测、能源控制和转化，提高电压值的直流电转化，以及最大功率点跟踪（MPPT）技术。现在最大功率点跟踪技术是光伏设计的标准技术，这项技术呼吁光伏系统在最大功率点（$P_{mp}$）运行，即使光照条件和组件温度在不断变化，也应如此。[12]此外，随着微电子技术和固态元件技术的发展，催生了一系列光伏组件整合微逆转器和微控制器。微整流器可以克服阴影局限以适应矩阵的外形。现代逆转器转换效率非常高，最高可达95%。

如果想将逆转器的作用考虑到系统设计的仿真模拟中，我们再次推荐使用美国能源部国家可再生资源实验室的 SAM 软件。[13]SAM 软件使用光伏并网逆转器 Sandia 性能模块来模拟直流电（$W_{dc}$）到与电网负载兼容的交流电（$W_{ac}$）的转换。联合使

---

㉒　规格表：由制造商提供的数据文档，上面注明了设备性能参数和对应于不同环境条件性能参数的范围。

㉓　直流电（dc）只朝一个方向运动，方向可以是正向或负向。交流电（ac）电流方向在正向和负向流动之间来回变换，具有一定的频率、振幅和波形。

用 Sandia 逆转器性能模块与 SAM 光伏矩阵性能模块，可以评估典型气象年光照输入下的系统预期表现。[14]

系统仿真模拟涉及逆转器型号的选择，要求所选逆转器的额定输出功率（"$AC_o$"）大于光伏矩阵型号要求或客户能量需求的总 $W_{ac}$ 值（为将来负载增加预留了空间）。[15] 光伏矩阵的最大能量对应电压（$V_{mp}$）必须可以在最大功率点跟踪的最高和最低范围内正常运行。

## 14.7 光伏系统的本质属性和非本质属性

光伏电池的属性分为本质属性和非本质属性，本质属性是指组成光伏电池材料本身的性质，而非本质属性是指外部环境的性质，包括光照条件和温度等。带隙 [$E_g$，用 $E$（eV）表示带隙能时，单位为电子伏] 取决于光伏材料本身的性质，是光伏电池的本质属性，决定了光伏电池运行时可能产生的最大电压值。带隙与导带和价带能态密度相关，价带中充满了处于基态（低能量）的电子，导带中没有电子，可以将导带看成是激发态电子可能的容器。㉔ 价带中的基态电子经光照（光子）或温度（声子）激发后将进入导带。㉕[16] 导带与价带之间有一条电子无法跨越的间隙（我们称之为带隙）。如前所述，当光伏吸收材料被超带隙光子（具有足够高的光能）激发或者吸收足够多的热能时，电子将被激发进入导带。进入导带后的电子可以通过释放热能（声子）或光能（光子），以基态形式回到价带中，或者通过欧姆接触甄别机制进入外部电路做功。㉖

为帮助理解导带和价带的概念，我们打这么一个比方：一间宿舍或公寓房内，有一个书架，由木板和煤渣砖做成（典型的大学设施）。有一个室友决定来点行为艺术，将书架底层和顶层中间的几层空出来（他声称这是艺术，而你也正好乐得有几层空位可供放书）。底层书架上放满了摆放整齐的书（你在这方面要求很严格）。那么，你可以花点力气，将底层的书往上挪一挪，对吗？将书举起放到空位上方最近一层书架上的动作就相当于光伏材料吸收了的能量刚好等于带隙能（$\lambda = E_g$）的

---

㉔ 符号 $E_g$ 代表带隙，其中 $E$ 表示能量，单位为 eV。
基态是电子处于最低能量水平的一种表达方式。

㉕ 物理学家将晶体结构中原子的振动波称为声子。我们认为振动的原子是一种热能，因此，从集体宏观尺度来看，声子代表了热能的增加。

㉖ 超导带：这是 $E$（eV）$>E_g$ 或 $\lambda < \lambda_g$ 的一个新式说法，意指吸收的光子可激发电子，使电子进入导带，在价带留下一个空穴。

光子，将书举起放到空格上方更高书架上的动作，相当于光伏材料吸收了能量大于带隙能（$\lambda > E_g$）的光子。无论哪种情况，书都安全的待在书架上，但是那位室友不喜欢书放在上层书架的高层上，他总是立刻过来把上层书架高层的书拿下来，放到上层书架较低的位置上（这的确很讨厌，但是你的室友声称，为了艺术必须这么放）。这里你可能注意到了，把一本书举起放到上层书架，同时将在下层书架排列紧密的书列中产生一个空位。这就像在光伏元件中，吸收光子通过光生作用产生激发态电子，同时也在价带产生电子的空位，一般我们称这种电子空缺为空穴（实质上是一个带电势能的激发态空缺），空穴携带正电荷，相对的电子携带的负电荷，总体上电荷是平衡的。就此，我们通过光生作用得到了一个电子—空穴对，电子—空穴对之间存在电化学势能，这样的电子—空穴对也称为载流子。[27]

　　具有高化学势能的电子回落到最低能量的导带上（在此过程中释放光子或热能）是一种常规非量子光电转化过程。量子光电转化的意思是：即使吸收光子的能量比带隙能值高，经光电转化后释放出来的能量最多等于带隙能而不可能更高。可以把这个性质看成是太阳能转化材料的一个能量过滤器效果。当然，还有一些外界条件将减小光伏电池的净电压输出，如硅材料的带隙 $E_{g(Si)}$ 约为 1.1eV。在没有损失的理想情况下，应可以提供 1.1V 的电子势能，但是，实际上硅太阳能电池的开路电压在 ~0.6—0.7 V 之间（具体见图 14.7）。[28]

　　我们再来看一下书架这个例子，如果你把书架下层的书拿起来，放到室友为了艺术而空出来的中间空缺上，接下来会发生什么呢？毫无疑问，书会"哐"地掉下来，回到书架下层（也许你的室友要问你了，是不是在用这些电子阅读时代已经无用的纸质书进行新的行为艺术尝试，真是位奇怪的室友）。把书拿起来意图放到空缺下方不存在的一层架子上的行为，就好像光伏元件吸收了一个能量低于带隙能的光子（$\lambda < E_g$）。被激发的电子无处落脚，更无法从空缺处进入导带上去。因此光伏元件吸收光时，是有选择性的，只有其中能量超过带隙能，或者 $\lambda \geqslant E_g$ 的光子，可以使光伏材料实现吸收光并从基态（低能量）变为激发态（高能量）的光吸收

---

㉗　回忆一下，我们之前把光看成是泵的做功流。

㉘　吸收器材料示例：

$E_{g(Si)}$ ~ 1.11 eV = 1127 nm

$E_{g(Ge)}$ ~ 0.66 eV = 1878 nm

$E_{g(CdTe)}$ ~ 1.44 eV = 861 nm

注意，碲化镉的带隙能是锗带隙能的两倍多。

## 太阳能转化系统

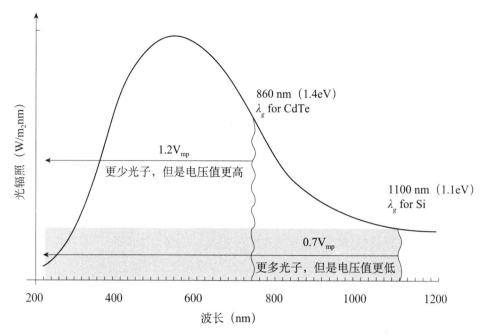

图 14.7  太阳能黑体光谱分布以及对应的硅、碲化镉吸收材料的理论最大输出电压[29]

选择光伏材料时需要在电流（通过吸收光子）和电压之间进行权衡

（ABS）步骤，进而完成第二步：产生载流子的光生步骤（GEN）。

吸收系数 $\left(\alpha = \dfrac{4\pi k}{\lambda}\right)$ 是光伏系统的另一个本质属性，表示一定波长的光线在被材料完全吸收前，可以进入材料的最深深度。吸收系数越低，表示材料的吸光性越差，需要大幅度增加材料厚度，以确保光线的完全吸收。这个问题还可以这样理解，即吸收率低或者厚度比较薄的材料看起来接近于半透明（$\tau$ 值很高）。像碲化镉/硫化镉以及铜铟镓硒/硫化镉（其中碲化镉和铜铟镓硒是吸收材料）这样的光伏系统组件，对能量在带隙之上的光具有很高的吸收系数（单位为 ~$10^5\,cm^{-1}$）。与薄膜材料相比，单块集成电路硅吸收系数组件，如多晶硅（mc-Si）和单晶硅（sc-Si）材料的吸收系数较低，因此一般会做得比较厚些（ ~$10^4\,cm^{-1}$）。[30]

---

[29]  开路电压示例（还可参考图 14.7）：

Si ~ 1.11 eV→0.7 V

Ge ~ 0.66 eV → 0.4 V

CdTe ~ 1.44 eV→ 1.2 V

注意：每个锗电池的开路电压值并不大。

[30]  碲化镉/铜铟镓硒（CdTe/CIGS）：$\alpha$ 值约为 $10^5\,cm^{-1}$，

晶体硅的 $\alpha$ 值约为 $10^4\,cm^{-1}$。

材料表面对入射光的反射比是光伏吸收材料的第三个本质属性。这里需要特别说明，硅质材料作为一种高反射性材料，会将光线反射出去而无法对光线进行吸收。想一下，传统微电子工业的晶片是不是看起来亮闪闪的银色，而不是像光伏电池中的现代硅组件一样，是蓝色或蓝黑色的。这是因为光伏技术中将硅质材料用抗反射材料进行了表面覆盖。[31] 抗反射表面覆盖图层通过采用多级折射技术，帮助能量在带隙附近的光子从低折射的空气（$n = 1$）过渡到高折射的硅材料表面，从而引导光线进入硅质材料。

值得注意的是，已经开发的技术中，还有很多其他的光俘获技术或者光子操纵技术，可以用来加强光伏设备的吸光能力。这些技术包括对吸光表面进行纹理化处理，以及在吸光材料后面加置近红外反射器。另外还可以采用宏观集光方法增加光伏电池表面的入射光光子密度，后续关于集光技术的章节将对比进行具体论述。

光伏电池的非本质属性关系到电池电流的大小。光伏设计团队可以通过增加光伏电池、光伏组件或者光伏列阵的面积来满足特定地区客户的能量输出规模需求。[32] 光伏电池最主要的两个外部参数是系统所处区域的太阳光辐照条件和周围环境温度，光辐照强度（$J$）的增加（如迪拜的光照强度与都柏林的光照强度相比）可使光伏电池总电流密度增加 $J_L$。环境温度的降低（冷却光伏组件）与增加光照强度一样，可改进光伏电池的表现。相反，光伏系统温度上升（一般是由光热效应导致）将增加光伏材料的电子能量（能态密度增大），导致材料带隙减小（$E_g$），进而导致系统开路电压减小，因为开路电压值 $V_{oc}$ 是温度依赖型参数，可经 $I_0$ 等参数推算得出。

$$V_{oc} = \frac{kT}{q}\ln\left(\frac{I_{sc}}{I_0}\right) \tag{14.7}$$

理想的硅太阳能电池中，温度每变化 1 摄氏度，开路电压将改变 $-2.2\text{mV}$。[17] 对于整体光伏组件的开路电压而言，开路电压的变化大于 $-2.2\text{mV}$。我们以光照条件为 AM1.5 时的硅吸收材料为例，发现 81% 的太阳能能量密度（UV/Vis/ IR，$\lambda > 1100\text{ nm}$）可以被吸收并引起光电转化。然而，这个数据基本上是不可能实现的，因为被能量超过带隙能的光子激发的电子中，有许多落回到 1.1eV 处，将光能转化成了热能（是光伏电池温度上升），而另一面，剩余 29% 能量低于带隙能的光辐照（红外光线）直接被硅吸收，同样转化成了热能，进一步地使光伏电池温度上升。

---

㉛　抗反射涂层也称为增透膜。

㉜　如果想获得更多的能量输出，同时也没有面积限制的情况下，只需要增大列阵规模即可。对应参数是列阵面积，这是系统非本质参数。

## 太阳能转化系统

最差的结果无外乎就是在一个晴朗的日子，光伏组件变得越来越热。

表格 14.1 中，我们将强辐照条件下光伏组件光热效应的增强与光电转化组件效率的相对降低，表述为成比例的关系。对于太阳光，光伏电池趋向于宽范围吸收，吸收范围包括了其中能量低于带隙能的光线。低于带隙能的光线吸收后不能产生激发态电子，而是导致我们不希望看到的光热响应——使电池板变热！以太阳能辐照（1000W/m²）、温度25℃、AM1.5 的模拟条件为基础，温度每增加 10℃，光伏组件的效率降低约2%—5%。表 14.1 中的数据来源于国家可再生资源实验室（NREL）所供系统建议模块（SAM）中的 CEC 性能模块。[18] 这些数据是针对不同光伏材料的理论推算值，更多市售光伏产品相关具体数值可查表内相关信息。

表 14.1　光热响应，列出了标准光伏吸收材料的光电性能参数

| $W_{mp}$ 损失 | 光伏吸收材料 |
| --- | --- |
| −1.7%／+10℃ | 碲化镉（非硅薄膜） |
| −2.3%／+10 ℃ | a−硅（非晶硅薄膜） |
| −4.0%／+10 ℃ | 单晶硅（单晶硅） |
| −4.5%／+10℃ | mc−硅（多晶硅） |
| −4.7%／+10℃ | 铜铟镓硒（非硅薄膜） |

相对于最大能量输出值（电池温度25℃，AM 1.5，1000W/m²标准测试条件下获得），以标准测试条件为基础，温度每上升10℃的性能参数下降百分比。所列数据为 NREL 开发的系统设计模块中的 CEC 性能模块运行结果

我们发现碲化镉和非晶硅对于热增加的敏感性较低，而晶体硅对于热增加的敏感性较高，晶体硅光伏组件的温度每上升 10 度，其性能相对于最大能量输出将下降 4 至 5 个百分点（这种情况一般发生在太阳光辐照强度大的日子）。注意，这里的光电转化性能下降是由光伏电池或者光伏板本身的温度上升，而不是由环境空气温度的上升引起，其实此时环境空气的温度可能显著低于光伏组件自身温度。晴朗天气条件下（太阳光辐照强度达 800—1000W/m²），光伏组件的温度可以超过环境温度25—32℃！如果安装光伏板的冷却策略不佳（比如，未经系统化考虑直接将光伏设备安装在屋顶上），其温度甚至可以超过环境温度40℃之多。[19]

我们以 5.38kW_p 光伏列阵（包含 25 个组件，额定电压为 215 W_p）中的单晶（多晶）硅电池为例，来探讨光热效应对光伏系统性能的具体影响。㉝ 案例中，光伏电池位于天气晴朗的亚利桑那州菲尼克斯，安装方式为卧式安装。系统外部参数为：

---

㉝　炎热天气除了导致光伏列阵性能下降之外，还会使其使用寿命缩短。在天气晴朗的时候，需要考虑采取系统策略来控制光伏系统的温度。

标准气象年 5 月 28 日，下午 1：30（太阳时），水平光照度 1000W/m²，空气温度（以干球式温度计测得）40℃，风速 2.5m/s。假设光伏组件于标称工作温度运行，电池内部温度估计为 75℃，或高于标准测试条件温度 50℃。该案例中，在标准测试条件下，5.38kW 光伏列阵中单个光伏组件的最大电压输出为 215W$_{dc}$。然而，由于光热响应引起的热能增加，导致光伏组件输出电压值相比最大电压（5 × − 4.0%/ + 10℃）下降 20%。215W 的光伏组件暂时变成 172W$_{dc}$。换一个角度来看，这个 25 块光伏板组成的光伏列阵虽然性能下降了 20%，它在 3 月 28 日下午亚利桑那州的屋顶上仍将产生近千瓦的能量，低于峰值能量输出。不过，如果设计团队通过系统整合办法，采取措施冷却光伏列阵，更好地处理光热效应，则光伏系统将获得更好的性能和更长的使用寿命。

相比较而言，将一个类似的光伏列阵安装在费城，时间为 5 月 22 日上午 11 时（太阳时），太阳光辐照强度仍然是 1000W/m²，但是这里的空气温度（用干球式温度计测量）为 20℃，风速为 4.5m/s。该条件下，光伏电池温度预计应为 50℃，或标准测试条件温度加 + 25℃。随着光热响应引起热能的增加，导致单晶硅光伏组件的性能相比于最佳情况（2.5 × − 4.0%/ + 10℃）下降 10%，215W 的光伏组件暂时变成 194W$_{dc}$。与菲尼克斯同样规模的光伏列阵相比，费城 5.38kW$_p$ 的光伏列阵仅损失 0.5 千瓦能量。这并不是说哪一个地点更好，每一个模块都各有利弊，需要权衡做出取舍，依据各自的模式需要建立相应的整合办法。重要的是，如何根据系统需求，同时考虑光热响应和光电响应，为客户将光伏列阵较好地整合到所在区域。

## 14.8　机器猴认知：少数载流子[34]

这是光伏转化知识中又一个有深度的章节部分！对于一个非聚合型光照条件下的光伏系统（如常规平板光伏），估计其光生效应产生的有用载流子时，我们注意到，是少数载流子在驱动光伏转化过程，而不是多数载流子。在半导体材料，如单晶硅中，由生产商进行杂质掺杂，不同数量级地增加材料在热力学平衡状态（没有入射光）下单位体积内的载流子数量，包括电子（n 型，带负电）和空穴（p 型，带正电）的数量。热力学平衡状态下，单位体积内数量更大的载流子称为多数载流子。当半导体经光照激发，将偏离热力学平衡状态，产生额外的电子—空穴对，每个电子—空穴对由一个光子激发产生，但是，这其中只有少数载流子在驱动光伏进

---

[34]　欢迎来到逆向思考部分！在这里，带负电荷的显示为正电荷。

**太阳能转化系统**

程。没有对器件物理事先的了解，我们期待的结果正好相反，对吗？但事实只能是，少数载流子驱动光伏进程。少数载流子对于光伏过程而言，相当于是化学进程的速控部分（以化学为例）。因此，光伏电池的 p 型（正电荷）部分，由电子控制载流子分离过程，而光伏电池 n 型（负电荷）部分，由空穴控制载流子分离过程。[35]

接下来我们使用费米推论法，得到一些常规条件下的数据，希望从中获得对这个问题较清晰的认识。[36][20] 假设地表常规光照条件为低光照条件，G 约为 700—1400W/m$^2$，为什么光伏设备只有少数载荷子在起作用呢？我们首先对半导体内的光子密度做一个快速（封底计算）估算。我们需要估算日光照射条件下，经太阳光辐照的光伏电池中载流子的数量，首先需要做的是估计半导体材料单位体积内吸收光子的数量。

- 将 AM1.5 光照条件下光谱中所有短波光子相加，估算出每秒撞到半导体表面的光子数目，约为 $10^{17}$ 个/cm$^2$（光子通量积分值）。[37][21]

- 已知，硅的吸收系数 $\alpha \sim 10^4$。

- 将光子通量积分值与吸收系数相乘（$10^{17} \times 10^4 = 10^{21}$），得到每秒每单位体积（cm$^3$）额外产生的电子和空穴数数量级的估算结果（除了热力学平衡状态下原有的电子和空穴数目之外），用每波长载流子产生率估算会得到一个近似但是更精确的结果。

- 从宏观角度讲，大量的载流子将通过辐射复合、俄歇复合、间接（SRH）复合等方式重新结合。经过这些集体复合行为之后，单位体积（cm$^3$）内的光生电子和空穴数量仅剩 $10^{14}$。

- 因此，将吸收光子产生的载流子减去复合作用损失的载流子，得到净稳态平衡载流子为每 cm$^3$ 体积 $10^{14}$ 个。

数量级快速估算：

1. 硅材料在 AM1.5 光照条件下，光生作用下产生的电子—空穴对数目的数量级约为 $10^{14}$ 每 cm$^3$。

2. 通常，少数载流子数目的数量级约为 $10^5$ 每 cm$^3$。

---

[35] 因为在 p 型半导体中，空穴是多数载流子，而电子是少数载流子；每吸收一个光子将产生两个载流子：一个电子加一个空穴；对于 n 型半导体，电子是多数载流子，空穴是少数载流子，也是光伏效应的驱动子。

[36] 费米问题是以有限的信息研究系统问题量纲和规模，并通过对系统问题中与计算显著相关部分进行合理猜想，从而得出近似答案的过程。以 Nobel Laureate 和 Physicist Enrico Fermi 两位科学家命名，这两位科学家可以根据有限的数据资源甚至没有的数据资源，巧妙地得出复杂问题的近似答案。

[37] AM 1.5 光照条件下每立方厘米内的光子数目是多少呢？

3. 通常，多数载流子数目的数量级约为 $10^{15}$ 每 $cm^3$。

因此，单位体积吸收 $10^{14}$ 个光子（如果大部分都被吸收的话），将显著改变少数载荷子的数量（因为 $10^{14} cm^3$ 远大于 $10^5 cm^3$）。而单位体积吸收 $10^{14}$ 个光子（即使完全吸收），对多数载荷子的数量也不会产生显著影响（因为 $10^{14} cm^3$ 远小于 $10^{15} cm^3$）。

恭喜！

机器猴奖励你一根闪闪发光的香蕉，恭喜你又掌握了一个拓展重点！

## 14.9 度量：性能和成本

不要再等待出现奇迹来解决我们的能源需求。[38] 实验室技术每天都在进步，但是实验室不是光伏系统市场。根据现有技术生产的商业化光伏板，正在市面上作为商品出售给买家，风险极低。并不是说不会出现令人惊奇的新技术，或者实验室正在研发的技术没有价值，但社会需求的解决必须以现有技术为基础通过市场进行，而不是等待将来可能出现的某一个爆炸性的技术进步。如果有，这个技术进步也是经整合化设计和可持续系统考量的结果！因此，本书中我们只讨论市面上可以购得的光伏产品技术。商品可以看成是没有显著差异化的市场销售产品，用差不多的价格可以在市场上买到多种多样的同类技术产品。[39] 市场上或者马上要面市的光伏产品主要有四类：多晶硅太阳能电池（mc-Si）、单晶硅太阳能电池（sc-Si）、薄膜碲化镉/硫化镉异质结电池（CdTe），以及少量薄膜铜铟镓硒/硫化镉异质结电池（CIGS）。其他还包括为满足个人建筑设计需求针对缝隙市场的定制产品（性能更好），不过目前这种产品的市场占有率几乎可以忽略不计。

为客户进行太阳能转化一体化系统设计时，客户一般能接受的是低风险的设计方案，低风险要求系统在工业上可接受的 20—30 年的时间范围内（或者更长期限）保持物理性能稳定。本章我们关注的是有效使用时间在 20 年以上光伏产品的经济适用性，不再关注还没有市场影响力的新兴技术。[40] 光伏电池市场竞争激烈，核心光

---

[38] 没有奇迹或技术可以突然地改变当前市场上流通的光伏产品。我们鼓励设计团队以手上的光伏材料为切入口，寻找可持续的一体化设计方案。

[39] 商品是可以满足客户需求的一般类属产品，对于大部分客户而言，只要商品在同样的性价比下能满足其需求，至于商品具体是多晶硅光伏还是碲化镉光伏，都没有任何区别。

[40] 不时会出现国家实验室和大学开发出了可改变光伏业的新技术的流言和新闻报道。这些科学发现往往被科普报道夸大或模糊定义。光伏产业倾向于保守，变化缓慢，不太可能因为某项技术而发生快速改变。碲化镉和铜铟镓硒薄膜光伏技术花了 20 多年才成为光伏产品进入光伏市场。

伏技术之外出现的光伏新技术系统设计，对于客户而言就像喷气式飞机一样遥远。[41][22]请记住，你的客户买不起实验级的设备，设计思路需要十几年时间的发展，才能变成市场上可以买到的商品。光伏公司可以尝试做一个边缘技术广告，但是由于商品的激烈竞争，这种尝试往往会宣告失败。再过五年，包括染料敏化光伏电池、聚合或有机光伏设备以及量子点吸收光伏材料在内的光伏技术都不可能变成具有市场竞争力的技术替代现有光伏产品。在过去的几年里，由于更有竞争力的多晶硅、单晶硅和碲化镉光伏组件的出现已经使非晶硅（a-Si）和带硅边缘化。

经济适用性的特征评价参数不是简单的系统效率（$\eta$）。用来评价系统设计中设备性能的参数包括标准条件下设备的运行效率，还包括该设备技术的单位成本。光伏电池的单位技术成本以单位输出能量的成本表示。比如以美元为例，电池单位技术成本表示为每峰瓦对应美元成本（$\$/W_p$）。峰瓦是指实验室控制条件下电池的输出功率，反映了电池的效率。实验室通过模拟 AM 1.5 条件，$1000\,W/m^2$、$25℃$的标准测试条件下对电池的能量输出进行测试，根据电池的最大能量点（$P_{mp}$，阻抗为特征阻抗，$R_{ch}$）处的能量输出密度（$W/m^2$），计算得到电池效率。

$$\eta = \frac{能量输出}{能量输入} = \frac{P_{\max}[\,W/m^2\,]}{1000\,W/m^2} \times 100\% \tag{14.8}$$

## 14.10  利用率：美国

美国能源部对多个州的太阳能电力生产来源进行了评估。与太阳能来源相关的性能度量参数是设备利用率，其定义以能量来自中心电厂为假设前提。利用率是实际月周期的产能相对于整个月满负载产能的比值。因为昼夜的交替，以及与当地纬度相关的一年当中季节/月份变化导致的日照时间变化，太阳能系统的利用率相比满负载显著缩减。另外，气候学现象（包括宏观现象、微观现象和中等时空尺度现象）将进一步使美国大陆和中纬度地区的太阳能系统利用率减少至 25% 以下。表14.2 列出了以州为考察单位的光伏系统利用率估计结果。根据图 14.8 对各州数据的分析结果可以看出，除了阿拉斯加州之外，美国各州的光伏系统利用率都显著高于德国（$CF = 0.11$）。

---

㊶  看过摩登家族的人都想知道：我们现在已经到了未来世界了，电视里那些未来世界的喷气飞机和会飞的汽车在哪儿呢。

表 14.2　州及州内太阳能光伏发电设施的利用率表

| 州 | 利用率 | 州 | 利用率 |
|---|---|---|---|
| 阿拉斯加州 | 0.105 | 新泽西州 | 0.200 |
| 西弗吉尼亚州 | 0.172 | 弗吉尼亚州 | 0.200 |
| 密歇根州 | 0.173 | 田纳西州 | 0.201 |
| 俄亥俄州 | 0.173 | 南卡罗来纳州 | 0.202 |
| 罗得岛州 | 0.176 | 佐治亚州 | 0.203 |
| 佛蒙特州 | 0.176 | 北达科他州 | 0.203 |
| 宾夕法尼亚州 | 0.177 | 北卡罗来纳州 | 0.206 |
| 马里兰州 | 0.179 | 阿肯色州 | 0.207 |
| 威斯康星州 | 0.180 | 佛罗里达州 | 0.209 |
| 康乃迪克州 | 0.182 | 夏威夷州 | 0.210 |
| 马萨诸塞州 | 0.182 | 蒙大拿州 | 0.212 |
| 印第安纳州 | 0.184 | 南达科他州 | 0.214 |
| 新罕布什尔州 | 0.184 | 内布拉斯加州 | 0.217 |
| 纽约州 | 0.184 | 德克萨斯州 | 0.218 |
| 特拉华州 | 0.186 | 爱达荷州 | 0.220 |
| 伊利诺伊州 | 0.186 | 俄克拉荷马州 | 0.223 |
| 肯塔基州 | 0.186 | 俄勒冈州 | 0.227 |
| 明尼苏达州 | 0.189 | 怀俄明州 | 0.229 |
| 迈阿密州 | 0.191 | 堪萨斯州 | 0.238 |
| 密苏里州 | 0.193 | 犹他州 | 0.248 |
| 路易斯安那州 | 0.196 | 加利福尼亚州 | 0.252 |
| 密西西比州 | 0.197 | 科罗拉多州 | 0.259 |
| 爱荷华州 | 0.199 | 亚利桑那州 | 0.263 |
| 华盛顿州 | 0.199 | 内华达州 | 0.263 |
| 阿拉巴马州 | 0.200 | 新墨西哥州 | 0.263 |

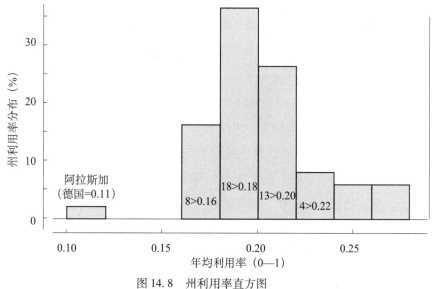

图 14.8　州利用率直方图

注意大部分州的利用率远高于德国

## 14.11　问题

（1）列出光伏效应的三个步骤，以及离开系统之后的第四个步骤，写出每个步骤的相关特征指标。

（2）较之硅或者碲化镉、锗的吸收光谱更广，为什么我们选择碲化镉而不是锗作为地面接收器的单接面材料呢？

（3）使用系统分析模块 SAM（平板式居民楼安装的光伏组件模式）估算下列三地由 10 块光伏板串联组成光伏列阵的年产能，系统参数如下：

- 地点：加利福尼亚州圣地亚哥、威斯康星州麦迪逊、纽约州奥尔巴尼。
- 组件：单晶硅（SAM 中的单晶硅），72 个电池串联，$W_{mp}$ 约为 210W（在 CEC 数据库中搜索"210"）。
- 换流器：采用简化单点效率换流器，$W_{ac}$ 设置为 2200。
- 列阵：列阵由两组平行的组件组成，每个组件串包含 5 个光伏组件。
- 方位（光伏子列阵）：组件水平放置，倾斜角为 0°，没有纵向坐标。

其他系统参数按默认值不变。运行模拟程序，从输出菜单中选择"表格"，输出选项中选择"月度数据""净电流输出（kWh）"，对三地标准气象年的平均月度输出电流作图。

（4）设置参数 $\beta = \varphi$，$\gamma = 180°$（替换方位角，一般朝北为 0°），重新运行 SAM 模块。[12]

（5）将 $\beta$ 和 $\gamma$ 设置为最佳方位，重新运行 SAM 模块。[23]

## 14.12　推荐拓展读物

还有许多光伏系统行为和系统设计的详细原理未在本书中讨论。对此，有一些非常好的书本资源可以作为补充，供学习参考。Stephen Fonash 教授编写的《太阳能电池物理学》，适合作为光伏设备科学和工程学方面新进研究者的教学和研究资料。[24] Fonash 教材详细论述了光伏电池载流子分离甄别机制（如同质结和异质结）相关的光伏作用物理学基础和工程学原理。涵盖的电池结构包括同质结电池、异质结电池、多结点太阳能电池、有机聚合物新型结构电池、染色敏化电池以及背层可选的肖特基二极管设备。[25] 记住，实际的光伏设备器件与微电子教材上的标准元件是不一样的。因此，光伏技术研究者必须选择性地学习相关物理知识，包括：多种光学物理现象（了解光吸收），黑暗和光照条件下器件中电子的状态（了解载流子分离和静止），带正电荷及带负电荷载流子的传输（了解空穴和电子在相反方向上的分离），以及由于寄生阻抗导致的电学缺陷。除此之外，宾夕法尼亚州立大学的 Fonash 研究团队（由美国电力研究所 EPRI 赞助）研发了一个叫作 AMPS㊷ 的开放软件系统（电学和光学结构分析），用于联合模拟固态设备中光和电子的传输原理。选择第一性原理连续性方程和泊松方程来模拟分析光伏设备的传输行为。与其他类似的以付费方式对外开放的软件不同，AMPS 以免费的方式从多方面提供光伏综合知识，具体涉及微电子二极管、光敏传感器和光电二极管，以及光伏设备。（http：// www. ampsmodeling. org/）

Christiana Honsberg 和 Stuart Bowden 以及亚利桑那州立大学的专业研究人员也开发了一个名为 *PVCDROM*㊸ 的开放型数据资源（由美国国家科学基金会赞助，参与人员包括新南威尔士大学的同仁）。本书对光电学关注于光伏项目的建设和经济成本，而 *PVCDROM* 数据资源适合希望深入了解光伏系统生态学的人使用。*PVCDROM* 资源涉及光伏系统一般概念，包括太阳能概念、硅电池设计、组件性能的测试等，是一个强有力的国际资源，而且在继续完善中。[26] *PVCDROM* 是向公众开放的最好数据资源之一，提供光伏材料和设备的一般知识，重点提供最常见的 *p-n* 同质结硅电池和目前在光伏产业中占主导地位的光伏技术数据，包括各种不同类型的硅电池生产技术信息。

关于光伏系统安装操作信息、系统规模确定、机械和电子一体化以及项目管理，可以参考一些书籍作为指导，为大家推荐太阳能国际和 NJATC（电力工业国家联合学徒和培训委员会）编写的相关课本：

- 《太阳能电池物理学》[27]
- 《第三代光伏：高级太阳能转化》[28]
- 《固态设备物理基础》[29]
- 《太阳能电子手册：光伏基础和运用》[30]
- 《光伏系统》[31]
- 《建筑（公共建筑和商业建筑）集成光伏：建筑师和工程师资料大全》[32]

---

㊷ AMPS-ID—由 Stephen Fonash 教授和他的学生以及访问学者：John Arch、Joe Cuiffi、Jingya Hou、William Howland、Peter McElheny、Anthony Moquin、Michael Rogosky、Francisco Rubinelli、Thi Tran 和 Hong Zhu 创立。（http：//www. ampsmodeling. org/）
㊸ PVCDROM 预期用于硬盘光驱，但是后来它的作用超过了光盘功能，但是这个名字沿用了下来。这一点，太阳能方面的老师很清楚。

# 参考文献

[1] Remember, light functions like the current or work for a pump: in this case a *heat pump*. See Appendix A for a more detailed discussion of coupling heat pumps with heat engines.

[2] P. Gilman, A. Dobos. System Advisor Model, SAM 2011.12.2: General description. NREL Report No. TP-6A20–53437, National Renewable Energy Laboratory, Golden, CO.,2012. 18pp; and System Advisor Model Version 2012.5.11 (SAM 2012.5.11). https://sam.nrel.gov/content/ downloads. Accessed November 2, 2012.

[3] Christiana Honsberg, Stuart Bowden, Pvcdrom, 2009. http://www.pveducation.org/ pvcdrom. Site information collected on Jan. 27, 2009.

[4] Christiana Honsberg, Stuart Bowden, Pvcdrom, 2009. http://pvcdrom.pveducation. org/. Site information collected on Jan. 27, 2009.

[5] Jeffrey R. S. Brownson *Design and Construction of High-Performance Homes: Building Envelopes, Renewable Energies and Integrated Practice,* chapter 2.2 Systems Integrated Photovoltaics, SIPV. Routledge, 2012.

[6] P. Eiffert, G. J. Kiss, Building-integrated photovoltaics for commercial and institutional structures: A sourcebook for architects and engineers. Technical Report NREL/BK-520–25272, U. S. Department of Energy (DOE) Office of Power Technologies: Photovoltaics Division, 2000.

[7] Jeffrey R.S. Brownson. *Design and Construction of High-Performance Homes: Building Envelopes, Renewable Energies and Integrated Practice,* chapter 2.2, Systems Integrated Photovoltaics, SIPV. Routledge, 2012.

[8] S. A. Klein, W. A. Beckman, J. W. Mitchell, J. A. Duffie, N. A. Duffie, T. L. Freeman, J. C. Mitchell, J. E. Braun, B. L. Evans, J. P. Kummer, R. E. Urban, A. Fiksel, J. W. Thornton, N. J. Blair, P. M. Williams, D. E. Bradley, T. P. McDowell, M. Kummert, and D. A. Arias. TRNSYS 17: A transient system simulation program, 2010. URL http:// sel.me.wisc.edu/trnsys.

[9] W. De Soto. Improvement and validation of a model for photovoltaic array performance. Master's thesis, University of Wisconsin, Madison, WI, USA, 2004; and W. De Soto, S. A. Klein, and W. A. Beckman. Improvement and validation of a model for photovoltaic array performance. *Solar Energy,* 80(1):0 78–88, 2006.

[10] Ty W. Neises. Development and validation of a model to predict the temperature of a photovoltaic cell. Master's thesis, University of Wisconsin, Madison, WI, USA, 2011; and System Advisor Model Version 2012.5.11 (SAM 2012.5.11). URL https:// sam. nrel. gov / content /downloads. Accessed November 2, 2012.

[11] D. L. King, W. E. Boyson, and J. A. Kratochvill. Photovoltaic array performance model. SANDIA EPORT SAND2004–3535, Sandia National Laboratories, operated for the United States Department of Energy by Sandia Corporation, Albuquerque, NM, USA, 2004.

[12] J. P. Dunlop. *Photovoltaic Systems.* American Technical Publishers, Inc, 2nd edition, 2010. The National Joint Apprenticeship and Training Committee for the Electrical Industry.

[13] System Advisor Model Version 2012.5.11 (SAM 2012.5.11). URL https://sam. nrel.gov/content/ downloads. Accessed November 2, 2012.

[14] D. L. King, S. Gonzalez, G. M. Galbraith, and W. E. Boyson. Performance model for grid-connected photovoltaic inverters. Tech. Report: SAND2007–5036, Sandia National Laboratories, Albuquerque, NM 87185–1033, 2007.

[15] J. P. Dunlop. *Photovoltaic Systems.* American Technical Publishers, Inc, 2nd edition, 2010. The National Joint Apprenticeship and Training Committee for the Electrical Industry.

[16] In a crystal structure, physicists assign the vibrational waves of atoms in the material the title of *phonons*. We think of vibrating atoms as *thermal energy*. So phonons on a collective macroscopic scale are representative of an increase in thermal energy.

[17] Christiana Honsberg and Stuart Bowden. Pvcdrom, 2009. URL http:// www. pveducation. org/ pvcdrom. Site information collected on Jan. 27, 2009.

[18] P. Gilman and A. Dobos. System Advisor Model, SAM 2011.12.2: General description. NREL Report No. TP-6A20–53437, National Renewable Energy Laboratory, Golden, CO,2012. 18pp; and System Advisor Model Version 2012.5.11 (SAM 2012.5.11). URL https://sam. nrel. gov/ content/ downloads. Accessed November 2, 2012.

[19] M. W. Davis, A. H. Fanney, and B. P. Dougherty. Prediction of building integrated photovoltaic cell temperatures. *Transactions of the ASME*, 123(2):200–210, August 2001.

[20] A Fermi problem is an estimation process given limited information to explore the dimensions and scale in a systems question, and to deliver an approximate answer using justified guesses for portions of a problem that are very dense to compute directly. Named after Nobel Laureate and Physicist Enrico Fermi, who would derive artful approximations for complex problems from very limited or even absent sources of data.

[21] Rolf Brendel. *Thin-Film Crystalline Silicon Solar Cells:Physics and Technology.*John Wiley & Sons, 2003.

[22] Anyone who has watched The Jetsons cartoon wonders where those jet packs and flying cars of the future are now that we *are* in the future.

[23] M. Lave and J. Kleissl. Optimum fixed orientations and benefits of tracking for capturing solar radiation in the continental United States *Renewable Energy*, 36:1145–1152, 2011.

[24] Stephen Fonash. *Solar Cell Device Physics*. Academic Press, second edition, 2010.

[25] J Arch, J Hou, W Howland, P McElheny, A Moquin, M Rogosky, F Rubinelli, T Tran, H Zhu, and S J Fonash. *A Manual for AMPS 1-D BETA Version 1.00*. The Pennsylvania State University, University Park, PA, 1997.

[26] Christiana Honsberg and Stuart Bowden. Pvcdrom, 2009. URL http://www. pveducation. org / pvcdrom. Site information collected on Jan. 27, 2009.

[27] Stephen Fonash. *Solar Cell Device Physics*. Academic Press, second edition, 2010.

[28] Martin Green. *Third Generation Photovoltaics: Advanced Solar Energy Conversion*. Springer Verlag, 2003.

[29] E. F. Schubert. *Physical Foundations of Solid-State Devices*. E. F. Schubert, Renasselaer Polytechnic Institute, Troy, NY, 2009.

[30] Solar Energy International. *Solar Electric Handbook: Photovoltaic Fundamentals and Applications*. Solar Energy International, 2012.

[31] J. P. Dunlop. *Photovoltaic Systems*. American Technical Publishers, Inc, 2nd edition, 2010. The National Joint Apprenticeship and Training Committee for the Electrical Industry.

[32] P. Eiffert and G. J. Kiss. Building-integrated photovoltaics for commercial and institutional structures: A sourcebook for architects and engineers. Technical Report NREL/BK-520–25272, U. S. Department of Energy (DOE) Office of Power Technologies: Photovoltaics Division, 2000.

# 第十五章  聚光—光线操纵模式

聚光是指将光子从一个面积较大的聚光器有效收集到面积较小的接收器上。[1] 我们为什么要聚光呢？三种太阳能转化进程都可以用到聚光，包括光电转化、光热转化和光电化学转化。聚集太阳能并转化成热能或发电的技术，称为聚光式太阳能发电（CSP）。[2] 聚集太阳能提升光伏效应辐照强度的技术称为聚光光伏（CPV）。[3] 请注意这两者的差别。聚光式太阳能发电技术领域与光伏领域不同，需要用到一系列机械工程相关技能。聚光光伏是光伏领域的一个专门分支，涉及材料科学、物理学、电子工程和机械工程等系列技术（消除光伏系统中较高的热能增加）。聚光式太阳能发电系统需要热能，而聚光光伏系统不需要热能。

我们知道，所有太阳能转换系统都由相同的部件组成，具体包括：光孔，接收和引导光线进入的开口；接收器，包含光转化吸收器；分配机制，将系统质量转运到环境中做功；控制机制，指导系统运行，在需要的时候关闭系统。另外，许多太阳能转换系统还配有存储器，其主要用来校正系统能量输出与能量负载之间的时间偏差。[4]

---

太阳能转换系统基本部件：

光孔：接收和引导光线进入的开口。

接收器：用于将太阳能转化成热能或电能的吸收器。

存储器：在能量产出与客户需求不匹配时，将能量储存起来。

分配机制：开放能量转化设备将系统质量和能量转运到环境中做功。

控制机制：指导系统运行，如追踪光线、泵吸、能量管理，以及在需要的时候关闭系统。

---

[1]  太阳能转换系统吸收的光子数目是系统的主要外部参数。

[2]  CSP：聚光式太阳能发电的英文单词首字母缩写，是指通过聚光进行太阳能热能转化的系统。

[3]  CPV：聚光光伏的英文单词首字母缩写，指通过聚光产生光伏响应。

[4]  增益/负载校正：

正校正：当负载需要时发生光转化（如：带光伏增益的空调），通常不需要存储。

负校正：负载不需要时发生光转化（如夜间停车指示灯）——储存很重要。

零校正：不需要进行增益和负载校正，但可能需要储存器和控制器。

在本章中，我们将光孔面积在公式运算时表示为 $A_a$，将接收器面积表示为 $A_r$。接收器含有吸收性材料，聚光系统的 $A_a > A_r$。而非聚光型太阳能转换系统，如典型的住宅用平板式太阳能热水器和真空管式太阳能热水器，集热器的面积与光孔的面积是一样的。⑤

## 15.1　聚光限度

几何级数或者聚光面积比 $C_g$ 是评价聚光能力最常见的度量标准，是光孔面积与吸收器面积之比。

$$C_g = \frac{A_c}{A_r} \tag{15.1}$$

可以更精确地体现能量平衡的度量比是聚光比或通量聚光比 $C_{optic}$。聚光比是接收器接收到的平均光照度与面积更大的光孔接收到的光照度的比值。相较而言，这个度量标准更难建立，它会随着几何比的变化而变化。因此，为方便对比，我们选用 $C_g$ 为度量标准。

$$C_{optic} = \frac{\frac{1}{A_r} \int G_r dA_r}{G_a} \tag{15.2}$$

较低的聚光比约为 $C_g > 1 - 10x$，太阳炉研究运用的聚光比较高，可达 $10,000x$。聚光比越高，则系统需要的法向直射辐照度光线（$G_{b,n}$ 或 $DNI$）越多，对系统的光学和追光精确度要求越高。回顾一下前面关于测量和估算章节中的知识，我们记得日温计（非安装型传感器）的经典接收角为 $2.5°$，而聚光光伏和聚光式太阳能发电的高聚光式太阳能转换系统（双轴追踪系统）可以接受更低的接收角（约为 $0.5—1°$）。因此，即使是最灵敏的测量也会倾向于高估高聚光式太阳能转换系统的法向直射辐照度。⑥

光聚合的限度是多少呢？为了回答这个问题，我们必须把关注点重新放到太阳身上。⑦[1]首先假设太阳和吸收器都是完美的黑体（对太阳而言这是个合理的假设；对吸收器表面而言，这是个恰当的近似估计）。应用斯特藩-玻尔兹曼定律计算太阳

---

⑤　聚光型系统：$A_a > A_r$。

　　非聚光型系统：$A_a = A_r = A_c$

⑥　根据前面章节知识，我们知道气溶胶对非安装型系统的影响非常大。

　　气溶胶光学厚度（AOD）的测量对聚光光伏和聚光式太阳能发电非常重要。

⑦　喔，这个双关语用得真妙……又来一个！大笑或者躲起来笑，都随便你。

## 太阳能转化系统

和接收器之间来回两个方向的能量交换：具体为太阳往接收器方向传递的能量
（$Q_{S \to r}$）和接收器往太阳方向传递的能量（$Q_{r \to s}$），其中太阳半径（$r$）和接收器指向太阳的接收半角已知（$\theta_m = 0.27°$）。如图 15.1 所示，太阳到接收器之间的距离记为 R，光孔和接收器的面积已经定义（$A_a$，$A_r$）。根据角度系数 $F_{s-r}$ 可知，只有部分能量从太阳能抵达吸收器表面。

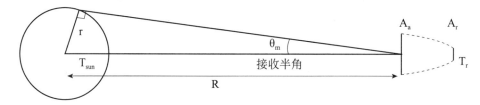

图 15.1　利用太阳能运行的光孔—吸收器系统聚光限度计算示意图

假设 $T_{sun} = T_r$，$F_{r-s} = 1$，接收半角 $\theta_m$ 为 0.27°

$$Q_{S \to r} = (4\pi r^2) \sigma T_{sun}^4 . F_{S-R} \qquad (15.3)$$

$$F_{S-r} = \frac{A_a}{4\pi R^2} \qquad (15.4)$$

将公式（15.4）代入公式（15.3）得出公式（15.5），计算太阳向吸收器交换的光照能量。

$$Q_{S \to r} = A_a \frac{r^2}{R^2} \sigma T^4_{sun} \qquad (15.5)$$

完美的吸收器只朝太阳方向辐射，且辐照能为 $A_r \sigma T_r^4$，因此，我们假设角度系数 $F_{r-s} \to 1$。同时，根据基尔霍夫定律，对于理想条件下的黑体热力学交换，满足 $T_r = T_{sun}$ 和 $Q_{s \to r} = Q_{r \to s}$。

$$Q_{r \to s} = A_r \sigma T^4_{sun} \cdot F_{r-s} \qquad (15.6)$$

将公式（15.5）除以公式（15.6）（假设 $F_{r-s} = 1$），得到一个近似几何比等于平方比的公式，如式（15.7）所示。基于对本书前面章节三角函数知识的理解，我们注意到接收器面朝太阳半接收角（$\theta_m$）的正弦值等于太阳半径与地球和太阳之间径向距离的比值。

$$C_g = \frac{A_a}{A_r} = \frac{R^2}{r^2} \qquad (15.7)$$

$$\sin\theta_m = \frac{r}{R} \qquad (15.8)$$

因此，容器或空气中聚光点（3 - D 聚光）的最大理论聚光比是上述正弦值倒数的平方。

如果聚光范围缩小到一根轴或者线上（2－D聚光），那么最大聚光度等于正弦的倒数。

$$C_{g,\max,3-D} = \frac{n}{\sin^2\theta_m} \tag{15.9}$$

对于空气而言（$n=1$），聚光点位置理论最大太阳光聚光比为46000×，如果加上一个玻璃镜片（$n=1.55$），理论最大聚光比可增至103500×。

$$C_{g,\max,2-D} = \frac{n}{\sin\theta_m} \tag{15.10}$$

在这个例子里，空气的理论最大太阳聚光比为216×，玻璃的理论最大聚光比增至324×。提醒一点，聚光比 $C_g$ 不是一个线性度量值，往前翻到图15.6可以发现，系统热能增益呈现的也是非线性响应。

## 15.2　聚光方法

主要有两种物理聚光方法，成像聚光方法和非成像聚光方法。[⑧] 光学设施一般使用抛物面镜/透视镜，许多现代聚光式太阳能发电系统采用的是非成像方法。Welford 和 Winston，连同 O'Gallagher 和其他科学家，出版了大量关于非成像光学理论分析和实践的书籍，建议有兴趣的专家学者可以继续学习这些书籍。其中有一个非成像聚光设备可能是最具有识别度的，叫作复合抛物面聚光器（CPC），是由 Winston 于 1965 和 Baranov 于 1966 各自独立建造。[2] 复合抛物面聚光器由两片抛物面组成，每片抛物面提供一个大的光接收角，可以达到成像聚光方法中描述的理论最大聚光度水平 $C_{g,\max}$。

无论哪种方法（成像/非成像），想聚集越多的光子，对光学元件和追光的精确度要求就越高。另外，想聚集越多的光子，天空空气的条件也就显得愈发重要，系统对正常法向直射辐照（$G_{b,n}$）的需求就越多。太阳能的聚合在高扩散空气条件下更加受限，因此当项目设计团队考虑将固定安装的设备升级为可以追逐太阳的设备，升级成需要追逐太阳来聚光的设备时，非安装型设施的重要性开始凸显。[⑨]

---

⑧　注意人造光设计：将光从一个点传播到一个较宽的面上的东西反过来也可以用！这就是为什么我们在改造过的学校、旅馆和医院荧光灯罩上也可以看到复合抛物面光孔的原因。

⑨　太阳正常法向辐照：DNI 或 $G_{b,n}$，太阳能转换系统高效聚光的实现需要干净的天空和良好的非安装型技术支持。

　　然而，并不需要日复一日，时时刻刻追逐太阳。许多低聚光系统不需要频繁逐光，可能只需要将方位每年调整两到四次即可（回忆一下每年光照减弱的发生频率）。⑩

## 15.3　平面镜和透镜

　　我们通过操纵和引导光，使光线经由一个面积较大的光孔集中到一个面积较小的吸收器上。这里，有两个材料的宏观性能与聚光效果有关：分别是材料的折射（高透光比，$\tau$）和反射比（$\rho$）。当光线通过光学透明介质（如玻璃、石英玻璃或者聚甲基丙烯酸甲酯有机玻璃）时，折射指数 $n$ 显示了光线以一个不同于入射角（$\theta$）的角度被折射出去的程度。当光线离开透明介质回到空气或者容器中时，将以一个接近于入射角大小的退出角再一次被折射。当光线从发光表面反射离开时，光线是在表面被反射，反射可能是漫反射（白色颜料、粉笔或植物）或镜面反射（发光的平面镜）。为实现聚光，聚光型集热系统需要的一般是镜面，不过，对于聚光度要求低的系统和太阳能集热系统设计中较小的性能提升，我们建议可以考虑使用漫反射器。

　　与吸收器里的吸收材料不同，透镜不会因为光的作用变热，因为透镜对光是几乎透明的，透镜是以折射光，而不是吸收光为目的设计的。大规模透镜的制造从物理学和经济学的角度来看都是不现实的，因此，聚光型集热系统 CSP，如槽型抛物面集热器中一般不使用透镜，而使用平面镜。而聚光光伏系统，⑪ 使用的是由多种Ⅲ—Ⅴ半导体材料制成的多结点或者串联光伏电池。⑫ 一个标准的光伏件只含有一个节点，我们可以把节点想成是一台发动机，而多结点光伏系统由三种不同的光伏吸收材料组成，系统中的每种材料吸收连续的长波波长（低能量）光线。因此，多结点电池是类似于将高能电机、中等能量电机和低能电机净效率集中起来的多电机串联系统。

　　图 15.2 是简单双凸透镜以及紧密型实际菲涅尔透镜⑬横截面和光线追踪图。[3] 由于菲涅尔透镜可以获得较短的聚光距离，其原材料价格也有所下降，同时将聚合物加工到平板透镜复杂模型中的工艺简单，因此菲涅尔透镜得到了广泛运用。普通

---

⑩　太阳光衰减（$\delta$）随着春分和秋分时的改变迅速变化，在二至点时，其变化速度最慢。

⑪　聚光光伏的系统效率 $\eta$ 可达 25% 以上，而非聚光型单晶硅电池的系统效率在 15%—16% 之间。

⑫　聚光光伏系统的串联光伏结使用Ⅲ—Ⅴ（3—5）半导体材料。

⑬　注意：这个是个法国名字，发音为"frehn-el"不要搞错了闹笑话啊！

材料一般为聚合塑料或石英玻璃（$SiO_2$）。当需要聚光时，我们可以选用透镜将光聚合到一个点（3-D聚光），也可以将光聚合到一条线或者一个圆柱形轴上（2-D聚光）。3-D聚光方法的聚光度更高，在聚光光伏系统中，3-D菲涅尔聚合物透镜可以将光聚集到几平方毫米大小的一个点上。因为重组现象，聚光水平很高的光伏电池会发出冷光或者像发光二极管（LED）一样"变亮"。

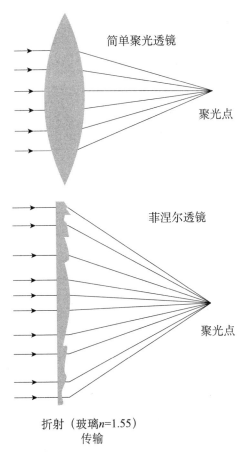

图15.2 简单透镜和菲涅尔透镜图示

假设透镜材料均为玻璃（$n=1.55$）

下面讲述平面镜，我们知道平面镜也可以把光线聚集到一个点或者一条线上（如图15.3所示），根据我们对物质反射性能的了解，像银和铝这样的金属已经被用于光方向优选反射器技术中。平面镜通常由玻璃或者厚聚合板（平板或卷板）背面涂覆一层金属薄膜形成，为保护平面镜的反射面不被腐蚀和磨损，还可以将平面镜做在金属衬底上面。

聚光型集热器聚集光用于发电、工业过程加热、机械蒸汽泵驱动以及太阳能烹

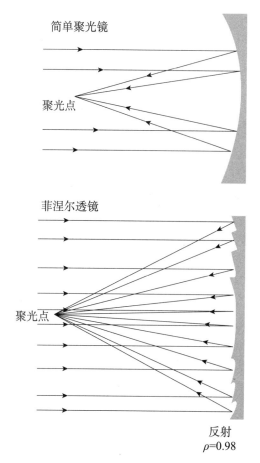

简单聚光镜

聚光点

菲涅尔透镜

聚光点

反射
$\rho=0.98$

图 15.3　凹面镜和菲涅尔镜图示
假设镜面材料背面由短波范围内高反射（$\rho_{sw}=0.98$）的保护性透明层包覆

任。无论是凸面镜还是根据聚合要求紧密排布的菲涅尔透镜矩阵，都是用来增加从 $A_a$ 到 $A_r$ 的光子密度。聚光型集热器的主要优势在于，由于接收器（$A_r$）面积显著低于集热器面积，因此总的热能损失（$U_L$）有所减小。热传导流体的热质量更低，系统内的暂态热学效应减少。[4]同时，热传导流体较高的传导温度意味着与客户/利益相关者即时需要的运用之间的匹配性更佳，特别是用于工业加热时（如，化学或食品加工需要大量使用热水和蒸汽，使用的都是燃料动力）。最后，聚光系统还可以通过将价格昂贵的吸收器/接收器材料（相当于引擎）替换为价格相对较低的放射表面，从而减少系统整体费用。

## 15.4　蒸汽

由沸水产生的水蒸汽是能量转化中最有用的传导流体之一。不过实际上来说，如果不是性能显著下降，大气压下非聚光型太阳能系统产生的温度不会超过水的沸点。在一个太阳能集热系统中，增加太阳能矩阵的组件数量，则太阳能吸收面面积（$A_c$）增大，但是同时集热器周围导致热量损失的面积也增大。随着面积持续增大到达某一点时，集热器（也是吸收器）的温度持续增加，将导致集热器产生的对流损失和辐照损失与所吸收的能量 $S$ 相等。温度增大 $\Delta T$ 导致的能量损失增加是图15.4 所示性能曲线中系统效率减小的驱动因素。

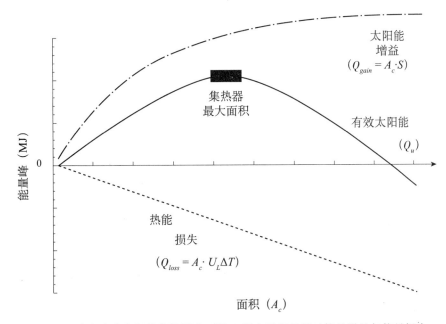

图 15.4　非聚光式太阳能集热器中面积 $A_c$ 增大引起的相对能量增益与能量损失

数据源自 Stine 和 Geyer 收集参数：$G_b = 1000\,\text{W}/\text{m}^2$、$T_a = 298\,\text{K}$、$U_L = 60\,\text{W}/\text{m}^2\text{K}$、$\eta_{opt} = 0.9$、$\varepsilon = 0$

$$Q_u = A_c F_R (S - U_L \Delta T) \qquad (15.11)$$

$$T_{\max} = \frac{G_t \cdot f(\tau, \alpha)}{U_L} + T_a \qquad (15.12)$$

当系统没有产生任何质量流（没有机械泵做功）时，此时温度达到最大，称为系统临界温度。在临界温度下，系统效率为零。即使有机械泵做功，随着温度 $\Delta T$ 增加引起的系统性能下降是因为大量热能向外部环境的散失。回忆一下，公式（13.34）显示，能量损失随着平板平均温度与环境温度之间的温度差的增大而增大。

有一系列很好的思维试验可以用来对非聚光型串联太阳能热水器的性能限度进行研究。图 15.5 展示了太阳能平板热水器的一种不合理长链设计。我们暂时不考虑经过这么长的系统，压力是否会下降的问题。假设天气晴朗，热传导流体流动稳定，进入系统的流体温度为 $T_{f,i[1]}$，离开 1#组件的流体温度为 $T_{f,0[1]}$。2#组件直接从 1#组件接收流体，因此离开 1#流体的温度与进入 2#流体的温度是相等的（$T_{f,0[1]} = T_{f,i[2]}$）。流体继续进入 3#组件，$T_{f,0[2]} = T_{f,i[3]}$。这个过程一直持续到流体通过 n#组件。那么，最终的结果是什么呢？每增加一个组件，温度 $T_{f,i}$ 和 $T_{p,m}$ 持续上升，而环境空气温度和光照条件仍然不变，最后，$n$ 个组件组成的太阳能系统的能量损失 $q_{loss}$，将超过能量增益 $q_{abs}$。[14]

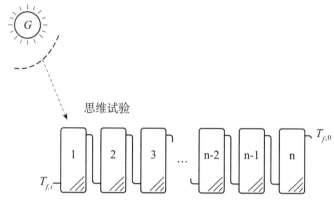

图 15.5　超长串联的平板式太阳能组件试验示意图

在链接的某一个处，$T_{f,i} = T_{max}$，此时效率极低

因此，光热太阳能转换系统中，简单地连接更多的平板到矩阵中无法提升最大运行温度。为增进系统性能，需要通过减小系统表面积，同时增大吸收表面接收到的光子密度，使 $T_{max}$ 增大。换句话说，需要聚集光使 $T_{max}$ 增大。通过引入面积聚光比 $C_g$，减小了太阳能性能线性关系特性图的斜率。

## 15.5　聚光式太阳能发电系统（CPS）性能

对于聚光式太阳能发电技术中的聚光系统，其效率可以分成光效率和热效率两个分量，分别记为 $\eta_{opt}$ 和 $\eta_c$。[5]

$$\eta_{opt} = \frac{S}{G_b} \tag{15.13}$$

公式（15.13）中，$S$ 因子包括了与吸收器形状相关的因子、反射损失和传输损

---

⑭　运行温度的升高由聚光度的提高产生，而聚光度的提高减小了吸收器相对于光孔的面积。

失、逐光精确度、遮蔽效应，吸收器的 $\tau\alpha$ 函数值以及太阳光径向辐照（$G_b$）的入射角（$\theta$）。本书不涉及更深层次的系统效率分析。不过，关于聚光系统评估和设计的书籍众多，并且还在不断推陈出新。

$$\eta_c = \frac{q_u}{G_b} \tag{15.14}$$

通过加热像水蒸汽这样的流体来驱动热力学循环过程是聚光式太阳能发电技术中非常常见的一种方式。在这种运用方式中，水蒸汽用来给涡轮提供旋转的圈状能量，以开动换流生成器。朗肯循环是大型电力厂满足基础电力负载最常用的热力学循环方式，其最常用的流体是水蒸汽。在温度较低时，也可以选择性地使用有机流体，进行有机朗肯循环，此时，选用温度较低的流体，同时产生的能量密度也较低。斯特林循环不是很常见，但是对于聚光式太阳能发电器来说，斯特林循环还是具有吸引力的，聚光式太阳能发电采用斯特林循环时，采用的工质为空气或氮气。$2-D$ 抛物面聚光或者 $3-D$ 聚光（太阳能塔）都可以获得朗肯循环工作温度。燃气轮机的热力学循环方式为布雷登循环，用于为电网峰值功率服务，需要高温高压条件。斯特林循环和布雷登循环都需要用到 $3-D$ 聚光。

图 15.6 中，$C_g$ 表示聚光水平。聚光参数一定时，不同聚光水平产生的温度进行不同的热力学循环过程。[6] 这里需要重点注意的是，$C_g$ 不是一个系统热产出值的线性参数指标，因此，不能当线性指标运用。同时我们注意到，图中显示了热机能量循环效率（温度差 $\Delta T$ 越高，其效率越高）与集热器/吸收器热力学效率（因为热损失的存在，温度差 $\Delta T$ 越高，其效率越低）之间的消长关系。结合两个因素，可以得到系统结合效率，聚光式太阳能发电系统在结合效率时性能最佳。

从国家可再生资源实验室的系统建议模块中，我们可以找到几个关于聚光式太阳能发电的模拟选项。[7] 相对于平板集热系统，聚光式太阳能发电系统的设计更复杂，新进学者会发现非聚光型系统的很多原理经过拓展可以用于聚光型系统。最后，系统建议模块也含有聚光光伏太阳能系统性能和经济适用系统设计相关模拟程序，可供进一步学习和设计时使用。这些系统程序界面可通过操作进行相关学习，其中的实验设计非常易于操作，也很有趣，因此我们建议对这两种程序进行深入学习和运用。

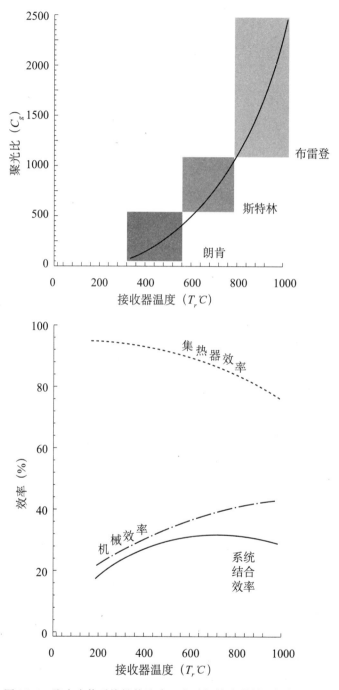

图 15.6　聚光光伏系统性能取决于发动机热力学循环性能和集热
器性能之间的平衡关系和聚光比

## 15.6 数据采集与监视控制系统（SCADA）

大规模逐光型发电和产热太阳能系统的管理，需使用现代计算机程序。SCADA是监视控制和数据采集英文单词的首字母缩写，是一种工业生产规模的控制和管理系统。该系统用于大规模太阳能场，根据每天的太阳能光照变化调整逐光和机械泵吸动作。当太阳能集热系统的规模很大，或者同时使用燃料和聚光式太阳能发电器功能时，需要启用控制和分配机制，以及存储机制，并且都由监视控制和数据采集平台监视和管理。

## 15.7 问题

（1）聚光在太阳能转换系统中的作用是什么？
（2）解释地面（行星反射）反射对低聚光水平系统的影响方式？
（3）解释光路径平方的倒数为什么可以限制太阳能聚光水平？

## 15.8 推荐扩展阅读

- 《光学》[8]
- 《太阳能非成像光学》（能源、环境、技术、科学和社会综合讲座）[9]
- 《太阳能工程原理》[10]
- 《热处理太阳能工程》[11]
- 《来自太阳的能量》[12]
- 《热能储存：系统和运用》[13]
- 《太阳能系统规划与安装：安装工人、建造师和工程师指导手册》[14]
- 《聚光式光伏转化》[15]

## 参考文献

[1] Wow, that was a brilliant pun…and that was another one! Feel free to laugh or cringe.
[2] Josesph J. O'Gallagher. *Nonimaging Optics in Solar Energy (Synthesis Lectures on Energy and the Environment: Technology, Science, and Society)*. Morgan & Claypool Publishers, 2008.
[3] William B. Stine and Michael Geyer. *Power From The Sun*. William B. Stine and Michael Geyer, 2001. Retrieved January 17, 2009, from http://www.powerfromthesun. net/book.htm.
[4] William B. Stine and Michael Geyer. *Power From The Sun*. William B. Stine and Michael Geyer, 2001. Retrieved January 17, 2009, from http://www.powerfromthesun. net/book.htm.
[5] William B. Stine and Michael Geyer. *Power From The Sun*. William B. Stine and Michael Geyer, 2001. Retrieved January 17, 2009, from http://www.powerfromthesun. net/book.htm.
[6] William B. Stine and Michael Geyer. *Power From The Sun*. William B. Stine and Michael Geyer, 2001. Retrieved January 17, 2009, from http://www.powerfromthesun. net/book.htm.

[7] System Advisor Model Version 2012.5.11 (SAM 2012.5.11). URL https://sam. nrel.gov /content/ downloads. Accessed November 2, 2012.

[8] Eugene Hecht. *Optics.* Addison-Wesley, 4th edition, 2001.

[9] Josesph J. O'Gallagher. *Nonimaging Optics in Solar Energy (Synthesis Lectures on Energy and the Environment: Technology, Science, and Society).* Morgan & Claypool Publishers, 2008.

[10] D. Yogi Goswami, Frank Kreith, and Jan F. Kreider. *Principles of Solar Engineering.* Taylor & Francis Group, LLC, 2nd edition, 2000.

[11] John A. Duffie and William A. Beckman. *Solar Engineering of Thermal Processes.* John Wiley & Sons, Inc., 3rd edition, 2006.

[12] William B. Stine and Michael Geyer. *Power From The Sun.* William B. Stine and Michael Geyer, 2001. Retrieved January 17, 2009, from http:// www.powerfromthesun.net/book.htm.

[13] Mark A. Rosen Ibrahim Dinçer. *Thermal Energy Storage:Systems and Applications.* John Wiley & Sons Ltd, 2002. Contributions from A. Bejan, A. J. Ghajar, K. A. R. Ismail, M. Lacroix, and Y. H. Zurigat.

[14] German Solar Energy Society (DGS). *Planning & Installing Solar Thermal Systems : A guide for installers, architects and engineers.* Earthscan, London, UK, 2nd edition, 2010.

[15] V. M. Andreev, V. A. Grilikhes, and V. D. Rumyantsev. *Photovoltaic Conversion of Concentrated Sunlight.* John Wiley & Sons Ltd, Ioffe Physico-Technical Institute, Russian Academy of Sciences, St. Petersburg, Russia, 1997.

# 第十六章　项目设计

## 16.1　整体化设计的重要性

*唯一一条不会阻止进步的原则是：怎么都行。*

*——Paul Feyerabend*

在太阳能转换系统设计中，我们秉持这样一个理念：设计是为了实现特定的目标而进行的模式寻找。科学技术原理已经向我们揭示了一系列明显的模式，而我们的工程设计工作就是一个有目的地建立符合这些明显模式系统的过程。

任何工作都不是孤立的！Alexander 等人在他们关于太阳能转换系统设计挑战的模拟语言中，强调了系统设计过程中基础支持的重要性，基础支持工作要求针对具体的问题背景和模式性质有目的地寻找适合的解决方案。①

"建造某一个东西的时候，不能仅仅只是孤立的建造这一个东西，还需要对这个东西的内部和周围环境进行相应的修补，使得这个地方仍然是连贯的一个整体，也使得建造的这个东西可以如我们想要的那样，融入周围环境中。"

*——Christopher Alexander（1977）*[1]

未来的太阳能转换系统设计将由创新型企业承担，通过反复迭代的一体化设计，把研究、开发、示范和部署（RDD&D）的责任和目标联结起来。一体化设计过程这个词已经和绿色生态建筑紧密联系在一起。[2]本章知识大部分来自于住宅、商业建筑以及周围环境等建筑环境相关的设计知识。即使如此，一体化设计仍然是太阳能转化领域的有效模板。对建筑的关注不应该将太阳能设计团队的思路限制在屋顶上，只进行屋顶太阳能的交易。还应深入到大量的田间和牧场，这些新的太阳能运用场地具有生态多样性，需要多方利益相关者参与筹划，并采用复杂的财务处理方法，实现符合道德要求，以及可持续的一体化太阳能场的设计和开发。

一体化设计过程包含以下要素：

---

① 适合于系统或大环境的有用方法是支撑设计的基础

**太阳能转化系统**

- 通过协作工作会议达成对概念或系统目标的共识。
- 在设计早期阶段，所有参与成员或利益相关者跳出自己的"舒适区域"，为整体设计提供支持意见，不论这种意见是否超出自身专长的领域。
- 在目标系统性能开发中，对成员工作形成清晰预期。
- 注意设计进程图，在设计过程中反复对图进行优化。
- 任务互助（利益相关者与设计者共同解决问题）：RRD&D 不是孤立的。
- 应针对整体设计工作建立自主意识，而不是仅依靠某一个人或某个机构的推动和贡献。
- 寻找创新解决方案。

## 设计

在设计领域，专业项目有一种回避一体化过程，倾向技术加速聚集的趋势。加速聚集的典型表现就是：不考虑设计概念和背景，将互相独立的零件或者单件总成汇集到一起。这种组合方式使得优化目标为各个成分或元素，而不是整个系统，可能导致的后果就是系统的运行效率降低或者完全不做功。听起来很糟糕对吗？最好的结果是，系统开发团队最终得到一个不完整或者不正确的答案（资源利用率低）；最坏的结果是，团队放弃了创新，而创新对于太阳能转化技术整合领域具有重要意义。一体化设计的开发阶段，要求设计成员对整个创新设计工作建立整体观（通过迭代整合），鼓励设计成员基于设计工作的初始概念和性能目标参与和改进设计，突破社会、技术和环境条件的限制。

开发阶段可以举行设计理念工作会[②]。此类会议在设计过程中很常见，对于项目早期进行跨学科交流和概念共享尤其有用。专家研讨会的举办以系统为基础，会上所有参与团体（客户、设计团队、财务人员、建造师、甚至社区代表）都一起围坐圆桌边，讨论形成项目目标和项目范围。

## 政策

太阳能项目开发受局部、区域和联邦规章制度、使用权利，以及法规的影响。一些一体化系统设计方案需要多个技术部门进行沟通，根据伦理要求进行修正或者制定相应的符合伦理道德要求的法规，推动公众生活和工业生产，加速太阳能建设

---

② charrette（设计理念碰撞会）：发音为"shah-rett"。

的空间转变。如果政策实施滞后，设计则可能被阻止或延期数年，这些延误一般是由于对某些法规的不熟悉导致，而不是因为一个真实的技术问题或市场壁垒。

## 经济

只要项目开发团队能找到可确实满足客户需求，符合当地金融状况、政策条件、气象情况和基础设施条件的太阳能设计方案，全球各地对太阳能项目开发的需求都很大。一体化设计团队应在给定的限制条件下为客户提供利用率最大的系统设计方案，并建立项目融资方法，满足整个设计过程中的资金需求。

## 开发阶段：初步设计

"开发阶段是一体化进程的基础阶段。"

——七国集团

初步设计最主要的工作是将利益相关者的多方需求通过迭代比对，得到一个统一的概念或概念图。在设计工作中，我们希望针对特定目标创建相应的模式。对于一体化设计，特别是设计的开发阶段，我们首先应在与现行设计相关的多方利益相关者之间建立一个协调型工作会议模式，并对模式目标或目的达成共识。协调工作会议一般以定期的头脑风暴（也叫作设计理念碰撞会）会议的形式开展，并可以通过对整个设计概念图和开发进程进行构思和重访的方式体现在文字记录上。在开发阶段，设计团队对利益相关者的要求是：全员参与，全面关注。

设计合理的汽车或现代喷气式飞机都是类似的相关系统，都使用离散部分组成，涉及多方利益相关者，而各个利益方各自坚持自己的标准/限制条件，这些标准/条件都影响着设计进程，最终会形成一个对大多数利益相关者有利的技术方案。汽车行业的"概念"车非常出名，同时还有其他一些进入主流汽车的新兴汽车概念，包括：电动汽车、混合能储存。我们还了解到，下一代高效喷气式飞机将使用纳米碳纤维复合物代替铝作为制造材料，并改由生物燃料驱动。

目前，建筑业很少进行系统设计，从设计、开发到建设，每一步都由各自的相关人员（建筑师、电器/机械工程师、施工人员、建筑规范监察人员）独立参与，各自工作都与独立于大部分其他利益相关者。这样得到的最终产品能源利用效率低，内部空气质量差，并且与周围环境的太阳光照条件和阴影影响的适应性不好。设计和开发的每一步都以孤立的工程经济学为指导原则，工程经济学是为一定的产品功能寻找最低经济成本的系列程序。不幸的是，产品性能和制作成本原本是紧密联系

太阳能转化系统

在一起的，在对产品零件或部分进行经济性优选时，得到的整体系统的性能往往非常差。

对于太阳能设计专家而言，建筑环境相关的系统过程非常重要，因为建筑本身就是一种太阳能技术（甚至是无意地），同时许多为住宅和商业建筑提供能量支持的太阳能技术与建筑结构是连在一起的。确实，太阳能涉及的领域很广。太阳能领域隐含有将太阳作为公用资源的概念，并且对技术、太阳能资源、支持环境和社会进行了强力耦合。因此，我们鼓励学生和专家对一体化设计过程进行研究，为将来的太阳能转换系统设计做好准备。[3]

- 准备阶段：研究和开发
- 概念评估
- 概念设计

## 设计阶段

多方利益相关者建立了概念地图后，设计团队即可以对太阳能转换系统的参数选项和当前燃料技术的条件进行比较。太阳能转化是一个系统技术，不同地区的太阳能转换系统设计与当地的地域特征、太阳能资源的光子数量和波长特征以及经济背景有关。例如，中大西洋地区的太阳能资源与美国西南部的太阳能资源不同（在光子数量和波长特征方面均不同），但是由于中大西洋地区的输电线路，这里的太阳能资源可能比偏远的西南部地区更有用，这一点在太阳能设计系统成本的平衡中具有重要作用。

设计阶段一般包括以下步骤：
- 方案设计
- 设计开发
- 施工文件编制
- 投标和建设
- 安装、运行和性能反馈

## 16.2 模式解决方案

"模式解决方案"这个概念来自 Berry，在他的同名论文中，Berry 首次提出这个概念。模式解决方案是指在解决多个问题的同时，尽量避免由此产生其他新的问题。这篇论文最早发表在洛黛尔出版公司的《新农场》期刊上。最初 Berry 使用这个概念描述的是农业问题，不过其后这个概念在设计领域得到了广泛运用。

"一个坏的解决方案之所以坏，是因为这个方案的运用会破坏它所在的整体。"解决方案会破换本身整体模式，最可能的原因在于，这个方案的得出并没有考虑这个整体。一个不恰当的解决方案只实现一个单个的目标或目的，比如增产。这种解决方案的典型特征是，它是以牺牲生物和社会的代价来实现产量剧增。

一个好的解决方案之所以好，是因为其与所在整体的关系是和谐的，这种和谐是因为他们的本质具有某种类似性。坏的解决方案在整体模式中的作用就像疾病或者某种瘾对人体的作用一样。而好的解决方案在整体模式中的作用就像健康的器官对人体的作用一样。但是有一点必须明确，健康的器官并不能像机械和工业上说的那样，"给予"整个身体健康，器官健康只是身体健康的一部分，不代表整个身体的健康。器官与身体的关系就像生物体和生物圈的关系一样。John Todd 曾经说过："器官、生物体和生物圈的结构是一系列类似整体，始于器官，终于生物圈。"[4]

## 16.3 为客户和特定区域提供的太阳能设施

太阳是离我们最近的一个热核反应堆,③[5]其能量约有 90% 来自于太阳中心。不过，科学家发现，太阳表面（光球层）是一个不透明（是的，不透明）体，可收集在约 5777K 条件下产生的电离气体④[6]，并且可以吸收和发射连续波长的光，如图 3.8 所示。

太阳外表面存在的巨大的热能使太阳可以有效发射辐射能。非太阳能光源也以一种类似的方式发射辐射能，尽管机理有所不同，非太阳能辐射发射的原理可能是热能转化为光能，电子从激发态释放或者与正电荷复合产生光子的量子发射。在人类视力测量范围的敏感光谱中，光线的行为称为光度测定。测量由太阳或者大气层、地球、住宅建筑或者人体等温度较低的热体发射的更宽波长范围光谱的行为，称为辐射线测定。本书关注的绝大部分是太阳能转换系统，本处引用辐射线测量的概念，并采用其描述语言。

目前，基于人的感知和舒适度调整进行的光学研究已比较成熟，因此，有必要花一点时间，让我们来认识一下光学概念和太阳能概念之间的相似性。光学设计是有意识地运用恰当的模式，使客户目标区域达到有用光线较高利用率的过程。比如，

---

③ 距离 9300 万里……

④ 强离子化气体也称为等离子体。

为博物馆或者展览厅进行照明设计，以满足视觉要求和光线舒适度要求，同时自动将对可能有害的紫外光的暴露减小到最低值。这种设计目标可以通过大量自然或者人工的光源、补充墙面反射体以及内表面装修方式等实现（如图16.1所示，并参考前面图3.8）。

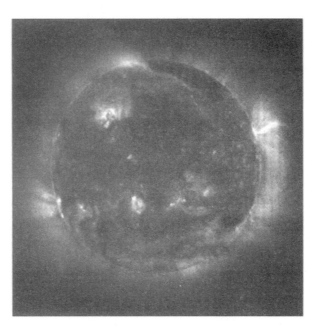

图 16.1　太阳紫外光谱辐射图像

照片来源于美国国家航空和宇宙航行局（NASA）

太阳能转换系统中，我们为客户给定的地区寻求太阳能利用率最大化。不过，此时可以利用的是更宽的光谱范围内的光线。我们特意将高能量光线（其中包括可见光）定义为短波谱（波长较短），将低能量光线（一般是由大气或者地球生物发射的）定义为长波谱（波长长，则能量低）。为视觉和光度测定法所用的子带光是可见光，处于一个比它更大的短波光谱范围之内。

## 16.4　太阳能设计目标的重新审视[⑤]

设计是为实现特定目标而规划出来的模式，太阳能设计是一个联结整体与系统的设计，重点在于太阳能利用、客户和利益相关者、以及太阳能设计使用区域三个

---

⑤　实际上，对于复杂系统，特别是遇到的瓶颈问题，太阳能利用最大化更多的是一个比喻概念而不是现实。不过，通过太阳能设计，在实际社会中以一种可持续性的方式实现太阳能转换系统更大程度的整合是完全可能的。

系统之间的整合，这种整合决定了实际可得出的模式解决方案的多样性。三个系统的任何一个都不能在不考虑其他两个系统结构的情况下单独处理。太阳能利用率的概念提示我们，评价一个太阳能转换系统，必须从以下多方面进行比较，包括：接受程度和可行性，投资回报以及对客户所在地附近区域的生态影响。客户的需求是有区域性和时间性的，并不是在整个大陆，一年 525600 分钟都有需求。客户和利益相关者通过描述他们需要太阳能转换系统提供的服务，确定太阳能设施的功能上限和服务范围。比如，同一个区域，有一个客户是一个小家庭，需要为他们的住宅提供太阳能供电，另一个客户是公司，需要为工业食品加工提供太阳能供热，这样的两种情况对太阳能技术实现的要求和限度是不一样的，需要的是不同的太阳能系统，传统燃料来源以及太阳能负载支持都不同。⑥

最后，场所是一个时间或空间的点或位置，在这个点或位置上，客户需要使用太阳资源提供能量支持。⑦ 不同的场所，太阳能资源不同，因为气候变化格局影响着季节性（总体天气规模）的和每日的光辐照模式（宏观气候和微观气候）以及光照间隔频次。太阳能资源的量和特征对设计团队进行太阳能技术解决方案选择时是一种限定，因为团队需要考虑设计方案相比于传统燃料技术的优越性。高反射性大气条件不能得到高聚光效果的太阳能系统，不正是这个道理吗？场所这个概念也涵盖了区域特征和太阳能技术相关政策，以及相比于燃料型热机的成本等因子。场所包含了地方和在一个更大的气候环境、临近区域、城市森林、农场或水域等地方进行太阳能转换系统安装的双层意思。把每一个场所看成是适合于整合太阳能转换系统的空间，一体化设计需要符合客户所在时区，在一个更大的时间范围内提供可持续性能源方案，以支持更大范围的社会和生态系统。

作为一个团队，每一个团队成员都是可持续未来的开拓者。积极参与和投入到这个改变社会能源结构的工作中去，广泛使用太阳能，增进人类福祉，改进生态系统服务。在设计阶段（初期，经常地），通过与各利益相关者进行紧密联系和沟通，进行新能源系统开发和实践。通过探索太阳能设计和工程目标，创造属于你自己的模式，为美好的将来努力。⑧

---

⑥　你怎么测量，比如测量一年？是以白日计，以日落计，以午夜计，还是以喝掉了多少杯咖啡计……

⑦　场所同时包含时间和空间意义上的点。

⑧　祝你在未来的设计工作中一切顺利！

## 16.5 问题

（1）为什么高燃料利用率改变了社会对于太阳能转化容易获取且量很足的观念？

（2）太阳能热水器系统第一次作为商品销售是在哪个地方？

（3）聚光型太阳能首次用于工业机械泵做功是在哪里？

（4）假设系统是开放的，与外界可以进行能量和质量（如电子和流体）交换，为方便太阳能转换系统设计，你将怎么定义系统边界呢？

（5）团队在一体化设计过程的开发阶段需要做的工作是什么？

（6）为什么禅石园里小石头场是灰白色的呢？

（7）在地中海式气候地区，为什么要给房子设计一个门廊？

## 16.6 推荐拓展读物

- 《绿色建筑一体化设计指导：可持续性的重新定义和实践》[7]
- 《可持续发展伦理与可持续性研究》[8]
- 《系统、混合和交互规划》[9]
- 《量化信息的可视显示》[10]
- 《可持续能源：方案选择》[11]

## 参考文献

[1] C. Alexander, S. Ishikawa, and M. Silverstein. *A Pattern Language: Towns, Buildings, Construction.* Oxford University Press, 1977.

[2] J. Boecker, S. Horst, T. Keiter, A. Lau, M. Sheffer, B. Toevs, and B. Reid. *The Integrative Design Guide to Green Building: Redefining the Practice of Sustainability.* John Wiley & Sons Ltd, 2009.

[3] J. Boecker, S. Horst, T. Keiter, A. Lau, M. Sheffer, B. Toevs, and B. Reid. *The Integrative Design Guide to Green Building: Redefining the Practice of Sustainability.* John Wiley & Sons Ltd, 2009.

[4] Wendell Berry. *Home Economics.* North Point Press, 1987.

[5] A mere 93 million miles away…

[6] Strongly ionized gases are also called PLASMAS.

[7] J. Boecker, S. Horst, T. Keiter, A. Lau, M. Sheffer, B. Toevs, and B. Reid. *The Integrative Design Guide to Green Building: Redefining the Practice of Sustainability.* John Wiley & Sons Ltd, 2009.

[8] Chrstian U. Becker. *Sustainability Ethics and Sustainability Research.* Dordrecht: Springer, 2012.

[9] Russell Ackoff. *The Social Engagement of Social Science*, volume 3: The Socio-Ecological Perspective, chapter Systems, Messes, and Interactive Planning. University of Pennsylvania Press, 1997.

[10] Edward R. Tufte. *The Visual Display of Quantitative Information.* Graphics Press, Cheshire, Connecticut, 2001. ISBN 0961392142.

[11] Jefferson W. Tester, Elisabeth M. Drake, Michael J. Driscoll, Michael W. Golay, and William A. Peters. *Sustainable Energy: Choosing Among Options.* MIT Press, 2005.

# 附录 A：能量转换系统

能量转换系统（ECS）是我们的面包和黄油。从美国能源部能源信息管理局网站 http：//www. eia. gov/energyexplained/上可以了解到更多能源转换知识。我们使用的很多常见术语（比如非平衡态稳态）在 Ilya Prigogine 和 Lars Onsager 编写，后经王继涛（音译）扩编的《现代热力学》中都可以看到。[1]

## 机器猴的最后一战：热泵，热机熵，以及现代热力学

《现代热力学》既关注自发过程，也关注自发过程反方向的非自发过程（不禁止的就是可能的）。将热机和热泵联合使用时，便有了创新空间，能量系统和材料变得很有趣。①[2] 我们重点关注的是将太阳能热泵运用于热机，满足环境做功需求，为社会带来额外利益的过程。

能量转化：热力学第一定律描述了能量守恒原理。系统经历从始态（态 1）到终态（态 2）的转变。与环境之间的热量交换量和做功量一定的条件下，则系统内能（$U$）与系统变化路径（转换类型）无关。卡诺效率中，系统能量变化总和为零（公式 A.1）。

$$\oint dU = 0 \tag{A.1}$$

形式：能量源的能量状态，如来自太阳（距地球九千三百万英里）的光子的能量形式是电磁能

来源₁：能量的外在表现（看得见的）。这种表现包括与质量（物质）或电磁（光）联合在一起的力量。

热量：不是指热力学能量或者内能，是指基于能量来源温度差异产生的能量

---

① 许多不可能的情况在某些特殊条件下，也可以实现，但是下列三种情况除外：（1）第一类永动机（禁止），（2）第二类永动机（禁止），以及（3）绝对零度（禁止）。作为创新团队的职责是识别特殊热力学情况和设计材料，实现热力学可能性。

转移。

温度：表示物体冷热程度的参数。内能和物体某种状态的焓值。温度由物质潜热和热容决定，同时也暗含光子潜能转化。

系统：限制部分/截面/阶段或整体的研究区域边界的热力学术语。

体系：描述封闭系统或开放系统环境的术语。常与热机和热泵关联使用。

外界：统指系统外部事物的术语，与整体世界相联系的部分。

来源$_2$：这个术语描述的是热机或热泵中的冷源。涉及设备内部热力学温度差异时，热源/冷源这组关系非常有用。

热机是一种能量转化设备，通过做功实现能量从能量高的系统到能量低系统的转移（如图 A.1 所示）。这个转化过程伴随熵流的发生，离开系统的熵流为正值（产熵）。转化过程中也可以伴随环境熵流入热机内（熵输入）。热机效率（$\eta$）的计算如［Eq.（A.2）］所示。理想状态下，完美热机熵值不产生变化，可实现能量从温度较高热源向低能量冷源转化的效率最大化。这种特例称为卡诺效率。[2][3]

$$\eta = \frac{W}{Q_H} \qquad (A.2)$$

$$\eta_{Carnot} = \frac{T_H - T_L}{T_H} \qquad (A.3)$$

其中，温度 $T_H$ 和 $T_L$ 以凯氏度数给出。（单位为 K，不是°K）

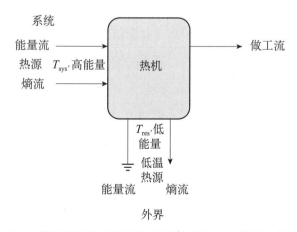

图 A.1　能量转换设备示意图：箭头表示流动、能量流或熵流

下一个附录中介绍了基于温度的卡诺效率极限是一种效率特例，这个极限为内

---

② 公式 A.3 是以 Sadi Carnot 的名字命名的，Sadi Carnot 的名字来源于设拉子的中世纪波斯诗人 Sheikh Saadi。

燃机传统历史所限，假设损失都是由于摩擦（摩擦最初表示一种机械能）导致，其温度上限与热机环境有关（材料限制，而不是热力学限制）。事实上，将理想效率从熵产和更通用的温度角度进行定义，会更加合适，因为这样可以更好地将不符合卡诺热机摩擦和热能限制条件的物理设备（如燃料电池）包括在内。[3][4]

与此相反，热泵是能量移动设备，将能量以低能量端到高能量端反自然方向传输，产生熵增，如图 A.2 所示。热泵需要接收外界做功，将能量来源端低温能量传输到高温系统端。热泵同样存在一种经典特例情况，并会限制热泵的一般定义。这

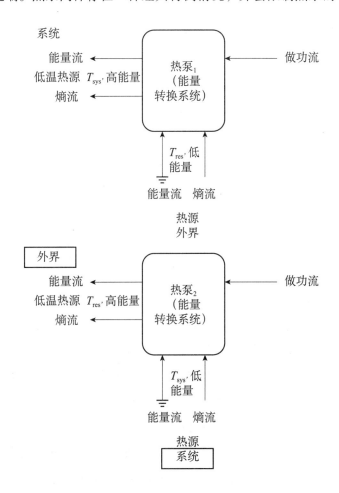

图 A.2　两种热泵示意图

$HP_1$：接受外界做功将热量从低温环境抽到系统中。这是一个能量从环境进入系统的路径（冬天土壤热源的吸收或光伏电池）；$HP_2$：热量从低温系统中泵吸到环境中（如冰箱），所有箭头都表示能量流或熵流

————————

③　为热心于光伏技术的人提供以下参数：熵流为零的光伏设备，其最大卡诺效率可达95％。值得我们努力去实现。

太阳能转化系统

种特例情况是指通过电能做功来移动热量。热泵的品质因素定义为性能系数（CoP），性能系数是指将能量从低能量端传输到相对较高能量段能量传输值与做功输入值的比值（如式 A.4 所示）。性能系数与热机效率（η）是相关成对指标，其理论最大值也可与卡诺效率联系起来，如式（A.5）所示。

$$CoP = \frac{Q_H}{W} \qquad (A.4)$$

其中，$Q_H$ 表示一般热量流（可以是从系统抽取出来的热量，也可以是从环境收集到系统中的热量）。

$$CoP_{carnot} = \frac{T_H}{T_H - T_L} \qquad (A.5)$$

和

$$CoP = \frac{1}{\eta} \qquad (A.6)$$

光的波长（nm）和能量单位（eV）之间的换算公式。

$$eV = \frac{1239.8}{\lambda(nm)} \approx \frac{1234.5}{\lambda(nm)} \qquad (A.7)$$

$$\lambda(nm) = \frac{1239.8}{eV} \approx \frac{1234.5}{eV} \qquad (A.8)$$

示例：荧光灯泡的能量转移

在荧光灯系统中，电能输入产生电压差（热泵），引起灯管中汞气（Hg）在低压真空下部分电离，产生发光等离子体，其在 254 nm 处（热机）光线最密集。这种光是紫外光，能量为 4.88ev，作为功输入，被覆盖在玻璃管内侧的磷光体薄膜吸收，将磷光体半导体中电子从价带泵吸到导带（热泵）。当电子回落到稳态时，发出低能光线（热机），以可见光的形式作为功被环境吸收。

想象一下一个假想的硫化镉薄膜（CdS，一种半导体），其带隙为 2.4ev（电子伏，跟焦耳一样，是一个能量项）。这种大小的带隙只能发出绿光，考虑一下紫外光转化成绿光的系列步骤的转化效率，并与卡诺效率进行对比。

# 熵不是"混乱"

现代热力学中，刺激新概念出现的主要论题是熵。经典物理和化学教育一般将熵定义为混乱度。这个定义比较模糊，容易引起误解，必须给出一个更全面准确的定义。

熵：特定温度下能量分散度的度量参数（包括物质和光的分散）。关于系统/环境总熵变化的公式为：

$$dS \geqslant \frac{dQ}{T} \tag{A.9}$$

根据克劳修斯不等式，密闭系统中，如果 $TdS > dQ$，则过程不可逆，如果 $TdS = dQ$，则过程可逆。如果将熵分开为内熵和外熵，则可以从另外一个角度来看待这个问题。

总熵变化 $dS$：系统和外界之间内熵和外熵变化的总和。

$$dS = d_i S + d_e S \tag{A.10}$$

内熵变化 $d_i S$：可逆化学反应或物理进程导致的熵值变化（如化学腐蚀、热扩散、化学扩散）。

$$d_i S = FdX$$

$$\frac{d_i S}{dt} = F \frac{dX}{dt} \tag{A.11}$$

$$\frac{d_i S}{dt} = FJ$$

其中，$F$ 是热力学力，$dX$ 是数量变化（$dQ$，$dn$）。$dX$ 相对于 $dt$ 发生变化时，表示流的产生（$J$）。流可以是熵流、能量流、质量流等。

外熵变化 $d_e S$：系统/环境界面能量/物质交换导致的熵值变化。$d_i S$ 和 $d_e S$ 既可以用于封闭系统也可以用以开放系统。

独立式，$d_e S = 0$

$\qquad d_e S \geqslant 0$

封闭式，$d_e S = \dfrac{dQ}{T} = \dfrac{dU + pdV}{T}$

$\qquad d_e S \geqslant 0$

开放式，$d_e S = \dfrac{dU + pdV}{T} + (d_e S)_{matter}$

$\qquad d_e S \geqslant 0$

对于开放系统，$dU + pdV \neq dQ$ $\tag{A.12}$

# 热力学状态参数：蛋糕和臭蛋

下面的公式可以根据熵变和热容的相关知识从 A.3 扩展得到。

*H*：焓是系统热量转移总势能。

*U*：内能与热容（*Q*）相关联，取决于系统质量（是一个使用范围很广的状态函数）。

*G*：吉布斯自由能用来分析恒温恒压系统（温度和压强都是最基本的状态函数）。

*F*：亥姆霍兹自由能用来分析恒温定容系统（体积与质量相关，因此是一个使用范围很广的状态函数）。

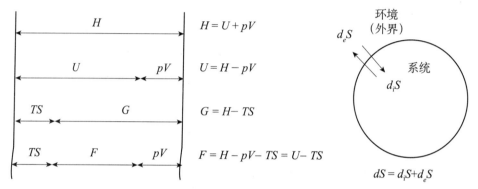

图 A.3　左：四个热力学基本公式示意图以及（中间显示了）他们与状态参数的关系

右：穿过系统/环境界面的焓交换草图

热量：不是指热能或能量含量，是指从来源到冷源转移的能量。与温度值 T 是共轭关系，温度 T 与热容有关。如果把总能量变化看作热能变化（*dQ*）减去做功变化（*dW*），那么，通过减去式［Eqs.（A.3）和（A.4）］，*dU* 和 *dH* 都可以等同于 *dQ*。U 或 H 公式区分：

$$
\begin{aligned}
dU &= dH + pdV + Vdp \\
&= dH + pdV \\
&= dQ + pdV \\
&= dQ + dW
\end{aligned}
\tag{A.13}
$$

$$
\begin{aligned}
dH &= dU - pdV - Vdp \\
&= dH + Vdp \\
&= dQ + Vdp \\
&= dQ + dW
\end{aligned}
\tag{A.14}
$$

温度：与热同源（与热容相关），是微粒平均动能的表征指标。温度取决于物质的潜热和热容，同时还隐含了光子潜能的转化。

热容：提高某一物质单位质量（g、kg、lb、mole）温度（1℃、1K）需要的能量传递量（热量）。

$$C = \frac{dQ}{dT} \text{ ( usually for 1 mol )} \tag{A.15}$$

## 非平衡态热力学基础

现代热力学是在 Lars Onsager（诺贝尔化学奖得主，1968）和 Ilya Prigogine（诺贝尔化学奖得主，1977）带动下进入科学界的。与平衡态不同，宏观非平衡稳态系统不会随着时间推移而变化，但是宏观过程仍然在进行。我们已经讨论过可逆过程（内熵变化）的能量系统，也讨论过将不同不可逆过程耦合起来，实现非平衡稳态。这就类似于用热机来驱动热泵，或者将三室两膜联结起来。

给定两个过程，可以进行下列局部负熵变化：

$$d_i S_1 < 0$$
$$d_i S_2 > 0$$

如果 $\qquad\qquad d_i S_1 + d_i S_2 \geqslant 0 \qquad\qquad$ (A.16)

注意：所有这些都是系统熵值的内部变化。

### 现代热力学假设

通过一系列假设，可以在热力学平衡态和热力学非平衡之间建立联系。

（1）局部平衡：几乎每一个宏观系统，都可以划出一定体积为一个单元 $\Delta V$，设定相应地温度 $T$、压力 $p$、内能 $\mu$ 以及其他热力学变量。大多数情况下，我们可以假设该体积单元的热力学变量符合平衡热力学原理，但是其梯度显著小于热力学平衡态变量梯度，因为这个体积单元内没有任何能量流或做功流。

（2）热力学延伸：在某些系统中，即使是在一个体积单元内部，也存在着显著的热力学变量变化梯度（和能量流）。能量流代表组织水平，暗示非热力学平衡系统中的局部熵低于平衡熵（熵最大化）。对于大多数系统而言，局部平衡的热力学平衡状态非常完美。

（3）单位时间单位体积的熵产：$\sigma(x, t)$。

（4）单位体积的熵产：s (x)

$$d_i S = d_i S_1 + d_i S_2 + \cdots + d_i S_k \geqslant 0 \tag{A.17}$$

我们发现不可逆过程导致的熵产是正的，这是比经典热力学声明更加有力的一

**太阳能转化系统**

个证明：孤立系统的熵 S 只能增加或保持不变，这个优势的关键点在于，热力学第二定律不要求系统是孤立的，可以讨论物理学意义上相关联的密闭和开放系统。

$$\sigma\ (x,\ t)\ \equiv \frac{d_i S}{dt} \geqslant 0 \qquad\qquad (\text{A.18})$$

和

$$\frac{d_i S}{dt} = \int_v \sigma(x,t)\,dV \geqslant 0 \qquad\qquad (\text{A.19})$$

同样，总熵随时间的变化：

$$\frac{\mathrm{d}S}{dt} = \frac{d}{dt}\int_V s\,dV = \int_V \frac{\partial s}{\partial t}\,dV = \int_V dV(-\nabla \cdot \vec{J}_s + \sigma) \qquad (\text{A.20})$$

这种情况下，外熵流表现为熵流分歧，或者表现为单位时间单位体积内向外流动的熵流。④[5]

## 热力学力和能流相关的熵

以下是关键论点：将公式 A.10 和公式 A.11 与公式 A.3 结合，发现体积单元的内熵产是所有热力学力和相关能流的总和，如公式 A.21 所示。

$$\sigma = \sum_{\alpha} F_{\alpha} J_{\alpha} \qquad\qquad (\text{A.21})$$

通过这个公式，我们可以将下面三个系统关键变量联系起来：1. 内熵，2. 热力学力，和 3. 由热力学力驱动的能流。

常见热力学力和能流：

（1） $\nabla\left(\dfrac{1}{T}\right)$ 驱动热流 $\vec{J}u$（热传导）。

（2） $\dfrac{-\nabla\mu_k}{T}$ 驱动化学流 $\vec{J}_k$（不同种物质的扩散）。

（3） $\dfrac{-\nabla\phi}{T} = \dfrac{\vec{E}}{T}$ 驱动离子密度流 $\vec{I}_k$。

（4） $\dfrac{A_j}{T}$ 驱动反应速度流 $\vec{v}_j = \dfrac{1}{V}\dfrac{d\xi_j}{dt}$。

注意：在系统温度条件下，可能会出现各种力。

## 流量公式！$J_l$

这里的流量指能流值或者能流随时间的变化。在能流与热力学力之间存在一个

---

④ $\sigma$：熵产不是系统或系统/环境的总熵值，而是熵变的变化速率。

关系式，式中以比例因子表示唯象系数：$L_{ik}$。

$$\vec{J}_i = \sum_i L_{ij} F_j \qquad (A.22)$$

（1）$\vec{J}_u = -\kappa \nabla T\ (x)$ ｜ 热传导傅里叶定律。

（2）$\vec{J}_k = -D_k \nabla n_k\ (x)$ ｜ 物质扩散费克定律。

（3）$\vec{I}_k = \dfrac{V}{R}$ ｜电传导欧姆定律。

（4）$\vec{I}_k = \dfrac{\vec{E}}{\rho}$ ｜引入电势场和阻抗（单位长度单位横截面面积的阻抗）的电传导

欧姆定律的变换式。

# 参考文献

[1] Dilip Kondepudi and Ilya Prigogine. *Modern Thermodynamics: From Heat Engines to Dissipative Structures*. John Wiley & Sons Ltd, 1998; and Ji-Tao Wang. *Non-equilibrium Nondissipative Thermodynamics: with Application to Low-Pressure Diamond Synthesis*, volume 68 of *Springer Series in Chemical Physics*. Springer, 2002.

[2] *All impossibilities other than* (1) the perpetual motion machine of the first kind (forbidden), (2) the perpetual motion machine of the second kind (forbidden), and (3) the absolute zero of temperature (forbidden) *may be valid under special conditions*. It is our job as creative teams to identify the special conditions and design materials that make those conditions possible.

[3] Equation (A.3) was named after Sadi Carnot, who first was named after the medieval Persian poet, Sheikh Saadi of Shiraz.

[4] Of interest to photovoltaic enthusiasts, the ultimate Carnot efficiency in a PV device has a maximum value of 95% when the generated entropy flux is zero. Something to reach for right?

[5] $\sigma$: entropy production is *not the total entropy* in the system or the system/surroundings. It is a rate of entropy change.

# 附录 B：太阳能计算和单位

在太阳能领域中，经常需要处理环境或者地质问题。在支持人类生存的环境中运用太阳能技术，特别是在以数十年计的较长时间范围内运用的技术，会引起方方面面的关注。因此，对太阳能领域的发展和更新而言，沟通太阳能概念语言的重要性日渐凸显。越来越多的社会团体开始转向太阳能开发和太阳能转换系统领域的拓展。这些太阳能技术开发者拥有不同的行业背景，因此必须建立一套通用的术语，用于开发者之间，开发者与客户和公众之间的沟通交流。

太阳能领域经常涉及大量数据的处理，如日射强度计得到系列辐射值，电子数据表中的月度现金流或数学软件的输出值，这些数值数据的量其实超过了准确沟通需要的数据量。在运用开放源码软件等数字计算器时，我们经常会发现带有五位小数（比如：867.56708 W/m$^2$）的数据。经验欠丰富的科学家或者工程师并不清楚精确到哪个小数位的数据具有实际意义。事实上，在数据获取整理工作中，刚入门的太阳能专业技术人员通常不进行小数点位数的省略，直接采用整个数值，其中包括很多无效数字。这样，不仅使数据显得冗长（特别是在表格中），还容易误导读者，使其不能清晰地识别数据数值，这样的数字表现形式也不利于加强一体化设计过程对话需要的有效沟通风格。不同群体间的沟通更需要注意数据的表现形式。

太阳能运用和项目融资中遇到的计算问题的处理，应遵循 Andrew Ehrenberg 教授 1977 年发表的《计算基础》标准。[1] 将项目分析和设计中的数据分成两种：提取值和呈现值。经计算或测量得到的数据信息称为提取值，用于与设计团队或客户进行沟通交流的数值为呈现值。同样的核心信息基于不同的运用目的，以两种不同的形式呈现。

以下是向跨学科的太阳能设计团队提出的几点建议，对于一般定量信息的处理也同样适用。Ehrenbery 提出的原理也可用于其他专业领域。根据人的短期记忆能力，在不被其他信息打断的情况下，一个人短期可以准确记住的数字一般为 7—10 个。由于日常阅读、乐声，以及社会媒体地打断，一个人短期可以记住的数字可能只有 2 个。在数据集中数据的头两位有效数字都不同的情况下，将数据集中的数字以两位有效位数的求整方式呈现出来，或者以数据偏离平均值的差值集以两位有效位数的求整方式呈现，可使读者能比较轻松地对这些数据进行心算。

为了更好地阅读表格和清单中的数据，建议遵守以下六条建议：

（1）数据求整时保留两位有效位数

对于一个数据集，我们希望能够以一种能体现数据之间相互关系的方式呈现。"有效"指相似数据集中彼此不同的数值（见表 B.1 和表 B.2）

（2）包括行、列、平均值的表格

表 B.1　数据集中包含无效数字的数值表样本

| 提取数据 | 离差（相对于平均值的偏差） |
| --- | --- |
| 2.3103 | − 0.0051 |
| 2.3102 | − 0.0050 |
| 2.3101 | − 0.0049 |
| 2.3099 | − 0.0047 |
| 2.3018 | 0.0034 |
| 2.3014 | 0.0038 |
| 2.2994 | 0.0058 |
| 2.2989 | 0.0063 |
| 平均值 | |
| 2.3052 | |

表 B.2　数据集中以两位有效数字呈现的数值表样本

| 呈现数据 |
| --- |
| 2.31 |
| 2.31 |
| 2.31 |
| 2.30 |
| 2.30 |
| 2.30 |
| 2.29 |
| 2.29 |

表格数据可增加一行或一列平均值，从而为数据总结提供一个视觉焦点。

（3）成列的数据比成行的数据更利于比较

从上到下地阅读数据列，比从左到右地阅读数据行更为轻松。这个道理同样适用于较小的变量和图案。

太阳能转化系统

（4）根据数据集大小合理安排行和列

为实现数据的数据结构可视化，根据数据规模安排行数列数时，建议采用表格单元。当数据关系的结构更重要的时候，避免按字母顺序排列表头。

（5）考虑空格和布局

行距是单倍行距时，数据集的阅读会比较容易，可轻松地从上往下逐行阅读。行之间的间隙是引导眼睛进行表格阅读、区分数据子集的有效工具。

（6）图和表对比

在可以作图时，我们都倾向于以作图的形式来展示信息，但是，对于数据特征的沟通交流而言，表格会更有用。除非您面对的是一位专业于数据可视化的作图专家。大多数时候，图只能展示一个高度定性的结果（如曲线或直线图中，可以看到某些数值发生了增大或减小的变化）。

太阳能领域综合了多门学科，因此统一常用工作术语和单位显得很有必要。复杂的符号和术语不利于沟通交流。1978年，研究人员联合在国际太阳能协会官方公报——《太阳能学报》上发表了用于太阳能转化的初始标准。[2]当时，这个共识也是由来自于科学、设计和工程领域的人员，引入新的技术和语言描述达成的。研究者们在该文章中进一步描述了能量和能力价值沟通的本地化表述。从那以后，这个关于符号和语言的详细系统已经使用了几十年。本文将对此进行介绍，供更多的人了解和使用。我们已经将这篇报道的指导原则，运用在移动物体的空间关系、辐射转移热物理学，以及在太阳能气象评估方面对项目设计中能量来源变化性进行量化研究等方面。通常，希腊字母用于表示太阳能中的时空坐标、角度，或者持续性的空间关系，以及像地球和天空一样的近似球形的表面。这在天文学和地理学中很常见。涉及距离、长度、时间以及笛卡尔坐标时，我们倾向于使用罗马字母表示。

为方便快速查询，下表列出了短波波段内可见光子带的颜色及对应的波长范围。[3]太阳能领域相关术语、单位、基本符号（代替符号）都可以在以下各表中查到。

表 B.3　颜色和对应的波长范围

| 颜色 | 波长范围（nm） |
| --- | --- |
| 紫色 | 390—455 |
| 深蓝色 | 455—485 |
| 浅蓝色 | 485—505 |
| 绿色 | 505—540 |
| 黄绿色 | 540—565 |

续表

| 颜色 | 波长范围（nm） |
|---|---|
| 黄色 | 565—585 |
| 橘色 | 585—620 |
| 红色 | 620—760 |

表 B.4　用于太阳能资源实际评估的辐射术语表、符号和单位

| 首选名称 | 符号 | 单位 |
|---|---|---|
| 地面水平太阳辐照度 | GHI（$G$） | $W/m^2$ |
| 水平散射太阳辐照度 | DHI（$G_d$） | $W/m^2$ |
| 太阳直射辐照度 | DNI（$G_n$） | $W/m^2$ |
| 倾斜面辐照度 | POA（$G_t$） | $W/m^2$ |

表 B.5　本文中使用的太阳能转化领域的辐射术语表、符号和单位

| 首选名称 | 符号 | 单位 |
|---|---|---|
| 通用情况 | | |
| 辐照度 | E | $W/m^2$ |
| 辐射 | L | W/（m sr） |
| 辐射率（辐射照度）（E 表示长波辐射，M 表示标准辐射） | E（M） | $W/m^2$ |
| 辐射度 | J | $W/m^2$ |
| 太阳能辐照度 | | |
| 总辐照度 | $G$ | $W/m^2$ |
| 每小时辐照度 | $I$ | $kJ/m^2$ 或 $MJ/m^2$ |
| 日辐照度 | $H$ | $MJ/m^2$ |
| 日均辐照度（每月） | $\overline{H}$ | $MJ/m^2$ |
| 直射辐照度（水平） | $G_b$ | $W/m^2$ |
| 空气散射辐照度（水平） | $G_d$ | $W/m^2$ |
| 每小时平均直射辐射（水平） | $I_b$ | $kJ/m^2$ |
| 每小时空气散射（水平） | $I_d$ | $kJ/m^2$ |
| 每小时晴朗指数 | $k_T$ | －（T 表示总数） |
| 日晴朗指数 | $K_T$ | — |
| 日均晴朗指数 | $\overline{K}_T$ | — |
| 每小时晴空因子 | $k_c$ | －（c 表示晴空） |
| 日晴空因子 | $K_c$ | — |
| 斜面总太阳能辐照度 | $G_t$ | $W/m^2$ |
| 斜面光束辐照度 | $G_{b,t}$ | $W/m^2$ |
| 斜面天空散射辐照度 | $G_{d,t}$ | $W/m^2$ |
| 斜面地面辐照度 | $G_{g,t}$ | $W/m^2$ |
| 星体反射率（地面反射） | $\rho_g$ | — |
| 光合作用有效光辐射（400—700nm） | PAR | $W/m^2$ 或 $\mu mol/（cm^2 s）$ |

太阳能转化系统

表 B.6　时空内的角关系，包括本文使用的符号和单位

| 角度测量 | 符号 | 范围和符号惯例 |
|---|---|---|
| 一般表述 | | |
| 高度角 | $\alpha$ | 0°到 +90°；水平时为零 |
| 方位角 | $\gamma$ | 0°到 +360°；从北部原点顺时针方向旋转 |
| 方位（另一种表述） | $\gamma$ | 0°到 ±180°；面朝赤道为零（起点），东记为 + ive，西记为 − ive |
| 地球—太阳角 | | |
| 纬度 | $\phi$ | 0°到 ±23.45°；北半球为 ± ive |
| 经度 | $\lambda$ | 0°到 ±180°；本初子午线为零，往西为 − ive |
| 赤纬 | $\delta$ | 0°到 ±23.45°；北半球为 + ive |
| 时角 | $\omega$ | 0°到 ±180°；太阳正午为零，下午为 + ive，早晨为 − ive |
| 观测角 | | |
| 太阳高度角（仰视） | $\alpha_s = 1 - \theta_z$ | 0°到 +90° |
| 太阳方位角 | $\gamma_s$ | 0°到 ±360°；从北部原点顺时针方向旋转 |
| 天顶角 | $\theta_z$ | 0°到 +90°；垂直面为零 |
| 集热器—太阳夹角 | | |
| 表面高度角 | $\alpha$ | 0°到 +90° |
| （集热器表面的）斜率或倾斜度 | $\beta$ | 0°到 ±90°；面向赤道记为 + ive |
| 表面方位角 | $\gamma$ | 0°到 +360°；从北部原点顺时针方向旋转 |
| 入射角 | $\theta$ | 0°到 +90° |
| 掠射角 | $\alpha = 1 - \theta$ | 0°到 +90° |

表 B.7　本文出现的下标表

| 修改项 | 下标 |
|---|---|
| 光束（直射） | b |
| 散射 | d |
| 地面 | g |
| 入射 | i |
| 正常（垂直） | n |
| 外部大气 | o |
| 反射 | r |
| 倾斜 | t |
| 总值（全球） | [none] |
| 周围环境 | a |
| 黑体 | b |
| 集热器 | c |
| 临界（有效阈值） | c |
| 水平 | h |
| 太阳常数 | sc |

续表

| 修改项 | 下标 |
|---|---|
| 日出 | sr |
| 日落 | ss |
| 光谱 | λ |
| 有效 | u |
| 直流 | dc |
| 交流 | ac |
| 太阳能派生 | s 或 S |
| 辅助燃料/能 | A |
| 来源 | |

表 B.8　本文使用的能量术语、符号和单位 [$1eV = 1.6022 \times 10^{-19}$ J]

| 优选名称 | 符号 | 单位 |
|---|---|---|
| 热量 | $Q$ | J |
| 能源 | $P$ | W |
| 辐射能 | $Q$ | J |
| 单位面积辐射能 | $q$ | $J/m^2$ |
| 净辐射转移率 | $\dot{Q}$ | W |
| 辐射通量 | $\phi$ | W |
| 能量（电子伏） | $E\ (eV)$ | eV |
| 能量（焦耳） | $E\ (J)$ | J |
| 能量（电源） | — | MWh |
| 能量（热力学） | — | $MWh_t$ |
| 能源（电源） | — | $MW_e$ |
| 能源（热力学） | — | $MW_t$ |
| 效率 η =（能量输出/能量输入）×100% | $\eta$ | % |
| 时间 | $t$ | S（或 min、h、d、y） |
| 局部太阳时 | $t_{sol}$ | |
| 标准时（时钟时间，不是日光节约时） | $t_{std}$ | |
| 日光节约时 $t_{dst} = t_{std} + 60min$ | DST | |
| 协调世界时间 | UTC | |
| 东部标准时间 | EDT | UTC − 5h |
| 东部夏令时间 | EST | UTC − 4h |

表 B.9　通用科学常数和符号，包括本文使用的单位

| 常数和数值 | 符号 | 单位 |
|---|---|---|
| 天文单位 | $Au = 1.496 \times 10^8$ | km |
| 阿伏伽德罗常量 | $N_A = 6.022 \times 10^{23}$ | $mol^{-1}$ |
| 电子电荷 | $e = 1.6022 \times 10^{-19}$ | C（库伦） |
| 光速（真空） | $c = 2.998 \times 10^{17}$ | nm/s |
| 玻尔兹曼常数 | $k = 8.6174 \times 10^{-5}$ | J/K |

太阳能转化系统

| 常数和数值 | 符号 | 单位 |
|---|---|---|
| 普朗克常数 | $h = 4.1356$ | eVs |
| 斯蒂芬-玻尔兹曼常数 | $\sigma = 5.6704 \times 10^{-8}$ | W/（m$^2$K$^4$） |

表 B.10　一般系统状态和热力学系统术语

| 数量 | 符号 | 单位 |
|---|---|---|
| 通用 | | |
| 面积 | A | m$^2$ |
| 负载 | L | J/m$^2$ 或 W/m$^2$ |
| 损失 | $q_{loss}$ | J/m$^2$ 或 W/m$^2$ |
| 太阳能增益（吸收的能量/能源） | S | J/m$^2$ 或 W/m$^2$ |
| 太阳能热力学指数 | f 或 F | －（每月或每年，0 至 >1） |
| 热力 | | |
| 温度 | T | K 或℃ |
| 阻抗 | R | （m$^2$K）/W |
| 热转移效率 | U | W/（m$^2$K） |
| 质量 | $m$ | kg |
| 质量流速 | $\dot{m}$ | kg/s |
| 总热量损失系数 | $U_L$ | W/（m$^2$K） |
| 比热 | $C_p$ | J/（kg K） |
| 热导率 | $k$ | W/（m$^2$K） |
| 热扩散系数 | D | cm$^2$/s |
| 密度 | $\rho$ | kg/m$^2$ |
| 集热器效率因子 | $F'$ | —— |
| 集热器热排出因子 | $F_R$ | —— |

表 B.11　光学系统状态术语

| 数量 | 符号 | 单位 |
|---|---|---|
| 光学 | | |
| 波长 | $\lambda$ | nm |
| 频率 | $v$ | cm$^{-1}$ |
| 光子速记 | $hv$ | eV 或 nm |
| 气团 | AM | － |
| 视角系数 | F | － |
| 盖—吸收器函数 | $f(\tau, \alpha)$ | － |
| 吸收辐照度 | S | W/m$^2$ |
| 带隙 | $Eg$ | eV 或 nm |
| 折射指数 | n | —— |
| 消光系数 | k | —— |

| 数量 | 符号 | 单位 |
|------|------|------|
| 吸收比 | $\alpha = \dfrac{\phi}{\phi_i}$ | — |
| 发射比 | $\epsilon = \dfrac{E}{E_b}$ | — |
| 反射比 | $\rho = \dfrac{\phi}{\phi_i}$ | — |
| 透射比 | $\tau = \dfrac{\phi}{\phi_i}$ | — |
| 分散漫射光 | $P_d$ | — |
| 反射率 | r | — |
| 垂直极化 | $\perp$ | —（下标） |
| 水平极化 | $\parallel$ | —（下标） |

表 B.12 光伏系统和电子系统状态术语表

| 数量 | 符号 | 单位 |
|------|------|------|
| 电子 | | |
| 阻抗 | $R = I/V$ | $\Omega$（欧姆） |
| 电导率 | $I/R$ | $1/\Omega = S$（西门子） |
| 电压 | $V$ | V（伏特） |
| 电流 | $I$ | A（安培） |
| 电流密度 | $J$ | $A/m^2$ |
| 电源 | $P$ | W |
| 峰瓦 | $W_P$ | W |
| 开路电压 | $V_{oc}$ | V |
| 短路电流 | $I_{sc}$ | A |
| 最大功率状态（光伏） | $P_{mp}$ | W |
| 最大能量点处最大电压 | $V_{mp}$ | V |
| 最大能量点处最大电流 | $I_{mp}$ | I |
| 填充因子 | $FF$ | — |
| 电子 | $e^-$ | |
| 空穴 | $H^+$ | |

表 B.13 光伏系统和电子系统状态术语表

| 数量 | 符号 | 单位 |
|------|------|------|
| 财务 | | |
| 生命周期成本 | LCCA | — |
| 分析 | | |
| 评估年 | $n$ | |
| 评估时间范围 | $n_e$ | |
| 费用 | C | $ |

| 数量 | 符号 | 单位 |
|---|---|---|
| 首付 | DP | $ |
| 现值 | P 或 PV | |
| 未来值 | F 或 FV | $ |
| 净现值或总现值 | NPW 或 TPW | $ |
| 现值，年 | $PW_n$ | $ |
| 现值因子 | $PWF\ (I,\ n,\ d)$ | —— |
| 内部收益率 | IRR | % |
| 折扣率 | $d$ | |
| 通货膨胀率 | $i$ | |
| 贷款/按揭利率 | $d_m$ | |
| 燃料费 | FC | $ |
| 节约燃料 | FS | $ |
| 太阳能存储 | SS | $ |
| 生命周期存储 | $LCS = \sum SS$ | $ |
| 太阳能可再生能源证书 | SREC | $/MWh |

# 参考文献

[1] A. S. C. Ehrenberg. Rudiments of numeracy. *J. Royal Statistical Soc. Series A (General)*, 140(3): 277–297, 1977.

[2] W. A. Beckman, J. W. Bugler, P. I. Cooper, J. A. Duffie, R. V. Dunkle, P. E. Glaser, T. Horigome, E. D. Howe, T. A. Lawand, P. L. van der Mersch, J. K. Page, N. R. Sheridan, S. V. Szokolay, and G. T. Ward. Units and symbols in solar energy. *Solar Energy*, 21:65–68, 1978.

[3] C. A. Gueymard and H. D. Kambezidis. *Solar Radiation and Daylight Models*, Chapter 5: Solar Spectral Radiation, pages 221–301. Elsevier Butterworth-Heinemann, 2004.

# 书目提要

[1] System Advisor Model Version 2012. 5. 11 (SAM 2012. 5. 11) . < https：//sam. nrel. gov/ content/ downloads > (accessed 2. 11. 2012) .

[2] Environmental management—life cycle assessment—principles and framework, ISO 14040, International Organization for Standardization：ISO, Geneva, Switzerland, 2006.

[3] Guide to Meteorological Instruments and Methods of Observation, 7th ed. , World Meteorological Organization, 2008 (Chapters 7 and 8) .

[4] FDIC Law, Regulations, Related Acts, September 15 2012. < http：//www. fdic. gov/ regulations/ laws/rules/1000 – 400. html >.

[5] Russell Ackoff, in：The Social Engagement of Social Science：The Socio – Ecological Perspective, Chapter Systems, Messes, and Interactive Planning, vol. 3, University of Pennsylvania Press, 1997.

[6] C. Alexander, S. Ishikawa, M. Silverstein, A Pattern Language：Towns, Buildings, Construction, Oxford University Press, 1977.

[7] American Meterological Society (AMS), Glossary of Meteorology, Allen Press, 2000. < http：// amsglossary. allenpress. com/glossary/ > (accessed 1. 10. 2012) .

[8] Edward E. Anderson, Fundamentals of solar energy conversion, in：Addison – Wesley Series in Mechanics and Thermodynamics, Addison – Wesley, 1983.

[9] V. M. Andreev, V. A. Grilikhes, V. D. Rumyantsev, Photovoltaic Conversion of Concentrated Sunlight, John Wiley & Sons Ltd, Ioffe Physico – Technical Institute, Russian Academy of Sciences, St. Petersburg, Russia, 1997.

[10] J. Arch, J. Hou, W. Howland, P. McElheny, A. Moquin, M. Rogosky, F. Rubinelli, T. Tran, H. Zhu, S. J. Fonash, A Manual for AMPS 1 – D BETA Version 1. 00, The Pennsylvania State University, University Park, PA, 1997.

[11] Chrstian U. Becker, Sustainability Ethics and Sustainability Research, Springer, Dordrecht, 2012.

[12] W. A. Beckman, S. A. Klein, J. A. Duffie, Solar Heating Design by the f – Chart Method, Wiley – Interscience, 1977.

[13] W. A. Beckman, J. W. Bugler, P. I. Cooper, J. A. Duffie, R. V. Dunkle, P. E. Glaser, T. Horigome, E. D. Howe, T. A. Lawand, P. L. van der Mersch, J. K. Page, N. R. Sheridan, S. V. Szokolay, G. T. Ward, Units and symbols in solar energy, Solar Energy 21 (1978) 65 – 68.

[14] Wendell Berry, Solving for Pattern, The Gift of Good Land: Further Essays Cultural & Agricultural, North Point Press, 1981 (Chapter 9).

[15] Wendell Berry, Home Economics, North Point Press, 1987.

[16] R. E. Bird, R. L. Hulstrom, Simplified clear sky model for direct and diffuse insolation on horizontal surfaces, Technical Report SERI/TR – 642 – 761, Solar Energy Research Institute, Golden, CO, USA, 1981. < http://rredc.nrel.gov/solar/models/clearsky/ >.

[17] Brian Blais, Teaching energy balance using round numbers, Physics Education 38 (6) (2003) 519 – 525.

[18] S. Blumsack, Measuring the benefits and costs of regional electric grid integration, Energy Law Journal 28 (2007) 147 – 184.

[19] J. Boecker, S. Horst, T. Keiter, A. Lau, M. Sheffer, B. Toevs, B. Reid, The Integrative Design Guide to Green Building: Redefining the Practice of Sustainability, John Wiley & Sons Ltd, 2009.

[20] L. Bony, S. Doig, C. Hart, E. Maurer, S. Newman, Achieving low – cost solar PV: industry workshop recommendations for near – term balance of system cost reductions. Technical Report, Rocky Mountain Institute, Snowmass, CO, September 2010.

[21] Rolf Brendel, Thin – Film Crystalline Silicon Solar Cells: Physics and Technology, John Wiley & Sons, 2003.

[22] Sara C. Bronin, Solar rights, Boston University Law Review 89 (4) (2009) 1217 < http://www.bu.edu/law/central/jd/organizations/journals/bulr/documents/BRONIN.pdf >.

[23] Robert D. Brown, Design with Microclimate: The Secret to Comfortable Outdoor Spaces, Island Press, 2010.

[24] Jeffrey R. S. Brownson, 2.2 Systems Integrated Photovoltaics, Design and Construction of High – Performance Homes: Building Envelopes Renewable Energies and Integrated Practice, SIPV. Routledge, 2012.

[25] Ken Butti, John Perlin, A Golden Thread: 2500 Years of Solar Architecture and Technology, Cheshire Books, 1980.

[26] Buzz Skyline, Solar Bottle Superhero, Blog, September 15 2011. < http: //physicsbuzz. physic – scentral. com/2011/09/solar – bottle – superhero. html >.

[27] Craig B. Chistensen, Greg M. Barker, Effects of tilt and azimuth on annual incident solar radiation for United States locations, in: Proceedings of Solar Forum 2001: Solar Energy: The Power to Choose, April 21 – 25, 2001.

[28] M. Dale, S. M. Benson, Energy balance of the Global Photovoltaic (PV) industry—is the PV industry a net electricity producer. Environmental Science and Technology 47 (7) (2013) 3482 – 3489, http: //dx. doi. org/10. 1021/es3038824.

[29] H. E. Daly, J. Farley, Ecological Economics: PrinciplesAnd Applications, second ed., Island Press, 2011.

[30] M. W. Davis, A. H. Fanney, B. P. Dougherty, Prediction of building integrated photovoltaic cell temperatures, Transactions of the ASME 123 (2) (2001) 200 – 210.

[31] W. De Soto, Improvement and validation of a model for photovoltaic array performance, Master's Thesis, University of Wisconsin, Madison, WI, USA, 2004.

[32] W. De Soto, S. A. Klein, W. A. Beckman, Improvement and validation of a model for photovoltaic array performance. Solar Energy 80 (1) (2006) 78 – 88.

[33] Stephen D. Dent, Barbara Coleman, A Planner's Primer, Anaszi Architecture and American Design, University of New Mexico Press, 1997, pp. 53 – 61 (Chapter 5).

[34] German Solar Energy Society (DGS), Planning & Installing Solar Thermal Systems: A Guide for Installers, Architects and Engineers, second ed., Earthscan, London, UK, 2010.

[35] A. Dominguez, J. Kleissl, J. C. Luvall, Effects of solar photovoltaic panels on roof heat transfer, Solar Energy 85 (9) (2011) 2244 – 2255. http: //dx. doi. Org/10. 1016/j. solener. 2011. 06. 010.

[36] John A. Duffie, William A. Beckman, Solar Engineering of Thermal Processes, third ed., John Wiley & Sons, Inc., 2006.

[37] J. P. Dunlop, Photovoltaic Systems, second ed., American Technical Publishers, Inc., 2010 The National Joint Apprenticeship and Training Committee for the Electrical Industry.

[38] A. S. C. Ehrenberg, Rudiments of numeracy, J. Royal Statistical Soc. Series A (General) 140 (3) (1977) 277 – 297.

[39] Ursula Eicker, Solar Technologies for Buildings, John Wiley & Sons Ltd, 2003.

[40] P. Eiffert, G. J. Kiss, Building – integrated photovoltaics for commercial and institutional structures: a sourcebook for architects and engineers, Technical Report NREL/BK – 520 – 25272, US Department of Energy (DOE) Office of Power Technologies: Photovoltaics Division, 2000.

[41] Bella Espinar, Philippe Blanc, Satellite Images Applied to Surface Solar Radiation Estimation, Solar Energy at Urban Scale, ISTE Ltd. and John Wiley & Sons, 2012, pp. 57 – 98 (Chapter 4).

[42] Stephen Fonash, Solar Cell Device Physics, second ed., Academic Press, 2010.

[43] J. C. Francis, D. Kim, Modem Portfolio Theory: Foundations, Analysis, and New Developments, John Wiley & Sons, 2013.

[44] V. Fthenakis, H. C. Kim, E. Alsema, Emissions from photovoltaic life cycles, Environmental Science and Technology 42 (2008) 2168 – 2174, http://dx.doi.org/10.1021/es071763q.

[45] T. Theodore Fujita, Tornadoes and downbursts in the context of generalized planetary scales, Journal of Atmospheric Sciences 38 (8) (1981) 1511 – 1534.

[46] P. Gilman, A. Dobos, System advisor model, SAM 2011.12.2: general description, NREL Report No. TP – 6A20 – 53437, National Renewable Energy Laboratory, Golden, CO, 2012, 18 pp.

[47] Claes – Göran Granqvist, Radiative heating and cooling with spectrally selective surfaces, Applied Optics 20 (15) (1981) 2606 – 2615.

[48] Jeffrey Gordon (Ed.), Solar energy: the state of the art, ISES Position Papers, James & James Ltd, London, UK, 2001.

[49] D. Yogi Goswami, Frank Kreith, Jan F. Kreider, Principles of Solar Engineering, second ed., Taylor & Francis Group, LLC, 2000.

[50] Martin Green, Third Generation Photovoltaics: Advanced Solar Energy Conversion,

Springer Verlag, 2003.

[51] C. A. Gueymard, Temporal variability in direct and global irradiance at various time scales as affected by aerosols, Solar Energy 86 (2013) 3544 – 3553, http: // dx. doi. org/10. 1016/j. sole – ner. 2012. 01. 013.

[52] C. A. Gueymard, H. D. Kambezidis, Solar Spectral Radiation, Solar Radiation and Daylight Models, Elsevier Butterworth – Heinemann, 2004, pp. 221 –301 (Chapter 5) .

[53] C. A. Gueymard, Simple model of the atmospheric radiative transfer of sunshine, Version 2 (SMARTS2): algorithms description and performance assessment. Report FSEC – PF – 270 – 95, Florida Solar Energy Center, Cocoa, FL, USA, December 1995.

[54] C. A. Gueymard, Rest2: High – performance solar radiation model for cloudless – sky irradiance, illuminance, and photosynthetically active radiation – validation with a benchmark dataset, Solar Energy 82 (2008) 272 –285.

[55] Garrett Hardin, The tragedy of the commons, Science 162 (1968) 1243 – 1248.

[56] Douglas Harper, Online Etymology Dictionary, < http: //www. etymonline. com/ > , November 2001 (accessed 3. 3. 2013) .

[57] M. Hawas, T. Muneer, Generalized monthly $K_t$ – curves for India, Energy Conversion Management 24 (1985) 185.

[58] Eugene Hecht, Optics, fourth ed. , Addison – Wesley, 2001.

[59] T. Hoff, R. Perez, Solar Resource Variability, Solar Resource Assessment and Forecasting, Elsevier, 2013.

[60] ChristianaHonsberg, Stuart Bowden, Pvcdrom. < http: //www. pveducation. org/ pvcdrom > , 2009 (site information collected on 27. 1. 2009) .

[61] John R. Howell, Robert Siegel, M. PinarMenguc, Thermal Radiation Heat Transfer, fifth ed. , CRC Press, 2010.

[62] D. D. Hsu, P. O'Donoughue, V. Fthenakis, G. A. Heath, H. C. Kim, P. Sawyer, J. – K. Choi, D. E. Turney, Life cycle greenhouse gas emissions of crystalline silicon photovoltaic electricity generation: systematic review and harmonization. Journal of Industrial Ecology 16 (2012), http: //dx. doi. Org/10. l111/j. 1530 –9290. 2011. 00439. x.

[63] T. Huld, M. S̆úri, T. Cebecauer, E. D. Dunlop, Comparison of Electricity Yield from Fixed and Sun – Tracking PV Systems in Europe, 2008. < http: //

re. jrc. ec. europa. eu/pvgis/ >.

[64] T. Huld, R. Müller, A. Gambardella, A new solar radiation database for estimating PV performance in Europe and Africa, Solar Energy 86 (6) (2012) 1803 – 1815.

[65] J. C. Hull, Options, Future and Other Derivatives, Pearson Education, Inc. 2009.

[66] Gjalt Huppes, Masanobu Ishikawa, Why eco – efficiency? Journal of Industrial Ecology 9 (4) (2005) 2 – 5.

[67] Amiran Ianetz, Avraham Kudish, A Method for Determining the Solar Global Irradiation on a Clear Day, Modeling Solar Radiation at the Earth's Surface: Recent Advances, Springer, 2008, pp. 93 – 113 (Chapter 4).

[68] Mark A. Rosen, Ibrahim Dinçer, Thermal Energy Storage: Systems and Applications, John Wiley & Sons Ltd, 2002 (Contributions from A. Bejan, A. J. Ghajar, K. A. R. Ismail, M. Lacroix, andY. H. Zurigat).

[69] Muhammad Iqbal, An Introduction to Solar Radiation, Academic Press, 1983.

[70] Soteris A. Kalogirou, Solar Energy Engineering: Processes and Systems, Academic Press, 2011.

[71] Kryss Katsiavriades, Talaat Qureshi. The Krysstal Website: Spherical Trigonometry, 2009. <http://www. krysstal. com/sphertrig. html >.

[72] D. L. King, W. E. Boyson, J. A. Kratochvill, Photovoltaic array performance model, SANDIA REPORT SAND2004 – 3535, Sandia National Laboratories, operated for the United States Department of Energy by Sandia Corporation, Albuquerque, NM, USA, 2004.

[73] D. L. King, S. Gonzalez, G. M. Galbraith, W. E. Boyson, Performance model for grid – connected photovoltaic inverters, Technical Report: SAND2007·– 5036, Sandia National Laboratories, Albuquerque, NM 87185 – 1033, 2007.

[74] S. A. Klein, Calculation of monthly average insolation on tilted surfaces, Solar Energy 19 (1977) 325 – 329.

[75] S. A. Klein, W. A. Beckman, J. W. Mitchell, J. A. Duffle, N. A. Duffle, T. L. Freeman, J. C. Mitchell, J. E. Braun, B. L. Evans, J. P. Kummer, R. E. Urban, A. Fiksel, J. W. Thornton, N. J. Blair, P. M. Williams, D. E. Bradley, T. P McDowell, M. Kummert, D. A. Arias, TRNSYS 17: A Transient System Simulation Program, 2010. <http://sel. me. wisc. edu/trnsys >.

［76］ Dilip Kondepudi, Ilya Prigogine, Modern Thermodynamics: From Heat Engines to Dissipative Structures, John Wiley & Sons Ltd, 1998.

［77］ Greg Kopp, Judith L. Lean, A new lower value of total solar irradiance: evidence and climate significance, Geophysics Research Letters 38 (1) (2011) L01706. http: //dx. doi. org/10. 1029/2 010GL045777.

［78］ Frank T. Kryza, The Power of Light: The Epic Story of Man's Quest to Harness the Sun, McGraw – Hill, 2003.

［79］ M. Lave, J. Kleissl, Optimum fixed orientations and benefits of tracking for capturing solar radiation in the continental United States, Renewable Energy 36 (2011) 1145 – 1152.

［80］ M. Lave. J. Stein, J. Kleissl, Quantifying and Simulating Solar Power Plant Variability Using Irradiance Data, Solar Resource Assessment and Forecasting, Elsevier, 2013.

［81］ M. Lave, J. Kleissl, Solar variability of four site across the state of Colorado, Renewable Energy 35 (2010) 2867 – 2873.

［82］ Annie Leonard, The story of stuff, Story of Stuff, Retrieved October 28, 2012, from the website: The Story of Stuff Project, 2008. < http: //www. storyofstuff. org/movies – all/story – of – stuff/ >.

［83］ Annie Leonard, The Story of Stuff: How Our Obsession with Stuff is Trashing the Planet, Our Communities, and our Health – and a Vision for Change, Simon & Schuster, 2010.

［84］ N. S. Lewis, G. Crabtree, A. J. Nozick, M. R. Wasielewski, P. Alivasatos, H. Kung, J. Tsao, E. Chandler, W. Walukiewicz, M. Spitler, R. Ellingson, R. Overend, J. Mazer, M. Gress, J. Hor – witz, Research needs for solar energy utilization: report on the basic energy sciences workshop on solar energy utilization, Technical Report, US Department of Energy, April 18 – 21, 2005. < http: //science. energy. gov/ ~ /media/bes/pdf/reports/files/seu_ rpt. pdf >.

［85］ P. B. Lloyd, A study of some empirical relations described by Liu and Jordan, Report 333, Solar Energy Unit, University College, Cardiff, July 1982.

［86］ D. Mahler, J. Barker, L. Belsand, O. Schulz, Green Winners: the performance of sustainability – focused companies during the financial crisis, Technical Report, A. T.

Kearny. http：//www. atkearney. com/paper/ - /assetpublisher/dVxv4Hz2h8bS/content/green - winners/10192 > , 2009 (accessed 2. 3. 2013) .

[87] N. Gregory Mankiw, Principles of Economics, third ed. , Thomson South - Western, 2004.

[88] Harry Markowitz, Portfolio selection, Journal of Finance 7 (1) (1952) 77 - 91.

[89] A. McMahan, C. Grover, F. Vignola, Evaluation of resource risk in the financing of project, Solar Resource Assessment and Forecasting, Elsevier, 2013.

[90] Donella H. Meadows, Thinking in Systems: A Primer, Chelsea Green Publishing, 2008.

[91] Robin Mitchell, Joe Huang, Dariush Arasteh, Charlie Huizenga, Steve Glendenning, RES - FEN5: Program Description (LBNL - 40682 Rev. BS - 371) . Windows and Daylighting Group, Building Technologies Department, Environmental Energy Technologies Division, Lawrence Berkeley National Laboratory, Berkeley National Laboratory Berkeley, CA, USA, May 2005. < http: //windows. lbl. gov/software/resfen/50/RESFEN50UserManual. pdf > , A PC Program for Calculating the Heating and Cooling Energy Use of Windows in Residential Buildings.

[92] Graham L. Morrison, Solar energy: the state of the art, ISES Position Papers 4: Solar Collectors, James & James Ltd, London, UK, 2001, pp. 145 - 222.

[93] Baker H. Morrow, V. B. Price (Eds. ), Anasazi Architecture and Modern Design, University of New Mexico Press, 1997.

[94] T. Muneer, Solar Radiation and Daylight Models, second ed. , Elsevier Butterworth - Heinemann, Jordan Hill, Oxford, 2004.

[95] National Research Council, Review and assessment of the health and productivity benefits of green schools: an interim report, Technical Report, National Academies Press, Washington, DC, USA, 2006, Board on Infrastructure and the Constructed Environment.

[96] Canada Natural Resources (Ed. ), Clean Energy Project Analysis: RETScreen Engineering & Cases, Minister of Natural Resources, 2005.

[97] Ty W. Neises, Development and validation of a model to predict the temperature of a photovoltaic cell, Master's Thesis, University of Wisconsin, Madison, WI, USA, 2011.

[98] Gregory Nellis, Sanford Klein, Heat Transfer, Cambridge University Press, 2009.

[99] North Carolina StateUnviersity Database of State Incentives for Renewables and Efficiency, DSIRE solar portal. < http：//www. dsireusa. org/solar/solarpolicyguide/？id = 19 >. NREL Subcontract No. XEU − 0 − 99515 − 01.

[100] Josesph J. O'Gallagher, Nonimaging Optics in Solar Energy (Synthesis Lectures on Energy and the Environment：Technology, Science, and Society), Morgan & Claypool Publishers, 2008.

[101] Elinor Ostrom, Governing the Commons：The Evolution of Institutions for Collective Action, Cambridge University Press, 1990.

[102] R. Perez, R. Stewart, R. Arbogast, R. Seals, J. Scott, An anisotropic hourly diffuse radiation model for sloping surfaces：description, performance validation, site dependency evaluation, Solar Energy 36 (6) (1986) 481 − 497.

[103] Perez Ineichen, Seals, Modeling daylight availability and irradiance components from direct and global irradiance [17], Solar Energy J. 44 (5) (1990) 271 − 289.

[104] John Perlin, Let it Shine：The 6000 − Year Story of Solar Energy, New World Library, 2013.

[105] Grant W. Petty, A First Course in Atmospheric Radiation, second ed. , Sundog Publishing, 2006.

[106] Nancy Pfund, Ben Healey, What would Jefferson do? the historical role of federal subsidies in shaping America's energy future, Technical Report, DBL Investors, 2011.

[107] Nancy Pfund, Michael Lazar, Red, white & green：the true colors of America's clean tech jobs, Technical Report, DBL Investors, 2012.

[108] Théo Pirard, The odyssey of remote sensing from space：half a century of satellites for Earth observations, Solar Energy at Urban Scale, ISTE Ltd. and John Wiley & Sons, 2012, pp. 1 − 12 (Chapter 1) .

[109] Jesùs Polo, Luis F. Zarzalejo, Lourdes Ramírez, Solar Radiation Derived from Satellite Images, Modeling Solar Radiation at the Earth's Surface：Recent Advances, Springer, 2008, pp. 449 − 161 (Chapter 18) .

[110] Noah Porter, (Ed. ), Webster's Revised Unabridged Dictionary, G & C. Merriam Co. , 1913. < http：//dictionary. reference. com/browse/collusion > , provided by Patrick Cassidy of MICRA, Inc. , Plainfield, NJ, USA.

[111] Ari Rabl, Active Solar Collectors and Their Applications, Oxford University Press, 1985.

[112] J. Rayl, G. S. Young, J. R. S. Brownson, Irradiance co – spectrum analysis: tools for decision support and technological planning, Solar Energy (2013), http://dx. doi. org/10. 1016/j. sole – ner. 2013. 02. 029.

[113] W. V. Reid, H. A. Mooney, A. Cropper, D. Capistrano, S. R. Carpenter, K. Chopra, P. Dasgupta, T. Dietz, A. Kumar Duraiappah, R. Hassan, R. Kasperson, R. Leemans, R. M. May, T. Mc – Michael, P. Pinagali, C. Samper, R. Scholes, R. T. Watson, A. H. Zakri, Z. Shidong, N. J. Ash, E. Bennett, P. Kumar, M. J. Lee, C. Raudsepp – Hearne, H. Simons, J. Thonell, M. B. Zurek, Ecosystems and human well – being: synthesis, Technical Report, Millennium Ecosystem Assessment (MEA), Island Press, Washington, DC. , 2005.

[114] Matthew J. Reno, Clifford W. Hansen, Joshua S. Stein, Global horizontal irradiance clear sky models: implementation and analysis, Technical Report SAND2012 – 2389, Sandia National Laboratories, Albuquerque, New Mexico 87185 and Livermore, California 94550, March 2012. < http://energy. sandia. gov/wp/wp – content/gallery/uploads/SAND2012 – 2389ClearSky – final. pdf >.

[115] Tina Rosenberg, Innovations in Light, Online Op – Ed, February 2 2012. < http://opinionator. blogs. nytimes. com/2012/02/02/innovations – in – light/ >.

[116] E. F. Schubert, Physical Foundations of Solid – State Devices, Renasselaer Polytechnic Institute, Troy, NY, 2009.

[117] Molly F. Sherlock, Energy tax policy: historical perspectives on and current status of energy tax expenditures, Technical Report R41227, Congressional Research Service, May 2 2011. < www. crs. gov >.

[118] Geoffrey B. Smith, Claes – Goran S. Granqvist, Green Nanotechnology: Energy for Tomorrow's World, CRC Press, 2010.

[119] Anna Sofaer, The Primary Architecture of the Chacoan Culture—A Cosmological Expression, Anasazi Architecture and Modern Design, University of New Mexico Press, 1997, pp. 88 – 132 (Chapter 8) .

[120] Solar Energy International, Solar Electric Handbook: Photovoltaic Fundamentals and Applications, Pearson Education, 2012.

[ 121 ] B. K. Sovacool, Valuing the greenhouse gas emissions from nuclear power: a critical survey, Energy Policy 36 ( 2008 ) 2940 – 2953, http: //dx. doi. org/10. 1016/ j. enpol. 2008. 04. 017.

[ 122 ] William B. Stine, Michael Geyer, PowerFrom The Sun, 2001. Retrieved January 17, 2009, from < http: //www. powerfromthesun. net/book. htm >.

[ 123 ] Roland B. Stull, Meteorology for Scientists and Engineers, second ed. , Brooks Cole, 1999.

[ 124 ] G. I. Taylor, The spectrum of turbulence, Proceedings of the Royal Society London 164 ( 1938 ) 476 – 490.

[ 125 ] Jeffreson W. Tester, Elisabeth M. Drake, Michael J. Driscoll, Michael W. Golay, William A. Peters, Sustainable Energy: Choosing Among Options, MIT Press, 2005.

[ 126 ] G. N. Tiwari, Solar Energy: Fundamentals, Design, Modelling and Applications, Alpha Science International, Ltd, 2002.

[ 127 ] Joaquin Tovar – Pescador, Modelling the Statistical Properties of Solar Radiation and Proposal of a Technique Based on Boltzmann Statistics, Modeling Solar Radiation at the Earth's Surface: Recent Advances, Springer, 2008, pp. 55 – 91 ( Chapter 3 ) .

[ 128 ] Edward R. Tufte, The Visual Display of Quantitative Information, Graphics Press, Cheshire, Connecticut, 2001 ( ISBN: 0961392142 ) .

[ 129 ] US Geological Survey, Mineral commodity summaries 2012, Technical Report, US Geological Survey, January 2012. < http: //minerals. usgs. gov/minerals/pubs/ mcs/index. html >. 198 p.

[ 130 ] G. VanBrummelen, Heavenly Mathematics: The Forgotten Art of Spherical Trigonometry, Princeton University Press, 2013.

[ 131 ] F. Vignola, A. McMahan, C. Grover, Statistical Analysis of a Solar Radiation Dataset – Characteristics and Requirements for a P50, P90, and P99 Evaluation, Solar Resource Assessment and Forecasting, Elsevier, 2013.

[ 132 ] Alexandra von Meier, Integration of renewable generation in California: coordination challenges in time and space, in: 11th International Conference on Electric Power Quality and Utilization, Lisbon, Portugal, IEEE: Industry Applications Soci-

ety and Industrial Electronics Society, 201 l < http：//uc – ciee. org/electric – grid/4/557/102/nested >

[133] W. H. Wagner, S. C. Lau, The effect of diversification on risk, Financial Analysts Journal 27 (6) (1971) 48 – 53.

[134] Paul Waide, Satoshi Tanishima, Light's Labour's Lost：Policies for Energy – efficient Lighting in support of the G8 Plan of Action, International Energy Agency, Paris, France, 2006 Organization for Economic Co – Operation and Development & the International Energy Agency.

[135] Ji – Tao Wang, Nonequilibrium Nondissipative Thermodynamics：with Application to Low – Pressure Diamond Synthesis, in：Springer Series in Chemical Physics, vol. 68, Springer, 2002.

[136] Susan J. White, Bubble pump design and performance, Master's Thesis, Georgia Institute of Technology, 2001.

[137] Stephen Wilcox, National solar radiation database 1991 – 2010 update：user's manual. Technical Report NREL/TP – 5500 – 54824, National Renewble Energy Laboratory, Golden, CO, USA, August 2012 ( Contract No. DE – AC36 – 08GO28308).

[138] Samuel J. Williamson, Herman Z. Cummins, Light and Color in Nature and Art, John Wiley & Sons, 1983.

[139] Eva Wissenz, Solar fire. org. < http：//www. solarfire. org/article/history – map >.